一流本科专业一流本科课程建设系列教材

微波技术基础

韩居正　丁大志　编著

机械工业出版社
CHINA MACHINE PRESS

本书以场、路结合的方法系统地论述了微波技术的基本理论和基本分析方法，主要内容包括微波简介、导行波分析方法、传输线理论、阻抗匹配与调谐、波导与传输线、微波网络基础、常用微波器件（包括微波谐振器）以及基于 HFSS 仿真软件的微波器件仿真分析实例。针对各部分内容，每章结尾提供相当数量的习题以及应用实例等，有利于读者进一步巩固所学理论并了解相关理论的应用情况，帮助加深概念的理解。

本书可作为高等院校通信、电子信息类专业的专业基础课教材，也可作为高等院校其他相关专业、成人高等教育相关专业的教材或参考书，或作为从事微波技术专业的科研人员和工程技术人员的参考资料。

图书在版编目（CIP）数据

微波技术基础/韩居正，丁大志编著. —北京：机械工业出版社，2023.2

一流本科专业一流本科课程建设系列教材

ISBN 978-7-111-72583-1

Ⅰ.①微… Ⅱ.①韩… ②丁… Ⅲ.①微波技术-高等学校-教材 Ⅳ.①TN015

中国国家版本馆 CIP 数据核字（2023）第 022742 号

机械工业出版社（北京市百万庄大街 22 号 邮政编码 100037）

策划编辑：张振霞　　责任编辑：张振霞

责任校对：韩佳欣　卢志坚　　封面设计：张　静

责任印制：张　博

北京建宏印刷有限公司印刷

2023 年 8 月第 1 版第 1 次印刷

184mm×260mm · 16.75 印张 · 403 千字

标准书号：ISBN 978-7-111-72583-1

定价：49.80 元

电话服务　　网络服务

客服电话：010-88361066　　机　工　官　网：www.cmpbook.com

010-88379833　　机　工　官　博：weibo.com/cmp1952

010-68326294　　金　书　网：www.golden-book.com

封底无防伪标均为盗版　　机工教育服务网：www.cmpedu.com

PREFACE

前　言

射频与微波技术已渗透到工程应用和设计的各个方面，当前个人通信系统、全球定位系统、射频识别系统的普及应用，以及毫米波、太赫兹系统的发展，都要求工程师必须掌握微波技术的基础知识。

本书在作者多年教学实践与科研工作的基础上，参考国内外同类教材，紧跟微波领域发展前沿编写而成。在编写上注重基础性、简明性与实用性，既注重微波技术的基本概念和理论的清晰阐述，配以一定的例题以加深理解，又强调实际应用的设计和分析，结合常用微波仿真软件做了补充，从而与实际应用联系更为紧密，可提高读者的学习兴趣，加深对理论的理解。

本书第 1 章是绪论部分，简要介绍微波的基本概念并回顾导行波分析方法；第 2 章从基本电路理论出发，引出了传输线理论以及史密斯圆图的构建方法；第 3 章通过阻抗匹配与调谐，深化对传输线理论和史密斯圆图的理解及应用；第 4 章主要介绍工程上常用的矩形波导、圆形波导、同轴线以及带状线和微带线等的求解与分析；第 5 章从规则导行系统和不连续型的等效电路出发，介绍微波网络的各种参数矩阵特性与应用；第 6 章和第 7 章重点讲述各种微波器件、微波谐振器的理论基础与分析方法；第 8 章则从实践角度出发，结合常用微波仿真软件对本书相关理论知识进行验证，从而与实际应用联系更为紧密，以培养读者对该领域的兴趣。

本书由韩居正和丁大志编写，韩居正编写第 2 章、第 3 章、第 5 章、第 6 章和第 7 章；丁大志编写第 1 章、第 4 章和第 8 章，并负责全书统稿。王贵参与了书稿的资料整理与修订工作。本书的编写得到南京理工大学规划教材项目资助，也离不开“电磁仿真与射频感知”工业和信息化部重点实验室老师们的支持与帮助，在此表示衷心的感谢！

由于作者水平有限，书中难免有差错和不足之处，恳请读者提出宝贵意见。

作　者

CONTENTS

目　录

CHAPTER 1

第1章 绪论

微波是无线电波中一个有限频带的简称，即波长在1mm~1m之间的电磁波，是分米波、厘米波、毫米波和亚毫米波的统称。微波作为一种电磁波，也具有波粒二象性。微波的基本性质通常呈现为穿透、反射和吸收三个特性。通常来说，对于玻璃、塑料和瓷器，微波几乎是穿透而不被吸收；水和食物等会吸收微波而使自身发热；而金属类材料则会反射微波。由于微波的强穿透云雾能力，其可用于全天候遥感。

1.1 微波的起源和波段划分

在1864~1873年，James Clark Maxwell（詹姆斯·克拉克·麦克斯韦）利用已有的电磁知识，提出了描述经典电磁场行为特性的四个相关且相容方程，即麦克斯韦方程组。正如麦克斯韦当时在论文中提到的，这是微波工程的开端。他从纯数学的角度出发，以一定的理论为基础，预言了电磁波的存在，并且指出光也是一种电磁能——这两个论断在当时都是全新的概念。

1887~1891年，德国物理学教授Heinrich Hertz（海因里希·赫兹）在实验室演示了电磁波的传播，从而验证了麦克斯韦的预言，并在此基础上研究了电磁波沿传输线和天线的传播现象。

在研究初期，由于人们认为电磁波和电磁能量必须通过两根导体传播，所以研究学者未对电磁波在空心导体中传播的可行性进行探究。直到1897年，Lord Rayleigh（瑞利勋爵）从数学角度出发，证明了电磁波是可以在波导（如圆形波导和矩形波导）中传播的。他从理论上预测了波导中存在无穷组横电波（TE型）和横磁波（TM型）两种电磁波波型，且每种波型都有其各自的截止频率和截止波长。

随着20世纪50年代晶体管的发明和20世纪60年代微波集成电路的出现，使得在基片上构成微波系统成为现实。同时，微波在其他方面的发展和应用也有了众多进展，射频和微波成为极其有用且流行的研究领域。麦克斯韦方程组容纳了整个电磁学领域的基础和定律，而射频和微波是整个电磁学领域的一个分支。以麦克斯韦所归纳的电磁定律为基础，再加上大量的分析和实验研究，射频和微波工程领域已然发展为一门成熟的学科。

微波在整个电磁频谱中所处的频段位置如图1.1.1所示。在实际应用中，为了方便，在

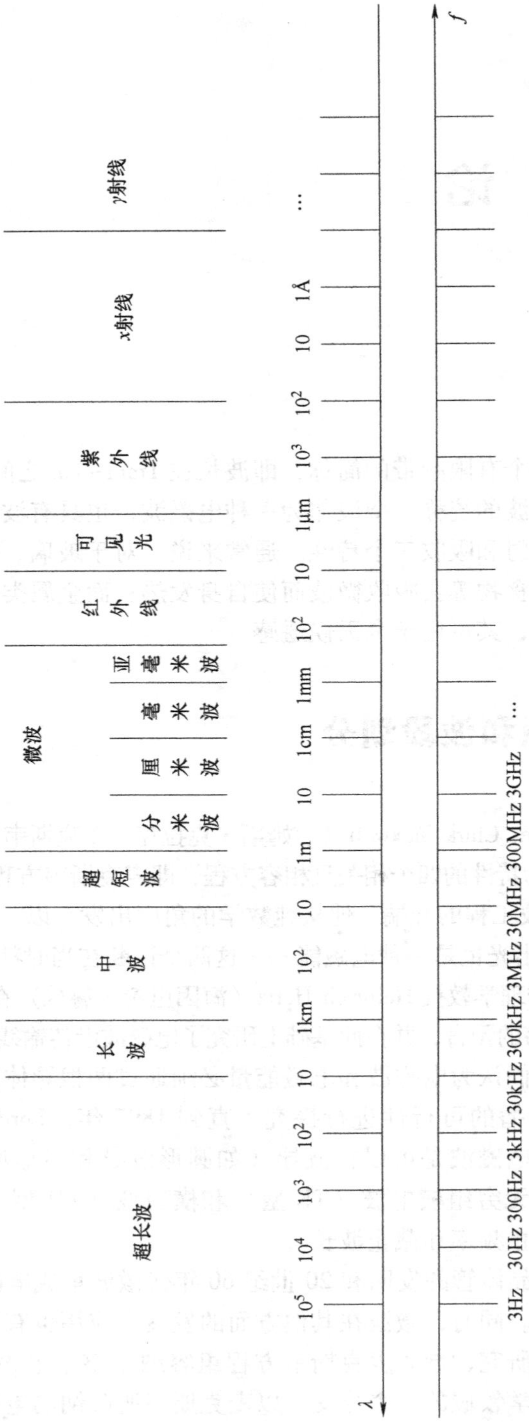

图 1.1.1　电磁频谱分布图

微波波段内又进行了细分，如表 1. 1. 1 所示。习惯上仍将微波中的常用波段分别以拉丁字母作为代号，如表 1. 1. 2 所示。表 1. 1. 3 和表 1. 1. 4 分别给出了家用电器频段和民用移动通信频段。

表 1. 1. 1 微波波段细分

名称	波长范围	频率范围	名称	波长范围	频率范围
分米波	1m~10cm	300MHz~3GHz	毫米波	1cm~1mm	30GHz~300GHz
厘米波	10cm~1cm	3GHz~30GHz	亚毫米波	1mm~0. 1mm	300GHz~3THz

表 1. 1. 2 微波常用波段代号

波段代号	波长范围/cm	频率范围/GHz	波段代号	波长范围/cm	频率范围/GHz
P	130~30	0. 23~1	Ka	1. 13~0. 75	26. 5~40
L	30~15	1~2	U	0. 75~0. 5	40~60
S	15~7. 5	2~4	E	0. 5~0. 33	60~90
C	7. 5~3. 75	4~8	W	0. 4~0. 272	75~110
X	3. 75~2. 4	8~12	F	0. 33~0. 215	90~140
Ku	2. 4~1. 67	12~18	G	0. 215~0. 316	140~220
K	1. 67~1. 13	18~26. 5	R	0. 316~0. 09	220~325

表 1. 1. 3 家用电器频段

名称	频率范围
调幅无线电	535~1605kHz
短波无线电	3~30MHz
调频无线电	88~108MHz
商用电视	
1~3 频道	48. 5~72. 5MHz
4~5 频道	76~92MHz
6~12 频道	167~223MHz
13~24 频道	470~566MHz
25~68 频道	606~958MHz
微波炉	2. 45GHz
蓝牙	2. 40~2. 48GHz

表 1.1.4　民用移动通信频段

名称	频率范围
2G 频率分配表	
GSM900	890~960MHz
GSM1800	1710~1880MHz
3G 频率分配表	
主要工作频段：	
FDD 方式	1920~1980MHz/2110~2170MHz
TDD 方式	1880~1920MHz/2010~2025MHz
补充工作频段	
FDD 方式	1755~1785MHz/1850~2170MHz
TDD 方式	2300~24000MHz 与无线电定位业务共用
卫星移动通信系统工作频段	1980~2010MHz/2170~2200MHz
CDMA800	825~880MHz

1.2　微波的特点和应用

从电子学和物理学的角度来看，微波这段电磁频谱具有不同于其他波段的特点。

(1) 穿透性

与红外线、远红外线等用于辐射加热的电磁波相比，微波的波长更长，因此具有更好的穿透性。微波透入介质时，由于介质损耗引起的介质温度升高，使介质材料内部、外部几乎同时加热升温，形成体热源状态，大大缩短了常规加热中的热传导时间。

(2) 选择性加热

物质吸收微波的能力主要由其介质损耗因数来决定。介质损耗因数大的物质对微波的吸收能力较强，相反，介质损耗因数小的物质吸收微波的能力较弱。由于各物质的介质损耗因数存在差异，因此微波加热时表现出选择性加热的特点。即物质不同，产生的热效果也不同。水分子属极性分子，介电常数较大，其介质损耗因数也很大，对微波具有强吸收能力；而蛋白质、碳水化合物等的介电常数相对较小，其对微波的吸收能力比水小得多。因此，对于食品来说，含水量的多少对微波加热效果的影响很大。

(3) 似光性和似声性

微波波长很短，相对于地球上的一般物体（如飞机、舰船、汽车、建筑物等），其尺寸要小得多或在同一数量级上，这使得微波的特点与几何光学相似，即所谓的似光性。因此使用微波工作，能使电路元件尺寸减小，使系统更加紧凑；可以制成体积小、波束窄、方向性很强、增益很高的天线系统，接收来自地面或空间各种物体反射回来的微弱信号，从而确定物体的方位和距离，分析目标特征。

由于微波波长与物体（实验室中的无线设备）的尺寸有相同的数量级，使得微波的特点又与声波相似，即所谓的似声性。例如，微波波导类似于声学中的传声筒；喇叭天线和缝隙天线类似于声学喇叭、箫或笛；微波谐振腔类似于声学共鸣腔。

（4）信息性

由于微波频率很高，所以即使在相对带宽不大的情况下，也能有较宽的可用频带，可达数百甚至上千兆赫兹，这是低频无线电波无法比拟的。这也意味着微波的信息容量大，所以现代多路通信系统，包括卫星通信系统，几乎都是工作在微波波段。另外，微波信号还可以提供相位信息、极化信息和多普勒频率信息等，这在目标检测、遥感目标特征分析等应用中十分重要。

1.3 微波问题的分析方法

微波波段的研究方法与低频波段的研究方法不同。在低频波段（普通无线电波段），由于电路系统内传输线的几何长度 l 远小于所传输的电磁波的波长 λ（即 l/λ 很小），因此称为“短线”。另外，系统内元器件的几何尺寸也远小于波长 λ，所以电磁波在传输过程中的相位滞后效应可以忽略，而且一般也会忽略趋肤效应和辐射效应的影响，沿线电压和电流也都有确定的定义。因此，在稳定状态下，系统内各处的电压或电流可近似地认为是只随时间变化的量，而与空间位置无关；电场能量和磁场能量分别集中于电容和电感内，而电磁场能量的损耗则发生在电阻或电导上，所以对于连接元器件的传输线，可近似地认为其既无电容和电感，也不消耗能量（即没有串联电阻和并联电导），这就是通常所说的集总参数电路。研究集总参数电路的问题，采用的是低频波段中的电路理论，无须采用电磁场的方法求解。

在微波波段，由于电路系统内传输线的几何长度 l 大于所传输的电磁波的波长 λ，或者可与波长 λ 相比拟，因此称为“长线”。另外，系统内元器件的几何尺寸也大于波长 λ，或者可与波长 λ 相比拟，所以电磁波在传输过程中的相位滞后效应、趋肤效应和辐射效应等都不能忽略，且电压和电流也不再具有明确的物理意义。因此，系统内各点的电场或磁场随时间的变化不是同步的，它们不仅是时间的函数，还是空间位置的函数；系统内的电场和磁场均呈“分布”状态，而非“集总”状态，与电场能量相关联的电容和与磁场能量相关联的电感以及与能量损耗相关联的电阻和电导也都呈“分布”而非“集总”状态；此外，传输线本身的电容、电感、串联电阻和并联电导效应均不能被忽略。这样，就构成了所谓的分布参数电路。研究分布参数电路的问题时不能再采用低频波段中的电路理论，而应采用电磁场理论，即在一定边界和初始条件下求电磁场波动方程的解，从而得出场量随时间和空间的变化规律。

对于微波波段的问题，通常采用“路”和“场”的方法来求解，场理论的解通常给出了空间中每一点电磁场的完整描述，它比绝大多数实际应用中所需的信息要多得多。典型地，我们更关心终端的量，如功率、阻抗、电压和电流这些常用电路理论概念表达的量。这样，在一定的条件下，将本质上属于“场”的问题等效为“路”的问题来处理，就可使问题能够比较容易地得到解决。

微波技术所研究的内容，概括地讲就是微波的产生、传输、变换（包括放大、调制）、检测、发射和测量，以及与此对应的微波器件和系统的设计等。本书将讨论微波的传输问题，即传输线问题，传输线的概念几乎贯穿于本书的各个章节，是研究微波技术中其他问题的基础。此外，本书还讨论了微波网络基础、常用微波元件的基本工作原理与设计方法等。

1.4　导行波分析方法

导波理论是基于麦克斯韦方程组，在给定边界条件下研究微波传输线中电磁波的场分布规律及其传播特性的完备理论，本节讨论其中的导行波分析方法。

电磁波是由时变电场与时变磁场在空间相互交链、相互激励而形成的，具有速度和能量，并在给定边界（包括界面形状、尺寸、材质等）下遵循电磁自律规则传输或储存电、磁能量。其自律规则即为读者在“电磁学”、“电磁场与电磁波”等课程中涉及的库仑定律、高斯定理、法拉第电磁感应定理、楞次定律、位移电流、坡印亭定理等所描述的内容，用公式表述即为麦克斯韦方程组和边界条件。

现暂抛开数学公式，从纯物理概念的角度回顾电磁场与电磁波的概念。电场力线（简称电力线）有两种性质不同的分布形式，一种是由电荷产生的“有头有尾”的力线场分布，另一种是由时变磁场以法拉第电磁感应方式激励的“自身闭合”的力线场分布。其中，“有头有尾”的电力线起始于正电荷，终止于负电荷。一方面，由几何概念可知，对于“有头有尾”力线场中的任一面域 S，若有力线穿出则表明面域内含有正电荷源，若有力线涌进则表明面域内含有负电荷源。另一方面，由数学中的矢量线积分及电场强度的物理含义知，沿“有头有尾”力线场中任意两点间的电场强度矢量（单位正电荷所受到的库仑力）的线积分等于电场力对单位正电荷所做的功，只取决于起点和终点的位置而与路径无关，由此可推知，“有头有尾”力线分布的场量沿场中任意闭合路径的线积分恒等于零，永无环流量。故称“有头有尾”的力线场为有源无旋场。

对于“自身闭合”的力线场，由几何意义可知，流进、流出该场中任一封闭面的电通量永远相等，总通量恒等于零。而沿“自身闭合”力线场中任一闭合力线对场量的线积分不等于零，即有环流量。故称“自身闭合”的力线场为无源有旋场。闭合力线的电场沿回路的线积分等于回路中的感应电动势。

磁场力线（简称磁力线）永远以自身闭合的形式存在，这归咎于自然界中无磁荷存在。因此，磁场是一种无源有旋场。闭合的磁力线可由传导电流产生，也可由时变电场以位移电流的方式激励产生。电路中具有隔直流、通交流特性的电容器便是利用其内部的位移电流与外部传导电流相等而确保了电流的连续性。

自然界存在无穷多种电磁波，每一种电磁波均以自己独有的一对电、磁力线交织而成，互不干涉，每对电、磁力线始终相互垂直并同时垂直于波的传播方向。下面以均匀平面波为例进行说明。

均匀平面波是一种存在于无界空间的最简单形式的波，如图 1.4.1 所示的力线描绘。其特征为构成该波的电、磁力线及坡印亭矢量各沿三维空间的一维展开，若其中一维为波的传播方向，则电、磁力线必在垂直于波传播方向的二维平面内平直交织，同时电和磁场的场强仅随波传播方向所在的一维坐标变化。在图 1.4.1 中，均匀平面波沿$-z$方向传播，在xOy平面内平直交织的电场$\boldsymbol{E}$和磁场$\boldsymbol{H}$力线分布的稀密度仅随z轴变化，而在z值固定的xOy平面内，力线间距均匀分布，构成一张无限大平面，以能流密度矢量$\boldsymbol{S}=\boldsymbol{E}\times\boldsymbol{H}$沿$-z$方向传播。

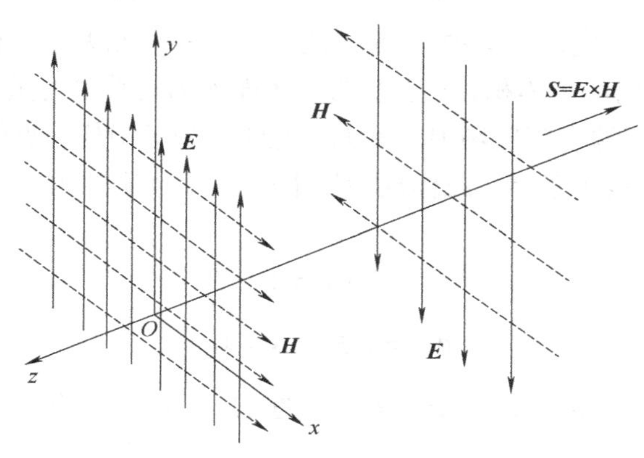

图 1.4.1 均匀平面波

导行波是一种将约束在某一有限空间内按既定场分布、沿指定路径传播的电磁波，其中用于导行波行进的装置称为导波系统，简称为波导。电磁波在传播过程中要遵循导波系统边界面上的边界条件。以导体边界为例，电磁波遇到导体将发生全反射，同时电力线处处垂直于导体表面，磁力线则处处相切于导体表面。

本节对“导行波分析方法”的讨论将会揭示不同种类的电磁波需要用相应不同类型的波导系统来导引，共同构成所谓的微波传输线。微波传输线的分类：按材质的不同，可分为金属波导和介质波导；按几何结构的不同，可分为立体波导和平面集成传输线；按波速是否随频率变化，可分为色散波和非色散波传输线；按导波系统是否存在纵向电场或纵向磁场分量，分为横电波、横磁波和横电磁波传输线。这些人为定义的划分方法并不重要，重要的是要了解不同结构传输线中的场分布规律及其工程应用价值，更重要的是要掌握微波系统中各种不同功能部件的结构原理，它们均是以相应的传输线为基本单元，巧妙运用电磁波的自律规则并通过开孔、缝，或插入片状、柱状的金属、介质等手段设计而成。

虽然电磁波在各种不同结构、不同材料、不同口径的微波传输线中的场分布各不相同，但沿传输线纵向（即波传播方向）的传输特性是相通的，也正是这一相通的特性才使传输线大家族中各成员间的相互衔接和转换成为可能。本节将反映电磁波中源、场、媒介间相互依存关系的麦克斯韦方程组应用于任意口径的导波系统，建立导行波的一般形式，并获取导行波的纵向传输特性以及后续各规则波导中求解场结构的通用方法。

1.4.1 麦克斯韦方程组、边界条件及波动方程

1. 麦克斯韦方程组

麦克斯韦方程组全面描述了电磁场、源、媒质间的相互依存规律。其中在电荷产生的有

源电场中，任一点的电通量与该点处的电荷密度呈正比，用电位移矢量$\boldsymbol{D}$(C/m^2) 可表示为以下关系：电位移矢量$\boldsymbol{D}$的散度等于该点处的自由电荷体密度ρ_v(C/m^3)，用公式表示为

$$\nabla\cdot\boldsymbol{D}=\rho_v \tag{1.4.1}$$

$\boldsymbol{D}$在任一封闭面S上的面积分遵循高斯定理

$$\oint_S\boldsymbol{D}\cdot\mathrm{d}\boldsymbol{s}=\int_V\nabla\cdot\boldsymbol{D}\mathrm{d}v=\int_V\rho_v\mathrm{d}v=\sum Q \tag{1.4.2}$$

式 (1.4.2) 中运用了散度定理，其中$\mathrm{d}\boldsymbol{s}$是封闭面S上的面元矢量；积分区域V是封闭面S所围成的体积；$\mathrm{d}v$是V内的小体积元；$\sum Q$为封闭面S内的总电荷量。

在传导电流产生的无源有旋磁场中，其无源性体现为场中任一点的磁通量为零，即磁感应强度$\boldsymbol{B}$(Wb/m^2) 的散度等于零，或体现为场中任一封闭面S中的总磁通量Φ_m(Wb) 等于零，用公式表示为

$$\nabla\cdot\boldsymbol{B}=0 \tag{1.4.3}$$

$$\Phi_m=\oint_S\boldsymbol{B}\cdot\mathrm{d}\boldsymbol{s}=0 \tag{1.4.4}$$

其有旋性体现为场中任一点的磁环流量即磁场强度$\boldsymbol{H}$(A/m) 的旋度等于该点处的传导体电流密度$\boldsymbol{J}_c$(A/m^2)，用公式表示为

$$\nabla\times\boldsymbol{H}=\boldsymbol{J}_c \tag{1.4.5}$$

$\boldsymbol{H}$沿任一闭合环路C的线积分遵循安培环路定律

$$\oint_C\boldsymbol{H}\cdot\mathrm{d}\boldsymbol{l}=\int_S(\nabla\times\boldsymbol{H})\cdot\mathrm{d}\boldsymbol{s}=\int_S\boldsymbol{J}_c\cdot\mathrm{d}\boldsymbol{s}=\sum i \tag{1.4.6}$$

式 (1.4.6) 中运用了斯托克斯公式，其中$\mathrm{d}\boldsymbol{l}$是闭合环路C上的线元矢量；积分区域S是闭合环路C所围成的面积；$\mathrm{d}\boldsymbol{s}$是S上的面元矢量；$\sum i$等于与该闭合环路交链的总电流。

在时变电场或时变磁场中，电与磁不再孤立存在，而是相互激励产生有旋场。时变磁场将引起穿越任一面域S中磁通Φ_m的时变，并在围绕该面域设置的线圈中感应生成电动势ε_{in}(V)，此即为法拉第电磁感应定律，用公式表示为

$$\varepsilon_{in}=-\frac{\mathrm{d}\Phi_m}{\mathrm{d}t} \tag{1.4.7}$$

式 (1.4.7) 中负号为楞次定律所揭示的“感应电流总是要阻止磁通变化”的规律。感应电动势ε_{in}应等于回路中电场强度$\boldsymbol{E}$(V/m) 沿线圈的闭合线积分，即

$$\varepsilon_{in}=\oint_C\boldsymbol{E}\cdot\mathrm{d}\boldsymbol{l}=\int_S(\nabla\times\boldsymbol{E})\cdot\mathrm{d}\boldsymbol{s}=-\frac{\mathrm{d}\Phi_m}{\mathrm{d}t}=-\frac{\mathrm{d}}{\mathrm{d}t}\int_S\boldsymbol{B}\cdot\mathrm{d}\boldsymbol{s}=\int_S\left(-\frac{\partial\boldsymbol{B}}{\partial t}\right)\mathrm{d}\boldsymbol{s} \tag{1.4.8}$$

对任一设置的静止线圈，式 (1.4.8) 中对时间的微分可移至面积分内，同时考虑到磁感应强度$\boldsymbol{B}$可能既是时间也是空间位置的函数，故应写成偏微分。注意到线圈环路的任意性，式 (1.4.8) 中同一面域S积分下的被积函数应相等，即有

$$\nabla\times\boldsymbol{E}=-\frac{\partial\boldsymbol{B}}{\partial t} \tag{1.4.9}$$

式 (1.4.9) 表明，时变磁场在它存在的区域中激起了有旋电场。有旋电场在该区域中任一点的环流量即旋度等于该点处磁感应强度$\boldsymbol{B}$对时间t的负变化率。

对“时变电场是否也同样激起时变磁场”这一问题的探讨，直至 19 世纪 60 年代才被

麦克斯韦首先从理论上找到答案：是。因为时变情况下对式（1.4.5）两边取散度的结果出现了"左边应满足数学矢量恒等式$\nabla\cdot\nabla\times\boldsymbol{H}=0$"而"右边应满足时变电流连续性方程$\nabla\cdot\boldsymbol{J}_c\neq 0$（见图1.4.2的讨论）"的矛盾。

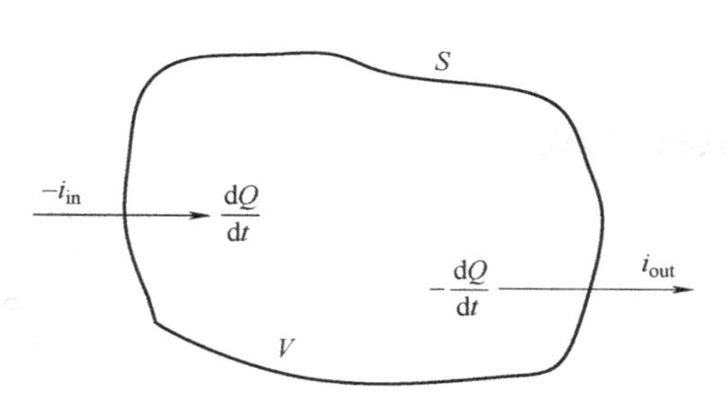

图1.4.2　时变情况下的电荷守恒

对图1.4.2所示的任一给定体域V，由电荷守恒原理知，当有电流流进该域时，域内总电荷将以等于电流的速率增加；当有电流流出该域时，域内总电荷将以等于电流的速率减小。考虑到电路中的节点电流以"流进为负，流出为正"，故可得：域V中总电荷$\sum Q$对时间t的负变化率等于进、出该域的总电流$\sum i$。用公式表示为

$$\sum i=-\frac{\mathrm{d}\sum Q}{\mathrm{d}t} \tag{1.4.10}$$

进、出域V的总电流$\sum i$等于传导体电流密度$\boldsymbol{J}_c$(A/m^2）穿过面域S的总通量，同时将散度定理应用于式（1.4.10），可得

$$\sum i=\oint_S \boldsymbol{J}_c\cdot\mathrm{d}\boldsymbol{s}=\int_V\nabla\cdot\boldsymbol{J}_c\mathrm{d}v=-\frac{\mathrm{d}\sum Q}{\mathrm{d}t}=-\frac{\mathrm{d}}{\mathrm{d}t}\int_V\rho_v\mathrm{d}v=\int_V\left(-\frac{\partial\rho_v}{\partial t}\right)\mathrm{d}v \tag{1.4.11}$$

对任一选定的静止体域V，式（1.4.11）中对时间的微分可移至体积分内，同时考虑到自由电荷体密度ρ_v可能既是时间也是空间位置的函数，故应写成偏微分。注意到体域V的任意性，式（1.4.11）中同一体域V积分下的被积函数应相等，即可得电流连续性方程的微分形式为

$$\nabla\cdot\boldsymbol{J}_c=-\frac{\partial\rho_v}{\partial t} \tag{1.4.12}$$

将式（1.4.1）代入式（1.4.12）中可得

$$\nabla\cdot\left(\boldsymbol{J}_c+\frac{\partial\boldsymbol{D}}{\partial t}\right)=0 \tag{1.4.13}$$

因此可以得到以下结论：在式（1.4.5）右边添加一项$\frac{\partial\boldsymbol{D}}{\partial t}$便可解决"数学恒等"与"时变电荷守恒"的矛盾。

易见，式（1.4.13）中$\frac{\partial\boldsymbol{D}}{\partial t}$具有体电流密度单位（A/m^2），但不是带电粒子在电场作用下定向运动的传导电流，而是空间电场随时间的变化率，故称为位移电流密度$\boldsymbol{J}_d$(A/m^2)，由麦克斯韦于1864年首先提出。位移电流的理论发现是麦克斯韦的伟大贡献之一，它完备了电与磁的相互依存关系，组合为麦克斯韦方程组，其微分形式为

$$\nabla\cdot\boldsymbol{D}=\rho_v \tag{1.4.14}$$

$$\nabla\cdot\boldsymbol{B}=0 \tag{1.4.15}$$

$$\nabla\times\boldsymbol{H}=\boldsymbol{J}_c+\frac{\partial\boldsymbol{D}}{\partial t} \tag{1.4.16}$$

$$\nabla\times\boldsymbol{E}=-\frac{\partial\boldsymbol{B}}{\partial t} \tag{1.4.17}$$

其积分形式为

$$\oint_S\boldsymbol{D}\cdot\mathrm{d}\boldsymbol{s}=\int_V\rho_{\mathrm{v}}\mathrm{d}v \tag{1.4.18}$$

$$\oint_S\boldsymbol{B}\cdot\mathrm{d}\boldsymbol{s}=0 \tag{1.4.19}$$

$$\oint_C\boldsymbol{H}\cdot\mathrm{d}\boldsymbol{l}=\int_S\left(\boldsymbol{J}_{\mathrm{c}}+\frac{\partial\boldsymbol{D}}{\partial t}\right)\cdot\mathrm{d}\boldsymbol{s} \tag{1.4.20}$$

$$\oint_C\boldsymbol{E}\cdot\mathrm{d}\boldsymbol{l}=\int_S\left(-\frac{\partial\boldsymbol{B}}{\partial t}\right)\cdot\mathrm{d}\boldsymbol{s} \tag{1.4.21}$$

这里需要说明的一点是，一些书籍或论文对麦克斯韦方程组中时变磁场激励有旋电场的公式采用

$$\nabla\times\boldsymbol{E}=-\frac{\partial\boldsymbol{B}}{\partial t}-\boldsymbol{M} \tag{1.4.22}$$

式中，$\boldsymbol{M}$(V/m²) 称为磁流密度矢量。

$\boldsymbol{M}$ 是一个自然界不存在但为便于解决某些边值问题而人为引入的量，因此，本书在后续各章节的讨论中，视问题的需要，采用式（1.4.17）或式（1.4.22）。

在各向同性介质中，电磁场量与表征介质电磁特性的三个参量 ε、μ、σ 之间的关系为

$$\boldsymbol{D}=\varepsilon\boldsymbol{E} \tag{1.4.23}$$

$$\boldsymbol{B}=\mu\boldsymbol{H} \tag{1.4.24}$$

$$\boldsymbol{J}=\sigma\boldsymbol{E} \tag{1.4.25}$$

式中，ε 为电容率或介电常数（F/m）；μ 为磁导率（H/m）；σ 为电导率（S/m）。

真空中的介电常数 ε_0 与磁导率 μ_0 分别为

$$\varepsilon_0=\frac{1}{36\pi}\times10^{-9}\approx8.854\times10^{-12}\,\mathrm{F/m}$$

$$\mu_0=4\pi\times10^{-7}\approx1.2566\times10^{-6}\,\mathrm{H/m}$$

空气中的 ε 和 μ 与真空中的 ε_0 和 μ_0 非常接近，为简化分析，一般可近似认为两者相等。

对于微波技术中常见的均匀、线性、各向同性介质，其特性参量 ε、μ、σ 均不随空间坐标而变（均匀）、与场强无关（线性），且在空间各个方向上的数值相同（各向同性），可按下式定义其相对介电常数 ε_{r} 和相对磁导率 μ_{r}，ε_{r} 和 μ_{r} 都是无量纲的量。

$$\varepsilon=\varepsilon_{\mathrm{r}}\varepsilon_0 \tag{1.4.26}$$

$$\mu=\mu_{\mathrm{r}}\mu_0 \tag{1.4.27}$$

2. 边界条件

麦克斯韦方程组仅适用于同一介质中的连续变化场，而在不同介质分界面处，各场分量可能会发生连续或不连续的变化，其变化规律由边界条件确定，“边界条件”可理解为“电磁场在给定边界处应遵循的自律规则”。

先由麦克斯韦方程组获取任意两种不同介质分界面处的边界条件，再由此获取微波技术中常见的“两种理想介质分界面”和“理想导体表面”两类边界条件。

(1) 任意两种不同介质分界面处的边界条件

将麦克斯韦方程组的积分形式，即式（1.4.18）~（1.4.21）分别运用于图1.4.3中$\Delta h \to 0$的高斯面S和环路C。将式（1.4.18）运用于图1.4.3中$\Delta h \to 0$的高斯面，得

$$\begin{aligned}\oint_S \boldsymbol{D}\cdot \mathrm{d}\boldsymbol{s} \xrightarrow{\Delta h\to 0} &= \boldsymbol{D}_1\cdot\Delta\boldsymbol{S}_1+\boldsymbol{D}_2\cdot\Delta\boldsymbol{S}_2=\boldsymbol{D}_1\cdot\boldsymbol{n}_2\Delta S_1+\boldsymbol{D}_2\cdot\boldsymbol{n}_1\Delta S_2\\ &=(\boldsymbol{D}_1\cdot\boldsymbol{n}_2+\boldsymbol{D}_2\cdot\boldsymbol{n}_1)\Delta S_1\\ &=\int_V\rho_{\mathrm{v}}\mathrm{d}v\xrightarrow{\Delta h\to 0}=\rho_{\mathrm{s}}\Delta S_1\end{aligned}\tag{1.4.28}$$

式中，$\boldsymbol{D}_1$和$\boldsymbol{D}_2$分别表示介质Ⅰ和介质Ⅱ中的电位移矢量；$\Delta\boldsymbol{S}_1$和$\Delta\boldsymbol{S}_2$分别表示封闭高斯面S顶面和底面的面积矢量；$\boldsymbol{n}_1$和$\boldsymbol{n}_2$表示分界面处的单位法向矢量。

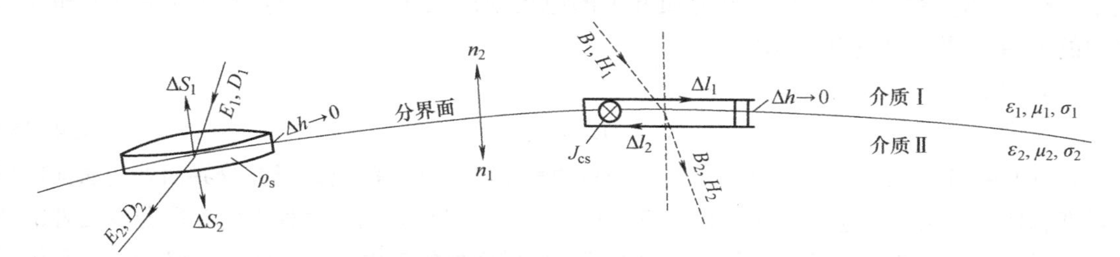

图1.4.3 任意两种不同介质分界面处的边界条件

由式（1.4.28）可得

$$\boldsymbol{D}_1\cdot\boldsymbol{n}_2+\boldsymbol{D}_2\cdot\boldsymbol{n}_1=\rho_{\mathrm{s}}\tag{1.4.29}$$

式中，$\boldsymbol{D}_1\cdot\boldsymbol{n}_2$和$\boldsymbol{D}_2\cdot\boldsymbol{n}_1$分别为介质Ⅰ和介质Ⅱ中的$\boldsymbol{D}$在分界面处的法向分量$D_{1\mathrm{n}}$和$D_{2\mathrm{n}}$；$\rho_{\mathrm{s}}$(C/m^2）为分界面处自由电荷面密度。

将式（1.4.19）运用于图1.4.3中$\Delta h\to 0$的高斯面，得

$$\oint_S\boldsymbol{B}\cdot\mathrm{d}\boldsymbol{s}=(\boldsymbol{B}_1\cdot\boldsymbol{n}_2+\boldsymbol{B}_2\cdot\boldsymbol{n}_1)\Delta S_1=0\tag{1.4.30}$$

式中，$\boldsymbol{B}_1\cdot\boldsymbol{n}_2$和$\boldsymbol{B}_2\cdot\boldsymbol{n}_1$分别为介质Ⅰ和介质Ⅱ中的$\boldsymbol{B}$在分界面处的法向量$\boldsymbol{B}_{1\mathrm{n}}$和$\boldsymbol{B}_{2\mathrm{n}}$，且$\Delta S_1$不为零。

由式（1.4.30）可得

$$B_{1\mathrm{n}}=B_{2\mathrm{n}}\tag{1.4.31}$$

将式（1.4.20）运用于图1.4.3中$\Delta h\to 0$的环路C，得

$$\begin{aligned}\oint_C\boldsymbol{H}\cdot\mathrm{d}\boldsymbol{l}\xrightarrow{\Delta h\to 0}&=\boldsymbol{H}_1\cdot\Delta\boldsymbol{l}_1+\boldsymbol{H}_2\cdot\Delta\boldsymbol{l}_2=H_{1\mathrm{t}}\Delta l_1-H_{2\mathrm{t}}\Delta l_2=(H_{1\mathrm{t}}-H_{2\mathrm{t}})\Delta l_1\\ &=\int_S\left(\boldsymbol{J}_{\mathrm{c}}+\frac{\partial\boldsymbol{D}}{\partial t}\right)\cdot\mathrm{d}\boldsymbol{s}\xrightarrow[\text{又}\frac{\partial\boldsymbol{D}}{\partial t}\text{为有限量,则}\int_S\frac{\partial\boldsymbol{D}}{\partial t}\cdot\mathrm{d}\boldsymbol{s}=0]{\Delta h\to 0\text{则}\boldsymbol{J}_{\mathrm{c}}\to\boldsymbol{J}_{\mathrm{cs}},S\to 0}=\boldsymbol{J}_{\mathrm{cs}}\cdot\boldsymbol{\alpha}_{\mathrm{s}}\Delta l_1\\ &=J_{\mathrm{cs}}\Delta l_1\end{aligned}\tag{1.4.32}$$

式中，$\boldsymbol{H}_1$和$\boldsymbol{H}_2$分别表示介质Ⅰ和介质Ⅱ中的磁场强度矢量；$\Delta\boldsymbol{l}_1$和$\Delta\boldsymbol{l}_2$表示环路C上平行于分界面的上、下路径，其方向沿环路C的走向方向；$H_{1\mathrm{t}}$和$H_{2\mathrm{t}}$分别为介质Ⅰ和介质Ⅱ中的$\boldsymbol{H}$在图1.4.3中所示分界面处的几何切向分量；$\boldsymbol{J}_{\mathrm{cs}}$(A/m）为分界面处传导面电流密度，其

方向与线积分环路 C 的走向成右手螺旋关系，式（1.4.32）中的面积分域 S 为线积分环路 C 所围面域，面域 S 的正法向 $\boldsymbol{\alpha}_s$ 与环路 C 的走向也成右手螺旋关系。式（1.4.32）的关系用矢量解析表达为

$$\boldsymbol{n}_2\times\boldsymbol{H}_1+\boldsymbol{n}_1\times\boldsymbol{H}_2=\boldsymbol{J}_{cs} \tag{1.4.33}$$

将式（1.4.21）运用于图 1.4.3 中 $\Delta h\to0$ 的环路 C，得

$$\begin{aligned}\oint_C \boldsymbol{E}\cdot d\boldsymbol{l} &\xrightarrow{\Delta h\to0} \boldsymbol{E}_1\cdot\Delta\boldsymbol{l}_1+\boldsymbol{E}_2\cdot\Delta\boldsymbol{l}_2=-E_{1t}\Delta l_1+E_{2t}\Delta l_2=(-E_{1t}+E_{2t})\Delta l_1\\ &=\int_S\left(-\frac{\partial\boldsymbol{B}}{\partial t}\right)\cdot d\boldsymbol{s}\xrightarrow[\text{又}\frac{\partial\boldsymbol{B}}{\partial t}\text{为有限量}]{\Delta h\to0\text{则}S\to0}0\end{aligned} \tag{1.4.34}$$

式中，$\boldsymbol{E}_1$ 和 $\boldsymbol{E}_2$ 分别表示介质Ⅰ和介质Ⅱ中的电场强度矢量；E_{1t} 和 E_{2t} 分别为介质Ⅰ和介质Ⅱ中的 E 在分界面处的几何切向分量。

由式（1.4.34）可得

$$E_{1t}=E_{2t} \tag{1.4.35}$$

式（1.4.31）和式（1.4.35）表明，任意两种不同介质中的电磁场在分界面处的法向磁感应强度和切向电场强度连续。式（1.4.29）和式（1.4.33）表明，两种不同介质分界面处的法向电场强度差值和切向磁场强度差值分别等于该分界面处的自由电荷面密度 ρ_s(C/m^2) 和传导面电流密度 $\boldsymbol{J}_{cs}$(A/m)。

（2）两种理想介质分界面处的边界条件

对于两种理想介质分界面，因该面上既无自由电荷，也无传导电流，故有边界条件

$$B_{1n}=B_{2n} \tag{1.4.36}$$

$$E_{1t}=E_{2t} \tag{1.4.37}$$

$$D_{1n}=D_{2n} \tag{1.4.38}$$

$$H_{1t}=H_{2t} \tag{1.4.39}$$

（3）理想导体表面的边界条件

对于导体与介质的分界面，导体表面是微波工程中常遇见的一种边界。由于良导体（如银、铜、金等）的电导率 σ 很大，可近似视为理想导体，令其 $\sigma\to\infty$，理想导体中的时变电磁场等于零，导体内的自由电荷根据表面形状及外加场的不同分布重新以相应大小和方向的自由电荷面密度 ρ_s 和传导面电流密度 $\boldsymbol{J}_{cs}$ 分布于导体表面无限薄的表层内。参见图 1.4.3，现设介质Ⅰ为空气，介质Ⅱ为理想导体，则有边界条件

$$\boldsymbol{B}_1\cdot\boldsymbol{n}_2=B_{1n}=0 \tag{1.4.40}$$

$$\boldsymbol{n}_2\times\boldsymbol{E}_1=E_{1t}=0 \tag{1.4.41}$$

$$\boldsymbol{D}_1\cdot\boldsymbol{n}_2=D_{1n}=\rho_s \tag{1.4.42}$$

$$\boldsymbol{n}_2\times\boldsymbol{H}_1=H_{1t}=\boldsymbol{J}_{cs} \tag{1.4.43}$$

式中，$\boldsymbol{n}_2$ 为导体表面外法向。

式（1.4.40）~式（1.4.43）从理论上验证了导体表面的切向电场和法向磁场为零，即电力线处处垂直于导体表面、磁力线处处贴附于导体表面而生存的物理现象的正确性。

3. 波动方程

波动方程是从微分形式的麦克斯韦方程组中联立关于 $\boldsymbol{E}$ 和 $\boldsymbol{H}$ 相互交变的两个旋度方程，消去其中一元，获得独立的关于 $\boldsymbol{E}$ 或 $\boldsymbol{H}$ 与其源及介质特性的微分方程。

以获得 $\boldsymbol{E}$ 所满足的波动方程为例。对式（1.4.17）两边再次取旋度，得

$$\nabla\times\nabla\times\boldsymbol{E}=-\mu\frac{\partial}{\partial t}(\nabla\times\boldsymbol{H}) \tag{1.4.44}$$

将式（1.4.16）代入式（1.4.44），便可消去 $\boldsymbol{H}$，得到关于 $\boldsymbol{E}$ 的独立微分方程

$$\nabla\times\nabla\times\boldsymbol{E}=-\mu\frac{\partial}{\partial t}\left(\boldsymbol{J}_{\mathrm{c}}+\varepsilon\frac{\partial}{\partial t}\boldsymbol{E}\right) \tag{1.4.45}$$

利用矢量恒等式 $\nabla\times(\nabla\times\boldsymbol{A})=\nabla(\nabla\cdot\boldsymbol{A})-\nabla^2\boldsymbol{A}$，同时考虑到微波技术中常讨论的是无源区，可令 $\boldsymbol{J}_{\mathrm{c}}=0$ 及 $\nabla\cdot(\varepsilon\boldsymbol{E})=\rho_{\mathrm{v}}=0$，即可获得无源区 $\boldsymbol{E}$ 所满足的波动方程（又称为亥姆霍兹方程）为

$$\nabla^2\boldsymbol{E}-\mu\varepsilon\frac{\partial^2\boldsymbol{E}}{\partial t^2}=0 \tag{1.4.46}$$

类似的方法可运用于式（1.4.16），即可获得无源区 $\boldsymbol{H}$ 所满足的波动方程为

$$\nabla^2\boldsymbol{H}-\mu\varepsilon\frac{\partial^2\boldsymbol{H}}{\partial t^2}=0 \tag{1.4.47}$$

因 ∇^2 为数学中的拉普拉斯运算符号，实为空域二阶偏微分运算符号，故式（1.4.46）和式（1.4.47）为时、空两域微分方程，因其解具有时、空波动性，故得名波动方程。

1.4.2　导行波的场解法

本小节将由麦克斯韦方程组获得的波动方程应用于任意口径的导波系统，从中剖析导波场的求解方法，并获取导行波的纵向传输共性。

考虑如图 1.4.4 所示的任意截面的无限长均匀无耗导波系统，即假设该系统的横截面形状任意，但形状和大小沿轴向没有变化（均匀），系统中可暂不考虑反射波的存在（无限长），同时构成导波系统的材料为理想导体，内填真空（无耗）。为使问题的讨论具有普适性，图中采用广义柱坐标系（u,v,z），并设定导波沿 z 方向传播。

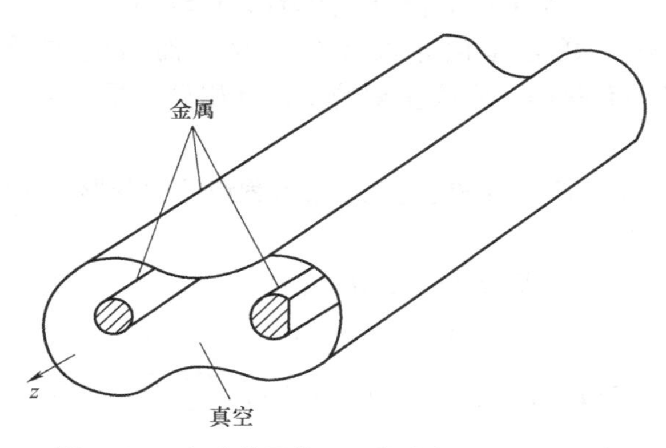

图 1.4.4　任意截面的无限长均匀无耗导波系统

显然，导波系统（简称波导）中电磁波的能流密度矢量 $\boldsymbol{S}=\boldsymbol{E}\times\boldsymbol{H}$ 既随时间 t 变化，也随空间位置 (u,v,z) 变化，即一般情况下，$\boldsymbol{E}$ 和 $\boldsymbol{H}$ 均为 $(u,v,z;t)$ 的时空四变量函数，同时又是三维空间的矢量。因此，导行波的求解即为求解形如式（1.4.46）和式（1.4.47）所示的四个自变量的矢量微分方程。

考虑到时域与空域的相对独立性、电场与磁场的相互交变性及数学中对多变量函数的可变量分离性，求解过程分三步进行：时空分离、纵横分离和变量分离。

1. 时空分离——时谐场的瞬时式与复相量式的关系

一个随时间按 $\sin\omega t$ 或 $\cos\omega t$ 变化的场，称为时谐场。对这一类场量的瞬时表达式，可利用欧拉公式将时变的规律统记为指数形式 $e^{j\omega t}$，该记法可使得运算 $\frac{\partial}{\partial t}$、$\int dt$ 分别简化为因子 $j\omega$、$1/j\omega$。

以一个沿 $+z$ 方向传播、$\boldsymbol{e}_x$ 方向极化、随时间按余弦规律变化、初相位为 φ_E 的非均匀平面波为例，其直角坐标系下电场强度 $\boldsymbol{E}$ 的瞬时表达式为

$$\boldsymbol{E}(x,y,z;t)=\boldsymbol{e}_x E(x,y)\cos(\omega t-kz+\varphi_E) \tag{1.4.48}$$

式中，$\boldsymbol{e}_x$ 是 x 方向的单位矢量；cos 项可记为 $\mathrm{Re}[e^{j(\omega t-kz+\varphi_E)}]$，利用指数函数性质，可将时、空两域的相位分离，式（1.4.48）改写为

$$\boldsymbol{E}(x,y,z;t)=\mathrm{Re}[\boldsymbol{e}_x E(x,y)e^{j(-kz+\varphi_E)}e^{j\omega t}]=\mathrm{Re}[\boldsymbol{E}(x,y,z)e^{j\omega t}] \tag{1.4.49}$$

其中，$\boldsymbol{E}(x,y,z)$ 为 $\boldsymbol{E}(x,y,z;t)$ 所对应的复相量形式。$\boldsymbol{E}(x,y,z)$ 与 $\boldsymbol{E}(x,y,z;t)$ 的区别在于，$\boldsymbol{E}(x,y,z;t)$ 为时、空两域中四个变量的函数，而 $\boldsymbol{E}(x,y,z)$ 为三维空域中三个变量的函数。时间 t 在 $\boldsymbol{E}(x,y,z)$ 中不出现并不影响波动方程式（1.4.46）和式（1.4.47）中对 t 的运算，运用 $\frac{\partial^2(e^{j\omega t})}{\partial t^2}=(j\omega)^2 e^{j\omega t}$，可得直角坐标系下无源区时域波动方程所对应的复相量形式为

$$\nabla^2\boldsymbol{E}(x,y,z)+\omega^2\mu\varepsilon\boldsymbol{E}(x,y,z)=0 \tag{1.4.50}$$

$$\nabla^2\boldsymbol{H}(x,y,z)+\omega^2\mu\varepsilon\boldsymbol{H}(x,y,z)=0 \tag{1.4.51}$$

相应地，广义柱坐标系 (u,v,z) 下无源区的波动方程复相量形式为

$$\nabla^2\boldsymbol{E}(u,v,z)+\omega^2\mu\varepsilon\boldsymbol{E}(u,v,z)=0 \tag{1.4.52}$$

$$\nabla^2\boldsymbol{H}(u,v,z)+\omega^2\mu\varepsilon\boldsymbol{H}(u,v,z)=0 \tag{1.4.53}$$

时、空两域的分离无疑会简化导波场的求解，而最终的瞬时场矢量表达式按式（1.4.49）所描述的关系获得。应该注意的是，复相量只是一种记法，且只有在相同频率的量之间才能进行运算。

当式（1.4.14）~式（1.4.17）描述的麦克斯韦方程组的微分形式在广义柱坐标系 (u,v,z) 下不省略自变量时，可重写为

$$\nabla\cdot\boldsymbol{D}(u,v,z;t)=\rho_v(u,v,z;t) \tag{1.4.54}$$

$$\nabla\cdot\boldsymbol{B}(u,v,z;t)=0 \tag{1.4.55}$$

$$\nabla\times\boldsymbol{H}(u,v,z;t)=\boldsymbol{J}_c(u,v,z;t)+\frac{\partial\boldsymbol{D}(u,v,z;t)}{\partial t} \tag{1.4.56}$$

$$\nabla\times\boldsymbol{E}(u,v,z;t)=-\frac{\partial\boldsymbol{B}(u,v,z;t)}{\partial t} \tag{1.4.57}$$

运用时谐场的瞬时式与复相量式的关系，广义柱坐标系（u,v,z）下相应的麦克斯韦方程组的复相量形式为

$$\nabla\cdot \boldsymbol{D}(u,v,z;t)=\rho_{\mathrm{v}}(u,v,z;t) \tag{1.4.58}$$

$$\nabla\cdot \boldsymbol{B}(u,v,z;t)=0 \tag{1.4.59}$$

$$\nabla\times\boldsymbol{H}(u,v,z;t)=\boldsymbol{J}_{\mathrm{c}}(u,v,z;t)+\mathrm{j}\omega\boldsymbol{D}(u,v,z) \tag{1.4.60}$$

$$\nabla\times\boldsymbol{E}(u,v,z;t)=-\mathrm{j}\omega\boldsymbol{B}(u,v,z) \tag{1.4.61}$$

2. 纵横分离——导行波的横向分量可由纵向分量确定

对于图 1.4.4 所示的纵向无限长导波系统，考虑到其纵向坐标 z 与横截面的任意性无关，故可将麦克斯韦方程组中的算子∇及场量 $\boldsymbol{E}(u,v,z)$、$\boldsymbol{H}(u,v,z)$ 进行纵、横分量的分离：

$$\nabla=\nabla_{\mathrm{T}}+\boldsymbol{e}_{z}\frac{\partial}{\partial z} \tag{1.4.62}$$

$$\boldsymbol{E}(u,v,z)=\boldsymbol{E}_{\mathrm{T}}(u,v,z)+\boldsymbol{e}_{z}E_{z}(u,v,z) \tag{1.4.63}$$

$$\boldsymbol{H}(u,v,z)=\boldsymbol{H}_{\mathrm{T}}(u,v,z)+\boldsymbol{e}_{z}H_{z}(u,v,z) \tag{1.4.64}$$

式中，$\boldsymbol{e}_z$是 z 方向的单位矢量；下标 T 表示横向分量。将式（1.4.62）~式（1.4.64）代入式（1.4.60）和式（1.4.61），展开，分别令公式两边对应的纵、横分量相等，得到［为书写简洁，暂隐去各复相量的变量（u,v,z）］

$$\nabla_{\mathrm{T}}\times\boldsymbol{H}_{\mathrm{T}}=\mathrm{j}\omega\varepsilon\boldsymbol{e}_{z}E_{z} \tag{1.4.65}$$

$$\nabla_{\mathrm{T}}\times\boldsymbol{e}_{z}H_{z}+\boldsymbol{e}_{z}\times\frac{\partial\boldsymbol{H}_{\mathrm{T}}}{\partial z}=\mathrm{j}\omega\varepsilon\boldsymbol{E}_{\mathrm{T}} \tag{1.4.66}$$

$$\nabla_{\mathrm{T}}\times\boldsymbol{E}_{\mathrm{T}}=-\mathrm{j}\omega\mu\boldsymbol{e}_{z}H_{z} \tag{1.4.67}$$

$$\nabla_{\mathrm{T}}\times\boldsymbol{e}_{z}E_{z}+\boldsymbol{e}_{z}\times\frac{\partial\boldsymbol{E}_{\mathrm{T}}}{\partial z}=-\mathrm{j}\omega\mu\boldsymbol{H}_{\mathrm{T}} \tag{1.4.68}$$

观察式（1.4.65）~式（1.4.68）发现，每个公式均包含场的横向分量和纵向分量，若能从式（1.4.66）和式（1.4.68）中消去$\boldsymbol{E}_{\mathrm{T}}$或$\boldsymbol{H}_{\mathrm{T}}$其中一元，则可获得横向矢量场$\boldsymbol{E}_{\mathrm{T}}$、$\boldsymbol{H}_{\mathrm{T}}$分别与纵向标量场 E_z、H_z之间的关系。显然，若将式（1.4.66）两边乘以 $\mathrm{j}\omega\mu$，对式（1.4.68）两边作$\boldsymbol{e}_{z}\times\left(\frac{\partial}{\partial z}\right)$的运算后，两式相减，可获得$\boldsymbol{E}_{\mathrm{T}}$与$E_z$、$H_z$之间的关系为

$$\left(k^{2}+\frac{\partial^{2}}{\partial z^{2}}\right)\boldsymbol{E}_{\mathrm{T}}=\frac{\partial}{\partial z}\nabla_{\mathrm{T}}E_{z}+\mathrm{j}\omega\mu\boldsymbol{e}_{z}\times\nabla_{\mathrm{T}}H_{z} \tag{1.4.69}$$

式中，$k^2=\omega^2\mu\varepsilon$，推导中运用了矢量恒等式$\boldsymbol{A}\times\boldsymbol{B}\times\boldsymbol{C}=\boldsymbol{B}(\boldsymbol{A}\cdot\boldsymbol{C})-\boldsymbol{C}(\boldsymbol{A}\cdot\boldsymbol{B})$。

使用类似的方法可从式（1.4.66）和式（1.4.68）中消去$\boldsymbol{E}_{\mathrm{T}}$，获得$\boldsymbol{H}_{\mathrm{T}}$与$E_z$、$H_z$之间的关系为

$$\left(k^{2}+\frac{\partial^{2}}{\partial z^{2}}\right)\boldsymbol{H}_{\mathrm{T}}=\frac{\partial}{\partial z}\nabla_{\mathrm{T}}H_{z}-\mathrm{j}\omega\varepsilon\boldsymbol{e}_{z}\times\nabla_{\mathrm{T}}E_{z} \tag{1.4.70}$$

式（1.4.69）和式（1.4.70）表明，对任意截面的无限长均匀无耗导波系统，只要求出其中复相量场解的纵向分量$\boldsymbol{E}_{z}(u,v,z)$和$\boldsymbol{H}_{z}(u,v,z)$，便可获得其他所有横向场解分量$E_{\mathrm{u}}(u,v,z)$、$H_{\mathrm{u}}(u,v,z)$、$E_{\mathrm{v}}(u,v,z)$和$H_{\mathrm{v}}(u,v,z)$。也就是说，规则导波系统中场的横向分

量可完全由纵向分量确定。

为获得纵向场分量 $E_z(u,v,z)$ 独立满足的公式，对式（1.4.70）两边作$\nabla_T\times$的运算，并利用式（1.4.65）消去 $\boldsymbol{H}_T$，同时注意到$\nabla_T\times\nabla_T\equiv0$，便可得标量 $E_z(u,v,z)$ 所满足的波动方程为

$$\nabla^2E_z(u,v,z)+k^2E_z(u,v,z)=0 \tag{1.4.71}$$

同样的方法可得标量 $H_z(u,v,z)$ 满足的波动方程为

$$\nabla^2H_z(u,v,z)+k^2H_z(u,v,z)=0 \tag{1.4.72}$$

3. 变量分离——导行波的一般形式、色散方程和传输条件

根据分离变量的概念，现将波导中的标量纵向场分量 $E_z(u,v,z)$ 和 $H_z(u,v,z)$ 分别拆成两个函数因子的乘积形式，其中一个函数因子只包含纵向坐标 z，另一个函数因子包含横向坐标 (u,v)，记为

$$E_z(u,v,z)=E_z(u,v)Z(z) \tag{1.4.73}$$

$$H_z(u,v,z)=H_z(u,v)Z(z) \tag{1.4.74}$$

式中，$Z(z)$ 称为 $E_z(u,v,z)$ 和 $H_z(u,v,z)$ 的纵向分布函数；$E_z(u,v)$ 和 $H_z(u,v)$ 分别称为 $E_z(u,v,z)$ 和 $H_z(u,v,z)$ 的横向分布函数。

将式（1.4.73）代入式（1.4.71），展开后等式两边同除以 $E_z(u,v)Z(z)$，得

$$\frac{\nabla_T^2E_z(u,v)}{E_z(u,v)}+\frac{1}{Z(z)}\frac{\partial^2Z(z)}{\partial z^2}=-k^2 \tag{1.4.75}$$

式中，左边第一项为 (u,v) 的函数，第二项为 z 的函数，右边为常数。因 z 与 (u,v) 互为独立变量，故左边每一项都应为某一常数，令

$$\frac{1}{Z(z)}\frac{\partial^2Z(z)}{\partial z^2}=\gamma^2 \tag{1.4.76}$$

因此可由分离变量法获得场量 $E_z(u,v,z)$ 中的纵向因子 $Z(z)$ 所满足的微分方程为

$$\frac{\mathrm{d}^2Z(z)}{\mathrm{d}z^2}-\gamma^2Z(z)=0 \tag{1.4.77}$$

式（1.4.77）是一个二阶常系数的一维微分方程，其通解为

$$Z(z)=A_+\mathrm{e}^{-\gamma z}+A_-\mathrm{e}^{\gamma z}=A_\pm\mathrm{e}^{\mp\gamma z} \tag{1.4.78}$$

式中，系数 A_+、A_-由导波系统纵向两端的边界条件确定。类似的方法运用于式（1.4.74），易知，$H_z(u,v,z)$ 的纵向因子 $Z(z)$ 的通解形式与式（1.4.78）相同，但系数 $A_\pm$有区别。

将式（1.4.78）分别代入式（1.4.73）和式（1.4.74），可得导波系统中导行波纵向场分量的一般形式为

$$E_z(u,v,z)=E_{z\pm}(u,v)\mathrm{e}^{\mp\gamma z} \tag{1.4.79}$$

$$H_z(u,v,z)=H_{z\pm}(u,v)\mathrm{e}^{\mp\gamma z} \tag{1.4.80}$$

各自的系数 $A_\pm$已包含在 $E_{z\pm}(u,v)$ 和 $H_{z\pm}(u,v)$ 中。

将式（1.4.79）和式（1.4.80）分别代入式（1.4.69）和式（1.4.70），便可得到导行波横向场分量的一般形式。

至此可看到，导行波各场分量中的横向分布函数会因波导横截面形状和坐标系 (u,v)

的不同而呈现不同的函数形式，但各自的纵向分布函数形式均相同，都为 $e^{\mp\gamma z}$，这便是导行波的一般形式。

式（1.4.79）和式（1.4.80）中 $E_z(u,v)$ 和 $H_z(u,v)$ 所满足的横向波动方程可根据式（1.4.75）和式（1.4.76）得到，为

$$\nabla_T^2 E_z(u,v)+k_c^2 E_z(u,v)=0 \tag{1.4.81}$$

$$\nabla_T^2 H_z(u,v)+k_c^2 H_z(u,v)=0 \tag{1.4.82}$$

式中，$k_c^2=k^2+\gamma^2$。式（1.4.81）和式（1.4.82）的求解需在给定的波导横截面形状和尺寸下，选取合适的坐标系后才能进行。

式（1.4.79）和式（1.4.80）还表明，导行波各场量随纵向坐标 z 的变化规律，取决于常数 γ 的性质：

当 γ 为纯实数时，$e^{\mp\gamma z}$代表沿 $\pm z$ 方向的幅度瞬衰函数；

当 γ 为纯虚数时，$e^{\mp\gamma z}$代表沿 $\pm z$ 方向的等幅波动函数；

当 γ 为复数时，$e^{\mp\gamma z}$代表沿 $\pm z$ 方向的幅度渐衰波动函数。

故 γ 称为导行波的传播常数，或称为波的纵向波数，相应地，k_c 称为波的横向二维波数，显然，k 为波的三维空间波数。γ、k_c 和 k 三者之间的关系为

$$k^2=k_c^2-\gamma^2 \tag{1.4.83}$$

式（1.4.83）称为波的色散方程。

参照均匀平面波中对波数 k 与波长 λ 的定义

$$k=\frac{2\pi}{\lambda} \tag{1.4.84}$$

相应地，定义波导中横向二维波数 k_c 与横向波长 λ_c 的关系为

$$k_c=\frac{2\pi}{\lambda_c} \tag{1.4.85}$$

将式（1.4.84）和式（1.4.85）代入式（1.4.83），得

$$\gamma=\sqrt{k_c^2-k^2}=\frac{2\pi}{\lambda}\sqrt{\left(\frac{\lambda}{\lambda_c}\right)^2-1}=\alpha+j\beta \tag{1.4.86}$$

式中，α 为波的衰减常数，单位是 dB/m 或 Np/m，物理含义为波每传播单位距离后，其场量幅度衰减为原来的 $e^{-\alpha}$倍；β 为波的相移常数，单位是 rad/m，物理含义为波每传播单位距离后，其相位滞后 β 弧度。

由式（1.4.86）可知：当 $\lambda<\lambda_c$时，$\gamma=j\beta$ 为纯虚数，此时波长为 λ 的电波可沿波导纵向传输，即传输状态。

$$\beta=\frac{2\pi}{\lambda}\sqrt{1-\left(\frac{\lambda}{\lambda_c}\right)^2} \tag{1.4.87}$$

当 $\lambda>\lambda_c$时，$\gamma=\alpha$ 为纯实数，此时电波沿波导纵向只有幅度瞬衰，并无波动特性，即截止状态。

$$\alpha=\frac{2\pi}{\lambda}\sqrt{\left(\frac{\lambda}{\lambda_c}\right)^2-1} \tag{1.4.88}$$

可见，一个波长为 λ 的电波能否在一个给定的波导中传输，由波导的横向二维波数 k_c 所确定的波长 λ_c 与工作波长 λ 之间的数值大小共同决定。因此，k_c 又称为波导的截止波数，相应的 λ_c 称为波导的截止波长。

通过以上分析，现更能直观理解色散方程的含义：

(三维空间波数)^2=(横向二维截止波数)^2-(传输状态下的纵向一维波数)^2

1.4.3 导行波按纵向场分类及一般传输特性

1. 导行波按纵向场分类

将式（1.4.79）、式（1.4.80）分别代入式（1.4.69）、式（1.4.70），并利用传输状态下的 $\gamma=j\beta$，以及广义坐标系（u,v,w）下的梯度算子

$$\nabla=\boldsymbol{e}_u\frac{\partial}{h_1\partial u}+\boldsymbol{e}_v\frac{\partial}{h_2\partial v}+\boldsymbol{e}_w\frac{\partial}{h_3\partial w} \tag{1.4.89}$$

$$\nabla_T=\boldsymbol{e}_u\frac{\partial}{h_1\partial u}+\boldsymbol{e}_v\frac{\partial}{h_2\partial v} \tag{1.4.90}$$

式中，$\boldsymbol{e}_u$、$\boldsymbol{e}_v$ 和 $\boldsymbol{e}_w$ 分别表示三个坐标方向的单位矢量。可得广义柱坐标系下导行波的横—纵向场分量关系为

$$E_u=\frac{j}{k_c^2}\left(\mp\frac{\beta}{h_1}\frac{\partial E_z}{\partial u}-\frac{\omega\mu}{h_2}\frac{\partial H_z}{\partial v}\right) \tag{1.4.91}$$

$$E_v=\frac{j}{k_c^2}\left(\mp\frac{\beta}{h_2}\frac{\partial E_z}{\partial v}+\frac{\omega\mu}{h_1}\frac{\partial H_z}{\partial u}\right) \tag{1.4.92}$$

$$H_u=\frac{j}{k_c^2}\left(\mp\frac{\beta}{h_1}\frac{\partial H_z}{\partial u}+\frac{\omega\varepsilon}{h_2}\frac{\partial E_z}{\partial v}\right) \tag{1.4.93}$$

$$H_v=\frac{j}{k_c^2}\left(\mp\frac{\beta}{h_2}\frac{\partial H_z}{\partial v}-\frac{\omega\varepsilon}{h_1}\frac{\partial E_z}{\partial u}\right) \tag{1.4.94}$$

式（1.4.89）和式（1.4.90）中，h_1、h_2、h_3 称为度量系数，其物理含义是将广义坐标系下各相应坐标量用其等效长度度量时所需乘的系数。以圆柱坐标系下 P 点的坐标（r,φ,z）为例，坐标的三个分量 r、φ、z 中，r 和 z 为长度量，φ 为圆心角度量，当全部用长度度量时，P 点坐标的各分量应分别为 r、φ、z，故圆柱坐标系下的三个度量系数分别为 $h_1=1$、$h_2=r$、$h_3=1$。球坐标系下的三个度量系数分别为 $h_1=1$、$h_2=R$、$h_3=R\sin\theta$，其中 R 为球半径，θ 为顶角。

式（1.4.91）~式（1.4.94）中运用的关系式有 $\gamma^2=-\beta^2$，$\frac{\partial}{\partial z}=\mp j\beta$，$\frac{\partial^2}{\partial z^2}=-\beta^2$，$k_c^2=k^2-\beta^2$。

根据式（1.4.91）~式（1.4.94）所揭示的导行波横——纵向场分量之间的关系，可将导行波按其纵向场分量分类：

若 $E_z=0$，$H_z=0$，则波的电场和磁场全部存在于导波系统的横截面内，称此波为横电磁波，简称 TEM 波。

若 $E_z=0$，$H_z\neq0$，则波的电场全部存在于导波系统的横截面内，称此波为横电波，简称

TE 波。因纵向可存在磁场分量，故又称为 H 波。

若 $E_z \neq 0$，$H_z = 0$，则波的磁场全部存在于导波系统的横截面内，称此波为横磁波，简称 TM 波。因纵向可存在电场分量，故又称为 E 波。

通过导行波按纵向场的分类方法，可以得到以下两个相关结论：

1）空心金属波导以及介质波导中不可能存在 TEM 波。原因是这类波导无法支持纵向传导电流的存在。因 TEM 波的 $E_z = 0$、$H_z = 0$，其全部电场和磁场分量均只存在于波导横截面内，而横向的闭合磁力线需由纵向电流来支撑，显然，空心金属波导及介质波导中无纵向传导电流，必须由纵向位移电流来支撑，即表明纵向应存在时变电场，而这与 TEM 波的定义相矛盾，故不可能存在 TEM 波。

2）只有可支撑纵向传导电流存在的多导体导波系统才有可能传输 TEM 波。

2. 导行波的一般传输特性

（1）相速和群速

定义波的等相位面移动的速度为相速 ν_p(m/s)，即单位时间内波的等相位面所移动的距离，用公式表示为

$$\nu_p = \left.\frac{dz}{dt}\right|_{\text{波的等相位面}}$$

为此，令沿+z 方向传输的导行波的场瞬时表达式中的时、空相位总和为常数，即

$$\omega t - \beta z = \text{常数}$$

式中，ω 为角频率；β 为相移常数；z 是传播方向。可得

$$\nu_p = \frac{dz}{dt} = \frac{\omega}{\beta} \tag{1.4.95}$$

定义波包络等相位面移动的速度为群速 ν_g(m/s)，即单位时间内波包络等相位面所移动的距离，用公式表示为

$$\nu_g = \left.\frac{dz}{dt}\right|_{\text{波包络等相位面}} = \frac{\Delta\omega}{\Delta\beta} \rightarrow = \frac{d\omega}{d\beta} = \frac{1}{\dfrac{d\beta}{d\omega}} \tag{1.4.96}$$

将式（1.4.87）所描述的相移常数 β 与工作波长 λ 及截止波长 λ_c 的关系代入式（1.4.95）和式（1.4.96），分别得相速 ν_p 和群速 ν_g 为

$$\nu_p = \frac{\omega}{\beta} = \frac{\nu}{\sqrt{1-\left(\dfrac{\lambda}{\lambda_c}\right)^2}} \xrightarrow{\text{自由空间}} = \frac{c}{\sqrt{1-\left(\dfrac{\lambda_0}{\lambda_c}\right)^2}} \text{(m/s)} \tag{1.4.97}$$

$$\nu_g = \frac{1}{\dfrac{d\beta}{d\omega}} = \nu\sqrt{1-\left(\frac{\lambda}{\lambda_c}\right)^2} \xrightarrow{\text{自由空间}} = c\sqrt{1-\left(\frac{\lambda_0}{\lambda_c}\right)^2} \text{(m/s)} \tag{1.4.98}$$

式中，c 和 λ_0 分别是自由空间中的光速和波长；$c = v\sqrt{\varepsilon_r}$，$\lambda_0 = \lambda\sqrt{\varepsilon_r}$，$\varepsilon_r$ 是相对介电常数。

（2）色散

波的传播速度随频率而变化的现象称为色散现象或色散效应，传播速度随频率而变化的波称为色散波。若相速随频率的提高而减小，则属于正常色散；若相速随频率的提高而增加，则

属于非正常色散。工程中不希望出现色散现象，波的色散程度取决于因子 $\sqrt{1-\left(\frac{\lambda}{\lambda_c}\right)^2}$，该因子称为色散因子或波型因子。当 $\lambda_c=\infty$，$\sqrt{1-\left(\frac{\lambda}{\lambda_c}\right)^2}=1$ 时，无色散。

由式（1.4.97）和式（1.4.98）编程计算绘制的均匀导波系统中导行波的相速、群速随频率的变化曲线如图 1.4.5 所示。图 1.4.5 中频率轴上的坐标 f_c 为导行波截止波长 λ_c 所对应的截止频率。

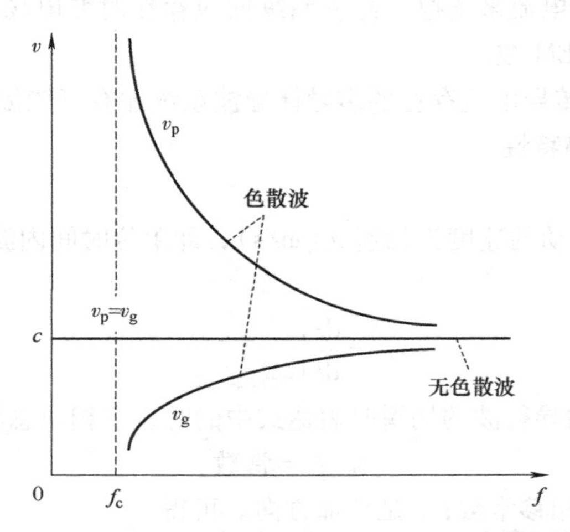

图 1.4.5　均匀导波系统中导行波的相速、群速和色散现象

(3) 相波长

定义导波系统中相位差 2π 的两相位面之间的距离为相波长 λ_p。其物理概念为一个周期中导行波所传播的距离，由此可知相波长 λ_p（单位为 m）与相移常数 β、相速 ν_p 以及振荡周期 T 之间的关系为

$$\lambda_p=\frac{2\pi}{\beta}=\nu_p T=\frac{\lambda}{\sqrt{1-\left(\frac{\lambda}{\lambda_c}\right)^2}} \tag{1.4.99}$$

(4) 波阻抗

定义导波系统中导行波的横向电场与横向磁场之比为该波的波阻抗 η（单位为 Ω）

$$\eta=\frac{E_T}{H_T} \tag{1.4.100}$$

(5) 损耗与衰减

在 1.3 节"导行波的场解法"中，均假设构成导波系统的材料是理想导体、内填真空，因此无耗。但实际的导波材料是电导率 σ 为有限值的良导体，高频电流在这种良导体壁上通过时会产生欧姆损耗；若导波系统中填有介质，则介质的漏电导率 $\sigma_d\neq0$，也会引起介质漏电导损耗。无论是导体损耗还是介质损耗，都将会造成导行波的衰减。

1）导体损耗。在有限电导率导体壁处，电场切向分量 $E_t=0$ 的边界条件不再成立，导

体壁处既有 $\boldsymbol{H}_t$ 也有 $\boldsymbol{E}_t$，必产生垂直于导体壁方向进入导体壁内的坡印亭功率流，引起电阻损耗。

导体壁电流产生的损耗功率 P_l 为

$$P_l = \frac{R_s}{2}\int_S |\boldsymbol{J}_{cs}|^2 ds = \frac{R_s}{2}\int_S |\boldsymbol{H}_t|^2 ds \tag{1.4.101}$$

式中，$\boldsymbol{J}_{cs}$ 为导体壁电流，$\boldsymbol{J}_{cs}=\boldsymbol{n}\times\boldsymbol{H}_t$；$S$ 为壁电流流过的面域；$\boldsymbol{H}_t$ 为导体壁表面切向磁场；R_s 为导体壁表面电阻（单位为 Ω）。

$$R_s = \sqrt{\frac{\pi f\mu}{\sigma}} \tag{1.4.102}$$

严格地讲，式（1.4.101）中 $\boldsymbol{H}_t$ 的解需在非理想导体边界条件下重新求解，但这样做不仅非常困难，而且其非解析解也不切实际，同时考虑到实际良导体壁与理想导体壁两者差异不大，不致明显改变磁场分布，故通常将理想导体边界条件下求解的 $\boldsymbol{H}_t$ 作为实际 $\boldsymbol{H}_t$ 值的良好近似，直接引用。

工程中用导体衰减常数 α_c 来衡量导波系统的导体损耗特性，α_c 定义为波每传输单位距离后由导体壁表面电阻引起的场强幅度衰减量，单位为奈培/米（Np/m）。在不考虑介质损耗和反射时，导波系统中的行波场有 $|E(z)|\propto e^{-\alpha_c z}$、$|H(z)|\propto e^{-\alpha_c z}$，则 $P(z)\propto e^{-2\alpha_c z}$。因此，一段 L 长传输系统的输入功率 $P(0)$ 与输出功率 $P(L)$ 之间的关系可写成

$$P(L)=P(0)e^{-2\alpha_c L}=Pe^{-2\alpha_c L} \tag{1.4.103}$$

式中，P 为系统无耗传输功率。根据坡印廷定理，系统纵向传输能流密度矢量 $\boldsymbol{S}_z=\boldsymbol{E}_T\times\boldsymbol{H}_T$(W/m^2)，其中 $\boldsymbol{E}_T$ 和 $\boldsymbol{H}_T$ 分别表示横向电场强度和磁场强度。故系统平均传输功率为

$$P = \frac{1}{2}\mathrm{Re}\left[\int_{S_T}(\boldsymbol{E}_T\times\boldsymbol{H}_T^*)\cdot d\boldsymbol{s}\right] \tag{1.4.104}$$

式中，积分区域 S_T 表示能流密度矢量所通过的横截面。根据能量守恒原理，该传输系统的损耗功率 P_l 为

$$P_l=P-P(L)$$

可解得

$$\begin{aligned}\alpha_c &= \frac{1}{2L}\ln\left(\frac{P}{P(L)}\right)=\frac{1}{2L}\ln\left(\frac{P}{P-P_l}\right)\\ &=\frac{1}{2L}\ln\left(1-\frac{P_l}{P}\right)^{-1}\approx\frac{1}{2L}\frac{P_l}{P},\ P_l\ll P\end{aligned} \tag{1.4.105}$$

2）介质损耗。若导波系统中填有介质，且介质的漏电导率 $\sigma_d\neq0$，则当电磁波沿波导传输时，在介质中必有 $\boldsymbol{J}_c=\sigma_d\boldsymbol{E}$，产生焦耳热损耗，这类介质称为有耗介质，其损耗特性由介质衰减常数 α_d 来衡量，α_d(Np/m) 定义为波每传输单位距离后由介质漏电导引起的场强幅度衰减量。

在均匀有耗介质中，有

$$\nabla\times\boldsymbol{H}=\boldsymbol{J}_c+\boldsymbol{J}_d=\sigma_d\boldsymbol{E}+j\omega\varepsilon\boldsymbol{E}=j\omega\left(\varepsilon+\frac{\sigma_d}{j\omega}\right)\boldsymbol{E}=j\omega\varepsilon_c\boldsymbol{E} \tag{1.4.106}$$

即有耗介质的介电常数为复数 ε_c(单位为 F/m)。

$$\varepsilon_{c}=\varepsilon+\frac{\sigma_{d}}{j\omega}=\varepsilon\left(1-j\frac{\sigma_{d}}{\omega\varepsilon}\right)=\varepsilon(1-j\tan\delta) \tag{1.4.107}$$

$$\tan\delta=\frac{\sigma_{d}}{\omega\varepsilon} \tag{1.4.108}$$

式中，$\tan\delta$ 为介质的损耗角正切，定义为导电介质中传导电流与位移电流的幅值比。

有耗介质中的波传播常数 γ 也为复数，即

$$\begin{aligned}\gamma&=\sqrt{k_{c}^{2}-\omega^{2}\mu\varepsilon_{c}}=\sqrt{k_{c}^{2}-\omega^{2}\mu\varepsilon(1-j\tan\delta)}=\sqrt{k_{c}^{2}-k^{2}+jk^{2}\tan\delta}\\&=\sqrt{k_{c}^{2}-k^{2}}\sqrt{1+j\frac{k^{2}\tan\delta}{k_{c}^{2}-k^{2}}}\approx\sqrt{k_{c}^{2}-k^{2}}\left(1+j\frac{1}{2}\frac{k^{2}\tan\delta}{k_{c}^{2}-k^{2}}\right)\\&=\sqrt{k_{c}^{2}-k^{2}}+j\frac{k^{2}\tan\delta}{2\sqrt{k_{c}^{2}-k^{2}}}\end{aligned} \tag{1.4.109}$$

将均匀无耗介质中的传播常数 $\gamma=\sqrt{k_{c}^{2}-k^{2}}=j\beta$ 代入式（1.4.109），得有耗介质中的传播常数为

$$\gamma=\frac{k^{2}\tan\delta}{2\beta}+j\beta=\alpha_{d}+j\beta \tag{1.4.110}$$

由此可得有耗介质的衰减常数 α_{d}（单位为 Np/m）为

$$\alpha_{d}=\frac{k^{2}\tan\delta}{2\beta} \tag{1.4.111}$$

导行波按纵向场的归类不仅体现了场分布结构形式上的不同，也反映了它们各自传输特性的不同。

3. TEM 波传输特性

对于 $E_{z}=0$、$H_{z}=0$ 的 TEM 波，由式（1.4.91）~式（1.4.94）易判断，若使 E_{T} 和 H_{T} 不为零，则必有 $k_{c}=0$，故 $\lambda_{c}=\infty$，波型因子 $\sqrt{1-\left(\frac{\lambda}{\lambda_{c}}\right)^{2}}=1$，将此条件应用于导行波的一般传输特性中，可得 TEM 波的传输特性：

（1）波速（单位为 m/s）

$$v_{p,TEM}=v_{g,TEM}=v=\frac{1}{\sqrt{\mu\varepsilon}}\xrightarrow{\text{自由空间}}c \tag{1.4.112}$$

（2）无色散

$$\sqrt{1-\left(\frac{\lambda}{\lambda_{c}}\right)^{2}}=1 \tag{1.4.113}$$

（3）工作波长（单位为 m）

$$\lambda=\frac{2\pi}{\beta} \tag{1.4.114}$$

（4）波阻抗（单位为 Ω）

$$\eta_{TEM}=\sqrt{\frac{\mu}{\varepsilon}}\xrightarrow{\text{自由空间}}120\pi \tag{1.4.115}$$

（5）损耗与衰减

1）导体损耗，导体衰减常数 α_{c} 由式（1.4.106）确定。

2）介质损耗，因$\beta=k=\omega\sqrt{\mu\varepsilon}$，故由式（1.4.111）知

$$\alpha_d=\frac{\beta\tan\delta}{2}=\frac{\pi\sqrt{\varepsilon_r}}{\lambda_0}\tan\delta \tag{1.4.116}$$

4. TE 波、TM 波传输特性

对于$H_z\neq0$的 TE 波，或$E_z\neq0$的 TM 波，由式（1.4.91）~式（1.4.94）易判断两者的$k_c\neq0$，故$\lambda_c\neq\infty$，波型因子$\sqrt{1-\left(\frac{\lambda}{\lambda_c}\right)^2}\neq1$，将此条件应用于导行波的一般传输特性中，可得 TE 波、TM 波的传输特性：

（1）相速和群速（单位均为 m/s）

$$\nu_p=\frac{\nu}{\sqrt{1-\left(\frac{\lambda}{\lambda_c}\right)^2}}\xrightarrow{\text{自由空间}}=\frac{c}{\sqrt{1-\left(\frac{\lambda_0}{\lambda_c}\right)^2}} \tag{1.4.117}$$

$$\nu_g=\nu\sqrt{1-\left(\frac{\lambda}{\lambda_c}\right)^2}\xrightarrow{\text{自由空间}}=c\sqrt{1-\left(\frac{\lambda_0}{\lambda_c}\right)^2} \tag{1.4.118}$$

（2）有色散，色散因子

$$\sqrt{1-\left(\frac{\lambda}{\lambda_c}\right)^2}\neq1 \tag{1.4.119}$$

（3）相波长（单位为 m）

$$\lambda_p=\frac{\lambda}{\sqrt{1-\left(\frac{\lambda}{\lambda_c}\right)^2}} \tag{1.4.120}$$

（4）波阻抗

导行波系统中横向电场与横向磁场之比称为该模式的波阻抗，由式（1.4.91）~式（1.4.94）可得 TE 波和 TM 波的波阻抗（单位均为 Ω）分别为

$$\eta_{TE}=\frac{E_u}{H_v}=-\frac{E_v}{H_u}=\frac{\omega\mu}{\beta}=\frac{\eta_{TEM}}{\sqrt{1-\left(\frac{\lambda}{\lambda_c}\right)^2}} \tag{1.4.121}$$

$$\eta_{TM}=\frac{E_u}{H_v}=-\frac{E_v}{H_u}=\frac{\beta}{\omega\varepsilon}=\eta_{TEM}\sqrt{1-\left(\frac{\lambda}{\lambda_c}\right)^2} \tag{1.4.122}$$

由式（1.4.121）和式（1.4.122）可知：

当满足$\lambda<\lambda_c$时，波处于传输状态，波阻抗为实数；当满足$\lambda>\lambda_c$时，波处于截止状态，波阻抗为纯虚数。即截止波为一种纯电抗性的瞬衰波，它的能量并未热耗散，也未转化为其他形式的能量，而是以电能或磁能的形式暂存于导波系统中该波被截止的地方。这一物理概念为截止波的工程应用提供了理论依据。

进一步的分析可知，截止状态下的 TE 波和 TM 波分别储存磁能和电能。因随着

$$\beta=\sqrt{1-\left(\frac{\lambda}{\lambda_c}\right)^2}\xrightarrow{\lambda>\lambda_c}=\pm j\sqrt{\left(\frac{\lambda}{\lambda_c}\right)^2-1}=\pm j\alpha$$

相应地，传输波因子 $e^{\mp j\beta z}\xrightarrow{\lambda>\lambda_c}$瞬衰波因子 $e^{\mp \alpha z}$，显然，只能取 $\beta=-j\alpha$ 才能与该物理意义相符。故瞬衰波的波阻抗为

$$\eta_{TE}=\frac{\eta_{TEM}}{\sqrt{1-\left(\frac{\lambda}{\lambda_c}\right)^2}}\xrightarrow{\lambda>\lambda_c}=\frac{\eta_{TEM}}{-j\sqrt{\left(\frac{\lambda}{\lambda_c}\right)^2-1}}=j\frac{\eta_{TEM}}{\sqrt{\left(\frac{\lambda}{\lambda_c}\right)^2-1}}\text{（呈感性）}$$

$$\eta_{TM}=\eta_{TEM}\sqrt{1-\left(\frac{\lambda}{\lambda_c}\right)^2}\xrightarrow{\lambda>\lambda_c}=-j\eta_{TEM}\sqrt{\left(\frac{\lambda}{\lambda_c}\right)^2-1}\text{（呈容性）}$$

截止状态下 TE 波和 TM 波的能量分别以磁能和电能暂存的概念，也可由各自场分布特点直观理解。即 TE 波的 $H_z\neq0$，截止时，其 H_z所携带的磁能暂存；TM 波的 $E_z\neq0$，截止时，其 E_z所携带的电能暂存。

（5）损耗与衰减

1）导体损耗，导体衰减常数 α_c 由式（1.4.105）确定。

2）介质损耗，介质衰减常数 α_d 由式（1.4.111）确定。

课后习题

1.1 何谓微波？微波有什么特点？

1.2 何谓截止波长和截止频率？

1.3 何谓工作波长和波导波长？

CHAPTER 2

第2章 传输线理论

传输线理论架起了场分析和基本电路理论之间的桥梁，在微波技术理论中具有重要的意义。传输线中波的传播现象可以由电路理论的延伸或由麦克斯韦方程组的一种特殊情况解释，本章将从以上两个观点出发，描述传输线中波的传播。

2.1 传输线及其等效电路模型

2.1.1 传输线的种类

凡是能够导引电磁波沿一定方向传输的导体及介质系统均可称为传输线。微波传输线不仅可以用来传输电磁能量，还可用来构成各种微波元件。微波传输线种类繁多，按其传输的电磁波波型不同，大致可划分为TEM波传输线、波导传输线和表面波传输线三种类型，如图2.1.1所示。

（1）TEM波传输线

TEM波传输线包括平行双线、同轴线、带状线和微带线等，属于双导体传输系统。这类传输线主要用来传输TEM波，具有频带宽的特点，但是在高频段传输时电磁能量损耗较大。

（2）波导传输线

波导传输线又称为色散波传输线，包括矩形波导、圆波导、椭圆波导和脊波导等，属于单导体传输系统。这类传输线主要用来传输TE波和TM波等色散波，具有损耗小、功率容量大、体积大和带宽窄等特点。

（3）表面波传输线

表面波传输线包括介质波导、镜像线、单根线等。它主要用于传输表面波，电磁能量沿传输线的表面传输。这类传输线具有结构简单、体积小、功率容量大等优点，目前，主要用于毫米波波段，用来制作表面波天线及某些微波元件。

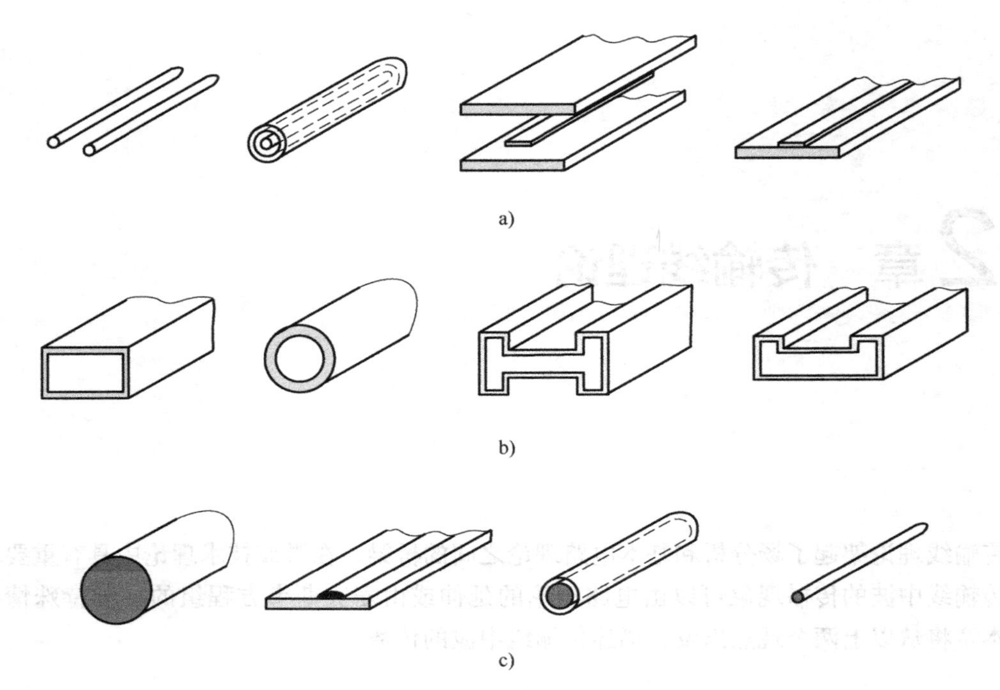

图 2.1.1 传输线的主要类型

a）TEM 波传输线 b）波导传输线 c）表面波传输线

对传输线的基本要求是：损耗小、效率高，功率容量大，工作频带宽，尺寸小且均匀。目前，微波波段使用最多的是矩形波导、圆波导、同轴线、带状线和微带线。

2.1.2 分布参数及分布参数电路

传输线有长线和短线之分，所谓长线是指传输线的几何长度 l 与线上传输电磁波的波长 λ 比值大于或接近 1，即 $l/\lambda \geqslant 1$；反之称为短线。

长线和短线是一个相对概念，均相对于电磁波波长而言，所以长线并不意味着线的几何长度就很长，而短线也并不是几何长度就一定短。例如，在微波领域中，1m 的传输线对于频率 1GHz（波长 30cm）的电磁波而言属于长线；而在电力系统中，1000m 的输电线对于频率为 50Hz（波长 6000km）的交流电而言却是短线。

长线和短线的区别还在于：前者为分布参数电路，而后者为集总参数电路。在低频电路中，常忽略元件的分布参数效应，认为电场能量全部集中在电容器中，而磁场能量全部集中在电感器中，只有电阻元件消耗电磁能量，连接元件的导线是既无电阻又无电感的理想连接线，由这些集总参数元件组成的电路称为集总参数电路。微波传输线（以下简称传输线）与集总参数电路不同，当传输的电磁波频率提高后，导体表面流过的高频电流会产生趋肤效应，使导线的有效导电面积减小，高频电阻加大，而且沿线各处都存在损耗，这就是分布电阻效应；同时高频电流还会在导线周围产生高频磁场，磁场也是沿线分布的，这就是分布电感效应；又由于导线间有电压，故导线间存在高频电场，电场也是沿线分布的，这就是分布电容效应；此外，由于导线周围介质非理想绝缘，存在漏电现象，这就是分布电导效应。在低频波段，这些分布效应并不明显，可以忽略；但是当频率提高到微波波段时，这些分布效应不可忽略，所以微波传输线是一种分布参数电路，这导致传输线上的电压和电流是随时间和空间位置而变化的二元函数。

根据传输线上的分布参数是否均匀分布，可将其分为均匀传输线和不均匀传输线。本章内容只限于分析均匀传输线。

如果长线的分布参数是沿线均匀分布的，不随位置而变化，则称为均匀传输线。均匀传输线一般有四个分布参数，分别用单位长度传输线上的分布电阻 R_0(Ω/m)、分布电导 G_0(S/m)、分布电感 L_0(H/m) 和分布电容 C_0(F/m) 来描述，它们的值取决于传输线的类型、尺寸、导体材料和周围介质参数，可用静态场方法求得。几种典型的双导体传输线的分布参数计算公式见表 2.1.1。

表 2.1.1　几种典型的双导体传输线 L_0、C_0 的计算公式

种类	双导线	同轴线	薄带状线
结构			
L_0	$\frac{\mu}{\pi}\ln\frac{D}{r}$	$\frac{\mu}{2\pi}\ln\frac{D}{d}$	$\frac{\pi\mu}{8\mathrm{arcosh}e^{\frac{\pi W}{2b}}}$
C_0	$\frac{\pi\varepsilon}{\ln\frac{D}{r}}$	$\frac{2\pi\varepsilon}{\ln\frac{D}{d}}$	$\frac{8\varepsilon}{\pi}\mathrm{arcosh}e^{\frac{\pi W}{2b}}$

有了分布参数的概念，可以把均匀传输线分割成许多小的微元段 dz（dz≪λ），这样每个微元段可看作集总参数电路，用一个 Γ 形网络来等效。于是整个传输线可等效成无穷多个 Γ 形网络的级联，如图 2.1.2 所示。

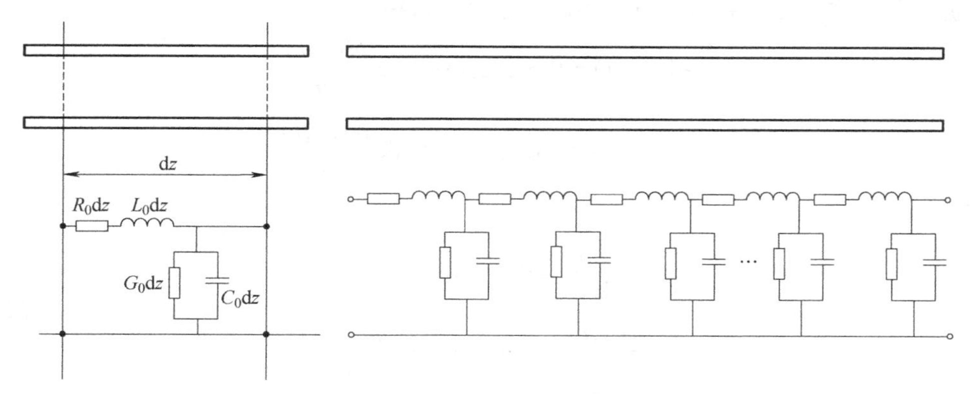

图 2.1.2　均匀传输线及其等效电路

2.2 传输线方程及其解

2.2.1 传输线方程

传输线方程是研究传输线上电压、电流的变化规律及其相互关系的方程。它可由均匀传输线的等效电路导出。

对于均匀传输线，取一个微元 dz，其集总参数分别为 $R_0\mathrm{d}z$、$G_0\mathrm{d}z$、$L_0\mathrm{d}z$ 及 $C_0\mathrm{d}z$，等效电路如图 2.2.1 所示。传输线的始端接角频率为 ω 的正弦信号源，终端接负载阻抗 Z_L。坐标原点选在始端。设距始端 z 处的电压和电流分别为 u 和 i，经过 dz 段后电压和电流分别为 $u+\mathrm{d}u$ 和 $i+\mathrm{d}i$。传输线上的电压 u 和电流 i 既是位置坐标 z 的函数，又是时间 t 的函数，可分别表示为 $u=u(z,t)$，$i=i(z,t)$。经过 dz 段后电压和电流的变化量为

$$-\mathrm{d}u(z,t)=-\frac{\partial u(z,t)}{\partial z}\mathrm{d}z$$

$$-\mathrm{d}i(z,t)=-\frac{\partial i(z,t)}{\partial z}\mathrm{d}z$$

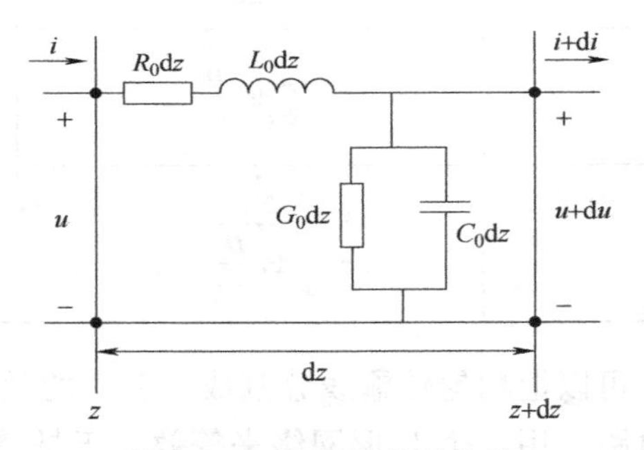

图 2.2.1 dz 段的等效电路

根据基尔霍夫定律，并忽略方程中高阶小量，可得

$$-\mathrm{d}u(z,t)=R_0\mathrm{d}z\,i(z,t)+L_0\mathrm{d}z\,\frac{\partial i(z,t)}{\partial t}$$

$$-\mathrm{d}i(z,t)=G_0\mathrm{d}z\,u(z,t)+C_0\mathrm{d}z\,\frac{\partial u(z,t)}{\partial t}$$

整理后得

$$\begin{cases}-\dfrac{\mathrm{d}u(z,t)}{\mathrm{d}z}=R_0 i(z,t)+L_0\dfrac{\partial i(z,t)}{\partial t}\\[2ex]-\dfrac{\mathrm{d}i(z,t)}{\mathrm{d}z}=G_0 u(z,t)+C_0\dfrac{\partial u(z,t)}{\partial t}\end{cases}\tag{2.2.1}$$

式（2.2.1）即为均匀传输线方程的一般形式，也称为电报方程。由于电压和电流随时间做简谐变化，其瞬时值 u、i 与复数振幅 U、I 的关系为

$$\begin{cases} u(z,t)=\mathrm{Re}[U(z)\mathrm{e}^{\mathrm{j}\omega t}] \\ i(z,t)=\mathrm{Re}[I(z)\mathrm{e}^{\mathrm{j}\omega t}] \end{cases} \tag{2.2.2}$$

将式（2.2.2）代入式（2.2.1），消去等式两边的因子 $\mathrm{e}^{\mathrm{j}\omega t}$，可得

$$\frac{\mathrm{d}U(z)}{\mathrm{d}z}=-(R_0+\mathrm{j}\omega L_0)I(z)$$

$$\frac{\mathrm{d}I(z)}{\mathrm{d}z}=-(G_0+\mathrm{j}\omega C_0)U(z)$$

令 $R_0+\mathrm{j}\omega L_0=Z$，$G_0+\mathrm{j}\omega C_0=Y$，则得到时谐传输线方程为

$$\begin{cases} \dfrac{\mathrm{d}U(z)}{\mathrm{d}z}=-ZI(z) \\ \dfrac{\mathrm{d}I(z)}{\mathrm{d}z}=-YU(z) \end{cases} \tag{2.2.3}$$

式中，Z 为单位长度的串联阻抗；Y 为单位长度的并联导纳，但 $Z\neq 1/Y$。式（2.2.3）表明传输线上电压的变化是由串联阻抗的降压作用造成的，而电流的变化是由并联导纳的分流作用造成的。

2.2.2　传输线方程的解

将式（2.2.3）两边对 z 再求一次微分，并令 $\gamma^2=ZY=(R_0+\mathrm{j}\omega L_0)(G_0+\mathrm{j}\omega C_0)$，可得

$$\begin{cases} \dfrac{\mathrm{d}^2U(z)}{\mathrm{d}z^2}-\gamma^2U(z)=0 \\ \dfrac{\mathrm{d}^2I(z)}{\mathrm{d}z^2}-\gamma^2I(z)=0 \end{cases} \tag{2.2.4}$$

式（2.2.4）称为均匀传输线的波动方程，这是一个标准的二阶齐次微分方程组，其通解为

$$\begin{cases} U(z)=A_1\mathrm{e}^{-\gamma z}+A_2\mathrm{e}^{\gamma z} \\ I(z)=\dfrac{1}{Z_0}(A_1\mathrm{e}^{-\gamma z}-A_2\mathrm{e}^{\gamma z}) \end{cases} \tag{2.2.5}$$

式中，γ 为传输线上波的传播常数，$\gamma=\sqrt{(R_0+\mathrm{j}\omega L_0)(G_0+\mathrm{j}\omega C_0)}=\alpha+\mathrm{j}\beta$，其实部为 α，虚部为 β；Z_0 为传输线的特性阻抗，$Z_0=\sqrt{\dfrac{R_0+\mathrm{j}\omega L_0}{G_0+\mathrm{j}\omega C_0}}$；$A_1$、$A_2$ 为待定常数，其值由传输线的始端或终端的已知条件确定。

下面将分为两种情况分别讨论。

情况一：若已知传输线终端电压 U_2 和电流 I_2，求解沿线电压电流表达式。

为了方便起见，将坐标原点 $z=0$ 选在终端，坐标轴正方向选择为由终端负载指向源的方向，如图 2.2.2 所示，则式（2.2.5）可改写为式（2.2.6）。

$$\begin{cases} U(z)=A_1\mathrm{e}^{\gamma z}+A_2\mathrm{e}^{-\gamma z} \\ I(z)=\dfrac{1}{Z_0}(A_1\mathrm{e}^{\gamma z}-A_2\mathrm{e}^{-\gamma z}) \end{cases} \tag{2.2.6}$$

将终端边界条件 $U(0)=U_2$、$I(0)=I_2$ 代入上式，可得

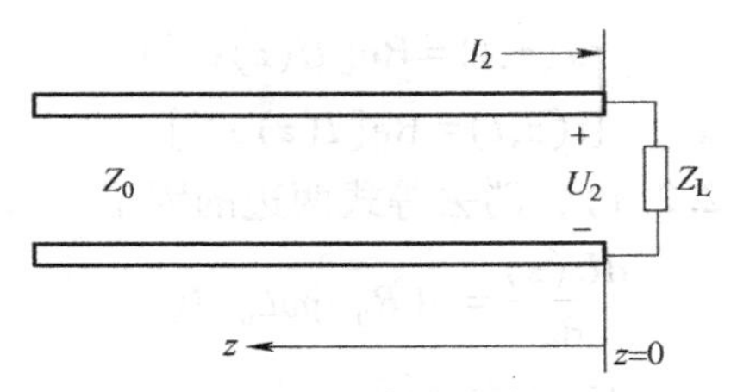

图 2.2.2　传输线终端

$$U_2=A_1+A_2$$

$$I_2=\frac{1}{Z_0}(A_1-A_2)$$

解得 $A_1=\frac{U_2+Z_0I_2}{2}$，$A_2=\frac{U_2-Z_0I_2}{2}$。

将 A_1、A_2 代入式（2.2.6），得

$$U(z)=\frac{U_2+Z_0I_2}{2}e^{\gamma z}+\frac{U_2-Z_0I_2}{2}e^{-\gamma z}$$

$$I(z)=\frac{U_2+Z_0I_2}{2Z_0}e^{\gamma z}-\frac{U_2-Z_0I_2}{2Z_0}e^{-\gamma z}$$

根据双曲函数的表达式，上式整理后，可得

$$\begin{cases}U(z)=U_2\cosh\gamma z+I_2Z_0\sinh\gamma z\\ I(z)=\dfrac{U_2\sinh\gamma z}{Z_0}+I_2\cosh\gamma z\end{cases}\tag{2.2.7}$$

情况二：已知传输线始端电压 U_1 和电流 I_1，求解沿线电压电流表达式。

这时将坐标原点 $z=0$ 选在始端较为适宜。将始端条件 $U(0)=U_1$、$I(0)=I_1$ 代入式（2.2.5），同样可得沿线的电压、电流表达式为

$$\begin{cases}U(z)=U_1\cosh\gamma z-I_1Z_0\sinh\gamma z\\ I(z)=-\dfrac{U_1\sinh\gamma z}{Z_0}+I_1\cosh\gamma z\end{cases}\tag{2.2.8}$$

2.2.3　入射波和反射波

观察传输线波动方程的解式（2.2.5）和式（2.2.6）可以发现，不论沿线坐标 $z=0$ 选在始端还是终端，沿线电压 $U(z)$ 和电流 $I(z)$ 的表达式均由两项组成，一项表示沿 $+z$ 传输的波，另一项表示沿 $-z$ 传输的波。当 $z=0$ 选在始端时，$e^{-\gamma z}$项代表由源向负载方向传输的入射波，$e^{\gamma z}$项代表由负载向源传输的反射波。若 $z=0$ 选在终端负载处，则 $e^{\gamma z}$项代表源向负载的入射波，$e^{-\gamma z}$项代表负载向源的反射波。因此，沿线任意一点的电压 $U(z)$ 和电流 $I(z)$ 均等于该处入射波和反射波的叠加，可表示为式（2.2.9）。若传输线终端负载与入射信号匹配，不产生反射，则此时沿线只有入射波，又称为行波。

$$\begin{cases}U(z)=U_i(z)+U_r(z)\\ I(z)=I_i(z)+I_r(z)=\dfrac{1}{Z_0}[U_i(z)-U_r(z)]\end{cases}\tag{2.2.9}$$

根据复数振幅与瞬时值间的关系，可由式（2.2.2）和式（2.2.5）求得传输线上电压和电流的瞬时值表达式（为了简便起见，设 A_1、A_2 为实数并近似认为 Z_0 也为实数）。

$$\begin{aligned} u(z,t) &= \mathrm{Re}[U(z)\mathrm{e}^{\mathrm{j}\omega t}] \\ &= A_1\mathrm{e}^{-\alpha z}\cos(\omega t-\beta z)+A_2\mathrm{e}^{\alpha z}\cos(\omega t+\beta z) \\ &= u_{\mathrm{i}}(z,t)+u_{\mathrm{r}}(z,t) \end{aligned} \tag{2.2.10a}$$

$$\begin{aligned} i(z,t) &= \mathrm{Re}[I(z)\mathrm{e}^{\mathrm{j}\omega t}] \\ &= \frac{A_1}{Z_0}\mathrm{e}^{-\alpha z}\cos(\omega t-\beta z)-\frac{A_2}{Z_0}\mathrm{e}^{\alpha z}\cos(\omega t+\beta z) \\ &= i_{\mathrm{i}}(z,t)+i_{\mathrm{r}}(z,t) \end{aligned} \tag{2.2.10b}$$

其中 $u_{\mathrm{i}}(z,t)$ 为电压入射波，$i_{\mathrm{i}}(z,t)$ 为电流入射波，入射波的振幅随传播方向距离 z 的增加按指数规律衰减，相位随 z 的增加而滞后。$u_{\mathrm{r}}(z,t)$ 为电压反射波，$i_{\mathrm{r}}(z,t)$ 为电流反射波，反射波的振幅随距离 z 的增加而增加，相位随 z 的增加而超前。当 Z_0 为实数时，$u_{\mathrm{i}}(z,t)$ 与 $i_{\mathrm{i}}(z,t)$ 同相，而 $u_{\mathrm{r}}(z,t)$ 与 $i_{\mathrm{r}}(z,t)$ 反相。

2.3 传输线参量

传输线参量主要包括特性参量和分布参量两种。其中，特性参量是指在传输线理论中用于描述由线本身结构及材料所决定的固有特性参量，具有两大特点：一是与沿线位置和终端负载无关，专属于传输线自身的特点，又称为传输线的本构参量或固有参量；二是仅适用于 TEM 传输线，因为 TE 和 TM 传输线中的电压、电流没有实际物理意义，所以传输线理论不成立。描述传输线的特性参量主要有传播常数、特性阻抗、相速和相波长。传输线的分布参量是用于描述传输线沿线阻抗、电压、电流随位置及终端负载而变化的分布特性参量，主要包括输入阻抗、反射系数、驻波比、行波系数和传输功率等。下面将对各个参量分别加以介绍。

2.3.1 传播常数

根据上面的讨论，传播常数 γ 一般为复数，可表示为

$$\gamma=\sqrt{(R_0+\mathrm{j}\omega L_0)(G_0+\mathrm{j}\omega C_0)}=\alpha+\mathrm{j}\beta$$

式中，实部 α 是衰减常数，表示行波每经过单位长度后振幅衰减为原来的 $\mathrm{e}^{-\alpha}$ 倍，其单位为分贝/米（dB/m）或奈培/米（Np/m）；虚部 β 是相移常数，表示行波每经过单位长度后相位滞后的弧度数，单位为弧度/米（rad/m）。

对于低耗传输线，一般满足 $R_0\ll\omega L_0$，$G_0\ll\omega C_0$，所以有

$$\gamma=\mathrm{j}\omega\sqrt{L_0C_0}\sqrt{\left(1+\frac{R_0}{\mathrm{j}\omega L_0}\right)\left(1+\frac{G_0}{\mathrm{j}\omega C_0}\right)}\approx\left[\frac{R_0}{2}\sqrt{\frac{C_0}{L_0}}+\frac{G_0}{2}\sqrt{\frac{L_0}{C_0}}\right]+\mathrm{j}\omega\sqrt{L_0C_0}$$

由此可得

$$\alpha=\frac{R_0}{2}\sqrt{\frac{C_0}{L_0}}+\frac{G_0}{2}\sqrt{\frac{L_0}{C_0}}=\alpha_c+\alpha_d \tag{2.3.1a}$$

$$\beta=\omega\sqrt{L_0C_0} \tag{2.3.1b}$$

不难看出，衰减常数 α 由传输线的导体电阻损耗 α_c 和填充介质的漏电损耗 α_d 两部分组成。对于无耗传输线，$R_0=0$，$G_0=0$，则有

$$\begin{cases}\alpha=0\\ \beta=\omega\sqrt{L_0C_0}\end{cases} \tag{2.3.2}$$

实际应用中，在微波频段内，一般来说均满足 $R_0\ll\omega L_0$，$G_0\ll\omega C_0$，因此可以把微波传输线当作低耗传输线来看待，这样就可大大简化传输线的定性分析。

2.3.2 特性阻抗

传输线的特性阻抗定义为传输线上入射波电压 $U_i(z)$ 与入射波电流 $I_i(z)$ 之比或反射波电压 $U_r(z)$ 与反射波电流 $I_r(z)$ 之比的负值，也可以称为行波电压与行波电流之比，即

$$Z_0=\frac{U_i(z)}{I_i(z)}=-\frac{U_r(z)}{I_r(z)}=\sqrt{\frac{R_0+j\omega L_0}{G_0+j\omega C_0}}$$

可见，一般情况下传输线的特性阻抗与频率有关，为一复数。对于无耗传输线（$R_0=0$，$G_0=0$），则有

$$Z_0=\sqrt{\frac{L_0}{C_0}} \tag{2.3.3}$$

对于微波传输线（$R_0\ll\omega L_0$，$G_0\ll\omega C_0$），则有

$$Z_0=\sqrt{\frac{R_0+j\omega L_0}{G_0+j\omega C_0}}=\sqrt{\frac{L_0}{C_0}}\left[1+\frac{R_0}{j\omega L_0}\right]^{\frac{1}{2}}\left[1+\frac{G_0}{j\omega C_0}\right]^{-\frac{1}{2}}\approx\sqrt{\frac{L_0}{C_0}}\left[1-j\left(\frac{R_0}{2\omega L_0}-\frac{G_0}{2\omega C_0}\right)\right]\approx\sqrt{\frac{L_0}{C_0}}$$

由此可见，在无耗或低耗情况下，传输线的特性阻抗为一实数（纯电阻），它仅取决于分布参数 L_0 和 C_0，与频率无关。

2.3.3 相速和相波长

传输线上的入射波和反射波以相同的速度向相反方向传播。相速 v_p 是指波的等相位面移动速度。以入射波为例，其等相位面满足 $\omega t-\beta z=$常数。

对 t 求导，可得入射波的相速 v_p 为

$$v_p=\frac{dz}{dt}=\frac{\omega}{\beta} \tag{2.3.4}$$

对于微波传输线，由于 $\beta=\omega\sqrt{L_0C_0}$，所以有

$$v_p=\frac{1}{\sqrt{L_0C_0}} \tag{2.3.5}$$

将表 2.1.1 中的双导线或同轴线的 L_0 和 C_0 代入上式，使得双导线和同轴线上行波的相速均为

$$v_p=\frac{1}{\sqrt{\mu\varepsilon}}=\frac{c}{\sqrt{\varepsilon_r}}$$

式中，c 为自由空间中的光速。由此可见，双导线和同轴线上行波电压和行波电流的相速等于传输线周围介质中的光速，与频率无关，只取决于周围介质的相对介电常数 ε_r，这种波称为非色散波。

所谓相波长 λ_p，定义为波在一个周期 T 内等相位面沿传输线移动的距离，即

$$\lambda_p=v_pT=\frac{v_p}{f}=\frac{\omega/\beta}{f}=\frac{2\pi}{\beta}=\frac{\lambda_0}{\sqrt{\varepsilon_r}} \tag{2.3.6}$$

式中，f 是电磁波频率；T 是振荡周期；λ_0 是自由空间中电磁波波长。可见传输线上行波的波长也和周围介质有关。

2.3.4 输入阻抗

阻抗是传输线理论中一个很重要的概念，它可用来很方便地分析传输线的工作状态。如图 2.3.1 所示，传输线终端接负载阻抗 Z_L 时，距离终端 z 处向负载方向看去的输入阻抗定义为该处的合成电压 $U(z)$ 与合成电流 $I(z)$ 之比，即

$$Z_{in}(z)=\frac{U(z)}{I(z)} \tag{2.3.7}$$

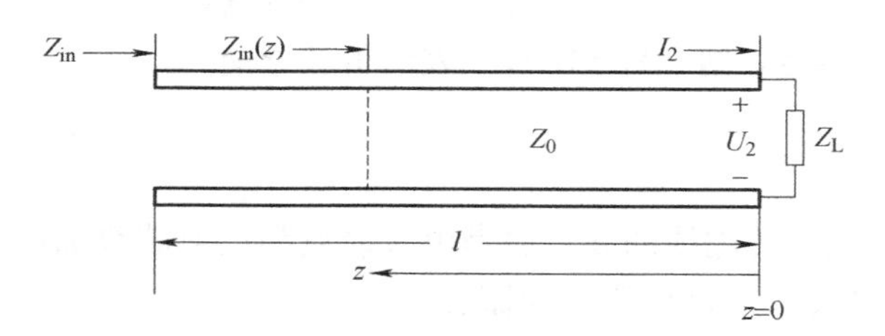

图 2.3.1 传输线的输入阻抗示意图

对于均匀无耗传输线，将传播常数 $\gamma=\mathrm{j}\beta$ 代入式（2.2.7），可得沿线的电压、电流表达式为

$$U(z)=U_2\cosh \mathrm{j}\beta z+I_2Z_0\sinh \mathrm{j}\beta z$$

$$I(z)=\frac{U_2\sinh \mathrm{j}\beta z}{Z_0}+I_2\cosh \mathrm{j}\beta z$$

上式可写成

$$U(z)=U_2\cos\beta z+\mathrm{j}I_2Z_0\sin\beta z$$

$$I(z)=\mathrm{j}U_2\frac{\sin\beta z}{Z_0}+I_2\cos\beta z$$

将上式和终端条件 $U_2=I_2Z_L$ 代入式（2.3.7），化简得

$$Z_{in}(z)=\frac{U_2\cos\beta z+\mathrm{j}I_2Z_0\sin\beta z}{\mathrm{j}U_2\frac{\sin\beta z}{Z_0}+I_2\cos\beta z}=Z_0\frac{Z_L+\mathrm{j}Z_0\tan\beta z}{Z_0+\mathrm{j}Z_L\tan\beta z} \tag{2.3.8}$$

式（2.3.8）表明，均匀无耗传输线上 z 处的输入阻抗 $Z_{in}(z)$ 与 Z_0、Z_L、z 及工作频率有关。输入阻抗的概念在工程设计中经常用到。有了传输线上某一点处的输入阻抗，可将该点处右侧的一段传输线连同负载 Z_L 一并去掉，并在该点处跨接一个等于输入阻抗 $Z_{in}(z)$ 的负载阻抗，则该点左侧传输线上的电压和电流并不受影响，即两种情况是完全等效的。

对于给定的传输线和负载阻抗，线上各点的输入阻抗随至终端的距离 l 的不同而做周期（周期为 $\lambda/2$）变化，且在一些特殊点上，有如下简单阻抗关系

$$\begin{cases} Z_{in}(l)=Z_L, l=n\dfrac{\lambda}{2}\ (n=0,1,2,\cdots) \\ Z_{in}(l)=\dfrac{Z_0^2}{Z_L}, l=(2n+1)\dfrac{\lambda}{4}\ (n=0,1,2,\cdots) \end{cases} \tag{2.3.9}$$

上式表明，传输线上距负载为半波长整数倍的各点的输入阻抗等于负载阻抗；距负载为 $\lambda/4$ 奇数倍的各点的输入阻抗等于特性阻抗的二次方与负载阻抗的比值，当 Z_0 为实数，Z_L 为复数负载时，$\lambda/4$ 的传输线具有变换阻抗性质的作用；而 $\lambda/2$ 的传输线具有阻抗重复性，这些关系在研究传输线的阻抗匹配问题时是很有用的。

在许多情况下，如并联电路的阻抗计算，采用导纳比较方便，无耗传输线的输入导纳表达式为

$$Y_{in}(z)=\frac{1}{Z_{in}(z)}=Y_0\frac{Y_L+jY_0\tan\beta z}{Y_0+jY_L\tan\beta z} \tag{2.3.10}$$

式中，$Y_0=1/Z_0$，表示特性导纳；$Y_L=1/Z_L$，表示负载导纳。

2.3.5 反射系数

由式（2.2.9）可知，传输线的波一般是由入射波和反射波叠加而成的，为了描述传输线的反射特性，这里引入“反射系数”的概念。

均匀无耗传输线终端接任意负载时，沿线的电压、电流表达式为

$$U(z)=A_1e^{j\beta z}+A_2e^{-j\beta z}=U_i(z)+U_r(z)$$

$$I(z)=\frac{1}{Z_0}(A_1e^{j\beta z}-A_2e^{-j\beta z})=I_i(z)+I_r(z)$$

距终端 z 处的反射波电压 $U_r(z)$ 与入射波电压 $U_i(z)$ 之比定义为该处的电压反射系数 $\Gamma_u(z)$，即

$$\Gamma_u(z)=\frac{U_r(z)}{U_i(z)}=\frac{A_2e^{-j\beta z}}{A_1e^{j\beta z}}=\frac{A_2}{A_1}e^{-j2\beta z} \tag{2.3.11}$$

同理，可定义 z 处的电流反射系数，即

$$\Gamma_i(z)=\frac{I_r(z)}{I_i(z)}=-\frac{A_2}{A_1}e^{-j2\beta z}=-\Gamma_u(z) \tag{2.3.12}$$

可见传输线上任意点处的电压反射系数与电流反射系数大小相等，相位差 π。由于电压反射系数较易测定，因此若不加说明，以后提到的反射系数均指电压反射系数，并用符号 $\Gamma(z)$ 表示。

将终端坐标 $z=0$ 代入式（2.3.11），即可得到终端反射系数 Γ_L 为

$$\Gamma_L=\frac{A_2}{A_1}=\frac{|A_2|}{|A_1|}e^{j(\varphi_2-\varphi_1)}=|\Gamma_L|e^{j\varphi_L},\ \varphi_L=\varphi_2-\varphi_1 \tag{2.3.13}$$

将式（2.3.13）代入式（2.3.11），便得到传输线上任一点的反射系数与终端反射系数的关系

$$\Gamma(z)=\Gamma_L e^{-j2\beta z}=|\Gamma_L|e^{j(\varphi_L-2\beta z)}=|\Gamma_L|e^{j\varphi},\varphi=\varphi_L-2\beta z \tag{2.3.14}$$

上式表明，均匀无耗传输线任意位置 z 处的反射系数为一复数，其模等于终端反射系数的模，相位比终端反射系数的相位滞后 $2\beta z$。

用反射系数和入射波可以表示传输线上的电压和电流，即

$$\begin{cases}U(z)=U_i(z)[1+\Gamma(z)]\\I(z)=I_i(z)[1-\Gamma(z)]\end{cases} \tag{2.3.15}$$

由上式不难得出输入阻抗与反射系数间的关系为

$$Z_{in}(z)=\frac{U(z)}{I(z)}=\frac{U_i(z)[1+\Gamma(z)]}{I_i(z)[1-\Gamma(z)]}=Z_0\frac{1+\Gamma(z)}{1-\Gamma(z)} \tag{2.3.16}$$

进一步，可得负载阻抗与终端反射系数的关系为

$$Z_L=Z_0\frac{1+\Gamma_L}{1-\Gamma_L} \tag{2.3.17}$$

式（2.3.16）和式（2.3.17）又可写成

$$\Gamma(z)=\frac{Z_{in}(z)-Z_0}{Z_{in}(z)+Z_0} \tag{2.3.18}$$

$$\Gamma_L=\frac{Z_L-Z_0}{Z_L+Z_0} \tag{2.3.19}$$

波的反射是传输线工作的基本物理现象，反射系数不仅有明确的物理概念，而且可以测定，因此其在微波测量技术和微波网络的分析与综合设计中被广泛采用。

2.3.6　驻波比和行波系数

当终端负载阻抗与传输线的特性阻抗不相等时，线上不仅有入射波，而且还存在反射波，这种情况称为负载与传输线阻抗不匹配（失配）。描述失配程度不仅可以用反射系数，还可用驻波比（SWR）来衡量。电压（或电流）驻波比 ρ 定义为传输线上电压（或电流）的最大值与最小值之比，即

$$\rho=\frac{|U|_{max}}{|U|_{min}}=\frac{|I|_{max}}{|I|_{min}} \tag{2.3.20}$$

显然，当传输线上入射波与反射波同相叠加时，合成波出现最大值；而反相叠加时出现最小值，故有

$$|U|_{max}=|U_i|+|U_r|=|U_i|(1+|\Gamma|)$$
$$|U|_{min}=|U_i|-|U_r|=|U_i|(1-|\Gamma|)$$

由此可得驻波比与反射系数的关系式为

$$\rho=\frac{|U|_{max}}{|U|_{min}}=\frac{1+|\Gamma|}{1-|\Gamma|} \tag{2.3.21}$$

或

$$|\Gamma|=\frac{\rho-1}{\rho+1} \tag{2.3.22}$$

有时也可用行波系数表示传输线反射波的相对大小，即失配程度。行波系数 K 定义为传输线上电压（或电流）的最小值与最大值之比，故行波系数与驻波比互为倒数，即

$$K=\frac{|U|_{\min}}{|U|_{\max}}=\frac{|I|_{\min}}{|I|_{\max}}=\frac{1-|\Gamma|}{1+|\Gamma|}=\frac{1}{\rho} \tag{2.3.23}$$

因此，传输线上反射波的大小，可用反射系数的模、驻波比和行波系数三个参量来描述。反射系数模的变化范围为 $0\leqslant|\Gamma|\leqslant1$；驻波比的变化范围为 $1\leqslant\rho\leqslant\infty$；行波系数的变化范围为 $0\leqslant K\leqslant1$。传输线的工作状态一般分为三种：

1）负载无反射的行波状态，即阻抗匹配状态，此时有 $|\Gamma|=0$，$\rho=1$，$K=1$；

2）负载全反射的驻波状态，此时有 $|\Gamma|=1$，$\rho=\infty$，$K=0$；

3）负载部分反射的行驻波状态，此时有 $0<|\Gamma|<1$，$1<\rho<\infty$，$0<K<1$。

例 2.1　如图 2.3.2 所示的无耗传输系统，设 Z_0 已知。求：（1）输入阻抗 Z_{in}；（2）线上各点的反射系数 Γ_a，Γ_b，Γ_c；（3）各段传输线的电压驻波比 ρ_{ab}，ρ_{bc}。

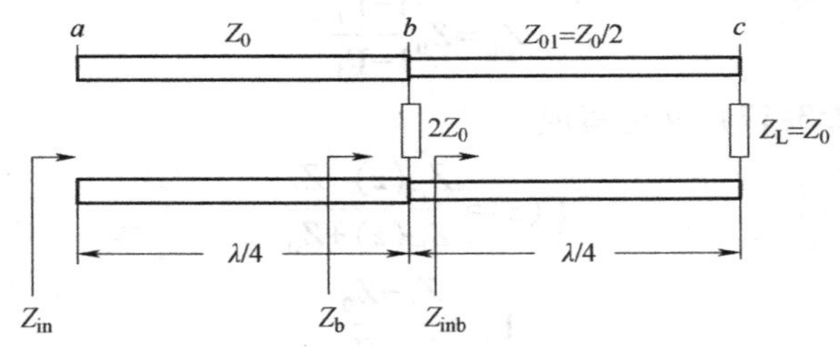

图 2.3.2　例 2.1 图

解：（1）b 点右侧传输线的输入阻抗 Z_{inb} 为

$$Z_{inb}=\frac{Z_{01}^2}{Z_L}=\frac{(Z_0/2)^2}{Z_0}=\frac{Z_0}{4}$$

b 点处的等效阻抗 Z_b 为

$$Z_b=\frac{2Z_0\dfrac{Z_0}{4}}{2Z_0+\dfrac{Z_0}{4}}=\frac{2}{9}Z_0$$

故输入阻抗 Z_{in} 为

$$Z_{in}=\frac{Z_0^2}{Z_b}=\frac{Z_0^2}{\dfrac{2}{9}Z_0}=\frac{9}{2}Z_0$$

（2）传输线上各点的反射系数分别为

$$\Gamma_a=\frac{Z_{in}-Z_0}{Z_{in}+Z_0}=\frac{\dfrac{9}{2}Z_0-Z_0}{\dfrac{9}{2}Z_0+Z_0}=\frac{7}{11}$$

$$\Gamma_b=\frac{Z_b-Z_0}{Z_b+Z_0}=\frac{\frac{2}{9}Z_0-Z_0}{\frac{2}{9}Z_0+Z_0}=-\frac{7}{11}\text{或 }\Gamma_b=\Gamma_a e^{j2\beta z}=\frac{7}{11}e^{j2\frac{2\pi}{\lambda}\frac{\lambda}{4}}=\frac{7}{11}e^{j\pi}=-\frac{7}{11}$$

$$\Gamma_c=\frac{Z_L-Z_{01}}{Z_L+Z_{01}}=\frac{Z_0-\frac{Z_0}{2}}{Z_0+\frac{Z_0}{2}}=\frac{1}{3}$$

（3）各段的电压驻波比分别为

$$\rho_{ab}=\frac{1+|\Gamma_b|}{1-|\Gamma_b|}=\frac{1+\frac{7}{11}}{1-\frac{7}{11}}=\frac{9}{2}$$

$$\rho_{bc}=\frac{1+|\Gamma_c|}{1-|\Gamma_c|}=\frac{1+\frac{1}{3}}{1-\frac{1}{3}}=2$$

通过上述例题的分析，可进一步看出反射系数是对应传输线上的点，不同点的反射系数是不一样的；而电压驻波比是对应传输线上的一段，只要该段传输线是均匀的，即不发生特性阻抗的突变、串接或并接其他阻抗，则这段传输线的电压驻波比就始终是一个，也就是说没有产生新的反射，这段传输线上各点反射系数的模是相等的。

2.3.7　传输功率

均匀无耗传输线上任意点 z 处的电压和电流可表示为

$$U(z)=U_i(z)[1+\Gamma(z)]$$

$$I(z)=I_i(z)[1-\Gamma(z)]$$

因此传输功率为

$$\begin{aligned}P(z)&=\frac{1}{2}\mathrm{Re}[U(z)I^*(z)]=\frac{1}{2}\mathrm{Re}\{U_i(z)[1+\Gamma(z)]I_i^*(z)[1-\Gamma^*(z)]\}\\&=\frac{1}{2}\mathrm{Re}\left\{\frac{|U_i(z)|^2}{Z_0}[1-|\Gamma(z)|^2+\Gamma(z)-\Gamma^*(z)]\right\}\end{aligned}$$

对于无耗传输线，Z_0 为实数，而上式中括号内的第三项与第四项之差为虚数，因此上式可变为

$$P(z)=\frac{|U_i(z)|^2}{2Z_0}(1-|\Gamma(z)|^2)=P_i(z)-P_r(z) \tag{2.3.24}$$

式中，$P_i(z)$ 和 $P_r(z)$ 分别表示通过 z 点处的入射波功率和反射波功率。上式表明，无耗传输线上通过任意点的传输功率等于该点的入射波功率与反射波功率之差，对于均匀无耗传输线，通过线上任意点的传输功率都是相同的。为了简便起见，一般在电压波腹点（最大值点）或电压波节点（最小值点）处计算传输功率，即

$$P(z)=\frac{1}{2}|U|_{\max}|I|_{\min}=\frac{1}{2}\frac{|U|_{\max}^2}{Z_0}K \tag{2.3.25}$$

式中，$|U|_{\max}$取决于传输线线间击穿电压U_{br}，在不发生击穿情况下，传输线允许传输的最大功率称为传输线的功率容量，其值应为

$$P_{br}=\frac{1}{2}\frac{|U_{br}|^2}{Z_0}K \tag{2.3.26}$$

可见，传输线的功率容量与行波系数K有关，K越大，功率容量P_{br}也越大。

2.4 均匀无耗传输线工作状态的分析

传输线的工作状态是指沿线电压、电流以及阻抗的分布规律。对于均匀无耗传输线，根据终端所接负载阻抗大小和性质的不同，其工作状态分为三种：①行波状态；②驻波状态；③行驻波状态，现分别讨论如下。

2.4.1 行波状态（无反射情况）

当传输线为半无限长或负载阻抗等于传输线特性阻抗时，根据式（2.3.19）和式（2.3.14）可得$\Gamma_L=0$和$\Gamma(z)=0$，此时线上只有入射波，没有反射波，传输线工作在行波状态。行波状态意味着入射波功率将无反射地传输到无穷远处或全部被负载吸收，即负载与传输线相匹配。行波状态下，线上电压、电流的复数表达式为（$z=0$选在始端）

$$U(z)=U_i(z)=A_1\mathrm{e}^{-j\beta z}$$

$$I(z)=I_i(z)=\frac{A_1}{Z_0}\mathrm{e}^{-j\beta z}$$

电压、电流的瞬时值表达式为（设A_1为实数）

$$\begin{cases}u(z,t)=u_i(z,t)=A_1\cos(\omega t-\beta z)\\ i(z,t)=i_i(z,t)=\dfrac{A_1}{Z_0}\cos(\omega t-\beta z)\end{cases} \tag{2.4.1}$$

如图2.4.1所示，由此可得行波状态下的分布规律：

1）线上电压和电流的振幅恒定不变。

2）电压行波与电流行波同相，它们的相位φ是位置z和时间t的函数，即

$$\varphi=\omega t-\beta z$$

3）线上的输入阻抗处处相等，且均等于特性阻抗，即

$$Z_{in}(z)=Z_0$$

2.4.2 驻波状态（全反射情况）

当传输线终端短路（$Z_L=0$）、开路（$Z_L=\infty$）或接纯电抗负载（$Z_L=jX_L$）时，终端的入射波将被全反射，沿线入射波与反射波叠加形成驻波分布。驻波状态意味着入射波功率完全没有被负载吸收，即负载与传输线完全失配。驻波状态下，有$|\Gamma_L|=|\Gamma(z)|=1$，$\rho=\infty$。

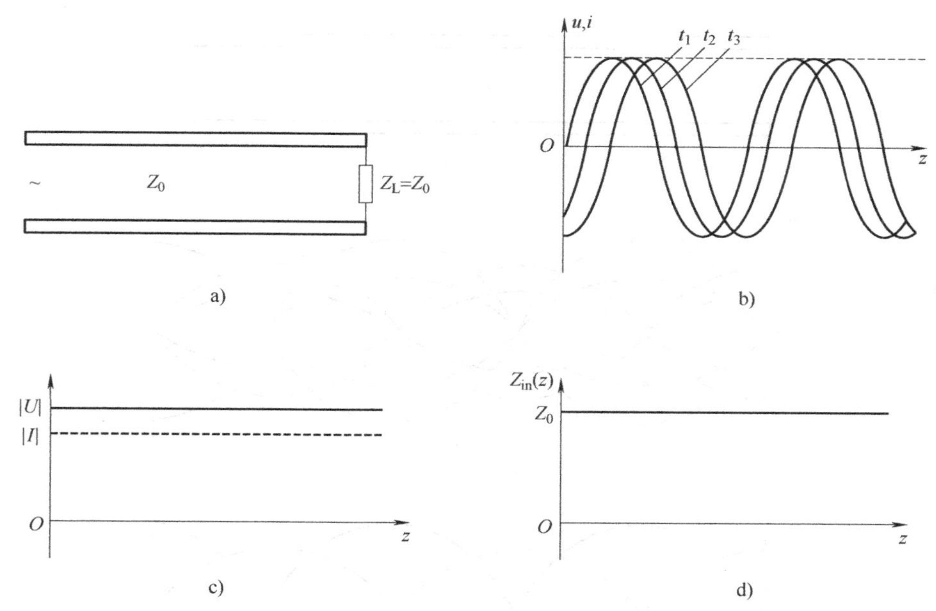

图 2.4.1　行波状态下的传输线及不同参量分布

a）终端接匹配负载的传输线　b）电压、电流瞬时分布　c）电压、电流振幅分布　d）输入阻抗分布

1. 终端短路（$Z_L=0$）

由于负载阻抗 $Z_L=0$，因而终端电压 $U_2=0$，当坐标原点取在终端时，有

$$U_2(0)=A_1+A_2=U_{i2}+U_{r2}=0, U_{i2}=-U_{r2}$$

$$I_2(0)=\frac{1}{Z_0}(A_1-A_2)=I_{i2}+I_{r2}=\frac{1}{Z_0}(U_{i2}-U_{r2})=2\frac{U_{i2}}{Z_0}=2I_{i2}, I_{i2}=I_{r2}$$

由上式可见，当终端短路时，终端电压入射波 U_{i2} 与反射波 U_{r2} 等幅反相；而电流入射波 I_{i2} 与反射波 I_{r2} 等幅同相。故终端的电压反射系数 $\Gamma_L=-1$。沿线电压、电流的复数表达式为

$$U(z)=U_{i2}e^{j\beta z}+U_{r2}e^{-j\beta z}=U_{i2}(e^{j\beta z}-e^{-j\beta z})=j2U_{i2}\sin\beta z$$

$$I(z)=I_{i2}e^{j\beta z}+I_{r2}e^{-j\beta z}=I_{i2}(e^{j\beta z}+e^{-j\beta z})=2I_{i2}\cos\beta z$$

上式取模得

$$\begin{cases}|U(z)|=2|U_{i2}||\sin\beta z|\\|I(z)|=2|I_{i2}||\cos\beta z|\end{cases}\tag{2.4.2a}$$

令 $U_{i2}=|U_{i2}|e^{j\varphi_2}$，$I_{i2}=|I_{i2}|e^{j\varphi_2}$，则沿线电压、电流的瞬时值表达式为

$$\begin{cases}u(z,t)=2|U_{i2}|\sin\beta z\cos\left(\omega t+\varphi_2+\dfrac{\pi}{2}\right)\\i(z,t)=2|I_{i2}|\cos\beta z\cos(\omega t+\varphi_2)\end{cases}\tag{2.4.2b}$$

根据式（2.4.2），可画出沿线电压、电流的瞬时分布和振幅分布，如图 2.4.2b、c 所示。由此可见，短路时的驻波状态分布规律：

1）瞬时电压或电流在传输线的某个固定位置上随时间 t 做正弦或余弦变化，而在某一时刻也随位置 z 做正弦或余弦变化，但瞬时电压和电流的时间相位差和空间相位差均为 $\pi/2$，这表明传输线上没有功率传输。

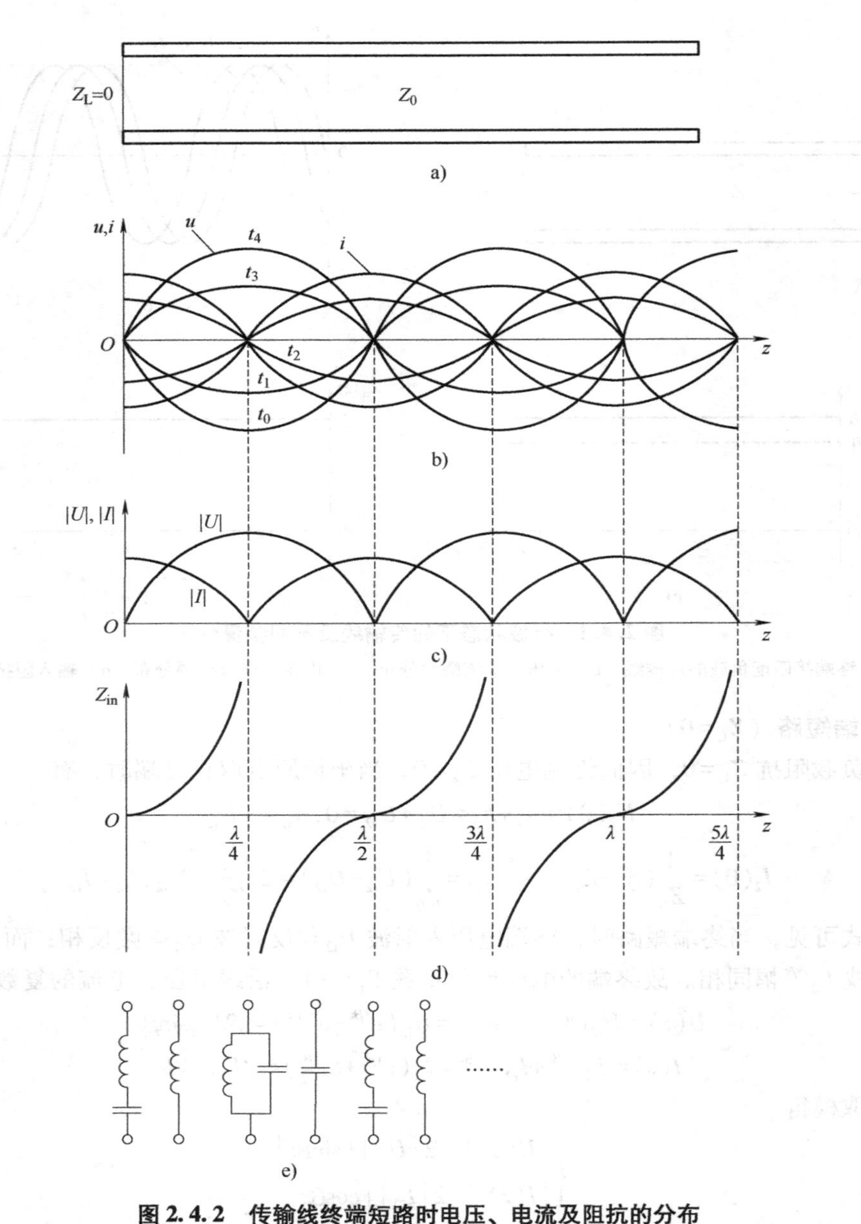

图 2.4.2 传输线终端短路时电压、电流及阻抗的分布

a）终端短路传输线 b）电压、电流瞬时分布 c）电压、电流振幅分布

d）阻抗变化曲线 e）不同长度的短路线对应的等效电路

2）当 $z=(2n+1)\lambda/4$（$n=0,1,2,\cdots$）时，电压振幅恒为最大值，即 $|U|_{max}=2|U_{i2}|$，而电流振幅恒为零，即 $|I|_{min}=0$，这些点称为电压的波腹点和电流的波节点；当 $z=n\lambda/2$（$n=0,1,2,\cdots$）时，电流振幅恒为最大值，即 $|I|_{max}=2|I_{i2}|$，而电压振幅恒为零，即 $|U|_{min}=0$，这些点称为电流的波腹点和电压的波节点。可见，相邻的电压波腹点和电压波节点相距 $\lambda/4$；相邻的电压波腹点与电流波腹点相距 $\lambda/4$；两个相邻的电压波腹点相距 $\lambda/2$。

3）传输线终端短路时，输入阻抗为

$$Z_{in}=jZ_0\tan\beta z=jZ_0\tan\left(\frac{2\pi z}{\lambda}\right)=jX_{in} \tag{2.4.3}$$

当工作频率固定时，$Z_{in}(z)$ 为纯电抗，且随 z 按正切规律变化，如图 2.4.2d 所示。在 $0<z<\lambda/4$ 范围内，$X_{in}>0$ 呈感性，短路线等效为一个电感；当 $z=\lambda/4$ 时，$X_{in}=\infty$，即 $\lambda/4$ 的短路线等效为一个并联谐振回路；在 $\lambda/4<z<\lambda/2$ 范围内，$X_{in}<0$ 呈容性，短路线等效为一个电容；当 $z=\lambda/2$ 时，$X_{in}=0$，即 $\lambda/2$ 的短路线等效为一串联谐振回路，如图 2.4.2e 所示。总之，沿线每经过 $\lambda/4$，阻抗性质变化一次；每经过 $\lambda/2$，阻抗回到原有值。

2. 终端开路（$Z_L=\infty$）

由于负载阻抗 $Z_L=\infty$，因而终端电流 $I_2=0$，则有

$$I(0)=\frac{1}{Z_0}(A_1-A_2)=I_{i2}+I_{r2}=0,I_{i2}=-I_{r2}$$

$$U(0)=A_1+A_2=U_{i2}+U_{r2}=2U_{r2},U_{i2}=U_{r2}$$

由此可见，当终端开路时，终端电流入射波 I_{i2} 与反射波 I_{r2} 等幅反相；而电压入射波 U_{i2} 与反射波 U_{r2} 等幅同相。故终端的电压反射系数 $\Gamma_L=1$。沿线电压、电流的复数表达式为

$$U(z)=U_{i2}e^{j\beta z}+U_{r2}e^{-j\beta z}=U_{i2}(e^{j\beta z}+e^{-j\beta z})=2U_{i2}\cos\beta z$$

$$I(z)=I_{i2}e^{j\beta z}+I_{r2}e^{-j\beta z}=I_{i2}(e^{j\beta z}-e^{-j\beta z})=j2I_{i2}\sin\beta z$$

上式取模得

$$\begin{cases}|U(z)|=2|U_{i2}||\cos\beta z|\\|I(z)|=2|I_{i2}||\sin\beta z|\end{cases} \tag{2.4.4a}$$

令 $U_{i2}=|U_{i2}|e^{j\varphi_2}$，$I_{i2}=|I_{i2}|e^{j\varphi_2}$，则沿线电压、电流的瞬时值表达式为

$$\begin{cases}u(z,t)=2|U_{i2}|\cos\beta z\cos(\omega t+\varphi_2)\\i(z,t)=2|I_{i2}|\sin\beta z\cos\left(\omega t+\varphi_2+\frac{\pi}{2}\right)\end{cases} \tag{2.4.4b}$$

传输线终端开路时，输入阻抗为

$$Z_{in}(z)=-jZ_0\cot\beta z \tag{2.4.5}$$

沿线的电压、电流振幅和阻抗变化曲线如图 2.4.3 所示。与终端短路相比不难看出，只要将终端短路时传输线上的电压、电流及阻抗分布从终端开始去掉 $\lambda/4$ 长度，余下线上的分布即为终端开路时的电压、电流及阻抗分布。

3. 终端接纯电抗负载（$Z_L=jX_L$）

均匀无耗传输线终端接纯电抗负载 $Z_L=jX_L$ 时，因负载不消耗能量，终端仍将产生全反射，入射波与反射波叠加，结果终端既不是波腹也不是波节，但沿线仍呈驻波分布。此时终端电压反射系数为

$$\Gamma_L=\frac{Z_L-Z_0}{Z_L+Z_0}=\frac{jX_L-Z_0}{jX_L+Z_0}=|\Gamma_L|e^{j\varphi_L}$$

式中

$$|\Gamma_L|=1,\ \varphi_L=\arctan\left(\frac{2X_LZ_0}{X_L^2-Z_0^2}\right) \tag{2.4.6}$$

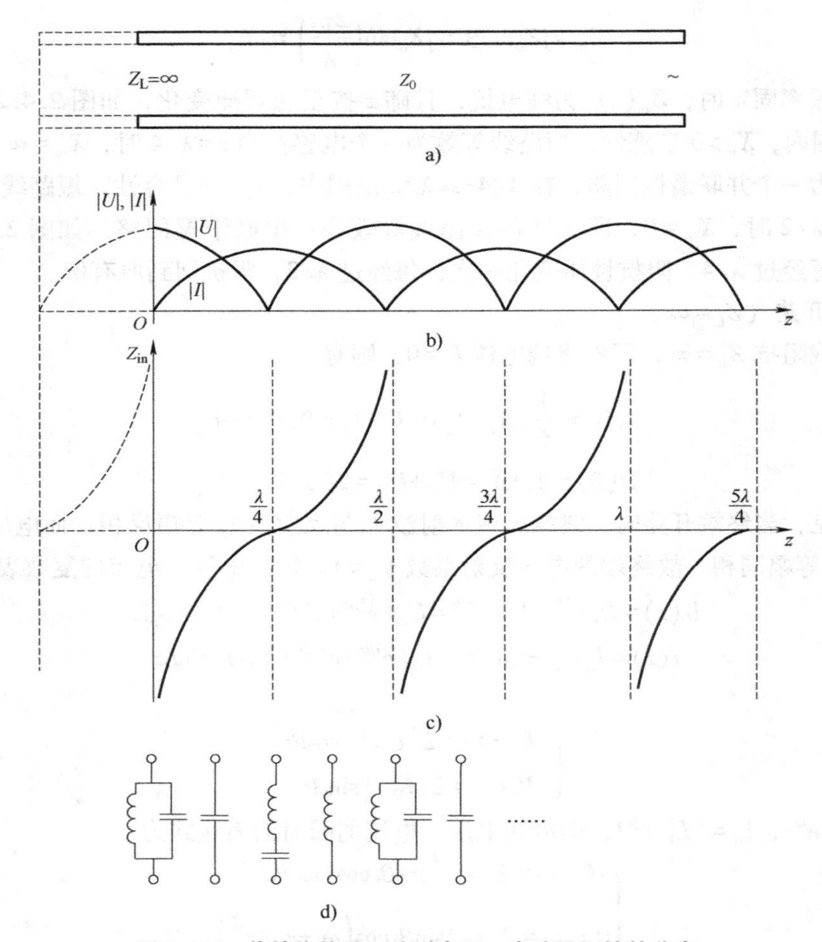

图 2.4.3　传输线终端开路时电压、电流及阻抗的分布

若为感性负载（$X_L>0$），此感抗可用一段特性阻抗为 Z_0、长度为 l_0（$l_0<\lambda/4$）的短路线等效，如图 2.4.4a 所示的虚线。长度 l_0 可由式（2.4.7）确定。

$$X_L=Z_0\tan\frac{2\pi}{\lambda}l_0 \Rightarrow l_0=\frac{\lambda}{2\pi}\arctan\left(\frac{X_L}{Z_0}\right) \tag{2.4.7}$$

因此，长度为 l、终端接感性负载的传输线，沿线电压、电流及阻抗的变化规律与长度为 $l+l_0$ 的短路线上对应段的变化规律完全一致，距终端最近的电压波节点在 $\lambda/4<z<\lambda/2$ 范围内。

若为容性负载（$X_L<0$），此容抗也可用一段特性阻抗为 Z_0、长度为 l_0（$\lambda/4<l_0<\lambda/2$）的短路线等效，如图 2.4.4b 所示的虚线。长度 l_0 可由式（2.4.8）确定。

$$l_0=\frac{\lambda}{2}-\frac{\lambda}{2\pi}\arctan\left(\frac{|X_L|}{Z_0}\right) \tag{2.4.8}$$

因此，长度为 l、终端接容性负载的传输线，沿线电压、电流及阻抗的变化规律与长度为 $l+l_0$ 的短路线上对应段的变化规律完全一致，距终端最近的电压波节点在 $0<z<\lambda/4$ 范围内。

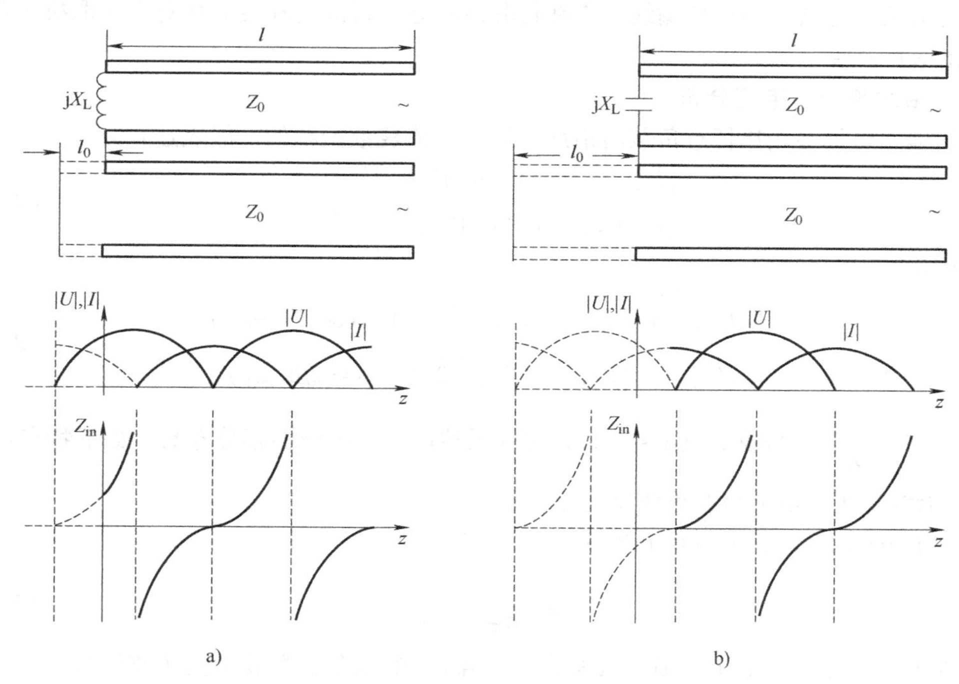

图 2.4.4　终端接纯电抗负载时沿线电压、电流及阻抗的分布

a）感性负载　b）容性负载

综上所述，无论均匀无耗传输线终端是短路、开路还是接纯电抗负载，终端均产生全反射，沿线电压、电流呈驻波分布，其特点为：

1）驻波波腹值为入射波的两倍，波节值等于零。短路线终端为电压波节、电流波腹；开路线终端为电压波腹、电流波节；接纯电抗负载时，终端既非波腹也非波节。

2）沿线同一位置的电压、电流之间相位相差 π/2，所以驻波状态只有能量的存储，并无能量的传输。

2.4.3　行驻波状态（部分反射情况）

当均匀无耗传输线终端接一般复阻抗 $Z_L=R_L+jX_L$ 时，由式（2.3.19）可得

$$\Gamma_L=\frac{Z_L-Z_0}{Z_L+Z_0}=\frac{(R_L+jX_L)-Z_0}{(R_L+jX_L)+Z_0}=\frac{R_L^2-Z_0^2+X_L^2}{(R_L+Z_0)^2+X_L^2}+j\frac{2X_LZ_0}{(R_L+Z_0)^2+X_L^2}$$

$$\Gamma_L=\Gamma_{L1}+j\Gamma_{L2}=|\Gamma_L|e^{j\varphi_L} \tag{2.4.9}$$

式中，终端反射系数的模和相位分别为

$$\begin{cases}|\Gamma_L|=\sqrt{\dfrac{(R_L-Z_0)^2+X_L^2}{(R_L+Z_0)^2+X_L^2}}\\ \varphi_L=\arctan\dfrac{2X_LZ_0}{R_L^2+X_L^2-Z_0^2}\end{cases} \tag{2.4.10}$$

不难看出，$|\Gamma_L|<1$ 表明反射波幅度小于入射波幅度，入射波功率部分被负载吸收，线

上既有行波又有驻波，因此传输线工作在行驻波状态。行波与驻波的相对大小取决于负载与传输线的失配程度。

(1) 沿线电压、电流分布

类似地，可得终端接任意负载时沿线电压、电流复数振幅的一般表达式为

$$\begin{cases} U(z)=U_i(z)\left[1+|\Gamma_L|e^{-j(2\beta z-\varphi_L)}\right] \\ I(z)=I_i(z)\left[1-|\Gamma_L|e^{-j(2\beta z-\varphi_L)}\right] \end{cases} \tag{2.4.11}$$

上式取模得

$$\begin{cases} |U(z)|=|U_{i2}|\sqrt{1+|\Gamma_L|^2+2|\Gamma_L|\cos(2\beta z-\varphi_L)} \\ |I(z)|=|I_{i2}|\sqrt{1+|\Gamma_L|^2-2|\Gamma_L|\cos(2\beta z-\varphi_L)} \end{cases} \tag{2.4.12}$$

式中，$|I_{i2}|=\dfrac{|U_{i2}|}{Z_0}$。根据式（2.4.12），可知沿线电压、电流振幅分布具有如下特点：

1）沿线电压、电流呈非正弦周期分布。

2）当 $2\beta z-\varphi_L=2n\pi$（$n=0,1,2,\cdots$）时，即

$$z=\frac{\varphi_L\lambda}{4\pi}+n\frac{\lambda}{2} \tag{2.4.13}$$

在线上这些点处，电压振幅为最大值（波峰），电流振幅为最小值（波谷），即

$$\begin{cases} |U|_{max}=|U_{i2}|(1+|\Gamma_L|) \\ |I|_{min}=|I_{i2}|(1-|\Gamma_L|) \end{cases} \tag{2.4.14}$$

由 $0<|\Gamma_L|<1$，可知 $|U_{i2}|<|U|_{max}<2|U_{i2}|$，$0<|I|_{min}<|I_{i2}|$。

3）当 $2\beta z-\varphi_L=(2n+1)\pi(n=0,1,2,\cdots)$ 时，即

$$z=\frac{\varphi_L\lambda}{4\pi}+(2n+1)\frac{\lambda}{4} \tag{2.4.15}$$

在线上这些点处，电压振幅为最小值（波谷），电流振幅为最大值（波峰），即

$$\begin{cases} |U|_{min}=|U_{i2}|(1-|\Gamma_L|) \\ |I|_{max}=|I_{i2}|(1+|\Gamma_L|) \end{cases} \tag{2.4.16}$$

可见 $0<|U|_{min}<|U_{i2}|$，$|I_{i2}|<|I|_{max}<2|I_{i2}|$。

4）由式（2.4.13）和式（2.4.15）可知，电压或电流的波腹点与波节点相距 $\lambda/4$。

5）当负载为纯电阻 R_L，且 $R_L>Z_0$ 时，由式（2.4.9）可得 $\Gamma_{L1}>0$、$\Gamma_{L2}=0$ 和 $\varphi_L=0$，将 φ_L 的值代入式（2.4.13），可知第一个电压波峰点在终端。

当负载为纯电阻 R_L，且 $R_L\leqslant Z_0$ 时，由式（2.4.9）可得 $\Gamma_{L1}<0$、$\Gamma_{L2}=0$ 和 $\varphi_L=\pi$，将 φ_L 的值代入式（2.4.13），可知第一个电压波峰点的位置为 $z=\lambda/4$。

当负载为感性阻抗时，$X_L>0$，由式（2.4.9）和式（2.4.10）得 $\Gamma_{L1}>0$（$|Z_L|>Z_0$）或 $\Gamma_{L1}<0$（$|Z_L|<Z_0$）、$\Gamma_{L2}>0$ 及 $0<\varphi_L<\pi$。将 φ_L 的值代入式（2.4.13），可知第一个电压波峰点在 $0<z<\lambda/4$ 范围内。

当负载为容性阻抗时，$X_L<0$，有 $\Gamma_{L1}>0$（$|Z_L|>Z_0$）或 $\Gamma_{L1}<0$（$|Z_L|<Z_0$）、$\Gamma_{L2}<0$ 及 $\pi<\varphi_L<2\pi$。将 φ_L 的值代入式（2.4.13），可知第一个电压波峰点在 $\lambda/4<z<\lambda/2$ 范围内。

当终端负载为上述四种情况时，沿线电压、电流的振幅分布如图 2.4.5 所示。

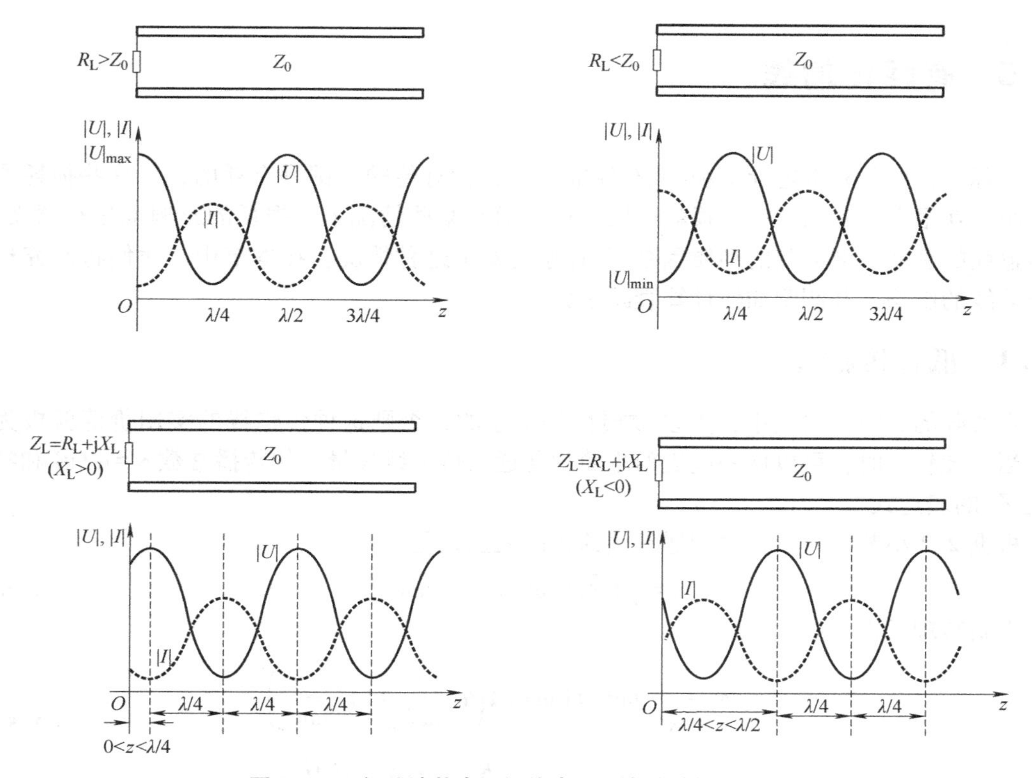

图 2.4.5　行驻波状态下沿线电压、电流的振幅分布

(2) 沿线阻抗分布

当 $Z_L=R_L+jX_L$ 时，线上任一点处的输入阻抗为

$$Z_{in}(z)=Z_0\frac{Z_L+jZ_0\tan\beta z}{Z_0+jZ_L\tan\beta z}=R_{in}(z)+jX_{in}(z)$$

式中

$$\begin{cases} R_{in}(z)=Z_0^2\dfrac{1+\tan^2\beta z}{(Z_0-X_L\tan\beta z)^2+(R_L\tan\beta z)^2} \\ X_{in}(z)=Z_0\dfrac{(Z_0-X_L\tan\beta z)(X_L+Z_0\tan\beta z)-R_L^2\tan\beta z}{(Z_0-X_L\tan\beta z)^2+(R_L\tan\beta z)^2} \end{cases} \tag{2.4.17}$$

由式（2.4.17）可知，终端接任意负载时具有如下特点：

1）阻抗的数值周期性变化，在电压的波峰和波谷，阻抗分别为最大值和最小值，且均为纯电阻，它们分别为

$$Z_{in(波峰)}=R_{in(波峰)}=\frac{|U|_{max}}{|I|_{min}}=Z_0\frac{1+|\Gamma|}{1-|\Gamma|}=Z_0\rho \tag{2.4.18a}$$

$$Z_{in(波谷)}=R_{in(波谷)}=\frac{|U|_{min}}{|I|_{max}}=Z_0\frac{1-|\Gamma|}{1+|\Gamma|}=\frac{Z_0}{\rho} \tag{2.4.18b}$$

2）输入阻抗具有 $\lambda/4$ 变换性和 $\lambda/2$ 重复性。

2.5 有耗传输线

实际上，由于有限电导率和/或有耗电介质，所有传输线都是有耗的，但这些损耗通常都很小。在很多实际问题中，损耗可以忽略，但在某些情况下，损耗的影响也是有意义的。如传输线的衰减、谐振腔的品质因数 Q 值等就属于这种情况。在本节中，我们将研究损耗对传输线的影响，并阐明如何计算衰减常数。

2.5.1 低耗传输线

在实际的微波传输线中，大多数损耗是很小的，否则这种传输线的实用价值就极为有限。当损耗较小时，可以做一些近似来简化普通的传输线参量，如传播常数 $\gamma=\alpha+j\beta$ 和特性阻抗 Z_0 的表达式。

根据 2.2 小节的分析，复传播常数的普遍表达式是

$$\gamma=\sqrt{(R_0+j\omega L_0)(G_0+j\omega C_0)} \tag{2.5.1}$$

重新整理后得

$$\begin{aligned}\gamma &= \sqrt{(j\omega L_0)(j\omega C_0)\left(1+\frac{R_0}{j\omega L_0}\right)\left(1+\frac{G_0}{j\omega C_0}\right)} \\ &= j\omega\sqrt{L_0C_0}\sqrt{1-j\left(\frac{R_0}{\omega L_0}+\frac{G_0}{\omega C_0}\right)-\frac{R_0G_0}{\omega^2L_0C_0}}\end{aligned} \tag{2.5.2}$$

若传输线是低耗的，则可以假定 $R_0\ll\omega L_0$ 和 $G_0\ll\omega C_0$，这意味着导体损耗和电介质损耗都很小。于是 $R_0G_0\ll\omega^2L_0C_0$，式（2.5.2）简化为

$$\gamma=j\omega\sqrt{L_0C_0}\sqrt{1-j\left(\frac{R_0}{\omega L_0}+\frac{G_0}{\omega C_0}\right)} \tag{2.5.3}$$

若忽略（$R_0/\omega L_0+G_0/\omega C_0$）项，则会得到 γ 为纯虚数（无损耗）的结果。相反，如果不忽略损耗项，而是采用泰勒级数展开式（$\sqrt{1+x}\approx1+x/2+\cdots$）中的前两项来得到 γ 的一级实数项：

$$\gamma\approx j\omega\sqrt{L_0C_0}\left[1-\frac{j}{2}\left(\frac{R_0}{\omega L_0}+\frac{G_0}{\omega C_0}\right)\right]$$

所以得到

$$\alpha\approx\frac{1}{2}\left(R_0\sqrt{\frac{C_0}{L_0}}+G_0\sqrt{\frac{L_0}{C_0}}\right)=\frac{1}{2}\left(\frac{R_0}{Z_0}+G_0Z_0\right) \tag{2.5.4}$$

$$\beta\approx\omega\sqrt{L_0C_0} \tag{2.5.5}$$

其中，$Z_0=\sqrt{L_0/C_0}$ 是不存在损耗时的特征阻抗。注意，式（2.5.5）的传播常数 β 与无耗情形下的式（2.3.2）相同。采用同级近似，特征阻抗 Z_0 可以近似为实数量：

$$Z_0=\sqrt{\frac{R_0+j\omega L_0}{G_0+j\omega C_0}}\approx\sqrt{\frac{L_0}{C_0}} \tag{2.5.6}$$

式（2.5.3）~式（2.5.6）称为传输线的高频、低耗近似，它表明低耗传输线的传播常数和特征阻抗可以认为线是无耗的，从而得到很好地近似。

2.5.2 无畸变传输线

正如低耗传输线的复传播常数的严格表达式（2.5.1）和式（2.5.2）所示，当损耗存在时，相位项 β 一般也是频率 ω 的复杂函数。特别地，除无耗传输线近似外，β 一般不是如式（2.5.5）所示的频率的线性函数，因此相速 $v_p=\omega/\beta$ 将会因频率 ω 不同而不同。这就意味着一个宽带信号的各个频率分量将以不同的相速传播，因此到达传输线的接收端的时间会略有不同。这种现象将导致色散，输出信号产生畸变。如果传输线长度非常长，色散的影响将较为显著。

然而，存在一种有耗传输线的特殊情况，它具有作为频率函数的线性相位因子。这样的传输线称为无畸变传输线，该传输线以线性参量为特征，这些参量满足关系

$$\frac{R_0}{L_0}=\frac{G_0}{C_0} \tag{2.5.7}$$

在式（2.5.7）的特定条件下，可以将复传播常数简化为

$$\gamma=\mathrm{j}\omega\sqrt{L_0C_0}\sqrt{1-2\mathrm{j}\frac{R_0}{\omega L_0}-\frac{R_0^2}{\omega^2L_0^2}}=\mathrm{j}\omega\sqrt{L_0C_0}\left(1-\mathrm{j}\frac{R_0}{\omega L_0}\right)=R_0\sqrt{\frac{C_0}{L_0}}+\mathrm{j}\omega\sqrt{L_0C_0}=\alpha+\mathrm{j}\beta \tag{2.5.8}$$

式（2.5.8）表明，$\beta=\omega\sqrt{L_0C_0}$ 是频率的线性函数，衰减常数 $\alpha=R_0\sqrt{L_0/C_0}$ 不是频率的函数，因此所有的频率分量都将衰减相同的量（实际上，R_0 通常是频率的弱函数）。所以，无畸变传输线并非是无耗的，但是它能无失真地传输一个脉冲或调制波包。为了得到满足式（2.5.7）的参量关系的传输线，通常要在传输线上周期性地附加串联加载线圈以增加 L_0。上述无耗传输线的理论首先是由奥立弗亥维赛（Oliver Heaviside，1850~1925）提出的，他解决了很多问题，而且把麦克斯韦的电磁学原始理论发展为我们今天所熟悉的现代版本。

2.5.3 终端接负载的有耗传输线

图 2.5.1 给出了一个终端接有负载阻抗 Z_L 的有耗传输线，其长度为 l。因此，传播常数 $\gamma=\alpha+\mathrm{j}\beta$ 是复数，假定损耗较小，此时 Z_0 可以近似为实数，如式（2.5.6）所示。

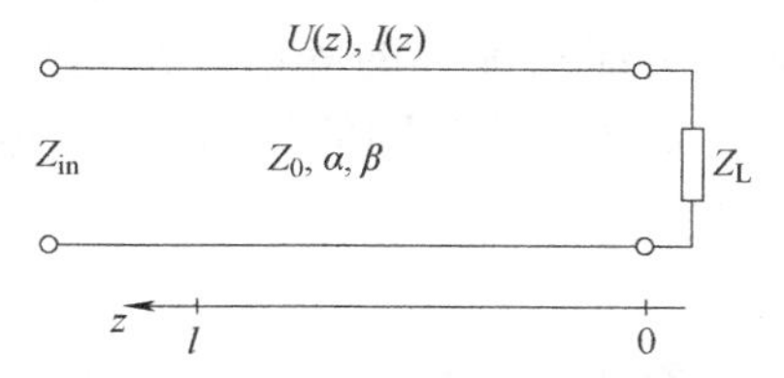

图 2.5.1　终端接阻抗 Z_L 的有耗传输线

有耗传输线上的电压和电流波的表达式为

$$U(z)=U_0^+\left[\mathrm{e}^{\gamma z}+\Gamma\mathrm{e}^{-\gamma z}\right] \tag{2.5.9}$$

$$I(z)=\frac{U_0^+}{Z_0}\left[\mathrm{e}^{\gamma z}-\Gamma\mathrm{e}^{-\gamma z}\right] \tag{2.5.10}$$

对照式（2.2.5）和式（2.3.13），可看出 U_0^+ 是在 $z=0$ 处的入射电压波振幅，Γ 是终端负载（$z=0$）处的电压反射系数。由式（2.3.14）得出距离负载 $z=l$ 处的反射系数是

$$\Gamma(z)=\Gamma e^{-2j\beta l}e^{-2\alpha l}=\Gamma e^{-2\gamma l} \tag{2.5.11}$$

于是距离负载 l 处的输入阻抗 Z_{in} 为

$$Z_{in}=\frac{U(z)}{I(z)}=Z_0\frac{Z_L+Z_0\tanh\gamma l}{Z_0+Z_L\tanh\gamma l} \tag{2.5.12}$$

因此可以算出传送到距终端负载 $l(z=l)$ 处的功率为

$$P_{in}=\frac{1}{2}\text{Re}[U(z)I^*(z)]==\frac{|U_0^+|^2}{2Z_0}[1-|\Gamma|^2]e^{2\alpha l} \tag{2.5.13}$$

实际传到负载 $z=0$ 处的功率为

$$P_L=\frac{1}{2}\text{Re}[U(0)I^*(0)]=\frac{|U_0^+|^2}{2Z_0}[1-|\Gamma|^2] \tag{2.5.14}$$

式（2.5.13）与式（2.5.14）的功率之差则对应线上的功率损耗，为

$$P_{loss}=P_{in}-P_L=\frac{|U_0^+|^2}{2Z_0}[(e^{2\alpha l}-1)+|\Gamma|^2(1-e^{-2\alpha l})] \tag{2.5.15}$$

式中，第一项代表入射波的功率损耗；第二项代表反射波的功率损耗，注意到两项都随 α 的增加而增加。

2.6 史密斯圆图

总结前面的讨论可以看出，无耗传输线问题的计算一般都包含复数运算，十分复杂和烦琐；对于有耗传输线问题的计算则更加麻烦。为了简化计算，需要有一种图解方法，以期能很快求得计算结果。本节介绍的史密斯圆图（Smith Chart）便是为简化阻抗和匹配问题的计算而设计的一套阻抗或导纳曲线图。

2.6.1 圆图概念

圆图是求解均匀传输线有关阻抗计算和阻抗匹配问题的一类曲线坐标图。图上有两组坐标线，即归一化阻抗或导纳的实部和虚部的等值线簇与反射系数的模和幅角的等值线簇。所有这些等值线都是圆或圆弧（直线是圆的特例），故称为阻抗圆图或导纳圆图，简称圆图。

圆图所依据的关系式如下：

$$z(d)=\frac{Z(d)}{Z_0}=\frac{1+\Gamma(d)}{1-\Gamma(d)},\ \Gamma(d)=\frac{z(d)-1}{z(d)+1} \tag{2.6.1}$$

式中，Z_0 是传输线的特性阻抗；$Z(d)$ 为传输线上距终端长度为 d 处的输入阻抗；$z(d)$ 为其相对传输线特性阻抗的归一化值，$z(d)$ 和 $\Gamma(d)$ 一般均为复数。

$$z(d)=r(d)+jx(d)$$

$$\Gamma(d)=\Gamma_{Re}(d)+j\Gamma_{Im}(d)=|\Gamma|e^{j\phi}$$

归一化阻抗 $z(d)$ 由两部分组成，实数部分是归一化电阻，虚数部分是归一化电抗。史密斯圆图便是依据式（2.6.1）将 $z(d)$ 和 $\Gamma(d)$ 的两组等值线簇套印在一张图纸上而成的，将 z 复平面上的等值线变换到 Γ 复平面上便可直接读出相互转换的关系和数据。

2.6.2　史密斯圆图

史密斯圆图是通过式（2.6.1），将 z 复平面上的归一化电阻值 r 为常数（$r\geqslant 0$）和归一化电抗值 x 为常数的二簇相互正交的直线分别变换成 Γ 复平面上的二簇相互正交的圆，并同 Γ 复平面上的 Γ 极坐标等值线簇 $|\Gamma|$ 为常数（$0\leqslant|\Gamma|\leqslant 1$）和 ϕ 为常数（$-\pi\leqslant\phi\leqslant\pi$）套印在一起而得到的阻抗圆图。同理，若将导纳进行归一化，并类似地将归一化导纳的实部和虚部与反射系数一一对应，便得到导纳圆图。由于史密斯圆图将一切归一化阻抗（或导纳）值限制在单位圆内，并容易获得沿线任意一点的反射系数、输入阻抗（或输入导纳）、驻波比、电压最大值及电压最小值等，故应用十分广泛。按其构成部分来讲，史密斯圆图包括等反射系数圆、等归一化电阻圆、等归一化电抗圆。

1. Γ 复平面上的等反射系数圆

由式（2.3.14）可知，无耗传输线上任意一点的反射系数为

$$\Gamma(d)=|\Gamma_L|e^{j(\phi_L-2\beta d)}=|\Gamma_L|e^{j\phi},\ \phi=\phi_L-2\beta d \tag{2.6.2}$$

可见反射系数在 Γ 复平面上的极坐标等值线簇 $|\Gamma(d)|=$ 常数（$0\leqslant|\Gamma(d)|\leqslant 1$），是单位圆内的一簇同心圆，如图 2.6.1 所示。$\phi=$ 常数的等值线簇则以角度或向电源和向负载的波长数标刻在单位圆外的圆周上。

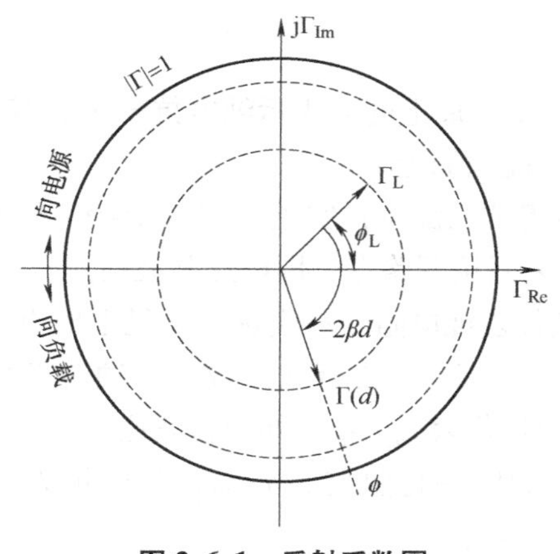

图 2.6.1　反射系数圆

2. Γ 复平面上的等归一化阻抗圆

以 $z=Z/Z_0=r+jx$ 和 $\Gamma=\Gamma_{Re}+j\Gamma_{Im}$ 代入式（2.6.1），分开虚部和实部，可以得到两个圆的方程：

$$\left(\Gamma_{Re}-\frac{r}{1+r}\right)^2+\Gamma_{Im}^2=\left(\frac{1}{1+r}\right)^2 \tag{2.6.3}$$

$$(\Gamma_{Re}-1)^2+\left(\Gamma_{Im}-\frac{1}{x}\right)^2=\left(\frac{1}{x}\right)^2 \tag{2.6.4}$$

式（2.6.3）是归一化电阻 r 为常数时归一化阻抗的轨迹方程，即等归一化电阻的轨迹方程，其轨迹为一簇圆，圆心坐标为（$r/(1+r)$，0），半径为 $1/(1+r)$。例如，令 $r=0$，0.5，1，2，∞，便可得到如图 2.6.2a 所示等归一化电阻圆。式（2.6.4）是归一化电抗 x 为常数时归一化阻抗的轨迹方程。其轨迹为一簇圆弧（直线是圆的特例），圆心坐标为（1，$1/x$），半径为 $1/x$。例如，令 $x=0$，±0.5，±1，±2，∞，便可得到如图 2.6.2b 所示的等归一化电抗圆。将上述两组 z 和 Γ 的等值簇套印在一起即可得到史密斯阻抗圆图，如图 2.6.3 所示。

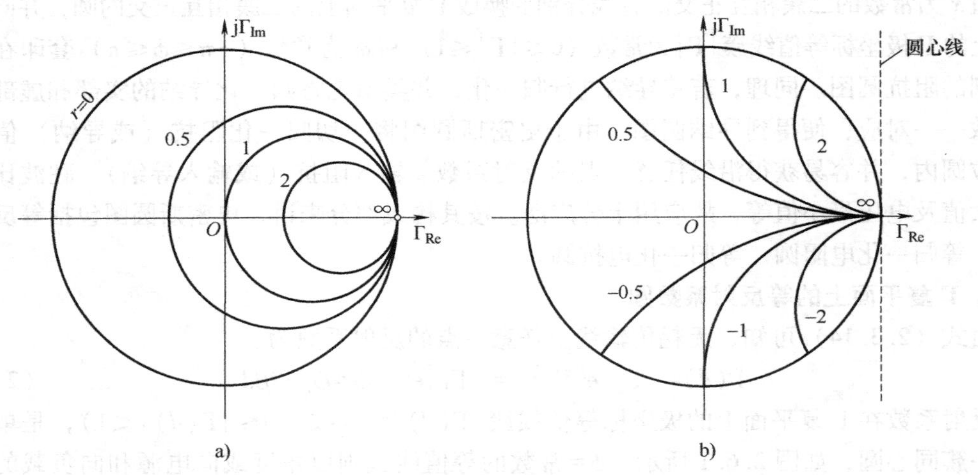

图 2.6.2 等 Γ 复平面上的归一化阻抗圆

a）等归一化电阻圆 b）等归一化电抗圆

3. 阻抗圆图的特点

1）阻抗圆图最外的 $|\Gamma|=1$ 圆周上的点表示纯电抗 $z=\mathrm{j}x$，其归一化电阻为零，短路线和开路线的归一化阻抗即应落在此圆周上。

2）圆图中心 $z=1$，代表阻抗匹配点；实轴左端点 $z=0$，代表阻抗短路点，即电压驻波节点；实轴右端点 $z=\infty$，代表阻抗开路点，即电压驻波腹点。

3）阻抗圆图实轴上的点代表纯电阻点；实轴左半径上的点表示电压驻波最小点，电流驻波最大点，其上数据代表 $r_{\min}=K$，即为行波系数；实轴右半径上的点表示电压驻波最大点，电流驻波最小点，其上数据代表 $r_{\min}=\rho$，即为驻波比。

4）阻抗圆图的上半圆内的归一化阻抗为 $r+\mathrm{j}x$，其电抗为感抗，阻抗圆图下半圆内的归一化阻抗为 $r-\mathrm{j}x$，其电抗为容抗。

5）距终端负载的距离 d 的增加是指从负载移向信号源，在圆图上应顺时针方向旋转；d 的减小是指从信号源向负载移动，在圆图上应逆时针方向旋转；圆图上旋转一周，即转过角度 2π 时，对应沿着传输线的移动物理长度为 0.5λ，而不是 λ。

4. 导纳圆图

在实际问题中，当已知的不是阻抗而是导纳时，就需要通过导纳求解；当微波电路通过并联元件构成时，用导纳计算更方便。与阻抗圆图类似，用以计算导纳的圆图称为导纳圆图。经分析表明，阻抗圆图可以当作导纳圆图使用。

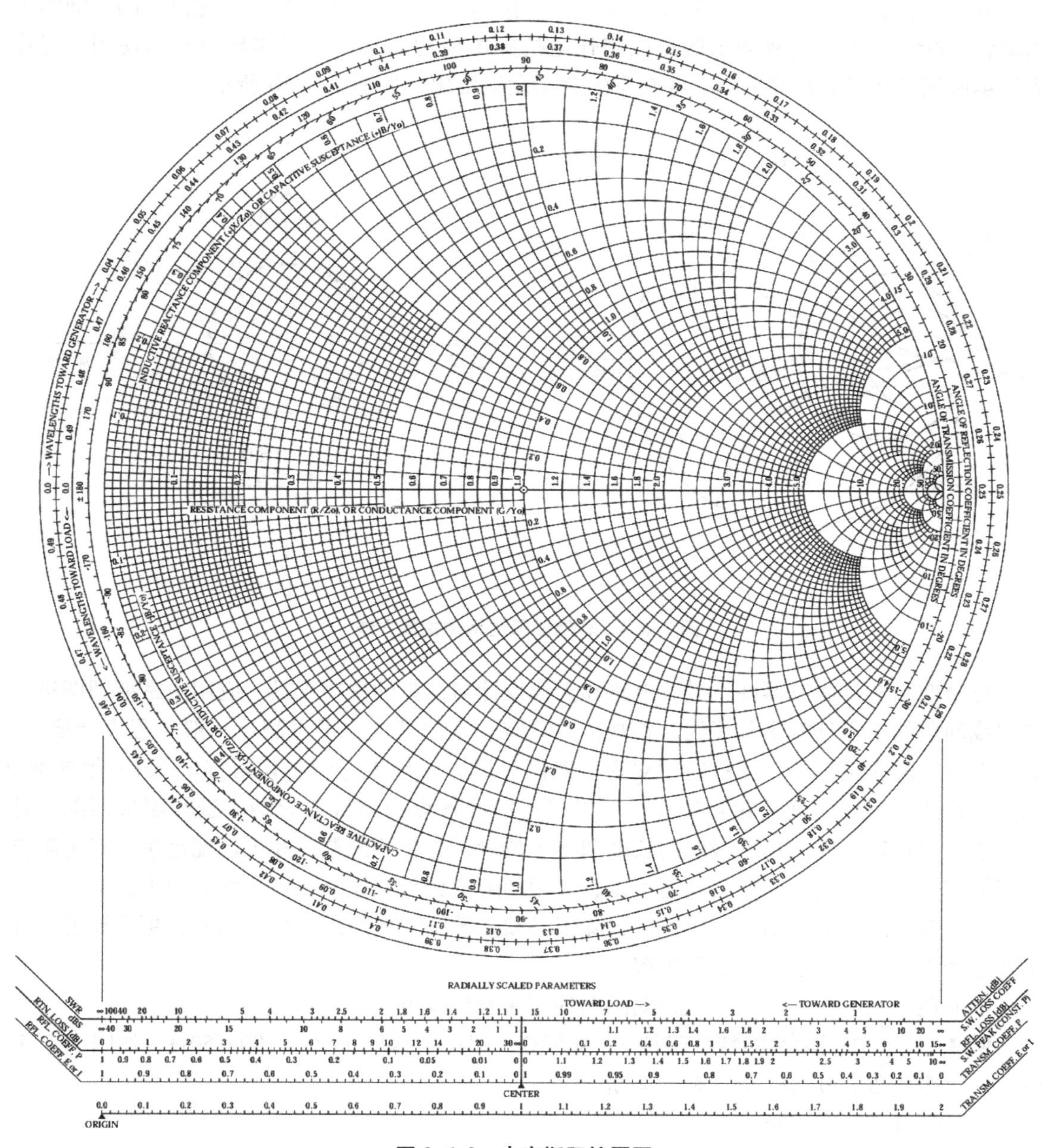

图 2.6.3 史密斯阻抗圆图

$$y=g+\mathrm{j}b=\frac{1}{r+\mathrm{j}x}=\frac{1-\Gamma}{1+\Gamma}=\frac{1+\Gamma \mathrm{e}^{\mathrm{j}\pi}}{1-\Gamma \mathrm{e}^{\mathrm{j}\pi}} \tag{2.6.5}$$

归一化导纳 y 由两部分组成，实数部分是归一化电导，虚数部分是归一化电纳。由式（2.6.5）可见，阻抗圆图上某个归一化阻抗点沿等 $|\Gamma|$ 圆旋转 180°，即得到该点相应的归一化导纳值。因此，阻抗圆图可由两种方法获得，分别解释如下：

方法一：整个阻抗圆图旋转 180°便可得到导纳圆图，其上数据即为归一化导纳值，Γ 复平面上各个点的意义保持不变，如图 2.6.4a 所示。

方法二：直接将阻抗圆图作为导纳圆图使用，阻抗与导纳相应的归一化值在同一圆图上为旋转 180°的关系，这种圆图既可以当作阻抗圆图使用，又可以当作导纳圆图使用，但作为导纳圆图使用时，Γ 复平面上各个点的意义发生变化，如图 2. 6. 4b 所示。

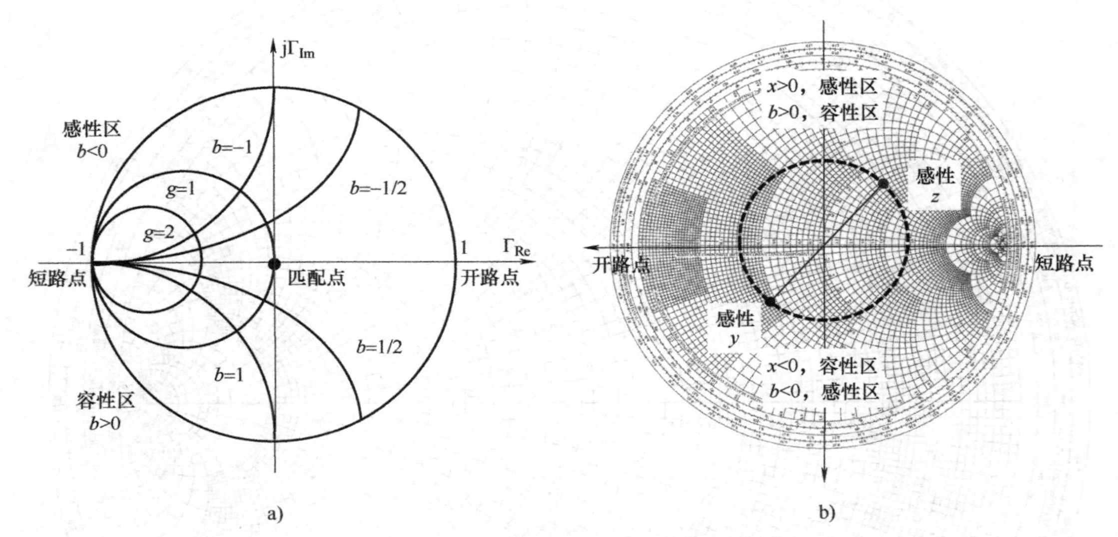

图 2. 6. 4 导纳圆图的两种构造方法

史密斯圆图是微波器件、微波电路和天线设计与计算的重要工具。应用史密斯圆图进行传输线问题的工程计算十分简便、直观，并具有一定的精度，可以满足一般工程设计要求。史密斯圆图的应用十分广泛：应用史密斯圆图可以方便地进行归一化阻抗 z、归一化导纳 y 和反射系数 Γ 三者之间的相互换算；用以求得沿线各点的阻抗或导纳，进行阻抗匹配设计和调整，包括确定匹配用短截线的长度和接入位置，分析调配顺序和可调配范围，确定阻抗匹配的带宽等；应用史密斯圆图还可以直接用图解法分析和设计各种微波有源电路。

为了熟练掌握史密斯圆图的应用，除了必须熟悉圆图的原理和构成以外，更重要的是在实践中经常运用，在运用中加深理解。

下面通过几个例子来说明史密斯圆图的应用及计算方法。

例 2. 2 已知同轴线的特性阻抗 Z_0 为 50Ω，端接负载阻抗 $Z_L=100+j50\Omega$，如图 2. 6. 5a 所示，求距离负载 0. 24λ 处的输入阻抗。

解：计算归一化阻抗：

$$z_L=\frac{100+j50}{50}=2+j1$$

在阻抗圆图上标出此点，其对应的向电源波长数为 0. 213，如图 2. 6. 4b 所示。

以 z_L点沿等 Γ 圆顺时针旋转波长数 0. 24 到 z_{in}点，读得 $z_{in}=0.42-j0.25$。因此距离负载 0. 24λ 处的输入阻抗为

$$Z_{in}=(0.42-j0.25)\times50=(21-j12.5)\Omega$$

例 2. 3 在 Z_0 为 50Ω 的无耗传输线上测得驻波比为 5，电压驻波最小点出现在距离负载 λ/3 处，如图 2. 6. 6a 所示，求负载阻抗值。

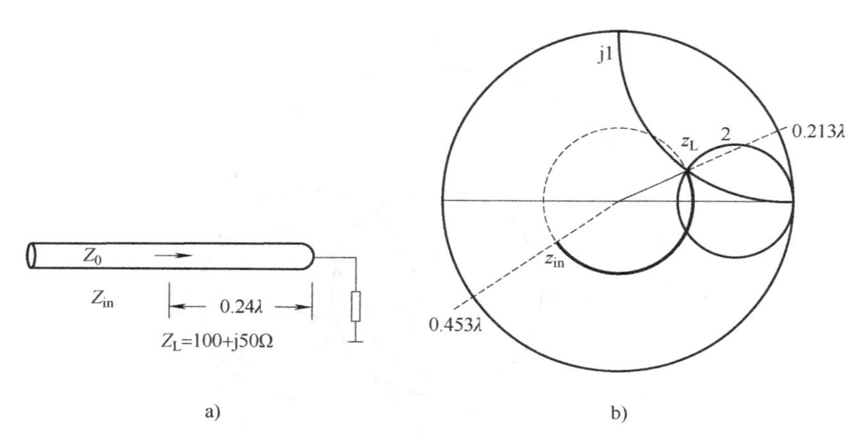

图 2.6.5　例 2.2 图

a）电路示意图　b）求解圆图

解：电压驻波最小点 $z_{min}=1/5=0.2$，在阻抗圆图实轴左半径上，如图 2.6.6b 所示；根据驻波比为 5 可画出等反射系数圆，即与实轴正半轴交点为 5。

以 z_{min} 点沿等反射系数圆逆时针旋转 $\lambda/3$ 得到 $z_L=0.77+j1.48$，故得负载阻抗为

$$Z_L=(0.77+j1.48)\times50=(38.5+j74)\Omega$$

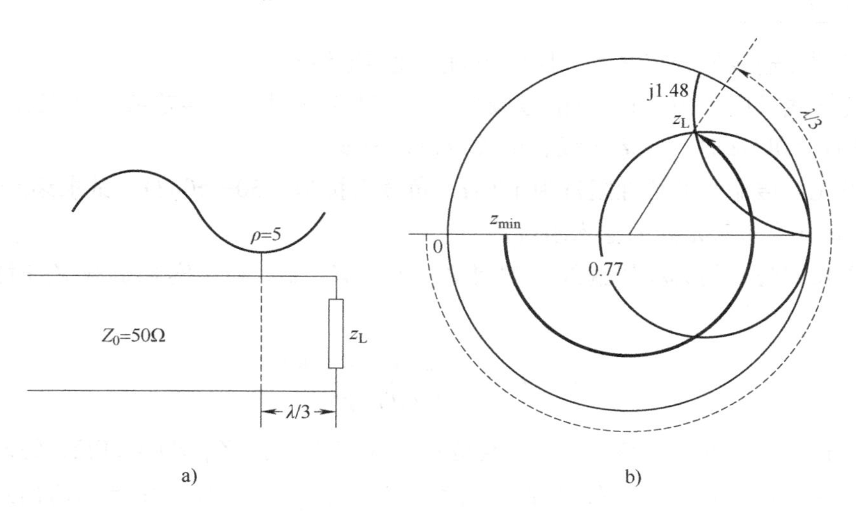

图 2.6.6　例 2.3 图

a）电路示意图　b）求解圆图

例 2.4　已知传输线的特性阻抗为 250Ω，负载阻抗为 500−j150Ω，线长为 0.3λ，求输入导纳。

解：如图 2.6.7 所示，归一化阻抗为 $z_L=(500-j150)/250=2-j0.6$。以 z_L沿等 Γ 圆旋转 180°，得到 $y_L=0.45+j0.15$，其对应的向电源波长数为 0.028。以 y_L沿等 Γ 圆顺时针方向旋转 0.3λ 到 0.328λ 处，即查到 $y_{in}=1.18-j0.9$，故可得输入导纳为

$$Y_{in}=(1.18-j0.9)/250=(0.00472-j0.0036)\text{S}$$

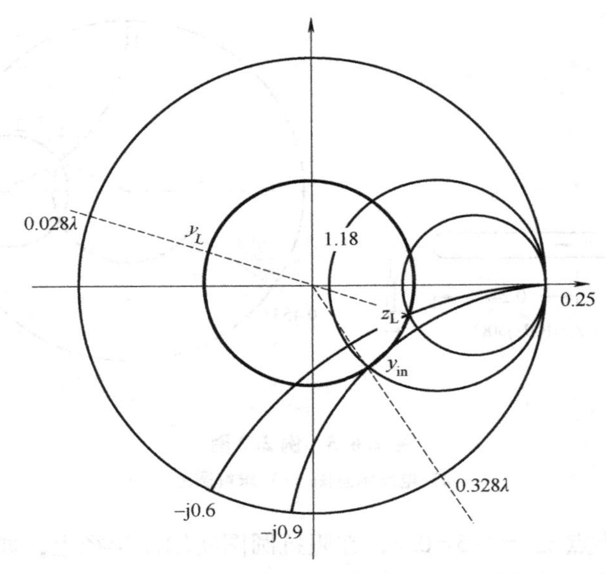

图 2.6.7　例 2.4 图

课后习题

2.1　何谓传输线的分布参数，何谓均匀无耗传输线？

2.2　传输线长度为 10cm，当信号频率为 9.375GHz 时，此传输线属于长线还是短线；当信号频率为 150kHz 时，此传输线属于长线还是短线？

2.3　设无耗传输线的特性阻抗为 100Ω，负载阻抗为（50−j50）Ω，试求终端反射系数、驻波比及距离负载 0.15λ 处的输入阻抗。

2.4　在长度为 d 的无耗传输线上测得 $Z_{in}^{sc}(d)$、$Z_{in}^{oc}(d)$ 和接实际负载 Z_L 时的 $Z_{in}(d)$，证明：

$$Z_L = Z_{in}^{oc}(d)\frac{Z_{in}^{sc}(d)-Z_{in}(d)}{Z_{in}(d)-Z_{in}^{oc}(d)}$$

2.5　在长度为 d 的无耗传输线上测得终端短路时的阻抗 $Z_{in}^{sc}(d)=\mathrm{j}50\Omega$，终端开路时的阻抗 $Z_{in}^{oc}(d)=-\mathrm{j}50\Omega$，接实际负载 Z_L 时，又测得驻波比 $\rho=2$，且电压最小值出现的位置为 $d_{min}=0$，$\lambda/2$，λ，…，求 Z_L。

2.6　长度为 $3\lambda/4$、特性阻抗为 600Ω 的双导线，端接负载阻抗 300Ω，其输入端电压为 600V，试画出沿线电压、电流和阻抗的振幅分布图，并求其最大值和最小值。

2.7　试证明长度为 $\lambda/2$ 的两端短路的无耗传输线，不论信号从线上哪一点馈入，均对信号频率呈现并联谐振。

2.8　参见图题 2.8，均匀无耗传输线的特性阻抗 $Z_0=200\Omega$，终端接负载阻抗 Z_L，已知终端电压入射波复振幅 $U_{i2}=20\mathrm{V}$，终端电压反射波复振幅 $U_{r2}=2\mathrm{V}$。求距终端 $z_1=3\lambda/4$ 处合成电压复振幅 $U(z_1)$、合成电流复振幅 $I(z_1)$ 以及瞬时电压 $u(z_1,t)$ 和瞬时电流 $i(z_1,t)$。

2.9　参见图题 2.9，均匀无耗传输线终端负载等于线特性阻抗，已知线上坐标为 z_2 处的电压瞬时表示式为 $u(z_2,t)=100\cos(\omega t+2\pi/3)$，又知点 z_1 与 z_2 相距 $\lambda/4$。求点 z_1 处的电压复相量和电压瞬时表示式。

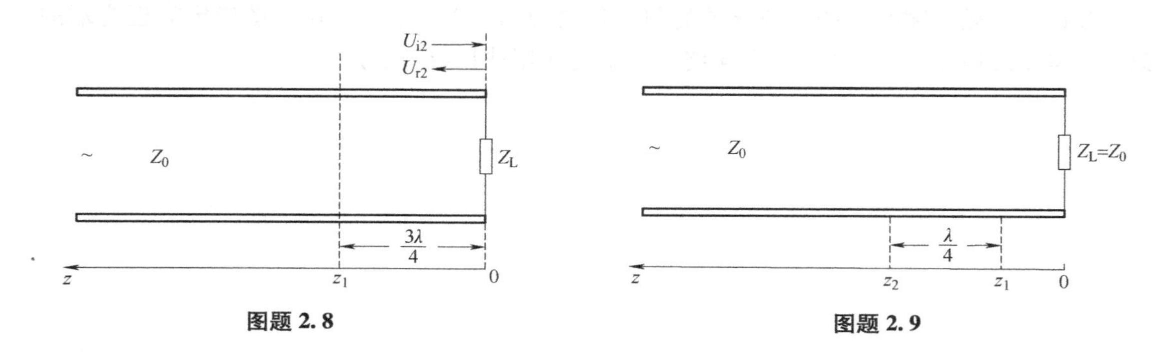

图题 2.8　　图题 2.9

2.10　求图题 2.10 所示各电路的输入端反射系数 Γ_{in} 以及输入阻抗 Z_{in}。

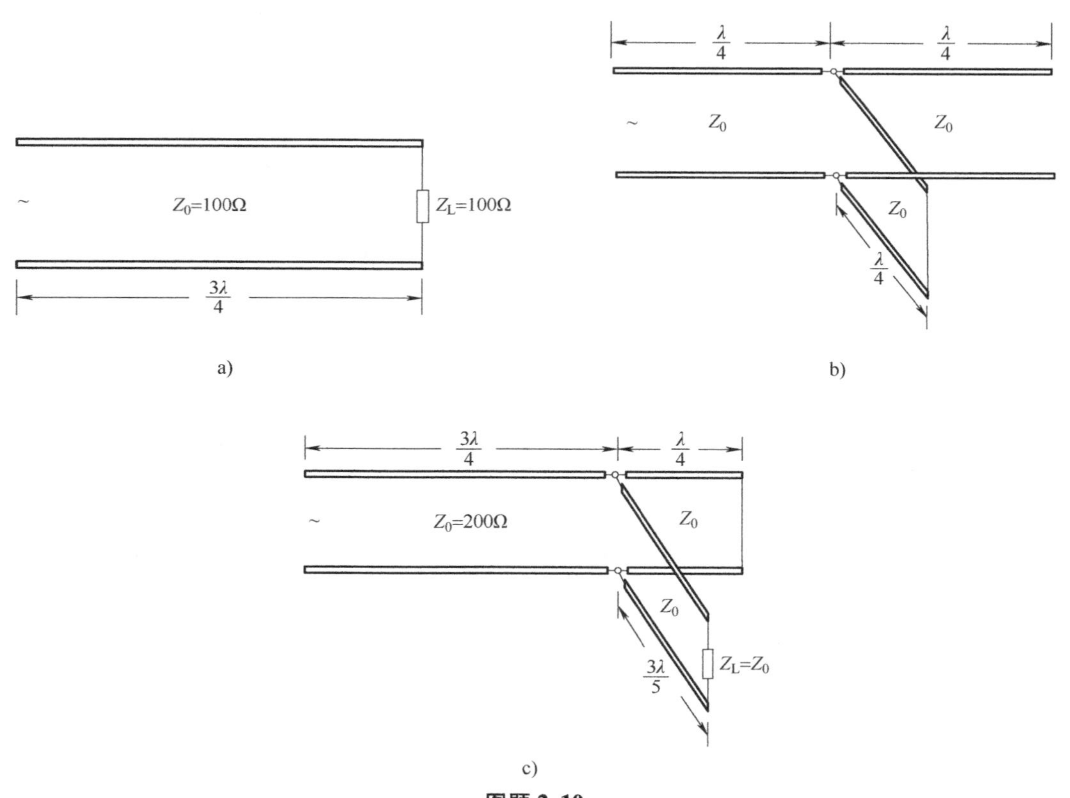

图题 2.10

2.11　特性阻抗为 50Ω 的传输线终端接负载时，测得其反射系数的模 $|\Gamma|=0.2$，求线上电压波峰和电压波谷处的输入阻抗。

2.12　均匀无耗传输线终端接负载阻抗 $Z_L=100\Omega$、信号频率 $f_0=1\text{GHz}$ 时，测得终端电压反射系数相位角 $\varphi_2=180°$ 和驻波比 $\rho=1.5$。计算终端电压反射系数 Γ_2、传输线特性阻抗

Z_0 及距终端最近的一个电压波峰点的距离 l_{max}。

2.13　在一段特性阻抗为70Ω的无耗传输线终端接有阻抗为（R+jX）的负载，测得驻波比$\rho=2$，及距终端第一个电压波峰点位置为$l_{max}=\lambda/2$，求R与X。

2.14　无耗传输线终端负载导纳的归一化值为$y_L=0.8-j1.0$，用圆图确定靠近终端的第一个电压波峰和第一个电压波谷至终端的距离（用波长数表示）。

CHAPTER 3

第3章 阻抗匹配与调谐

与低频电路的设计不同，微波电路和系统的设计（包括天线的设计）不管是无源电路还是有源电路，都必须考虑其阻抗匹配问题。阻抗匹配网络是设计微波电路和系统时采用最多的电路器件。其根本原因是低频电路中所流动的是电压和电流，而微波电路所传输的是导行电磁波，若阻抗不匹配，则会引起严重的反射。为了避免不必要的功率损耗，理想的阻抗匹配网络是无耗的，阻抗匹配的过程也被认为是调谐。阻抗匹配与调谐的作用主要体现在以下几个方面：当负载与传输线匹配时（假定信号源是匹配的），可传送最大功率，并且在馈线上的功率损耗最小；对于阻抗匹配灵敏的接收机部件（如天线、低噪声放大器等），可改进系统的信噪比；在功率分配网络中（如天线阵馈电网络），阻抗匹配可降低振幅和相位误差。本章专门研究阻抗匹配的原理和方法，并着重研究负载的阻抗匹配方法。

在实际匹配网络的选择中，需要考虑以下因素：

复杂性——如同多数工程解答一样，满足所需特性的最简单的设计通常是最可取的。一个较简单的匹配网络通常是既便宜又可靠的，而且与较复杂的设计相比有更小的损耗。

带宽——任何类型的匹配网络，其理想情况是在一个信号频率上能给出全匹配。但在许多应用中，我们希望在一个频带上与负载匹配，有多种方法能达到此目的，当然，复杂性也会相应地增加。

实现——根据所用的传输线和波导类型的不同，一种类型的匹配网络可能比另一类更可取。例如，在波导中用调谐支节比用多节四分之一波长变换器更容易实现。

可调性——在某些应用中，为了匹配一个可变负载阻抗，可能需要调节匹配网络。在这方面，某些类型的匹配网络要比其他类型的匹配网络更适用。

3.1 阻抗匹配概念

(1) 阻抗匹配的重要性

阻抗匹配是使微波电路和系统无反射、载行波或尽量接近行波状态的技术措施。它是微波电路和系统设计时必须考虑的重要问题之一。其重要性主要表现如下：阻抗匹配时传输给传输线和负载的功率最大，且馈线中的功率损耗最小；阻抗失配时传输大功率易导致击穿；阻抗失配时的反射波会对信号源产生频率牵引作用，使信号源的工作不稳定，甚至不能正常工作。

（2）阻抗匹配问题

如图 3.1.1a 所示传输系统，Z_G是信号源的内阻抗；Z_L是终端负载；Z_0 是传输线特性阻抗；βl 表示电长度。通常 $Z_L \neq Z_0$，$Z_G \neq Z_0$，因此阻抗匹配包括如下两方面的问题：

1）负载与传输线之间的阻抗匹配，目的是使负载无反射；条件是使 $Z_L = Z_0$。其方法是在负载与传输线之间接入匹配装置，使其输入阻抗作为等效负载而与传输线的特性阻抗相等，如图 3.1.1b 所示。其实质是人为产生反射波，使之与实际负载的反射波相抵消。

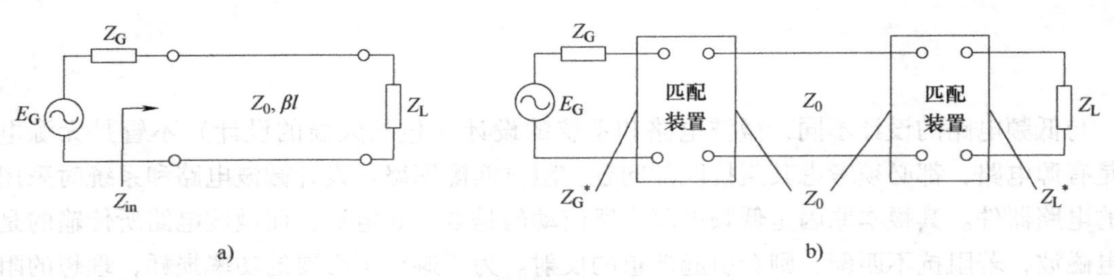

图 3.1.1 微波传输系统的匹配问题
a）匹配前 b）匹配后

2）信号源与传输线之间的阻抗匹配，又分为两种情况：

① 信号源与负载线的匹配，目的是使信号源端无反射；条件是选择负载阻抗 Z_L或传输线参数βl、Z_0，使 $Z_{in} = Z_G$；若负载端已匹配，则使 $Z_G = Z_0$，这样，整个传输系统便可做到匹配。其方法是在信号源与传输线之间接入匹配装置，如图 3.1.1b 所示。然而实际中负载端不可能完全匹配，为使信号源稳定工作，通常需在信号源输出端接一个隔离器，以吸收负载产生的反射波，消除或者减弱负载不匹配对信号源的频率牵引作用。

② 信号源的共轭匹配，目的是使信号源的功率输出最大，条件是使 $Z_{in} = Z_G^*$，或者 $R_{in} = R_G$，$X_{in} = -X_G$。其方法是在信号源与被匹配电路之间接入匹配装置。微波有源电路设计多属于这种情况。

下面对上述阻抗匹配问题做进一步分析。

如图 3.1.2 所示信号源和负载均失配的无耗传输系统，传输线上将出现多次反射。根据传输线相关理论，线上任意一点处的电压为

$$U(z) = \frac{E_G Z_0}{Z_G + Z_0} \frac{e^{-j\beta l}}{1 - \Gamma_G \Gamma_L e^{-2j\beta l}} (e^{j\beta z} + \Gamma_L e^{-j\beta z}) \tag{3.1.1}$$

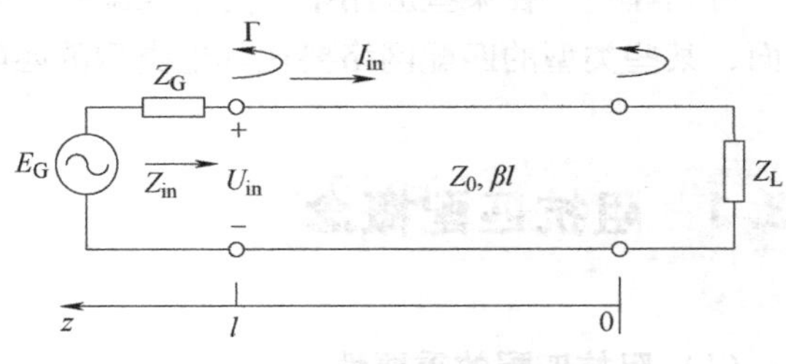

图 3.1.2 失配的无耗传输系统

输入端的电压则为

$$U_{in} = \frac{E_G Z_0}{Z_G + Z_0} \frac{e^{-j\beta l}}{1 - \Gamma_G \Gamma_L e^{-2j\beta l}} (e^{j\beta l} + \Gamma_L e^{-j\beta l}) \tag{3.1.2}$$

由于不考虑线的损耗，波的振幅不变，则有

$$U_0^+ = U_L^+ = \frac{E_G Z_0}{Z_G + Z_0} \frac{e^{-j\beta l}}{1 - \Gamma_G \Gamma_L e^{-2j\beta l}} \tag{3.1.3}$$

式中，U_0^+ 是馈线上入射电压波的振幅；U_L^+ 是终端负载入射电压波的振幅。另外有

$$\Gamma_G = \frac{Z_G - Z_0}{Z_G + Z_0}, \quad \Gamma_L = \frac{Z_L - Z_0}{Z_L + Z_0}$$

式中，Γ_G、Γ_L 分别是向信号源和负载看去的反射系数。

信号源向负载传送的功率为

$$P = \frac{1}{2}\mathrm{Re}\{U_{in} I_{in}^*\} = \frac{1}{2}|U_{in}|^2 \mathrm{Re}\left\{\frac{1}{Z_{in}}\right\} = \frac{1}{2}|E_G|^2 \left(\frac{Z_{in}}{Z_G + Z_{in}}\right)^2 \mathrm{Re}\left\{\frac{1}{Z_{in}}\right\} \tag{3.1.4}$$

令 $Z_{in} = R_{in} + jX_{in}$，$Z_G = R_G + jX_G$，则式（3.1.4）简化为

$$P = \frac{1}{2}|E_G|^2 \frac{R_{in}}{(R_G + R_{in})^2 + (X_G + X_{in})^2} \tag{3.1.5}$$

现在假定信号源内阻抗 Z_G 固定，讨论上述三种匹配问题：

1）负载与传输线的匹配（$Z_L = Z_0$）：此种情况 $\Gamma_L = 0$，则传输线的输入阻抗 $Z_{in} = Z_0$，于是由式（3.1.5）可知，传送给负载的功率为

$$P = \frac{1}{2}|E_G|^2 \frac{Z_0}{(R_G + Z_0)^2 + X_G^2} \tag{3.1.6}$$

2）信号源与负载线的匹配（$Z_{in} = Z_G$）：此种情况下信号源与端接传输线所呈现的负载匹配，总的反射系数 Γ_{in} 等于零，即

$$\Gamma_{in} = \frac{Z_{in} - Z_G}{Z_{in} + Z_G} = 0 \tag{3.1.7}$$

但由于 Γ_L 可能不等于零，所以线上可能存在驻波。此种情况下传送给负载的功率为

$$P = \frac{1}{2}|E_G|^2 \frac{R_G}{4(R_G^2 + X_G^2)} \tag{3.1.8}$$

注意，虽然此种情况下的负载线与信号源匹配，但传送给负载的功率却可能小于式（3.1.6）所示传送给匹配情况下负载的功率，后者负载线并不要求必须与信号源匹配。

3）信号源的共轭匹配：此时，由于已假定信号源内阻抗 Z_G 固定，所以可以通过改变输入阻抗 Z_{in} 来使信号源传送给负载的功率最大。为使 P 最大，将 P 对 Z_{in} 的实部和虚部分别取微商，运用式（3.1.5），并应用 $\partial P/\partial R_{in} = 0$、$\partial P/\partial X_{in} = 0$ 得到

$$R_{in} = R_G, X_{in} = -X_G \tag{3.1.9}$$

即

$$Z_{in} = Z_G^* \tag{3.1.10}$$

此即共轭匹配条件。在此条件下，对于内阻抗一定的信号源，其传送给负载的功率最大。由式（3.1.5）可知，所传送的功率为

$$P = \frac{1}{2}|E_G|^2 \frac{1}{4R_G} \tag{3.1.11}$$

可见，此功率大于或等于式（3.1.6）或式（3.1.8）的功率，同时注意到反射系数 Γ_L、Γ_G

和 Γ_{in} 可能不等于零。从物理意义而言，这意味着在某种情况下，失配线上的多次反射，相位可能相加，致使传送给负载的功率比线上无反射时传送的功率要大。假如信号源阻抗为实数（$X_G=0$），则后两种情况可简化为相同的结果：当负载线与信号源匹配时（$R_{in}=R_G$，而 $X_{in}=X_G=0$），传送给负载的功率最大。

需要注意的是，要获得最佳效率的传输系统，并不要求负载匹配（$Z_L=Z_0$）和信号源共轭匹配（$Z_{in}=Z_G^*$）。例如，若 $Z_G=Z_L=Z_0$，则负载和信号源都匹配（无反射），但此时信号源的功率却只有一半传送给负载（一半被损耗在 Z_G 中），传输效率仅为50%。而此效率只能以 Z_G 尽可能小来改善，结果就不能再维持 $Z_G=Z_0$ 的条件。

3.2　用集总元件匹配（L 节匹配网络）

对于频率较低（1GHz 以下）的微波电路，为了匹配任意负载阻抗到传输线，两个电抗性元件组成的 L 节是较为简单的匹配网络类型。对于这种网络，有两种可能的结构，如图 3.2.1 所示。若归一化负载阻抗 $z_L=Z_L/Z_0$ 是在史密斯圆图的 $1+jx$ 圆内部，则应该用图 3.2.1a 所示的电路。若归一化负载阻抗 $z_L=Z_L/Z_0$ 是在史密斯圆图的 $1+jx$ 圆外部，则应该用图 3.2.1b 所示的电路。此 $1+jx$ 圆是史密斯阻抗圆图中 $r=1$ 的等电阻圆。

在图 3.2.1 所示的任何一种结构中，电抗性元件是电感还是电容，取决于负载阻抗。所以，对于各种负载阻抗的匹配网络，有 8 种不同的可能。若频率足够低或电路尺寸足够小，则可用实际的集总元件电容器和电感器。虽然近代微波集成电路可以使集总元件小到足以用于较高的频率，但仍有一个较大的频率和电路尺寸的范围，集总元件是不能采用的，这就是集总元件匹配技术的局限性。

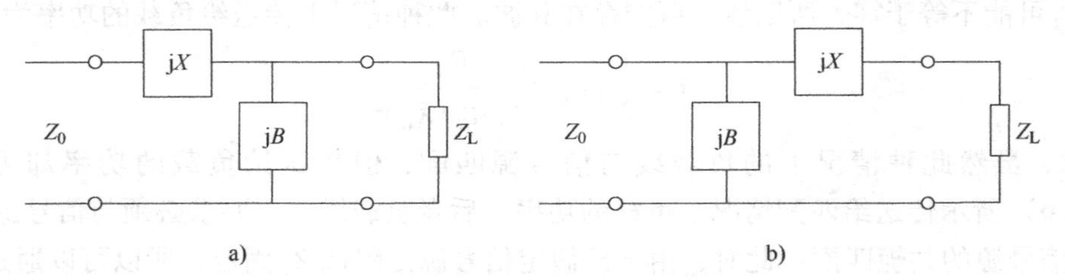

图 3.2.1　集总元件匹配网络

a）用于 z_L 在 $1+jx$ 圆内的网络　b）用于 z_L 在 $1+jx$ 圆外的网络

下面将采用解析解法来推导图 3.2.1 中两种情况的匹配网络元件的解析表示式，然后举例说明用史密斯圆图实现匹配设计的步骤。解析解法的优势在于精度较高，而史密斯圆图解法则相对便捷并能保证一定的精度。

3.2.1　解析解法

令终端负载 $Z_L=R_L+jX_L$，并假设归一化负载阻抗 $z_L=Z_L/Z_0$ 在史密斯圆图上 $1+jx$ 圆的内部，应考虑使用图 3.2.1a 所示的电路，此时 $R_L>Z_0$。为了匹配，向后面接有负载阻抗的匹

配网络看去的阻抗需等于 Z_0，即

$$Z_0=\mathrm{j}X+\frac{1}{\mathrm{j}B+1/(R_L+\mathrm{j}X_L)} \tag{3.2.1}$$

整理式（3.2.1），分离实部和虚部，可给出两个关于未知量 X 和 B 的等式。

$$B(XR_L-X_LZ_0)=R_L-Z_0 \tag{3.2.2a}$$

$$X(1-BX_L)=BZ_0R_L-X_L \tag{3.2.2b}$$

从式（3.2.2a）解出 X 并将其代入式（3.2.2b），可得到关于 B 的二次方程。该方程的解是

$$B=\frac{X_L\pm\sqrt{R_L/Z_0}\sqrt{R_L^2+X_L^2-Z_0R_L}}{R_L^2+X_L^2} \tag{3.2.3a}$$

注意，因为 $R_L>Z_0$，所以式中二次方根的变量总是正数，则 X 为

$$X=\frac{1}{B}+\frac{X_LZ_0}{R_L}-\frac{Z_0}{BR_L} \tag{3.2.3b}$$

式（3.2.3a）表示 B 和 X 可能有两个解，这两个解都是可行、可实现的：X 为正意味着电感，X 为负意味着电容；B 为正意味着电容，B 为负意味着电感。但是，若考虑匹配带宽较好，或者在匹配网络和负载之间的传输线上等反射系数较小，则应优先考虑电抗性元件值较小的解。

当 z_L 在史密斯圆图上 $1+\mathrm{j}x$ 圆以外时，考虑使用图 3.2.1b 所示的电路，此时 $R_L<Z_0$。为了匹配，向后面接有负载阻抗 $Z_L=R_L+\mathrm{j}X_L$ 的匹配网络看去的导纳需等于 $1/Z_0$，即

$$\frac{1}{Z_0}=\mathrm{j}B+\frac{1}{R_L+\mathrm{j}(X+X_L)} \tag{3.2.4}$$

整理式（3.2.4），分离实部和虚部，同样可得到关于两个未知量 X 和 B 的两个等式：

$$BZ_0(X+X_L)=Z_0-R_L \tag{3.2.5a}$$

$$(X+X_L)=BZ_0R_L \tag{3.2.5b}$$

对 X 和 B 求解得

$$X=\pm\sqrt{R_L(Z_0-R_L)}-X_L \tag{3.2.6a}$$

$$B=\pm\frac{\sqrt{(Z_0-R_L)/R_L}}{Z_0} \tag{3.2.6b}$$

因为 $R_L<Z_0$，所以二次方根的变量总是正数，X 和 B 也是均有两个可能的解。

为了匹配任意复数负载 $Z_L=R_L+\mathrm{j}X_L$ 到特性阻抗为 Z_0 的传输线，匹配网络的输入阻抗实部必须是 Z_0，而虚部必须是零。这意味着，一般的 L 节匹配电路中至少有两个自由度，这两个自由度是由两个电抗性元件值提供的。

3.2.2　史密斯圆图解法

在不使用 3.2.1 节公式的情况下，使用史密斯圆图也能迅速和正确地设计 L 节匹配网络。其过程通过例 3.1 说明。

例 3.1　设计一个 L 节匹配网络，在频率为 500MHz 处，用以使终端负载 $Z_L=200-\mathrm{j}100\Omega$ 与特性阻抗为 100Ω 的传输线匹配。

解：可求出归一化负载阻抗 $z_L=2-j1$，这个点在史密斯圆图上 $1+jx$ 圆（即图中 $r=1$ 的圆）内部，如图 3.2.2a 所示，所以将采用图 3.2.1a 所示的匹配电路。

根据图 3.2.1a，从负载向匹配网络看去的第一个元件是并联电纳，所以需要先把负载阻抗转换成导纳，才能直接与并联电纳进行并联相加运算。过归一化负载阻抗 z_L 画等反射系数圆（图 3.2.2a 中虚线所示），且从负载过圆图的中心画一直线，与等反射系数圆的交点即为归一化负载导纳的位置 y_L，可读出负载的归一化导纳 $y_L=0.4+j0.2$。

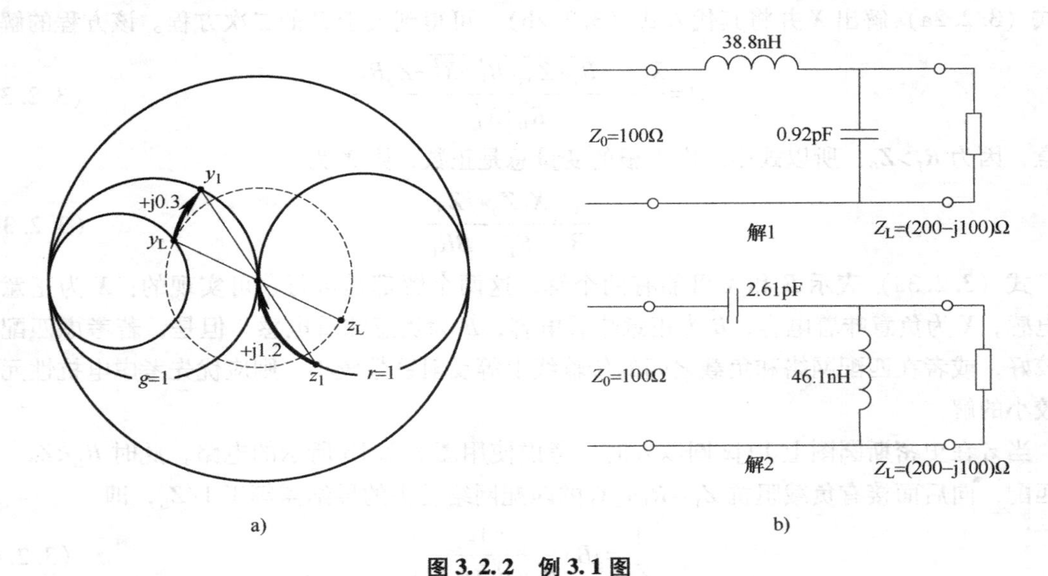

图 3.2.2 例 3.1 图

a）L 节匹配网络的史密斯圆图 b）两种可能的 L 节匹配电路

为实现匹配，归一化负载导纳 y_L 加上并联电纳后得到的导纳值 y_1，再转化为阻抗值后应落在 $r=1$ 的圆上，这样再加上一个串联电抗，以抵消虚部 jx，即可达到匹配。

如图 3.2.2a 所示，$y_L=0.4+j0.2$ 加上 $jb=j0.3$ 后得到归一化电纳 y_1，y_1 落在 $g=1$ 的圆上，转换成阻抗后读得归一化阻抗值为 $z_1=1-j1.2$，即落在 $r=1$ 的圆上。

为实现匹配，需要继续串联一个归一化电抗 $jx=j1.2$，回到圆图的中心。由此可得到并联电容和串联电感组成的 L 节匹配电路（为了进行对比，此处也给出式（3.2.3）的解，即 $b=0.29$，$x=1.22$，读者可以自行对比两种解法的便捷度和精度）。

该匹配电路包括一个并联电容和一个串联电感，如图 3.2.2b 中解 1 电路所示。在频率 $f=500\text{MHz}$ 时，该电容值为

$$C=\frac{b}{2\pi f Z_0}=0.92\text{pF}$$

电感值为

$$L=\frac{xZ_0}{2\pi f}=38.8\text{nH}$$

另一方面，若用一个 $b=-0.7$ 的并联电纳替代外加的 $b=0.3$ 的并联电纳，即 y_L 向下半圆移动，交 $g=1$ 的圆周于 $y_1'=0.4-j0.5$，然后转换回阻抗并加上一个 $x'=-1.2$ 的串联电抗，

也可达到匹配。该匹配电路如图 3.2.2b 中解 2 所示，并且可看出电感和电容的位置与第一个匹配网络相反。在频率 $f=500\text{MHz}$ 时，电容值为

$$C=\frac{-1}{2\pi f x Z_0}=2.61\text{pF}$$

电感值为

$$L=\frac{-Z_0}{2\pi f b}=46.1\text{nH}$$

3.3 单支节匹配

下面讨论一种匹配技术，该技术使用单个开路或者短路的传输线段，在距离负载某一确定的位置与主传输线并联或者串联，如图 3.3.1 所示，图中 Z_0 和 Y_0 分别表示传输线的特性阻抗和特性导纳。这种用于匹配的传输线段称为“支节”（也称“枝节”或“短截线”）。支节匹配电路无须使用集总元件，因此适用于微波制造加工工艺，其中并联支节匹配电路特别容易以微带或带状线形式制成。

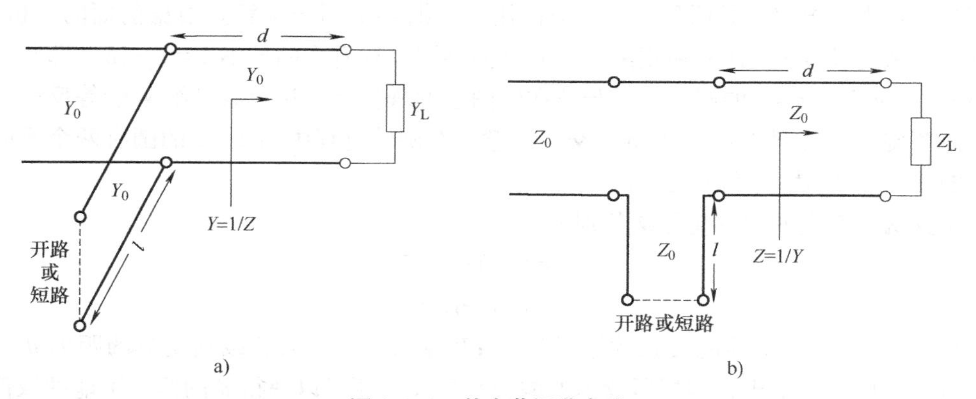

图 3.3.1　单支节调谐电路

a）并联支节　b）串联支节

在单支节匹配中，有两个可调参量：一是从负载到支节所在位置的距离 d；二是由并联或者串联支节提供的电纳或电抗，此电纳或电抗值由支节长度 l 决定。以并联支节为例，由于开路和短路支节所提供的导纳均为纯虚数的电纳，因此支节的引入并不会改变线上输入导纳的实数部分。对于并联支节，为了使最终输入导纳匹配 Y_0，基本思想是先选择合适的长度 d，使其在距离负载 d 处向负载看过去的输入导纳 $Y=Y_0+\text{j}B$；然后再选择合适的支节长度，使其提供的电纳值为 $-\text{j}B$；$Y_0+\text{j}B$ 与 $-\text{j}B$ 并联即为特性导纳 Y_0，实现匹配。类似地，对于串联支节，应先选择距离 d，使其在距离负载 d 处向负载看过去的输入阻抗 $Z=Z_0+\text{j}X$；然后再选择支节的电抗为 $-\text{j}X$，便达到匹配。

正如在第 2 章讨论的那样，恰当长度的开路或短路传输线能提供所希望的任意电抗或电纳。对于一个给定的电抗或电纳，用开路支节和用短路支节的长度相差 $\lambda/4$。对于微带线或

带状线，开路支节是容易制造的，因为不需要通过孔将金属导体带与接地板相连。而对于同轴线或者波导，更适合采用短路形式，因为此时开路支节的辐射损耗较大，受开路端影响，其阻抗将不再是纯电抗。

下面将分别讨论单支节并联匹配和单支节串联匹配的史密斯圆图解法和解析解法。史密斯圆图解法快且直观，在实际应用中的精度也足够；解析解法的表示式更加精确，可用于计算机分析。

3.3.1 并联支节

下面将通过例3.2，先用史密斯圆图解法分析图3.1.1a中的单支节并联匹配方法，随后再用解析解法推导 d 和 l 的公式。

例3.2 已知微波电路工作于2GHz，负载阻抗 Z_L 由 60Ω 的电阻和0.995pF的电容串联而成，$Z_L=(60-j80)\Omega$，试设计两个单支节并联匹配电路，使负载 Z_L 与特性阻抗为 50Ω 的传输线匹配。

解： 第一步：如图3.3.2a所示，在史密斯圆图上标出归一化负载阻抗 $z_L=1.2-j1.6$ 的位置 z_L，然后作出对应的等反射系数圆（虚线所示），并将归一化负载阻抗转换为归一化负载导纳 y_L，读出 y_L 对应的波长数标尺为0.065。

第二步：由于电路为并联形式，考虑使用史密斯导纳圆图求解。根据前面的分析可知，要先选择合适的长度 d，使其在距离负载 d 处向终端负载看去的导纳 $Y=Y_0+jB$，即归一化导纳 $y=1+jb$，应位于 $g=1$ 的圆上。该步骤在圆图上的操作是：从负载导纳 y_L 沿等反射系数圆顺时针向源旋转，直到与 $g=1$ 的圆相交。注意，在旋转过程中与 $g=1$ 的圆有两个不同的交点，在图3.3.2a中用 y_1 和 y_2 表示。

读出这两个交点的归一化导纳分别为

$$y_1=1.00+j1.47$$

$$y_2=1.00-j1.47$$

同样读出 y_1 和 y_2 对应的波长数标尺为0.176和0.325。从负载到支节的距离 d 可由这两个交点的任何一个给出，根据所读出的波长数标尺，便可以获得 d 的两个可能的取值。

$$d_1=(0.176-0.065)\lambda=0.111\lambda$$

$$d_2=(0.325-0.065)\lambda=0.260\lambda$$

实际上，在等反射系数圆上旋转的过程中和 $g=1$ 的圆可能有无数个交点，不同的交点对应不同的 d 值，所以距离 d 有无限多个数值。一般设计中希望匹配支节尽可能靠近负载，以便提高匹配带宽，降低在支节和负载间的传输线上可能引起的损耗。

第三步：正如前文所述，并联支节的作用是提供一个纯电纳 jb，该电纳与 y_1 或 y_2 并联后达到匹配。由于并联电纳并不会改变输入导纳的实部，所以这一步骤在圆图上的操作为：从 y_1 或 y_2 沿 $g=1$ 的圆旋转到匹配点，旋转过程中所改变的电纳值即为并联支节需要提供的电纳。因此，对于第一个解 y_1，需要一个电纳为 $jb_1=-j1.47$ 的支节。提供该电纳的短路支节的长度可在史密斯圆图上找到，过程是：以 $y=\infty$（短路点）为起始点，沿着圆图最外圈的纯电抗圆（$g=0$ 的圆）向着源的方向旋转到 $jb_1=-j1.47$ 点。读波长数，jb_1 对应0.345，短路点对应0.25，所以得到该支节的长度是

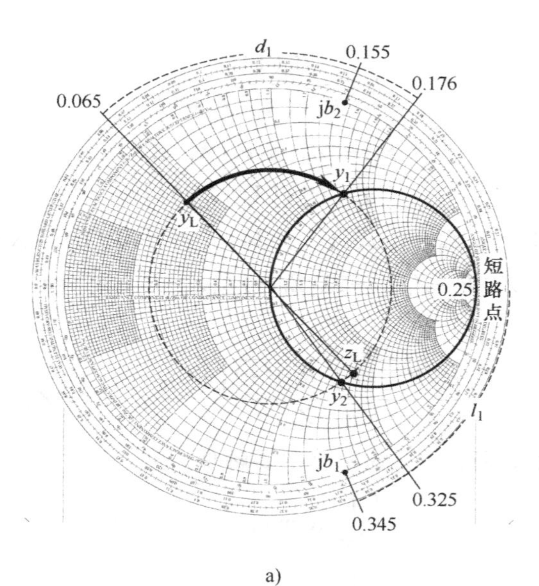

a)

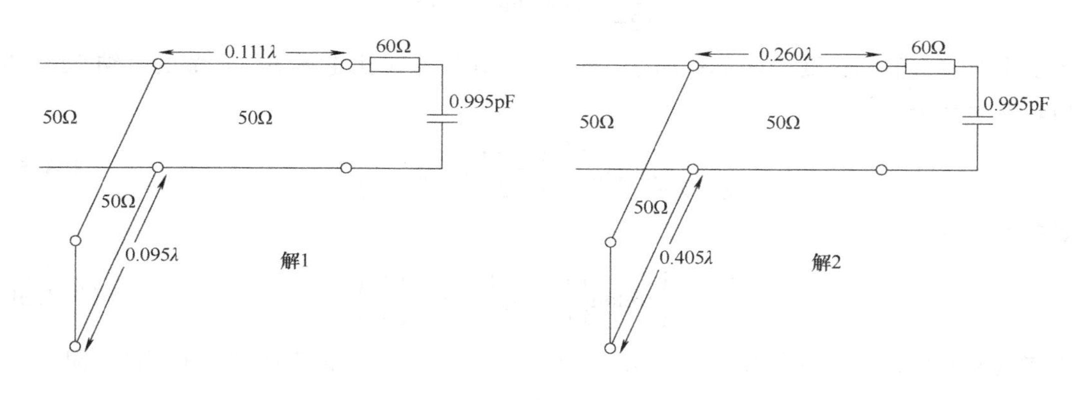

b)

图 3.3.2　例 3.2 图

a）并联单支节调谐器的史密斯圆图　b）两个并联单支节调谐电路的解

$$l_1=(0.345-0.25)\lambda=0.095\lambda$$

类似地，对于第二个解 y_2，所需并联直接电纳 $jb_2=j1.47$ 对应的波长标尺为 0.155，求得短路支节的长度为

$$l_2=(0.5-0.25+0.155)\lambda=0.405\lambda$$

作为比照，下面将给出求解 d 和 l 的解析方法，将负载阻抗表示为 $Z_L=1/Y_L=R_L+jX_L$，从负载移到传输线的长度 d 的阻抗 Z 为

$$Z=Z_0\frac{(R_L+jX_L)+jZ_0t}{Z_0+j(R_L+jX_L)t} \tag{3.3.1}$$

式中，$t=\tan\beta d$。在该点的导纳表示为

$$Y=G+jB=\frac{1}{Z}$$

其中，

$$G=\frac{R_L(1+t^2)}{R_L^2+(X_L+Z_0t)^2} \tag{3.3.2a}$$

$$B=\frac{R_L^2t-(Z_0-X_Lt)(X_L+Z_0t)}{Z_0[R_L^2+(X_L+Z_0t)^2]} \tag{3.3.2b}$$

现在，d 的选择为使 $G=Y_0=1/Z_0$。由式（3.3.2a），可导出 t 的二次方程为

$$Z_0(R_L-Z_0)t^2-2X_LZ_0t+(R_LZ_0-R_L^2-X_L^2)=0$$

对 t 求解得出

$$t=\frac{X_L\pm\sqrt{R_L[(Z_0-R_L)^2+X_L^2]/Z_0}}{R_L-Z_0},\quad R_L\neq Z_0 \tag{3.3.3}$$

若 $R_L=Z_0$，则 $t=-X_L/2Z_0$。所以，d 的两个主要解是

$$\frac{d}{\lambda}=\begin{cases}\dfrac{1}{2\pi}\arctan t, & t\geqslant 0\\ \dfrac{1}{2\pi}(\pi+\arctan t), & t<0\end{cases} \tag{3.3.4}$$

为了求出所需支节的长度，首先将 t 代入式（3.3.2b）中求出电纳 B，支节的电纳 $B_s=-B$。然后，对于开路支节，

$$\frac{l_o}{\lambda}=\frac{1}{2\pi}\arctan\left(\frac{B_s}{Y_0}\right)=\frac{-1}{2\pi}\arctan\left(\frac{B}{Y_0}\right) \tag{3.3.5a}$$

而对于短路支节，

$$\frac{l_s}{\lambda}=\frac{-1}{2\pi}\arctan\left(\frac{Y_0}{B_s}\right)=\frac{1}{2\pi}\arctan\left(\frac{Y_0}{B}\right) \tag{3.3.5b}$$

若由式（3.3.5a）或式（3.3.5b）给出的长度是负值，则加上 $\lambda/2$ 后可得出正的结果。

3.3.2 串联支节

串联支节调谐电路如图 3.3.1b 所示。下面先通过一个例子来说明史密斯圆图解法，然后推导出 d 和 l 的表示公式。

例 3.3 用一个串联开路支节，使负载阻抗 $Z_L=(100+j80)\Omega$（由于 100Ω 的电阻和 6.37nH 的电感串联）与特性阻抗为 50Ω 的传输线匹配。

解：第一步：如图 3.3.3a 所示，在史密斯圆图上找出归一化负载阻抗 $z_L=2+j1.6$，并画出等反射系数圆，读出 z_L 对应的波长数标尺为 0.208。对于串联支节的设计，直接使用阻抗圆图比较方便。

第二步：从负载阻抗 z_L 沿等反射系数圆顺时针朝源的方向旋转，与 $r=1$ 的圆相交于两个点，这两个点在图 3.3.3a 中用 z_1 和 z_2 表示，分别对应波长数 0.328 和 0.172。从负载到支节的最短距离为 d_1，根据波长数标尺计算得到

$$d_1=(0.328-0.208)\lambda=0.120\lambda$$

类似地，第二个距离是

$$d_2=(0.5-0.208+0.172)\lambda=0.464\lambda$$

和并联支节情况一样，围绕等反射系数圆增加旋转圈数，可得出其他的解。但是，通常这些解实际并不会被使用。

在两个相交点处的归一化阻抗分别为

$$z_1=1-\mathrm{j}1.33$$

$$z_2=1+\mathrm{j}1.33$$

第三步：第一个解需要一个电抗为 j1.33 的支节。提供该电抗的开路支节的长度可在史密斯圆图上求出，以 $z=\infty$（开路点）为起点，沿着圆图外圈的纯电抗圆（$r=0$ 的圆）向源方向移动到 j1.33 点，得出支节长度是

$$l_1=(0.25+0.147)\lambda=0.397\lambda$$

类似地，对于第二个解，所需开路支节的长度是

$$l_2=(0.363-0.25)\lambda=0.103\lambda$$

得到的两个匹配电路如图 3.3.3b 所示。

为了推导串联支节调谐器的 d 和 l 的公式，将负载导纳表示为 $Y_\mathrm{L}=1/Z_\mathrm{L}=G_\mathrm{L}+\mathrm{j}B_\mathrm{L}$。则从负载下移长度为 d 处的导纳 Y 是

$$Y=Y_0\frac{(G_\mathrm{L}+\mathrm{j}B_\mathrm{L})+\mathrm{j}tY_0}{Y_0+\mathrm{j}t(G_\mathrm{L}+\mathrm{j}B_\mathrm{L})} \tag{3.3.6}$$

式中，$t=\tan\beta d$，$Y_0=1/Z_0$。所以在这点的阻抗是

$$Z=R+\mathrm{j}X=\frac{1}{Y}$$

其中，

$$R=\frac{G_\mathrm{L}(1+t^2)}{G_\mathrm{L}^2+(B_\mathrm{L}+Y_0t)^2} \tag{3.3.7a}$$

$$X=\frac{G_\mathrm{L}^2t-(Y_0-tB_\mathrm{L})(B_\mathrm{L}+tY_0)}{Y_0[G_\mathrm{L}^2+(B_\mathrm{L}+Y_0t)^2]} \tag{3.3.7b}$$

现在，d 的选择为使 $R=Z_0=1/Y_0$。由式（3.3.7a）可得出 t 的二次方程为

$$Y_0(G_\mathrm{L}-Y_0)t^2-2B_\mathrm{L}Y_0t+(G_\mathrm{L}Y_0-G_\mathrm{L}^2-B_\mathrm{L}^2)=0$$

解出 t 为

$$t=\frac{B_\mathrm{L}\pm\sqrt{G_\mathrm{L}[(Y_0-G_\mathrm{L})^2+B_\mathrm{L}^2]/Y_0}}{G_\mathrm{L}-Y_0},\quad G_\mathrm{L}\neq Y_0 \tag{3.3.8}$$

若 $G_\mathrm{L}=Y_0$，则 $t=-B_\mathrm{L}/2Y_0$。于是得到 d 的两个最主要的解是

$$\frac{d}{\lambda}=\begin{cases}\dfrac{1}{2\pi}\arctan t, & t\geqslant 0\\ \dfrac{1}{2\pi}(\pi+\arctan t), & t<0\end{cases} \tag{3.3.9}$$

所需支节长度的确定过程是：首先将 t 代入式（3.3.7b）中，求出电抗 X，该电抗是所需支节电抗 X_s 的负值。所以，对于短路支节有

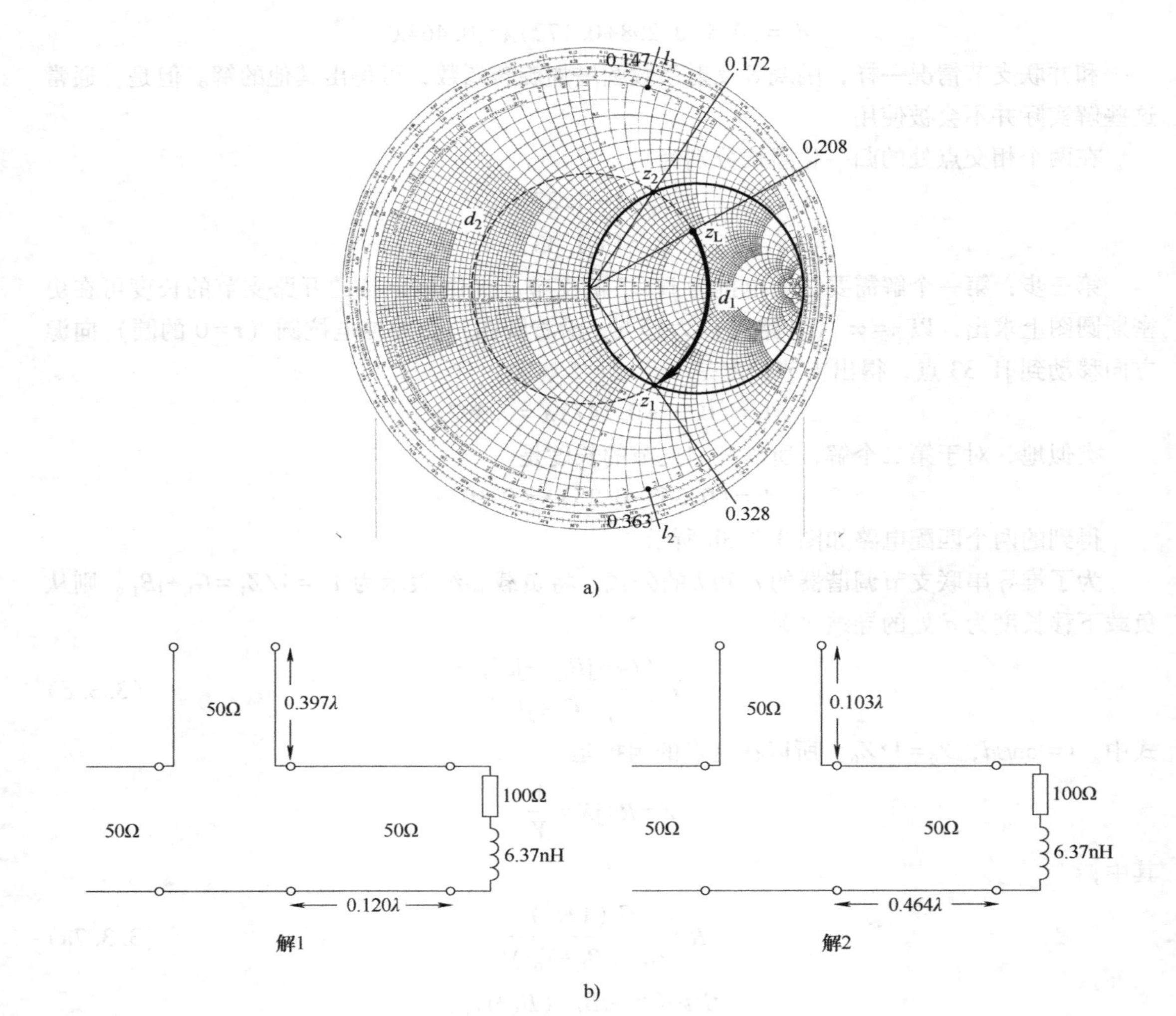

图 3.3.3　例 3.3 图

a）串联支节调谐器的史密斯圆图　b）两个串联支节调谐电路的解

$$\frac{l_s}{\lambda}=\frac{1}{2\pi}\arctan\left(\frac{X_s}{Z_0}\right)=\frac{-1}{2\pi}\arctan\left(\frac{X}{Z_0}\right) \tag{3.3.10a}$$

而对于开路支节有

$$\frac{l_o}{\lambda}=\frac{-1}{2\pi}\arctan\left(\frac{Z_0}{X_s}\right)=\frac{1}{2\pi}\arctan\left(\frac{Z_0}{X}\right) \tag{3.3.10b}$$

若式（3.3.10a）或式（3.3.10b）给出的长度是负值，则加上 $\lambda/2$ 后可得到正值解。

3.4　双支节匹配

前一节讨论的单支节匹配可以使任意负载阻抗与传输线匹配，但当负载发生变化时，则需要改变负载和支节之间的长度来重新建立匹配关系，这给实际应用带来很多不便。对于负载可变的情况，可采用相对位置固定的两个支节构成的双支节匹配电路，两支节之间的距离 d 通常选为 $\lambda/8$、$\lambda/4$、$3\lambda/8$，但一般不能选择为 $\lambda/2$。在双支节匹配电路中，负载可以离第一个支节为任意距离，通过调节两个支节的长度 l_1 和 l_2 来实现匹配。双支节匹配也可以有并联和串联两种形式，并联双支节在实际应用中比串联双支节更容易实现。图 3.4.1a 所示为并联双支节匹配电路示意图，与单支节匹配类似，支节可以是开路线或短路线。为方便描述，本节主要以并联短路双支节为例进行讨论。

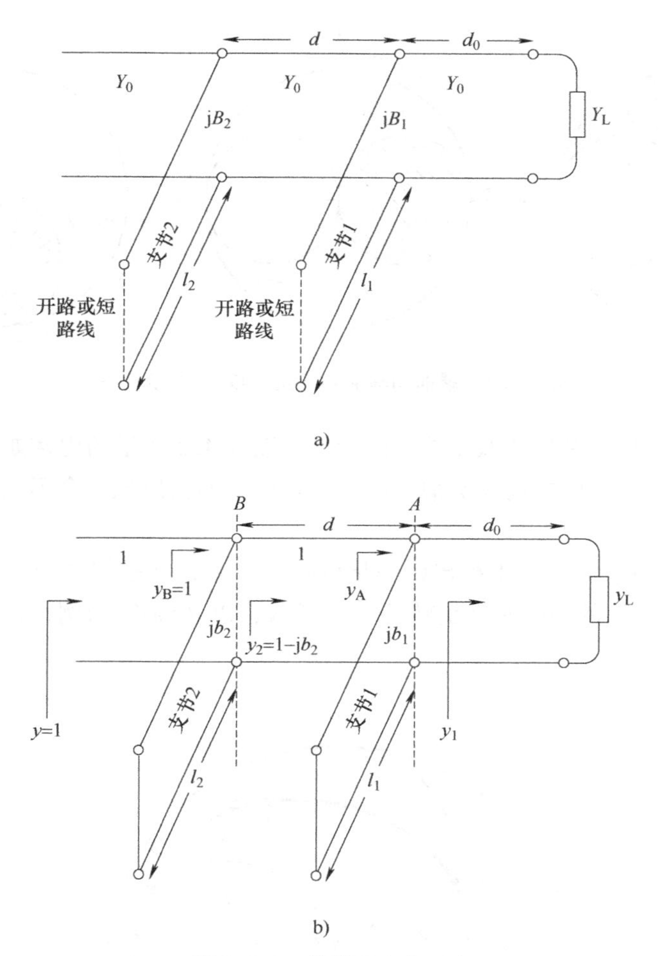

图 3.4.1　并联双支节匹配

a）电路示意图　b）短路双支节匹配的归一化电路图

图 3.4.1b 给出并联短路双支节匹配的归一化电路图，两个支节接入的位置分别标记为截面 A 与截面 B。现采用反推思路来理解双支节匹配的原理。实现匹配后，电路输入端的输入导纳值 $y=1$，即要求从截面 B 的左侧看过去的输入导纳 $y_B=1$。因为短路支节 2 仅提供纯电纳 $\mathrm{j}b_2$，根据并联关系，这就要求从截面 B 的右侧看过去的输入导纳 y_2 的实部必须为 1，且 $y_2+\mathrm{j}b_2=1$，即 $y_2=1-\mathrm{j}b_2$。可见，在导纳圆图中 y_2 落在 $g=1$ 的圆上。又因为截面 B 与截面

A 之间所连接的是一段波长数为 d/λ 的传输线，则从截面 A 的左侧看过去的输入导纳 y_A 与 y_2 的位置关系可利用史密斯圆图描述为：y_2 沿等反射系数圆逆时针向负载方向转 d/λ 波长数便能得到 y_A。由于 y_2 落在 $g=1$ 的圆上，所以 y_A 也应该落在另一个圆上，一般把这个圆称为辅助圆。由以上分析可知，辅助圆由 $g=1$ 的圆逆时针旋转 d/λ 波长数得到。图 3.4.2 给出 $d=\lambda/8$、$\lambda/4$、$3\lambda/8$ 时，辅助圆与 $g=1$ 的圆的相对位置。由电路并联关系易得，$y_A=y_1+\mathrm{j}b_1$，其中 $\mathrm{j}b_1$ 是短路支节 1 提供的纯电纳，y_1 是从截面 A 右侧看过去的输入导纳，即负载 y_L 经过一段距离 d_0 后的主线输入导纳。

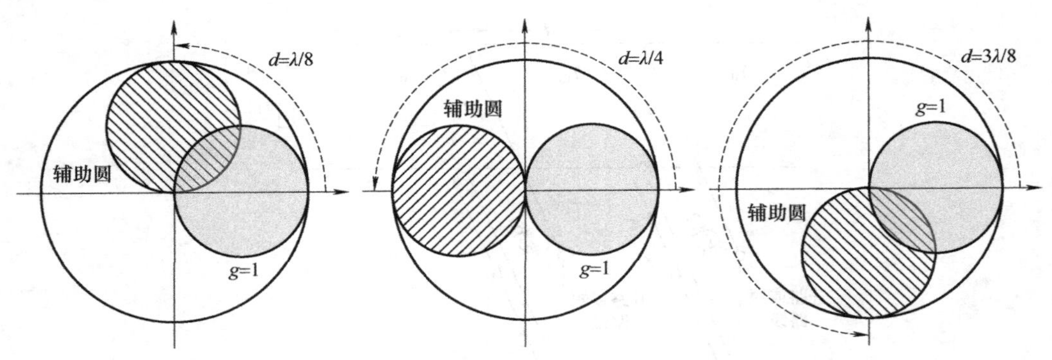

图 3.4.2 辅助圆与 $g=1$ 的圆相对位置示意图

根据以上分析，以并联短路双支节匹配为例，图 3.4.3 所示的史密斯圆图给出了匹配的基本操作过程，和单支节匹配情况类似，匹配过程中可能会出现两个不同的解。匹配过程描述如下：

1）根据已知条件，在圆图上标出归一化负载导纳 y_L，并根据两个支节的间距 d 确定辅助圆的位置，即将 $g=1$ 的圆逆时针旋转 d/λ 波长数，以 $d=\lambda/8$ 为例，辅助圆为图 3.4.3 中虚线所示。

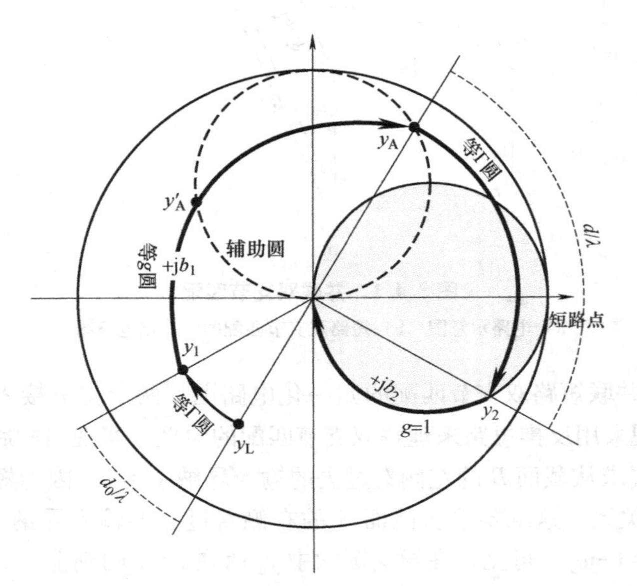

图 3.4.3 双支节匹配过程示意图

2）根据具体问题所需要的 d_0 值，可由负载 y_L 得到从截面 A 右侧看过去的主线输入导纳 y_1，即从 y_L 沿其等反射系数圆顺时针旋转 d_0/λ 波长数得到 y_1。

3）并入短路支节1后，导纳值变为从截面 A 左侧看过去的输入导纳 y_A，即从 y_1 沿其等 g 圆转至与辅助圆相交，交点导纳即为 y_A，由 $y_A=y_1+\text{j}b_1$ 可以获得短路支节1所提供的电纳 $\text{j}b_1$，并可以获得短路支节1的长度 l_1，即从短路点顺时针旋转至电纳 $\text{j}b_1$ 所经过的波长数，具体可参照单支节匹配中确定支节长度的方法。（注意到从 y_1 旋转到与辅助圆相交的过程中可能会出现两个交点，另一个交点在图中标记为 y'_A，对应另一种可能的短路支节1的长度）。

4）从 y_A 沿其等反射系数圆顺时针旋转 d/λ 波长数，便来到 $g=1$ 的圆，此时的导纳值为 $y_2=1-\text{j}b_2$。

5）从 y_2 沿 $g=1$ 的圆旋转至匹配点，得到短路支节2所提供的电纳值 $\text{j}b_2$，并可以获得短路支节2的长度 l_2，即从短路点顺时针旋转至电纳 $\text{j}b_2$ 所经过的波长数，具体可参照单支节匹配中确定支节长度的方法。

并联开路双支节匹配方法与上述步骤相同，以例3.4说明。

例3.4　设计一个开路双支节并联调谐器，用于负载阻抗 $Z_L=(60-\text{j}80)\Omega$ 到特性阻抗为 50Ω 的传输线的匹配，负载直接与第1个支节相接，且两个支节相距 $\lambda/8$。假定负载是由电阻和电容串联而成，匹配频率是2GHz。

解：如图3.4.4a所示的史密斯圆图，归一化负载导纳 $y_L=0.3+\text{j}0.4$，将 $g=1$ 的圆逆时针旋转 $\lambda/8$，得到辅助圆。由于负载直接与第1个支节相接，则沿 y_L 的等 g 圆旋转至与辅助圆相交，得到两个交点 y_A 和 y'_A，便得到第1个支节提供的电纳 $\text{j}b_1$ 或 $\text{j}b'_1$。

$$b_1=1.314,\quad b'_1=-0.114$$

从辅助圆上 y_A 或 y'_A 顺时针旋转 $\lambda/8$ 与 $g=1$ 的圆相交，分别得到交点 y_2 和 y'_2。

$$y_2=1-\text{j}3.38,\quad y'_2=1+\text{j}1.38$$

于是，对于第2个支节提供的电纳 $\text{j}b_2$ 或 $\text{j}b'_2$，应该是

$$b_2=3.38 \text{ 或 } b'_2=-1.38$$

然后，找出开路支节的长度

$$l_1=0.146\lambda,\quad l_2=0.204\lambda$$

或

$$l'_1=0.482\lambda,\quad l'_2=0.350\lambda$$

这就得到了双支节并联调谐器设计的两个解，这两个调谐电路如图3.4.3b所示。

值得注意的是，对于双支节匹配，如果支节1并联接入之前主线的输入导纳 y_1 落在与辅助圆相切的等 g 圆内部，如图3.4.5a中所示的阴影区域，这意味着该阴影区域内所有的等 g 圆都不可能与辅助圆相交，此时无论支节1提供多大的并联电纳 $\text{j}b_1$ 也无法将该区域内的导纳点调配至辅助圆上，也就无法继续实现后续的调配操作。这个阴影区形成的不可调配区域称为死区。死区的范围随着辅助圆的位置，即两个支节间的间距 d 而发生变化。当支节1只提供容纳（$\text{j}b_1<0$）时，死区范围在原先与辅助圆相切的等 g 圆区域基础上多出了一块“蝌蚪尾巴”，如图3.4.4b所示。也就是说，当支节1只能帮助主线 y_1 在圆图中沿自己的等 g 圆顺时针方向移动时，蝌蚪尾巴区域的点也不可能调配。缩小死区的方法是缩短两个支节的间距 d，使辅助圆尽量靠近 $g=1$ 的圆，但实际应用时总要求 d 足够大，而且当 d 接近于0

或 $\lambda/2$ 时，匹配网络对频率很敏感。实际上，两个支节间距 d 通常选为 $\lambda/8$ 或 $3\lambda/8$。若负载与支节 1 之间的传输线长度可调，则总能使 y_1 移出死区。

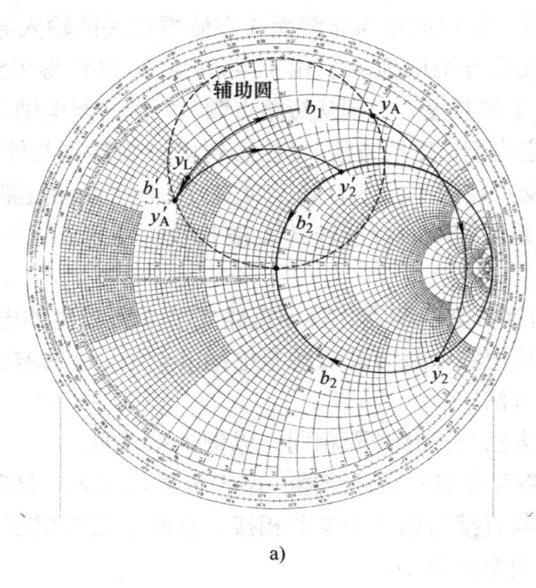

a)

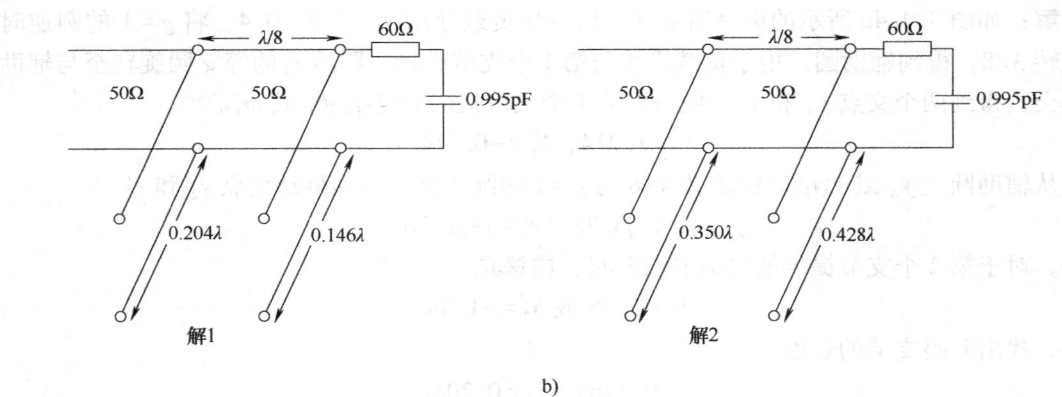

b)

图 3.4.4 例 3.4 图

a）双支节调谐器求解图示 b）两个双支节匹配的解

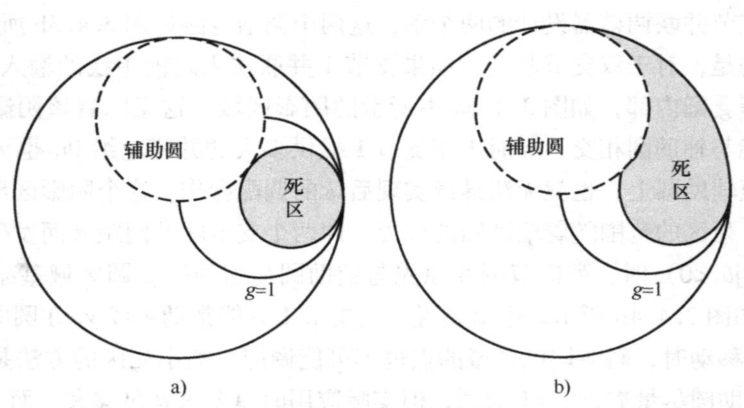

图 3.4.5 死区的形成

3.5 四分之一波长变换器

对于实数负载阻抗到传输线的匹配，四分之一波长变换器是简单而有用的电路。此外，四分之一波长变换器能够以有规律的方式应用于有较宽带宽的多节变换器设计。若只需要窄带匹配，则单节四分之一波长变换器可以满足需要。而采用多节四分之一波长变换器的设计可在所希望的一定带宽上同时达到最佳匹配特性。四分之一波长变换器的缺点是只能匹配实数负载阻抗。实际中，通过在负载和变换器之间加一段合适长度的传输线，或者一个合适的串联或并联电抗性支节，复数负载阻抗总能转换成实数阻抗。这些技术一般会变更等效负载的频率依赖性，频率依赖性常有降低匹配带宽的效应。

单节四分之一波长匹配变换器的电路如图 3.5.1 所示。匹配段的特征阻抗是

$$Z_1=\sqrt{Z_0 Z_L} \tag{3.5.1}$$

在设计频率 f_0 处，匹配段的电长度是 $\lambda_0/4$，但是在其他频率下的电长度是不同的，所以不再被完全匹配。下面推导失配与频率关系的近似表达式。

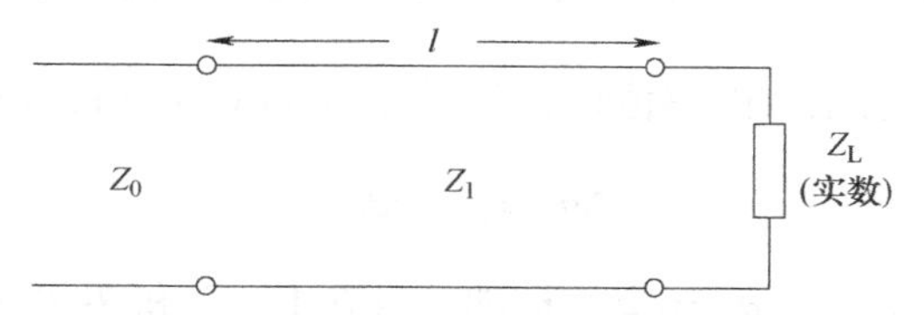

图 3.5.1 单节四分之一波长匹配变换器，在设计频率 f_0 处有 $l=\lambda_0/4$

向匹配段看去的输入阻抗是

$$Z_{in}=Z_1\frac{Z_L+jZ_1 t}{Z_1+jZ_L t} \tag{3.5.2}$$

式中，$t=\tan\beta l=\tan\theta$，在设计频率 f_0 处，$\beta l=\theta=\pi/2$。于是反射系数为

$$\Gamma=\frac{Z_{in}-Z_0}{Z_{in}+Z_0}=\frac{Z_1(Z_L-Z_0)+jt(Z_1^2-Z_0 Z_L)}{Z_1(Z_L+Z_0)+jt(Z_1^2+Z_0 Z_L)} \tag{3.5.3}$$

因为 $Z_1^2=Z_0 Z_L$，所以式（3.5.3）可简化为

$$\Gamma=\frac{Z_L-Z_0}{Z_L+Z_0+j2t\sqrt{Z_0 Z_L}} \tag{3.5.4}$$

反射系数的幅值是

$$\begin{aligned}|\Gamma|&=\frac{|Z_L-Z_0|}{[(Z_L+Z_0)^2+4t^2 Z_0 Z_L]^{1/2}}=\frac{1}{\{(Z_L+Z_0)^2/(Z_L-Z_0)^2+[4t^2 Z_0 Z_L/(Z_L-Z_0)^2]\}^{1/2}}\\&=\frac{1}{\{1+[4Z_0 Z_L/(Z_L-Z_0)^2]+[4Z_0 Z_L t^2/(Z_L-Z_0)^2]\}^{1/2}}=\frac{1}{\{1+[4Z_0 Z_L/(Z_L-Z_0)^2]\sec^2\theta\}^{1/2}}\end{aligned} \tag{3.5.5}$$

式（3.5.5）利用了关系式 $1+t^2=1+\tan^2\theta=\sec^2\theta$。

若假定频率接近设计频率f_0，则有$l\approx\lambda_0/4$，$\theta\approx\pi/2$。于是$\sec^2\theta\gg1$，式（3.5.5）可简化为

$$|\Gamma|\approx\frac{|Z_L-Z_0|}{2\sqrt{Z_0Z_L}}|\cos\theta|,\theta\approx\pi/2 \tag{3.5.6}$$

这个结果给出了单节四分之一波长变换器工作在接近设计频率处的近似失配性，如图3.5.2所示。

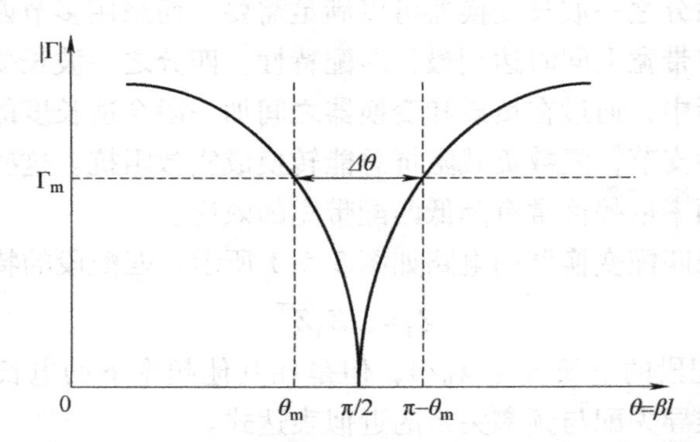

图3.5.2　单节四分之一波长变换器，工作在接近设计频率处的近似失配性

若将最大可容忍的反射系数的幅值设置为Γ_m，则可定义匹配变换器的带宽为

$$\Delta\theta=2\left(\frac{\pi}{2}-\theta_m\right) \tag{3.5.7}$$

因为式（3.5.5）的响应是关于$\theta=\pi/2$对称的，且在$\Gamma=\Gamma_m$和$\theta=\theta_m$处有$\theta=\pi-\theta_m$。为了得出反射系数的精确表示公式，可以从式（3.5.5）解出θ_m：

$$\frac{1}{\Gamma_m^2}=1+\left(\frac{2\sqrt{Z_0Z_L}}{Z_L-Z_0}\sec\theta_m\right)^2$$

或

$$\cos\theta_m=\frac{\Gamma_m}{\sqrt{1-\Gamma_m^2}}\frac{2\sqrt{Z_0Z_L}}{|Z_L-Z_0|} \tag{3.5.8}$$

假定采用的是TEM传输线，则

$$\theta=\beta l=\frac{2\pi f}{v_p}\frac{v_p}{4f_0}=\frac{\pi f}{2f_0}$$

所以，在$\theta=\theta_m$处，带宽低端的频率是

$$f_m=\frac{2\theta_m f_0}{\pi}$$

由式（3.5.8）可得到相对带宽为

$$\begin{aligned}\frac{\Delta f}{f_0}&=\frac{2(f_0-f_m)}{f_0}=2-\frac{2f_m}{f_0}=2-\frac{4\theta_m}{\pi}\\&=2-\frac{4}{\pi}\arccos\left[\frac{\Gamma_m}{\sqrt{1-\Gamma_m^2}}\frac{2\sqrt{Z_0Z_L}}{|Z_L-Z_0|}\right]\end{aligned} \tag{3.5.9}$$

相对带宽通常表示为百分数 $100\Delta f/f_0\%$。注意，当 Z_L 较接近 Z_0 时（小失配负载），变换器的带宽增加了。

上面的结果只对 TEM 传输线严格有效。当用非 TEM 传输线时，传播常数不再是频率的线性函数，而且波阻抗也与频率有关。这些因素使得非 TEM 传输线的一般特性复杂了。但是在实际中，转换器的带宽常常小到足以忽略这些复杂性对结果造成的影响。在上面的分析中，还忽略了另一个因素，即当传输线的尺寸有阶跃变化时，与该不连续性相联系的电抗的影响。该影响通常可通过对匹配段长度做小的调整来进行补偿。

例 3.5　设计一个单节四分之一波长匹配变换器，用于在 $f_0=3\text{GHz}$ 处匹配 10Ω 的负载到 50Ω 的传输线。确定驻波比≤1.5 的相对带宽。

解：匹配段的特征阻抗为

$$Z_1=\sqrt{Z_0Z_L}=\sqrt{50\times10}\,\Omega=22.36\Omega$$

而且匹配段长度在 3GHz 时是 $\lambda/4$，驻波比为 1.5 所对应的反射系数的幅值为

$$\Gamma_m=\frac{\rho-1}{\rho+1}=\frac{1.5-1}{1.5+1}=0.2$$

由式（3.5.9）计算得相对带宽为

$$\frac{\Delta f}{f_0}=2-\frac{4}{\pi}\arccos\left[\frac{\Gamma_m}{\sqrt{1-\Gamma_m^2}}\frac{2\sqrt{Z_0Z_L}}{|Z_L-Z_0|}\right]=2-\frac{4}{\pi}\arccos\left[\frac{0.2}{\sqrt{1-(0.2)^2}}\frac{2\sqrt{50\times10}}{|10-50|}\right]$$
$$=0.29(\text{或 }29\%)$$

3.6　小反射理论

四分之一波长变换器提供了任意实数负载阻抗与任意传输线阻抗相匹配的简单方法。当需要带宽大于单节四分之一波长变换器（简称单节变换器）所能提供的带宽时，可用多节四分之一波长变换器（简称多节变换器）。此种变换器的设计是下两节讨论的主题，但在介绍这些内容之前，我们需要推导出由于从几个小的不连续点的局部反射造成的总反射的近似结果。这个结果通常称为小反射理论。

3.6.1　单节变换器

考虑如图 3.6.1 所示的单节变换器，将推导出总反射系数 Γ 的近似表示公式。局部反射系数 Γ 和局部传输系数 T 是

$$\Gamma_1=\frac{Z_2-Z_1}{Z_2+Z_1}\tag{3.6.1}$$

$$\Gamma_2=-\Gamma_1\tag{3.6.2}$$

$$\Gamma_3=\frac{Z_L-Z_2}{Z_L+Z_2}\tag{3.6.3}$$

$$T_{21}=1+\Gamma_1=\frac{2Z_2}{Z_1+Z_2}\tag{3.6.4}$$

$$T_{12}=1+\Gamma_2=\frac{2Z_1}{Z_1+Z_2} \tag{3.6.5}$$

式中，T_{ij}表示从特性阻抗为 Z_j 的传输线到特性阻抗为 Z_i 的传输线的局部传输系数。

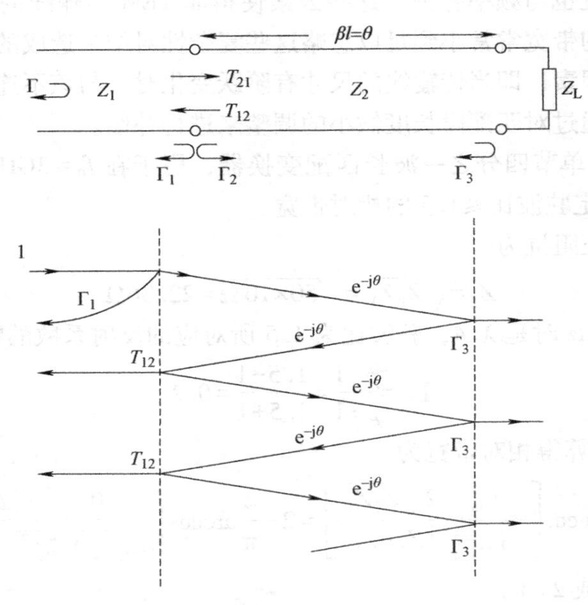

图 3.6.1　在单节变换器上的局部反射系数和传输系数

可以把总反射表示为无限多项的局部反射和传输系数的和：

$$\begin{aligned}\Gamma &= \Gamma_1 + T_{12}T_{21}\Gamma_3\mathrm{e}^{-2j\theta} + T_{12}T_{21}\Gamma_3^2\Gamma_2\mathrm{e}^{-4j\theta} + \cdots \\ &= \Gamma_1 + T_{12}T_{21}\Gamma_3\mathrm{e}^{-2j\theta}\sum_{n=0}^{\infty}\Gamma_2^n\Gamma_3^n\mathrm{e}^{-2jn\theta}\end{aligned} \tag{3.6.6}$$

使用几何级数

$$\sum_{n=0}^{\infty}x^n=\frac{1}{1-x}, \quad |x|<1$$

式（3.6.6）能表示成更闭合的形式，即

$$\Gamma=\Gamma_1+\frac{T_{12}T_{21}\Gamma_3\mathrm{e}^{-2j\theta}}{1-\Gamma_2\Gamma_3\mathrm{e}^{-2j\theta}} \tag{3.6.7}$$

将式（3.6.2）、式（3.6.4）和式（3.6.5）中的 $\Gamma_2=-\Gamma_1$、$T_{21}=1+\Gamma_1$ 和 $T_{12}=1-\Gamma_1$ 代入式（3.6.7），得到

$$\Gamma=\frac{\Gamma_1+\Gamma_3\mathrm{e}^{-2j\theta}}{1+\Gamma_1\Gamma_3\mathrm{e}^{-2j\theta}} \tag{3.6.8}$$

若在阻抗 Z_1 和 Z_2 之间以及 Z_2 和 Z_L 之间的不连续性很小，则有 $|\Gamma_1\Gamma_3|\ll1$，所以可将式（3.6.8）近似表示为

$$\Gamma\approx\Gamma_1+\Gamma_3\mathrm{e}^{-2j\theta} \tag{3.6.9}$$

这个结果表明：总反射主要来自初始的 Z_1 和 Z_2 之间的不连续性反射以及第一个 Z_2 和

Z_L之间的不连续性反射；$e^{-2j\theta}$项是由于输入波在传输线上前后行进时产生的相位延迟引起的。

3.6.2 多节变换器

现在考虑图3.6.2所示的多节变换器。该变换器由N个等长传输线段组成。下面将推导总反射系数Γ的近似表示公式。

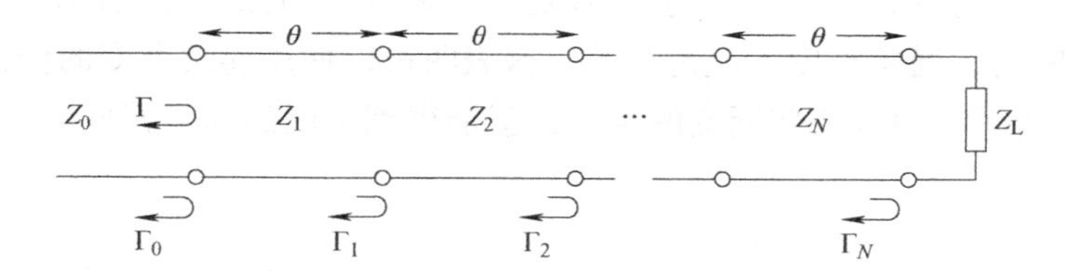

图3.6.2 多节变换器上的局部反射系数

局部反射系数可在每个连接处定义如下：

$$\Gamma_0=\frac{Z_1-Z_0}{Z_1+Z_0} \tag{3.6.10a}$$

$$\Gamma_n=\frac{Z_{n+1}-Z_n}{Z_{n+1}+Z_n} \tag{3.6.10b}$$

$$\Gamma_N=\frac{Z_L-Z_N}{Z_L+Z_N} \tag{3.6.10c}$$

假设从变换器的一端到另一端，所有的Z_n都是单调递增或递减的，而且Z_L是实数，这意味着所有Γ_n都是实数且符号相同（若$Z_L>Z_0$，则$\Gamma_n>0$；若$Z_L<Z_0$，则$\Gamma_n<0$）。于是，使用式（3.6.9）给出的结果，可知总反射系数近似为

$$\Gamma(\theta)=\Gamma_0+\Gamma_1 e^{-2j\theta}+\Gamma_2 e^{-4j\theta}+\cdots+\Gamma_N e^{-2jN\theta} \tag{3.6.11}$$

进一步假定该变换器可制成对称的，因而有$\Gamma_0=\Gamma_N$，$\Gamma_1=\Gamma_{N-1}$，$\Gamma_2=\Gamma_{N-2}$，…，于是式（3.6.11）可表示为

$$\Gamma(\theta)=e^{-jN\theta}\{\Gamma_0[e^{jN\theta}+e^{-jN\theta}]+\Gamma_1[e^{j(N-2)\theta}+e^{-j(N-2)\theta}]+\cdots\} \tag{3.6.12}$$

若N是奇数，则其最后一项是$\Gamma_{(N-1)/2}$（$e^{j\theta}+e^{-j\theta}$）；若N是偶数，则其最后一项是$\Gamma_{N/2}$。因此，式（3.6.12）能看作是θ的有限项傅里叶余弦级数，该级数可写为

$$\Gamma(\theta)=2e^{-jN\theta}\left[\Gamma_0\cos N\theta+\Gamma_1\cos(N-2)\theta+\cdots+\Gamma_n\cos(N-2n)\theta+\cdots+\frac{1}{2}\Gamma_{N/2}\right],N\text{为偶数} \tag{3.6.13}$$

$$\Gamma(\theta)=2e^{-jN\theta}[\Gamma_0\cos N\theta+\Gamma_1\cos(N-2)\theta+\cdots+\Gamma_n\cos(N-2n)\theta+\cdots+\Gamma_{(N-1)/2}\cos\theta],N\text{为奇数} \tag{3.6.14}$$

上述结果的重要性在于，我们能通过恰当地选择Γ_n并使用足够多的节数（N），来综合处理任意所希望的作为角频率（θ）函数的反射系数响应。这显然是可实现的，若使用足够多的节数，则傅里叶级数可近似为任意的平滑函数。

3.7 渐变传输线

根据3.6节的讨论可知，任意实数负载阻抗在所希望的带宽上都可用多节变换器匹配。当分立的节数 N 增加时，各节之间的特征阻抗的阶跃变化会随之减小。所以，在无限多个节的极限情况下，可将其近似为一个连续渐变的传输线。当然，在实际情况下的匹配变换器，其长度是有限的，通常长度不超过几节。这表明可以使用连续渐变的传输线替代分立的节，如图3.7.1a所示。通过改变渐变的类型，就能得到不同的通带特性。

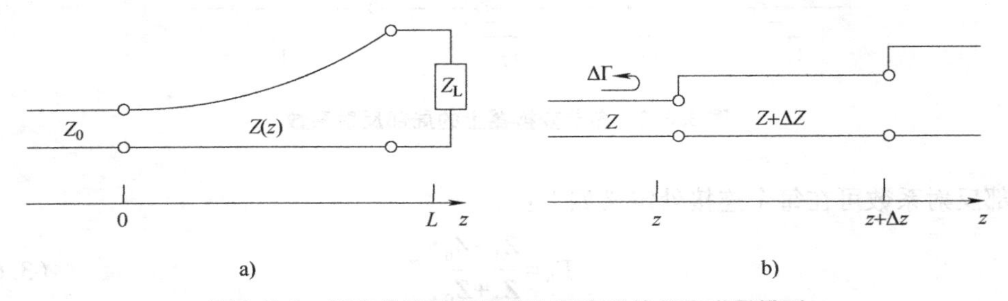

图3.7.1 渐变传输线匹配节和渐变线的长度增量模型

a）渐变传输线匹配节 b）渐变线的阻抗阶跃增量改变模型

在这一节中，首先将推导以小反射理论为基础的近似理论，可以作为阻抗渐变器的函数 $Z(z)$ 的反射系数响应。然后将这些结果应用于几种常见的渐变类型。

考虑图3.7.1a所示的连续渐变线，它由一系列长度为 Δz 的增量节组成，阻抗逐节变化到 $\Delta Z(z)$，如图3.7.1b所示。于是，在 z 阶跃处产生的反射系数增量为

$$\Delta\Gamma=\frac{(Z+\Delta Z)-Z}{(Z+\Delta Z)+Z}\approx\frac{\Delta Z}{2Z} \tag{3.7.1}$$

在 $\Delta z\to 0$ 的极限情况下，可以得到准确的微分：

$$\mathrm{d}\Gamma=\frac{\mathrm{d}Z}{2Z}=\frac{1}{2}\frac{\mathrm{d}(\ln Z/Z_0)}{\mathrm{d}z}\mathrm{d}z \tag{3.7.2}$$

因为

$$\frac{\mathrm{d}(\ln f(z))}{\mathrm{d}z}=\frac{1}{f}\frac{\mathrm{d}f(z)}{\mathrm{d}z}$$

于是，用小反射理论，在 $z=0$ 处的总反射系数可用所有带有适当相移的局部反射求和得出：

$$\Gamma(\theta)=\frac{1}{2}\int_{z=0}^{L}\mathrm{e}^{-2\mathrm{j}\beta z}\frac{\mathrm{d}}{\mathrm{d}z}\ln\left(\frac{Z}{Z_0}\right)\mathrm{d}z \tag{3.7.3}$$

式中，$\theta=2\beta L$。所以，若 $Z(z)$ 是已知的，则 $\Gamma(\theta)$ 能作为频率的函数求出。换一种方法，若 $\Gamma(\theta)$ 是设定的，则原则上可找到 $Z(z)$，但这很困难，在实用中通常要加以避免，这里，我们将考虑两种特定的 $Z(z)$ 阻抗渐变器，并计算其响应。

3.7.1 指数渐变

首先考虑指数渐变线，其中

$$Z(z)=Z_0\mathrm{e}^{az}(0<z<L) \tag{3.7.4}$$

如图3.7.2a所示，我们希望在$z=0$处有$Z(0)=Z_0$，在$z=L$处有$Z(L)=Z_L=Z_0\mathrm{e}^{aL}$，因而求得常数$a$为

$$a=\frac{1}{L}\ln\left(\frac{Z_L}{Z_0}\right) \tag{3.7.5}$$

现在将式（3.7.4）和式（3.7.5）代入式（3.7.3），求得$\Gamma(\theta)$为

$$\begin{aligned}\Gamma &= \frac{1}{2}\int_0^L \mathrm{e}^{-2\mathrm{j}\beta z}\frac{\mathrm{d}}{\mathrm{d}z}(\ln\mathrm{e}^{az})\mathrm{d}z = \frac{\ln Z_L/Z_0}{2L}\int_0^L \mathrm{e}^{-2\mathrm{j}\beta z}\mathrm{d}z \\ &= \frac{\ln Z_L/Z_0}{2}\mathrm{e}^{-2\mathrm{j}\beta L}\frac{\sin\beta L}{\beta L}\end{aligned} \tag{3.7.6}$$

注意，该推导假定渐变线的传播常数β不是z的函数，这个假定通常只适用于TEM传输线。

图3.7.2b是式（3.7.6）中的反射系数幅值的示意图；正如所预料的那样，可以看出，$|\Gamma|$的峰值随着长度的增加而降低，而且为了减小在低频率处的失配，长度应该大于$\lambda/2$（$\beta L>\pi$）。

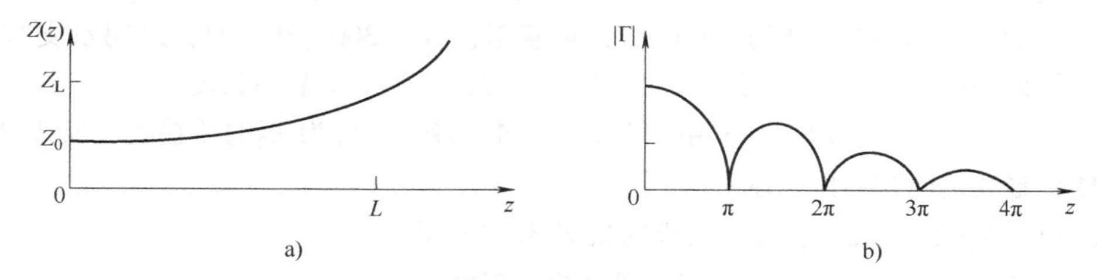

图3.7.2 指数阻抗渐变的匹配节

a）阻抗变化 b）反射系数幅值响应

3.7.2 三角形渐变

下面考虑有$\mathrm{d}(\ln Z/Z_0)/\mathrm{d}z$的三角形渐变，即

$$Z(z)=\begin{cases}Z_0\mathrm{e}^{2(z/L)^2}\ln(Z_L/Z_0), & 0\leqslant z\leqslant L/2\\ Z_0\mathrm{e}^{(4z/L-2z^2/L^2-1)}\ln(Z_L/Z_0), & L/2\leqslant z\leqslant L\end{cases} \tag{3.7.7}$$

所以

$$\frac{\mathrm{d}(\ln(Z/Z_0))}{\mathrm{d}z}=\begin{cases}4z/L^2\ln(Z_L/Z_0), & 0\leqslant z\leqslant L/2\\ (4/L-4z/L^2)\ln(Z_L/Z_0), & L/2\leqslant z\leqslant L\end{cases} \tag{3.7.8}$$

由式（3.7.7）计算Γ得到

$$\Gamma(\theta)=\frac{1}{2}\mathrm{e}^{-\mathrm{j}\beta L}\ln\left(\frac{Z_L}{Z_0}\right)\left[\frac{\sin(\beta L/2)}{\beta L/2}\right]^2 \tag{3.7.9}$$

注意，当$\beta L>2\pi$，三角形渐变的峰值低于相应指数情形的峰值，但是，三角形渐变的第一个

零点发生在$\beta L=2\pi$处，而指数渐变发生在$\beta L=\pi$处。

课后习题

3.1 无反射匹配的物理实质是什么，若不限定外径或内径，两段特性阻抗相等的同轴线直接对接能否保证连接处匹配？

3.2 将两段截面尺寸不同但等效阻抗一致的波导相对接，能否改善连接处的匹配？

3.3 描述在进行阻抗匹配设计时，沿线平移、沿线某处外串感抗或容抗、外并感纳或容纳时在圆图中的轨迹。

3.4 有耗传输线终端负载与传输线不匹配，沿线反射系数的模$|\Gamma|$不再是常数，分析沿线$|\Gamma|$是在始端大还是在终端大，为什么？

3.5 对如下归一化负载设计无耗 L 节匹配网络以实现匹配：（1）$z_L=1.4-j2.0$；（2）$z_L=2.0+j0.3$。

3.6 设计一个短线段变换器，使$Z_L=(20+j15)\Omega$的负载与50Ω传输线在 7500MHz 时匹配，并用圆图求出在 6000MHz 时的输入驻波比。

3.7 无耗双导线的特性阻抗为500Ω，负载阻抗为$(300+j250)\Omega$，工作波长为 80cm，欲用$\lambda/4$线使负载与传输线匹配，求此$\lambda/4$线的特性阻抗与接入的位置。

3.8 能否用间距d_2为$\lambda/10$的双支节调配器来匹配归一化导纳为$2.5+j1$的负载？

3.9 无耗双导线的特性阻抗为600Ω，负载阻抗为$(300+j300)\Omega$，采用双支节进行匹配，第一个支节距负载0.1λ，两支节的间距为$\lambda/8$，求两个支节的长度。

3.10 在工作频率为10^8Hz 下用一段长为$\lambda/4$、特性阻抗为Z_0'的传输线去实现200Ω负载与50Ω传输线的阻抗匹配，求：

（1）$\lambda/4$匹配段的几何长度、特性阻抗Z_0'和输入阻抗。

（2）频率为1.2×10^8Hz 时，该匹配段的输入阻抗。

（3）频率为0.8×10^8Hz 时，该匹配段的输入阻抗。

由上述计算结果感悟（$\lambda/4$）阻抗匹配段的频响频带特性。

3.11 如图题 3.11 所示，无耗传输线的特性阻抗为500Ω，负载阻抗$Z=(100-j100)\Omega$，现通过一个并联短路支节加四分之一波长变换段使传输线输入端实现匹配，已知信号频率为 300MHz，求变换段特性阻抗Z_0'及并联短路支节的最短长度l_{min}。

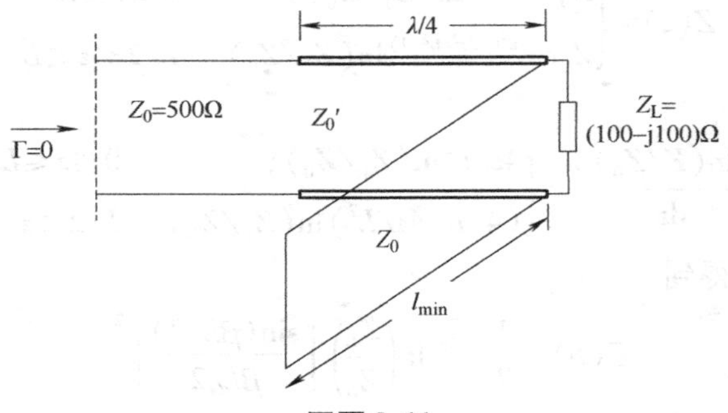

图题 3.11

3.12　特性阻抗为 50Ω 的传输线，终端负载不匹配，沿线电压波峰 $|U|_{max}=10V$，电压波谷 $|U|_{min}=6V$，离终端最近的电压波谷点与终端距离为 0.12λ，求负载阻抗 Z_L。若用短路并联单支节进行调配，求短路单支节的并接位置和单支节的最短长度。

3.13　如图题 3.13 所示，终端负载与传输线特性阻抗不匹配，通过距终端 λ/8 处并接一段长度为 λ/8 的开路线和距终端 5λ/8 处串接一段长度为 λ/8 的短路线，使传输线始端输入阻抗归一化值 $z_{in}=1$，求归一化负载阻抗 z_L。

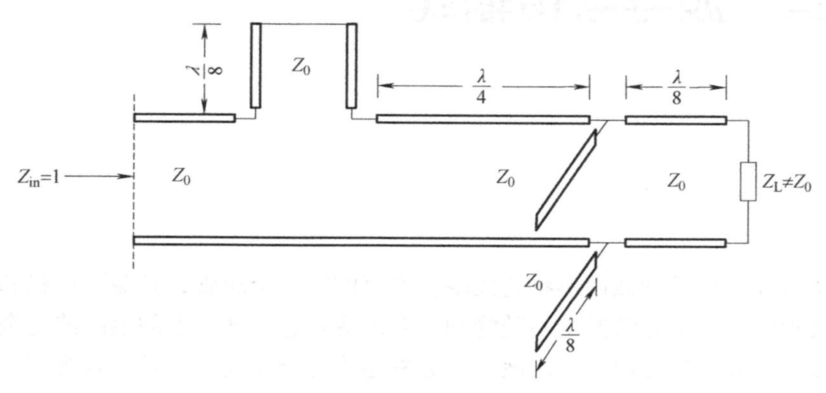

图题 3.13

CHAPTER 4

第4章 波导与传输线

规则金属波导是指各种截面形状的无限长笔直的空心金属管，其截面形状和尺寸、管壁的结构材料及管内介质填充情况均不随管轴方向改变。它将被导引的电磁波完全限制在金属管内沿轴向传播，故又称为规则封闭波导，通常还称为金属规则波导。其管壁一般用铜、铝等金属制成，有时管壁上会镀金或银。规则金属波导的横截面可做成各种形状，如矩形、圆形、脊形、椭圆形等，其中使用最广泛的是矩形波导和圆形波导。

金属波导具有导体损耗和介质损耗小、功率容量大、没有辐射损耗、结构简单等优点，广泛应用于3000MHz~300GHz的厘米波段和毫米波段的通信、雷达、遥感和电子对抗等系统中。早期的微波系统广泛采用波导和同轴线作为传输媒介，为应对微波电路和系统小型化、轻量化、高性能可靠性的需求，20世纪50年代后相继出现了微波印刷传输线——带状线、微带线等微波集成传输线，采用这些传输线中的一种或其组合方式所实现的微波电路，具有体积小、重量轻、可靠性高、价格低、性能优越等优势，适宜与微波固态芯片器件集成，构成各种各样的混合微波集成电路和单片微波集成电路。

在这一章，我们将研究应用最广泛的矩形波导和圆形波导的传输特性和有关问题，考虑到同轴线的分析方法与金属波导类似，本章也将讨论同轴线的传输特性。另一方面，本章将介绍几种典型的微波集成传输线以及新型传输线类型。

4.1 矩形波导

矩形波导是截面形状为矩形的金属波导管，如图4.1.1所示，a、b分别表示内壁的宽边和窄边尺寸（$a>b$），波导内部以介电常数为ε、磁导率为μ的介质填充，最常见的填充介质为空气。矩形波导是最早使用的导行系统之一，也是至今仍然最广泛使用的导行系统之一。特别是高功率系统、毫米波系统和一些精密测试设备主要是采用矩形波导。

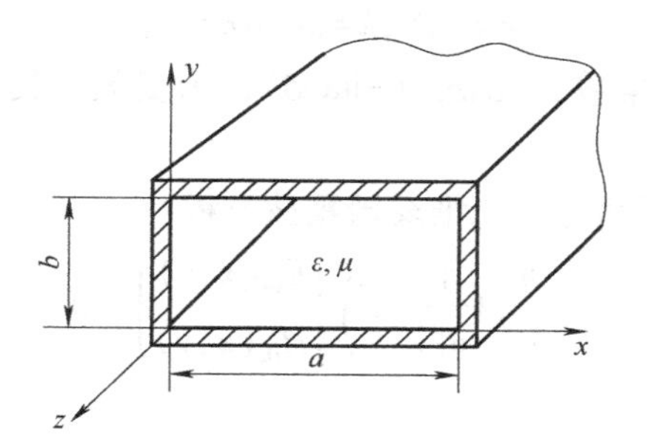

图 4.1.1　矩形波导

4.1.1　矩形波导的导模

如图 4.1.1 所示，采用直角坐标系（x, y, z），沿波导+z 方向传播的波导场可以写成（略去时间因子 $e^{j\omega t}$）：

$$\begin{cases} \boldsymbol{E}(x,y,z)=\boldsymbol{E}_t(x,y,z)+\boldsymbol{e}_z E_z(x,y,z) \\ \qquad =\boldsymbol{E}_{0t}(x,y)e^{-j\beta z}+\boldsymbol{e}_z E_{0z}(x,y)e^{-j\beta z} \\ \boldsymbol{H}(x,y,z)=\boldsymbol{H}_t(x,y,z)+\boldsymbol{e}_z H_z(x,y,z) \\ \qquad =\boldsymbol{H}_{0t}(x,y)e^{-j\beta z}+\boldsymbol{e}_z H_{0z}(x,y)e^{-j\beta z} \end{cases} \tag{4.1.1}$$

式中，$\boldsymbol{E}_{0t}$和 $\boldsymbol{H}_{0t}$代表横向场量，它们只是横向坐标的函数；E_{0z}和 H_{0z}代表纵向场量，它们也只是横向坐标的函数；$\boldsymbol{e}_z$表示+z 方向上的单位矢量。横—纵向场关系式为

$$\begin{cases} E_x=\dfrac{-j}{k_c^2}\left(\beta\dfrac{\partial E_z}{\partial x}+\omega\mu\dfrac{\partial H_z}{\partial y}\right) \\ E_y=\dfrac{-j}{k_c^2}\left(\beta\dfrac{\partial E_z}{\partial y}-\omega\mu\dfrac{\partial H_z}{\partial x}\right) \\ H_x=\dfrac{-j}{k_c^2}\left(\beta\dfrac{\partial H_z}{\partial x}-\omega\varepsilon\dfrac{\partial E_z}{\partial y}\right) \\ H_y=\dfrac{-j}{k_c^2}\left(\beta\dfrac{\partial H_z}{\partial y}+\omega\varepsilon\dfrac{\partial E_z}{\partial x}\right) \end{cases} \tag{4.1.2}$$

写成矩阵形式为

$$\begin{bmatrix} E_x \\ H_y \\ H_x \\ E_y \end{bmatrix}=\frac{-j}{k_c^2}\begin{bmatrix} \omega\mu & \beta & 0 & 0 \\ \beta & \omega\varepsilon & 0 & 0 \\ 0 & 0 & \beta & -\omega\varepsilon \\ 0 & 0 & -\omega\mu & \beta \end{bmatrix}\begin{bmatrix} \dfrac{\partial H_z}{\partial y} \\ \dfrac{\partial E_z}{\partial x} \\ \dfrac{\partial H_z}{\partial x} \\ \dfrac{\partial E_z}{\partial y} \end{bmatrix} \tag{4.1.3}$$

式中

$$k_c^2=k^2-\beta^2,k=\omega\sqrt{\mu\varepsilon}=2\pi/\lambda \tag{4.1.4}$$

若介质有损耗，则介电常数 $\varepsilon=\varepsilon_0\varepsilon_r(1-\mathrm{j}\tan\delta)$，为复数，其中 ε_0 是真空介电常数，$\tan\delta$ 是介质材料的损耗角正切。

纵向场 E_z 和 H_z 满足如下简化的二维亥姆霍兹方程：

$$\left(\frac{\partial^2}{\partial x^2}+\frac{\partial^2}{\partial y^2}+k_c^2\right)\begin{Bmatrix}E_{0z}(x,y)\\H_{0z}(x,y)\end{Bmatrix}=0 \tag{4.1.5}$$

边界条件为

$$\begin{cases}E_{0x}(x,y)=0,y=0,b\\E_{0y}(x,y)=0,x=0,a\end{cases}\quad(\text{TE 模}) \tag{4.1.6}$$

$$\begin{cases}E_{0z}(x,y)=0,x=0,a\\E_{0z}(x,y)=0,y=0,b\end{cases}\quad(\text{TM 模}) \tag{4.1.7}$$

1. TE 模（TE modes）

对于 TE 模，$E_z=0$，$H_z(x,y,z)=H_{0z}(x,y)\mathrm{e}^{-\mathrm{j}\beta z}\neq0$。应用分离变量法，即令

$$H_{0z}(x,y)=X(x)Y(y) \tag{4.1.8}$$

代入式（4.1.5），得到

$$\frac{1}{X(x)}\frac{\mathrm{d}^2X(x)}{\mathrm{d}x^2}+\frac{1}{Y(y)}\frac{\mathrm{d}^2Y(y)}{\mathrm{d}y^2}+k_c^2=0 \tag{4.1.9}$$

若要此式成立，式中每项必为常数。定义分离变数 k_x 和 k_y，则可得

$$\begin{cases}\dfrac{\mathrm{d}^2X(x)}{\mathrm{d}x^2}+k_x^2X(x)=0\\[2ex]\dfrac{\mathrm{d}^2Y(y)}{\mathrm{d}y^2}+k_y^2Y(y)=0\end{cases} \tag{4.1.10}$$

而

$$k_x^2+k_y^2=k_c^2 \tag{4.1.11}$$

由式（4.1.10）的解可得

$$H_{0z}(x,y)=(A_1\cos k_xx+A_2\sin k_xx)(B_1\cos k_yy+B_2\sin k_yy) \tag{4.1.12}$$

由式（4.1.2）可求得

$$E_{0x}(x,y)=\frac{-\mathrm{j}\omega\mu k_y}{k_c^2}(A_1\cos k_xx+A_2\sin k_xx)(-B_1\sin k_yy+B_2\cos k_yy)$$

$$E_{0y}(x,y)=\frac{-\mathrm{j}\omega\mu k_x}{k_c^2}(-A_1\sin k_xx+A_2\cos k_xx)(B_1\cos k_yy+B_2\sin k_yy) \tag{4.1.13}$$

将式（4.1.13）代入边界条件式（4.1.6），得到

$$\begin{cases}A_2=0,k_y=\dfrac{n\pi}{b}\quad(n=0,1,2,\cdots)\\[2ex]B_2=0,k_x=\dfrac{m\pi}{a}\quad(m=0,1,2,\cdots)\end{cases} \tag{4.1.14}$$

于是得到 H_z 的基本解为

$$H_z(x,y,z)=H_{mn}\cos\frac{m\pi x}{a}\cos\frac{n\pi y}{b}e^{-j\beta z} \tag{4.1.15}$$

式中，$H_{mn}=A_1B_1$ 为任意振幅常数；m 和 n 为任意正整数，称为波型指数。任意一对 m、n 值对应一个基本波函数。这些波函数的组合也是式（4.1.5）的解，故 H_z 的一般解为

$$H_z(x,y,z)=\sum_{m=0}^{\infty}\sum_{n=0}^{\infty}H_{mn}\cos\frac{m\pi x}{a}\cos\frac{n\pi y}{b}e^{-j\beta z} \tag{4.1.16}$$

将式（4.1.16）代入式（4.1.2），最后可得传输型 TE 模的场分量为

$$\begin{cases}E_x=\sum\limits_{m=0}^{\infty}\sum\limits_{n=0}^{\infty}\dfrac{j\omega\mu}{k_c^2}\dfrac{n\pi}{b}H_{mn}\cos\dfrac{m\pi x}{a}\sin\dfrac{n\pi y}{b}e^{j(\omega t-\beta z)}\\ E_y=\sum\limits_{m=0}^{\infty}\sum\limits_{n=0}^{\infty}\dfrac{-j\omega\mu}{k_c^2}\dfrac{m\pi}{a}H_{mn}\sin\dfrac{m\pi x}{a}\cos\dfrac{n\pi y}{b}e^{j(\omega t-\beta z)}\\ E_z=0\\ H_x=\sum\limits_{m=0}^{\infty}\sum\limits_{n=0}^{\infty}\dfrac{j\beta}{k_c^2}\dfrac{m\pi}{a}H_{mn}\sin\dfrac{m\pi x}{a}\cos\dfrac{n\pi y}{b}e^{j(\omega t-\beta z)}\\ H_y=\sum\limits_{m=0}^{\infty}\sum\limits_{n=0}^{\infty}\dfrac{j\beta}{k_c^2}\dfrac{n\pi}{b}H_{mn}\cos\dfrac{m\pi x}{a}\sin\dfrac{n\pi y}{b}e^{j(\omega t-\beta z)}\\ H_z=\sum\limits_{m=0}^{\infty}\sum\limits_{n=0}^{\infty}H_{mn}\cos\dfrac{m\pi x}{a}\cos\dfrac{n\pi y}{b}e^{j(\omega t-\beta z)}\end{cases} \tag{4.1.17}$$

式中

$$k_c^2=k_x^2+k_y^2=\left(\frac{m\pi}{a}\right)^2+\left(\frac{n\pi}{b}\right)^2 \tag{4.1.18}$$

结果表明，矩形波导中可以存在无穷多种 TE 模，以 TE_{mn} 表示，其最低型模是 TE_{10} 模（$a>b$）。需要指出的是，m 和 n 不能同时为零。其原因是由式（4.1.17）可见，当 $m=0$、$n=0$ 时，成为一恒定磁场 H_z，其余场分量均不存在，故 $m=0$、$n=0$ 的解无意义。

2. TM 模（TM modes）

对于 TM 模，$H_z=0$，$E_z(x,y,z)=E_{0z}(x,y)e^{-j\beta z}\neq0$。类似地，用分离变量法可以求得

$$E_{0z}(x,y)=(A_1\cos k_x x+A_2\sin k_x x)(B_1\cos k_y y+B_2\sin k_y y) \tag{4.1.19}$$

代入边界条件式（4.1.7），可得

$$\begin{cases}A_1=0,k_x=\dfrac{m\pi}{a}\quad(m=1,2,3,\cdots)\\ B_1=0,k_y=\dfrac{n\pi}{b}\quad(n=1,2,3,\cdots)\end{cases} \tag{4.1.20}$$

得到 E_z 的基本解为

$$E_z(x,y,z)=E_{mn}\sin\frac{m\pi x}{a}\sin\frac{n\pi y}{b}e^{-j\beta z} \tag{4.1.21}$$

式中，$E_{mn}=A_2B_2$ 为任意振幅常数。E_z 的一般解则为

$$E_z(x,y,z)=\sum_{m=1}^{\infty}\sum_{n=1}^{\infty}E_{mn}\sin\frac{m\pi x}{a}\sin\frac{n\pi y}{b}e^{-j\beta z} \tag{4.1.22}$$

将式（4.1.22）代入式（4.1.2），最后求得传输型 TM 模的场分量为

$$\begin{cases} E_x = \sum\limits_{m=1}^{\infty}\sum\limits_{n=1}^{\infty} \dfrac{-j\beta}{k_c^2}\dfrac{m\pi}{a}E_{mn}\cos\dfrac{m\pi x}{a}\sin\dfrac{n\pi y}{b}e^{j(\omega t-\beta z)} \\ E_y = \sum\limits_{m=1}^{\infty}\sum\limits_{n=1}^{\infty} \dfrac{-j\beta}{k_c^2}\dfrac{n\pi}{b}E_{mn}\sin\dfrac{m\pi x}{a}\cos\dfrac{n\pi y}{b}e^{j(\omega t-\beta z)} \\ E_z = \sum\limits_{m=1}^{\infty}\sum\limits_{n=1}^{\infty} E_{mn}\sin\dfrac{m\pi x}{a}\sin\dfrac{n\pi y}{b}e^{j(\omega t-\beta z)} \\ H_x = \sum\limits_{m=1}^{\infty}\sum\limits_{n=1}^{\infty} \dfrac{j\omega\varepsilon}{k_c^2}\dfrac{n\pi}{b}E_{mn}\sin\dfrac{m\pi x}{a}\cos\dfrac{n\pi y}{b}e^{j(\omega t-\beta z)} \\ H_y = \sum\limits_{m=1}^{\infty}\sum\limits_{n=1}^{\infty} \dfrac{-j\omega\varepsilon}{k_c^2}\dfrac{m\pi}{a}E_{mn}\cos\dfrac{m\pi x}{a}\sin\dfrac{n\pi y}{b}e^{j(\omega t-\beta z)} \\ H_z = 0 \end{cases} \tag{4.1.23}$$

式中

$$k_c^2=\left(\frac{m\pi}{a}\right)^2+\left(\frac{n\pi}{b}\right)^2$$

结果表明，矩形波导中可以存在无穷多种 TM 模，以 TM_{mn} 表示。其中，最低型模为 TM_{11} 模。

4.1.2 导模的场结构

导模的场结构是分析和研究波导问题、模式的激励以及设计波导元件的基础和出发点。通常情况下，用电力线和磁力线的疏和密来表示波导中电场和磁场的弱和强。所谓场结构，是指波导中电力线和磁力线的形状与疏密分布情况。

如上所述，矩形波导中可能存在无穷多种 TE_{mn} 和 TM_{mn} 模，但其场结构却有规律可循。最基本的场结构模型是 TE_{10}、TE_{01}、TE_{11} 和 TM_{11}。

由式（4.1.17）和式（4.1.23）可知，导模在矩形波导横截面上的场呈驻波分布，且在每个横截面上的场分布是完全确定的。此分布与频率无关，并与此横截面在导行系统上的位置无关。整个导模以完整的场结构（称之为场型）沿纵向传播。

1. TE_{10} 模与 TE_{m0} 模的场结构

TE_{10}（$m=1$，$n=0$）模的场分量由式（4.1.17）求得为

$$\begin{cases} E_y = \dfrac{-j\omega\mu a}{\pi}H_{10}\sin\dfrac{\pi x}{a}e^{-j\beta z} \\ H_x = \dfrac{j\beta a}{\pi}H_{10}\sin\dfrac{\pi x}{a}e^{-j\beta z} \\ H_z = H_{10}\cos\dfrac{\pi x}{a}e^{-j\beta z} \\ E_x = E_z = H_y = 0 \end{cases} \tag{4.1.24}$$

可见 TE_{10} 模只有 E_y、H_x 和 H_z 三个场分量。其中，电场只有 E_y 分量，其特征为随 x 呈正弦变化而不随 y 变化，且在 $x=0$ 和 a 处为零，在 $x=a/2$ 处最大，即在宽度为 a 的边上有半

个驻波分布。磁场有 H_x 和 H_z 两个分量，且均与 y 无关，所以磁力线是 xoz 平面内的闭合曲线，其轨迹为椭圆。H_x 随 x 呈正弦变化，在 $x=0$ 和 a 处为零，在 $x=a/2$ 处最大；H_z 随 x 呈余弦变化，在 $x=0$ 和 a 处最大，在 $x=a/2$ 处为零。H_x 和 H_z 在宽边上均有半个驻波分布。电场和磁场沿 z 向传播，即整个场型沿 z 向传播。TE_{10} 模的电场和磁场的结构截面图如图 4.1.2a 所示。图中截面 1 代表平行于 xoz 面的水平截面，截面 2 代表平行于 yoz 面的竖直截面，截面 3 代表平行于 xoy 面的横截面。

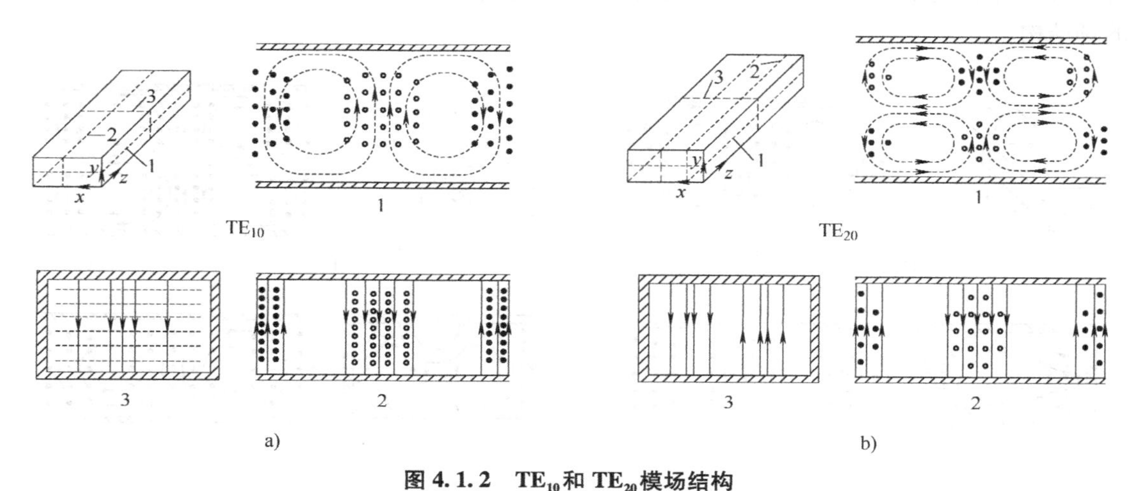

图 4.1.2　TE_{10} 和 TE_{20} 模场结构

a）TE_{10} 模场结构　b）TE_{20} 模场结构

类似地，TE_{m0} 模的场结构是沿窄边不变化，沿宽边有 m 个半驻波分布；或者说是沿窄边不变化，沿宽边有 m 个 TE_{10} 模场结构周期排布。图 4.1.2b 所示为 TE_{20} 模的场结构。

2. TE_{01} 模与 TE_{0n} 模的场结构

TE_{01} 模只有 E_x、H_y 和 H_z 三个场分量，其场结构与 TE_{10} 模的差别只是波的极化面旋转了 90°，即场沿 a 边不变化，沿 b 边有半个驻波分布，如图 4.1.3a 所示。

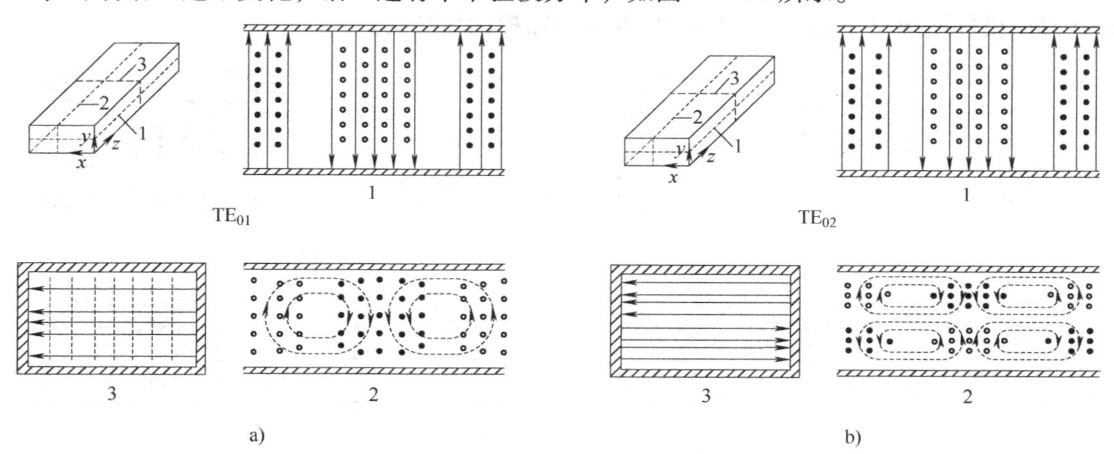

图 4.1.3　TE_{01} 和 TE_{02} 模场结构

a）TE_{01} 模场结构　b）TE_{02} 模场结构

仿照 TE_{01} 模，TE_{0n} 模的场结构是沿宽边不变化，沿窄边有 n 个半驻波分布；或者说是宽边不变化，沿窄边有 n 个 TE_{01} 模场结构“小巢”。图 4. 1. 3b 表示 TE_{02} 模的场结构。

3. TE_{11} 模与 TE_{mn}（m、$n>1$）模的场结构

m 和 n 均不为零的最简单 TE 模是 TE_{11} 模，其场沿宽边和窄边都有半个驻波分布，如图 4. 1. 4a 所示。m 和 n 都大于 1 的 TE_{mn} 模的场结构与 TE_{11} 模的场结构类似，其场型沿宽边有 m 个 TE_{11} 模场结构“小巢”，沿窄边有 n 个 TE_{11} 模场结构“小巢”。图 4. 1. 4b 表示 TE_{21} 模的场结构。

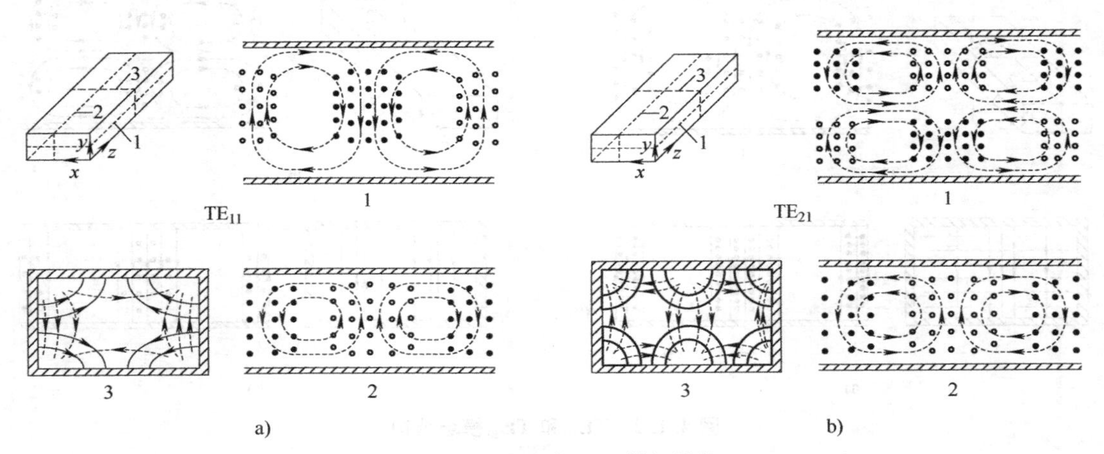

图 4. 1. 4 TE_{11} 和 TE_{21} 模场结构

a）TE_{11} 模场结构 b）TE_{21} 模场结构

4. TM_{11} 模与 TE_{mn} 模的场结构

最简单的 TM 模为 TM_{11} 模，其磁力线完全分布在横截面内，且为闭合曲线，电力线则是空间曲线。其场沿 a 边和 b 边均有半个驻波分布，如图 4. 1. 5a 所示。

仿照 TM_{11} 模，m 和 n 均大于 1 的 TE_{mn} 模的场结构便是沿宽边和窄边分别分布有 m 个和 n 个 TM_{11} 模场结构“小巢”。图 4. 1. 5b 表示 TM_{21} 模的场结构。

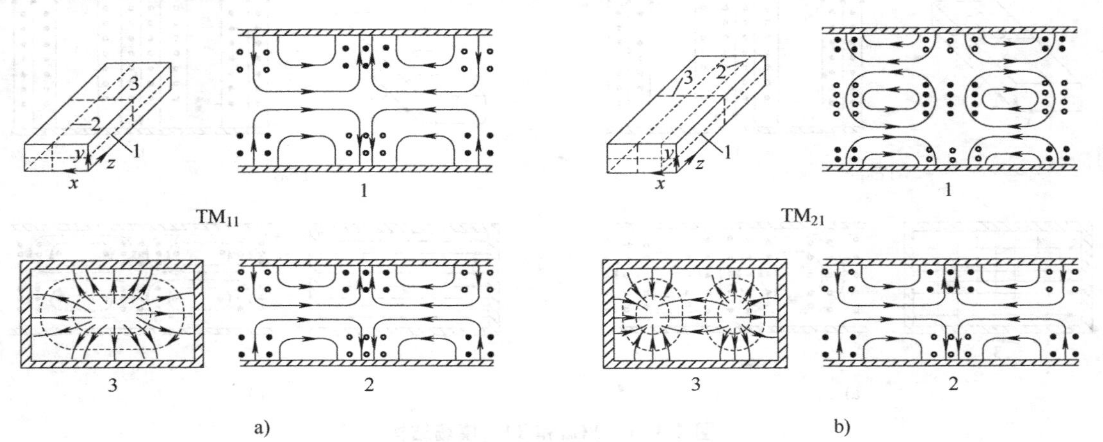

图 4. 1. 5 TM_{11} 和 TM_{21} 模场结构

a）TM_{11} 模场结构 b）TM_{21} 模场结构

4.1.3　管壁电流

当波导中传输微波信号时，在金属波导内壁表面将产生感应电流，称为管壁电流。在微波频率，趋肤效应将使这种管壁电流集中在很薄的波导内壁表面流动，其趋肤深度δ_e的典型数量级为10^{-4}cm（如铜波导，$f=30$GHz 时，$\delta_e=3.8\times10^{-4}\text{cm}<0.5\mu\text{m}$），故这种管壁电流可视为面电流。

管壁电流$\boldsymbol{J}_{cs}$的大小和方向由管壁附近的切向磁场决定，即有

$$\boldsymbol{J}_{cs}=\boldsymbol{n}\times\boldsymbol{H}_t \tag{4.1.25}$$

式中，$\boldsymbol{n}$是波导内壁的单位法线矢量；$\boldsymbol{H}_t$是内壁附近的切线磁场。

对于以 TE_{10}模工作的矩形波导，由式（4.1.24）和式（4.1.25）可求得其管壁电流为：

在波导底面（$y=0$）和顶面（$y=b$），$\boldsymbol{n}=\pm e_y$，则有

$$\begin{aligned}\boldsymbol{J}_{cs}\big|_{y=0}&=\boldsymbol{e}_y\times[\boldsymbol{e}_xH_x+\boldsymbol{e}_zH_z]=\boldsymbol{e}_xH_z-\boldsymbol{e}_zH_x\\&=\left[H_{10}\cos\left(\frac{\pi x}{a}\right)\boldsymbol{e}_x-\text{j}\frac{\beta a}{\pi}H_{10}\sin\left(\frac{\pi x}{a}\right)\boldsymbol{e}_z\right]\text{e}^{\text{j}(\omega t-\beta z)}\end{aligned} \tag{4.1.26}$$

和

$$\begin{aligned}\boldsymbol{J}_{cs}\big|_{y=b}&=-\boldsymbol{e}_y\times[\boldsymbol{e}_xH_x+\boldsymbol{e}_zH_z]=-\boldsymbol{e}_zH_z+\boldsymbol{e}_xH_x\\&=\left[-H_{10}\cos\left(\frac{\pi x}{a}\right)\boldsymbol{e}_x+\text{j}\frac{\beta a}{\pi}H_{10}\sin\left(\frac{\pi a}{a}\right)\boldsymbol{e}_z\right]\text{e}^{\text{j}(\omega t-\beta z)}\end{aligned} \tag{4.1.27}$$

在左侧壁上，$\boldsymbol{n}=\boldsymbol{e}_x$，则有

$$\boldsymbol{J}_{cs}\big|_{x=0}=\boldsymbol{e}_x\times\boldsymbol{e}_zH_z=-\boldsymbol{e}_yH_z\big|_{x=0}=-H_{10}\text{e}^{\text{j}(\omega t-\beta z)}\boldsymbol{e}_y \tag{4.1.28}$$

在右侧壁上，$\boldsymbol{n}=-\boldsymbol{e}_x$，则有

$$\boldsymbol{J}_{cs}\big|_{x=a}=-\boldsymbol{e}_x\times\boldsymbol{e}_zH_z=\boldsymbol{e}_yH_z\big|_{x=a}=-H_{10}\text{e}^{\text{j}(\omega t-\beta z)}\boldsymbol{e}_y \tag{4.1.29}$$

结果表明，当矩形波导中传输 TE_{10}模时，在左、右两侧壁内的管壁电流只有J_y分量，且大小相等、方向相同；在上下宽壁内的管壁电流由J_x和J_z合成，在同一x位置的上下宽壁内的管壁电流大小相等、方向相反，如图 4.1.6 所示。

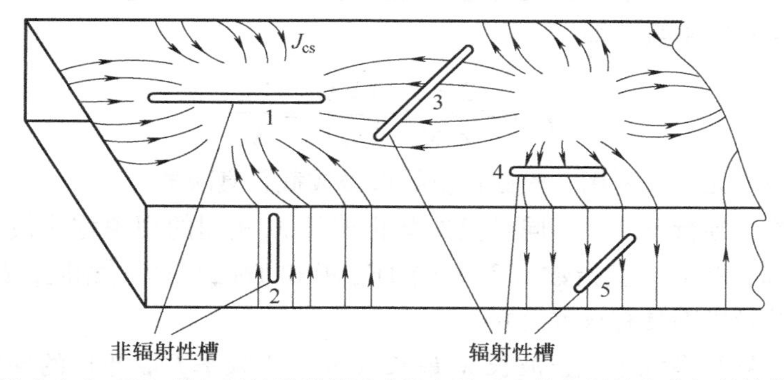

图 4.1.6　TE_{10}模矩形波导的管壁电流与管壁上的辐射性和非辐射性槽

研究波导管壁电流结构有着重要的实际意义。除了波导损耗的计算需要知道管壁电流外，在实用中，波导元件需要相互连接，有时还需要在波导壁上开槽或孔以做成特定用途的元件。此时接头与槽孔所在位置不应该破坏管壁电流的通路，否则将严重破坏原波导内的电

磁场分布，引起辐射和反射，影响功率的有效传输，如图 4.1.6 中的非辐射性槽 1 和槽 2。相反，有时需要在波导壁上开槽做成裂缝天线，此时开槽就应切断管壁电流，如图 4.1.6 中的辐射性槽 3、槽 4 和槽 5。此外，由上面分析可知，管壁电流在波导宽壁中央（$x=a/2$ 处）只有纵向电流。这一特点被用来在波导宽壁中央纵向开一长缝（图 4.1.6 中的槽 1），制成驻波测量线，进行各种微波测量。

4.1.4 矩形波导的传输特性

1. 导模的传输条件与截止

由式（4.1.4）和式（4.1.18）得到矩形波导中每个 TE_{mn} 和 TM_{mn} 导模的传播常数为

$$\beta=\sqrt{k^2-k_c^2}=\sqrt{k^2-\left(\frac{m\pi}{a}\right)^2-\left(\frac{n\pi}{b}\right)^2} \tag{4.1.30}$$

对于能够传输的模式，即传输模，β 应为实数，这要求 $k^2>k_c^2$；而对于不能传输的模式，即截止时，$\beta=0$，$k^2=k_c^2$，可得到导模的截止频率为

$$f_{cTEmn}=f_{cTMmn}=\frac{k_{cmn}}{2\pi\sqrt{\mu\varepsilon}}=\frac{1}{2\pi\sqrt{\mu\varepsilon}}\sqrt{\left(\frac{m\pi}{a}\right)^2+\left(\frac{n\pi}{b}\right)^2} \tag{4.1.31}$$

相应的截止波长为

$$\lambda_{cTEmn}=\lambda_{cTMmn}=\frac{2\pi}{k_{cmn}}=\frac{2}{\sqrt{\left(\frac{m}{a}\right)^2+\left(\frac{n}{b}\right)^2}} \tag{4.1.32}$$

由上述分析可得到如下重要结果：

导模的传输条件：某导模在波导中能够传输的条件是该导模的截止波长 λ_c 大于工作波长 λ，或截止频率 f_c 小于工作频率 f，即 $\lambda_c>\lambda$ 或 $f_c<f$。

导模的截止：金属波导中导模的截止是由于消失模的出现。由式（4.1.30）可知，$\lambda_c<\lambda$ 或 $f_c>f$ 的导模的 β 为虚数，相应的模式称为消失模或截止模。其所有场分量的振幅将按指数规律衰减。这种衰减是由于截止模的电抗反射损耗所致。以截止模工作的波导称为截止波导，其传播常数为衰减常数，即

$$\gamma=\alpha=\frac{2\pi}{\lambda_c}\sqrt{1-\left(\frac{\lambda_c}{\lambda}\right)^2}\simeq\frac{2\pi}{\lambda_c} \tag{4.1.33}$$

上式近似与频率无关，利用一段截止波导可做成截止衰减器。

模式简并现象：导行系统中不同导模的截止波长 λ_c 相同的现象称为模式简并现象。由式（4.1.32）可知，相同波型指数 m 和 n 的 TE_{mn} 模和 TM_{mn} 模的 λ_c 相同，故除 TE_{m0} 和 TE_{0n} 模外，矩形波导的导模都具有双重简并。

主模 TE_{10} 模：导行系统中截止波长 λ_c 最长（或截止频率 f_c 最低）的导模称为该导行系统的主模，或称为基模、最低型模，其他模则称为高次模。由式（4.1.31）和式（4.1.32）可知，对于 $a>b$ 的矩形波导，其主模是 TE_{10} 模，对应的截止频率和截止波长分别为

$$f_{cTE10}=\frac{1}{2a\sqrt{\mu\varepsilon}} \tag{4.1.34}$$

$$\lambda_{cTE10}=2a \tag{4.1.35}$$

传输单一模式（通常是传输主模）的波导称为单模波导。矩形波导在实际使用时几乎都以主模 TE_{10}模工作。允许主模和一个或多个高次模同时传输时称为多模传输；能够维持多个模同时传输的波导则称为多模波导。

2. 相速度和群速度

矩形波导导模的相速度为

$$v_p=\frac{v}{\sqrt{1-(\lambda/\lambda_c)^2}} \tag{4.1.36}$$

式中，v 和 λ 分别表示媒质中平面波的速度（$v=c/\sqrt{\varepsilon_r}$，c 为自由空间中的光速）和波长（$\lambda=\lambda_0/\sqrt{\varepsilon_r}$，$\lambda_0$ 为自由空间波长）。主模 TE_{10}模的相速度为

$$v_{pTE10}=\frac{v}{\sqrt{1-(\lambda/2a)^2}} \tag{4.1.37}$$

矩形波导导模的群速度为

$$v_g=v\sqrt{1-\left(\frac{\lambda}{\lambda_c}\right)^2} \tag{4.1.38}$$

主模 TE_{10}模的群速度为

$$v_{gTE10}=v\sqrt{1-\left(\frac{\lambda}{2a}\right)^2} \tag{4.1.39}$$

显然相速度和群速度有如下关系

$$v_p\cdot v_g=v^2 \tag{4.1.40}$$

由式（4.1.36）和式（4.1.38）可见，矩形波导中导模的传播速度与频率有关，存在严重的色散现象。

3. 波导波长

矩形波导导模的波导波长为

$$\lambda_g=\frac{\lambda}{\sqrt{1-(\lambda/\lambda_c)^2}} \tag{4.1.41}$$

主模 TE_{10}模的波导波长则为

$$\lambda_{gTE10}=\frac{\lambda}{\sqrt{1-(\lambda/2a)^2}} \tag{4.1.42}$$

4. 波阻抗

矩形波导中 TE 模的波阻抗为

$$Z_{TE}=\sqrt{\frac{\mu}{\varepsilon}}\frac{k}{\beta}=\frac{\eta}{\sqrt{1-(\lambda/\lambda_c)^2}} \tag{4.1.43}$$

式中，$\eta=\eta_{TEM}=\sqrt{\mu/\varepsilon}$，是媒质中均匀平面波波阻抗。

主模 TE_{10}模的波阻抗为

$$Z_{TE10}=\frac{\eta}{\sqrt{1-(\lambda/2a)^2}} \tag{4.1.44}$$

矩形波导中 TM 模的波阻抗为

$$Z_{TM}=\sqrt{\frac{\mu}{\varepsilon}}\frac{\beta}{k}=\eta\sqrt{1-\left(\frac{\lambda}{\lambda_c}\right)^2} \tag{4.1.45}$$

由式（4.1.43）和式（4.1.45）可见，对于传输模，β 为实数，Z_{TE}和 Z_{TM}亦为实数；对于消失模，β 为虚数，Z_{TE}和 Z_{TM}亦为虚数，呈电抗，因此金属波导中消失模的出现将对信号源呈现电抗性反射。

5. TE_{10}模矩形波导的传输功率

矩形波导在实际使用时几乎都是以 TE_{10}模工作，由式（4.1.18）和式（4.1.30）可分别得到其截止波系数和传播常数为

$$k_{cTE10}=\pi/a \tag{4.1.46}$$

$$\beta_{TE10}=\sqrt{k^2-(\pi/a)^2} \tag{4.1.47}$$

于是传输 TE_{10}模的矩形波导的传输功率为

$$\begin{aligned}P_{TE10}&=\frac{1}{2}\mathrm{Re}\int_{x=0}^{a}\int_{y=0}^{b}\boldsymbol{E}\times\boldsymbol{H}^*\cdot\boldsymbol{e}_z\mathrm{d}y\mathrm{d}x=\frac{1}{2}\mathrm{Re}\int_{x=0}^{a}\int_{y=0}^{b}E_yH_x^*\mathrm{d}y\mathrm{d}x\\&=\frac{\omega\mu a^3b}{4\pi^2}|H_{10}|^2\beta_{TE10}=\frac{ab}{4}\frac{|E_{10}|^2}{Z_{TE10}}\end{aligned} \tag{4.1.48}$$

式中，E_{10}是 TE_{10}模 E_y分量的振幅常数，若$|E_{10}|$以空气的击穿场强 $E_{br}=30\mathrm{kV/cm}$ 代入，则可得 TE_{10}模空气矩形波导的脉冲功率容量（单位为 MW）为

$$P_{br}=0.6ab\sqrt{1-\left(\frac{\lambda_0}{2a}\right)^2} \tag{4.1.49}$$

6. TE_{10}模矩形波导的损耗

矩形波导的损耗一般包含介质损耗和导体损耗两部分。其中，金属波导中填充的均匀介质的损耗引起的波导的衰减常数（单位为 Np/m）为

$$\alpha_d=\frac{k^2\tan\delta}{2\beta} \tag{4.1.50}$$

TE_{10}模矩形波导的有限电导率金属壁单位长度功率损耗为

$$\begin{aligned}P_l&=\frac{R_s}{2}\int_C|\boldsymbol{J}_{cs}|^2\mathrm{d}l=R_s\int_{y=0}^{b}|J_y|^2\mathrm{d}y+R_s\int_{z=0}^{a}[|J_x|^2+|J_z|^2]\mathrm{d}x\\&=R_s|H_{10}|^2\left(b+\frac{a}{2}+\frac{a^3}{2\pi^2}\beta_{TE10}^2\right)\end{aligned} \tag{4.1.51}$$

式中，$R_s=\sqrt{\omega\mu_0/2\sigma}$是导体表面电阻。

TE_{10}模矩形波导的导体衰减常数为

$$\begin{aligned}\alpha_c&=\frac{P_l}{2P_{TE10}}=2\pi^2R_s\left[b+\frac{a}{2}+\frac{a^3}{2\pi^2}\beta_{TE10}^2\right]/\omega\mu a^3b\beta_{TE10}\\&=\frac{R_s}{a^3bk\eta\beta_{TE10}}(2b\pi^2+a^3k^2)=\frac{R_s}{b\eta}\left[1+2\frac{b}{a}\left(\frac{\lambda_0}{2a}\right)^2\right]\frac{1}{\sqrt{1-(\lambda_0/2a)^2}}\end{aligned} \tag{4.1.52}$$

7. TE_{10}模矩形波导的等效阻抗

由式（4.1.44）可知，TE_{10}模的波阻抗只与宽边尺寸 a 有关，而与窄边尺寸无关。当宽边尺寸相同而窄边尺寸不相同的两段矩形波导连接时，波在连接处将产生反射，因此不能应用波阻抗来处理不同尺寸波导的匹配问题，为此需引入波导的等效阻抗。根据电路理论，等效阻抗可以用如下三种形式定义：

$$Z_e=\frac{U_e^+}{I_e^+},Z_e=\frac{U_e^{+2}}{2P},Z_e=\frac{2P}{I_e^{+2}} \tag{4.1.53}$$

定义等效电压为波导宽边中心电场从顶边到底边的线积分：

$$U_e^+=\int_{y=b}^{0}E_y\mid_{x=a/2}\mathrm{d}y=\int_{y=b}^{0}E_{10}\sin\left(\frac{\pi}{2}\right)\mathrm{e}^{-\mathrm{j}\beta z}\mathrm{d}y=-E_{10}b\mathrm{e}^{-\mathrm{j}\beta z} \tag{4.1.54}$$

定义等效电流为波导宽边纵向电流之和：

$$\begin{aligned}I_e^+&=\int_{x=0}^{a}J_z\mathrm{d}x=\int_{x=0}^{a}H_x\mathrm{d}x=\int_{x=0}^{a}\left[-\frac{\beta_{TE10}}{\omega\mu}E_{10}\sin\left(\frac{\pi x}{a}\right)\mathrm{e}^{-\mathrm{j}\beta z}\right]\mathrm{d}x\\&=-\frac{2aE_{10}}{\omega\pi\mu}\beta_{TE10}\mathrm{e}^{-\mathrm{j}\beta z}\end{aligned} \tag{4.1.55}$$

将式（4.1.54）、式（4.1.55）和式（4.1.48）代入式（4.1.53），分别得到通过电流—电压（I-U）、电压—功率（U-P）和功率—电流（I-P）定义的三种等效阻抗为

$$Z_{e(I-U)}=\frac{\pi}{2}\frac{b}{a}\frac{\eta}{\sqrt{1-(\lambda/2a)^2}} \tag{4.1.56}$$

$$Z_{e(U-P)}=2\frac{b}{a}\frac{\eta}{\sqrt{1-(\lambda/2a)^2}} \tag{4.1.57}$$

$$Z_{e(P-I)}=\frac{\pi^2}{8}\frac{b}{a}\frac{\eta}{\sqrt{1-(\lambda/2a)^2}} \tag{4.1.58}$$

可见三种定义得到的等效阻抗具有不同的系数。这说明等效电压和电流定义的非唯一性，但它们与波导截面尺寸有关的部分相同。实践证明，用上述任一种等效阻抗公式计算的两段不同尺寸矩形波导的连接，只要其等效阻抗相等，连接处的反射即最小。这说明上述等效阻抗可用于计算 TE_{10}模矩形波导的反射和匹配问题，并具有 TEM 传输线特性阻抗的功能。但应注意，在工程计算时，同一问题的计算应该始终采用同一种定义方式，并且应该说明采用的是哪一种定义方式。

为简化计算，常以与截面尺寸有关的部分作为公认的等效阻抗：

$$Z_{eTE10}=\frac{b}{a}\frac{\eta}{\sqrt{1-(\lambda/2a)^2}} \tag{4.1.59}$$

令 $\eta=1$，定义 TE_{10}模矩形波导的无量纲等效阻抗为

$$Z_{e10}=\frac{b}{a}\frac{1}{\sqrt{1-(\lambda/2a)^2}} \tag{4.1.60}$$

4.1.5　矩形波导的截面尺寸选择

选择矩形波导的截面尺寸，首要条件是保证只传输主模 TE_{10}模，为此应满足关系

$$\begin{cases}\lambda_{\mathrm{cTE20}}<\lambda<\lambda_{\mathrm{cTE10}}\\ \lambda_{\mathrm{cTE01}}<\lambda<\lambda_{\mathrm{cTE10}}\end{cases} \tag{4.1.61}$$

即

$$\begin{cases}a<\lambda<2a\\ 2b<\lambda<2a\end{cases} \tag{4.1.62}$$

于是得到

$$\begin{cases}\lambda/2<a<\lambda\\ 0<b<\lambda/2\end{cases} \tag{4.1.63}$$

若考虑到损耗要小，由式（4.1.51）和式（4.1.52）可知，b 应当小；但若考虑到传输功率要大，由式（4.1.47）和式（4.1.48）可知，b 应当大。综合考虑高次模的抑制、损耗小和传输功率大等条件，矩形波导截面尺寸一般选择为

$$\begin{cases}a=0.7\lambda\\ b=(0.4\sim0.5)a\end{cases} \tag{4.1.64}$$

波导尺寸确定后，其工作频率范围便可确定。为使损耗不大，且不出现高次模，其工作波长范围为

$$1.05\lambda_{\mathrm{cTE20}}\leqslant\lambda\leqslant0.8\lambda_{\mathrm{cTE10}} \tag{4.1.65}$$

因 $\lambda_{\mathrm{cTE20}}=a$，$\lambda_{\mathrm{cTE10}}=2a$，则上式即为 $1.05a\leqslant\lambda\leqslant1.6a$。

4.2　圆形波导

圆形波导简称圆波导，是截面形状为圆形的空心金属管，如图 4.2.1 所示。其内壁半径为 a。与矩形波导一样，圆波导也只能传输 TE 和 TM 导波。圆波导加工方便，具有损耗小和双极化特性，常用于要求双极化模的天线馈线中。圆波导段广泛用作各种谐振腔、波长计。本节研究圆波导的导模及其传输特性，并着重讨论三个常用模式（TE_{11}、TE_{01} 和 TM_{01}）的特点及其应用。

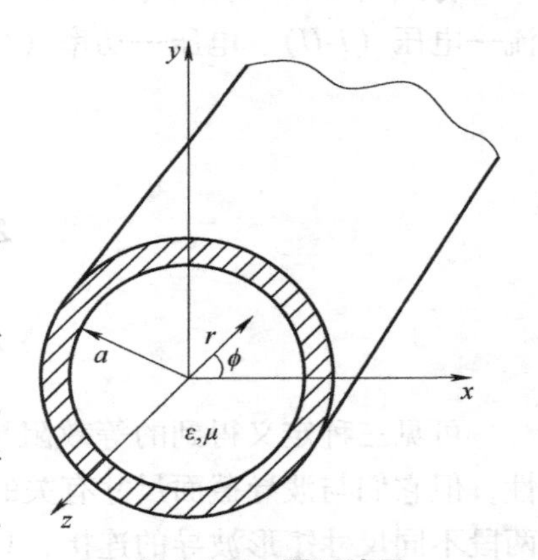

图 4.2.1　圆形波导

4.2.1　圆形波导导模

如图 4.2.1 所示，采用圆柱坐标系（r，ϕ，z），横—纵向场关系式为

$$\begin{cases}E_r=\dfrac{-\mathrm{j}}{k_c^2}\left(\beta\dfrac{\partial E_z}{\partial r}+\dfrac{\omega\mu}{r}\dfrac{\partial H_z}{\partial\phi}\right)\\ E_\phi=\dfrac{-\mathrm{j}}{k_c^2}\left(\dfrac{\beta}{r}\dfrac{\partial E_z}{\partial\phi}-\omega\mu\dfrac{\partial H_z}{\partial r}\right)\\ H_r=\dfrac{-\mathrm{j}}{k_c^2}\left(\beta\dfrac{\partial E_z}{\partial r}-\dfrac{\omega\varepsilon}{r}\dfrac{\partial E_z}{\partial\phi}\right)\\ H_\phi=\dfrac{-\mathrm{j}}{k_c^2}\left(\dfrac{\beta}{r}\dfrac{\partial E_z}{\partial\phi}+\omega\varepsilon\dfrac{\partial H_z}{\partial r}\right)\end{cases} \tag{4.2.1}$$

$$\begin{bmatrix} E_r \\ H_\phi \\ H_r \\ E_\phi \end{bmatrix} = \frac{-j}{k_c^2} \begin{bmatrix} \frac{\omega\mu}{r} & \beta & 0 & 0 \\ \frac{\beta}{r} & \omega\varepsilon & 0 & 0 \\ 0 & 0 & \beta & -\frac{\omega\varepsilon}{r} \\ 0 & 0 & -\omega\mu & \frac{\beta}{r} \end{bmatrix} \begin{bmatrix} \frac{\partial H_z}{\partial \phi} \\ \frac{\partial E_z}{\partial r} \\ \frac{\partial H_z}{\partial r} \\ \frac{\partial E_z}{\partial \phi} \end{bmatrix} \tag{4.2.2}$$

式中

$$k_c^2 = k^2 - \beta^2 \tag{4.2.3}$$

与矩形波导类似，圆波导的纵向场分量满足如下简化的二维亥姆霍兹方程：

$$\left(\frac{\partial^2}{\partial r^2} + \frac{1}{r}\frac{\partial}{\partial r} + \frac{1}{r^2}\frac{\partial^2}{\partial \phi^2} + k_c^2\right)\begin{Bmatrix} E_{0z}(r,\phi) \\ H_{0z}(r,\phi) \end{Bmatrix} = 0 \tag{4.2.4}$$

边界条件为

$$E_{0\phi}(r,\phi)\big|_{r=a} = 0 \quad (\text{TE 模}) \tag{4.2.5}$$

$$E_{0z}(r,\phi)\big|_{r=a} = 0 \quad (\text{TM 模}) \tag{4.2.6}$$

1. TE 模（TE modes）

对于 TE 模，$E_z=0$，$H_z(r,\phi,z)=H_{0z}(r,\phi)\mathrm{e}^{-\mathrm{j}\beta z}\neq 0$，令

$$H_{0z}(r,\phi) = R(r)\Phi(\phi) \tag{4.2.7}$$

代入式（4.2.4），得到

$$\frac{r^2}{R(r)}\frac{\mathrm{d}^2 R(r)}{\mathrm{d}r^2} + \frac{r}{R(r)}\frac{\mathrm{d}R(r)}{\mathrm{d}r} + k_c^2 r^2 = -\frac{1}{\Phi(\phi)}\frac{\mathrm{d}^2\Phi(\phi)}{\mathrm{d}\phi^2}$$

令分离变量常数为 k_ϕ^2，则得方程

$$-\frac{1}{\Phi(\phi)}\frac{\mathrm{d}^2\Phi(\phi)}{\mathrm{d}\phi^2} = k_\phi^2 \text{ 或 } \frac{\mathrm{d}^2\Phi(\phi)}{\mathrm{d}\phi^2} + k_\phi^2\Phi(\phi) = 0 \tag{4.2.8}$$

$$r^2\frac{\mathrm{d}^2 R(r)}{\mathrm{d}r^2} + r\frac{\mathrm{d}R(r)}{\mathrm{d}r} + (k_c^2 r^2 - k_\phi^2)R(r) = 0 \tag{4.2.9}$$

式（4.2.8）的一般解为

$$\Phi(\phi) = B_1\cos k_\phi\phi + B_2\sin k_\phi\phi \tag{4.2.10}$$

由于 H_{0z} 的解在 ϕ 方向必须是周期的，即应有 $H_{0z}(r,\phi)=H_{0z}(r,\phi\pm 2m\pi)$，则 $\Phi(\phi+2\pi)=\Phi(\phi)$，所以 k_ϕ 必须为整数 m，于是 $\Phi(\phi)$ 的解变成

$$\Phi(\phi) = B_1\cos m\phi + B_2\sin m\phi = B\begin{bmatrix}\cos m\phi \\ \sin m\phi\end{bmatrix} \quad (m=0,1,2,\cdots) \tag{4.2.11}$$

式（4.2.11）中的后一种表示形式是考虑到圆波导结构具有轴对称性，场的极化方向具有不确定性，使导波场在 ϕ 方向存在 $\cos m\phi$ 和 $\sin m\phi$ 两种可能的分布。它们独立存在，相互正交，截止波长相同，构成同一导模的极化简并模。

式（4.2.9）为贝塞尔方程，其解为

$$R(r)=A_1\mathrm{J}_m(k_c r)+A_2\mathrm{Y}_m(k_c r) \tag{4.2.12}$$

式中，J_m 表示 m 阶贝塞尔函数；Y_m 表示 m 阶诺依曼函数，也叫作第二类贝塞尔函数。考虑到圆波导中心处的场应为有限，而 $\mathrm{Y}_m(k_c r)\big|_{r=0}=-\infty$，所以应令 $A_2=0$，于是得到解

$$H_z(r,\phi,z)=A_1B\mathrm{J}_m(k_c r)\begin{bmatrix}\cos m\phi\\ \sin m\phi\end{bmatrix}\mathrm{e}^{-\mathrm{j}\beta z} \tag{4.2.13}$$

由式（4.2.1）和式（4.2.2）可得

$$E(r,\phi,z)=\frac{\mathrm{j}\omega\mu}{k_c}A_1B\mathrm{J}_m'(k_c r)\begin{bmatrix}\cos m\phi\\ \sin m\phi\end{bmatrix}\mathrm{e}^{-\mathrm{j}\beta z} \tag{4.2.14}$$

式中，J_m'表示 m 阶贝塞尔函数的一阶导函数。将上式代入边界条件式（4.2.5），则应有

$$\mathrm{J}_m'(k_c a)=0$$

令 $\mathrm{J}_m'(k_c a)$ 的根为 u_{mm}'，则有 $\mathrm{J}_m'(u_{mm}')=0$，因此得到本征值

$$k_{cmn}=\frac{u_{mn}'}{a}\quad(n=1,2,\cdots) \tag{4.2.15}$$

这样，H_z的基本解则为

$$H_z(r,\phi,z)=H_{mn}\mathrm{J}_m\left(\frac{u_{mn}'}{a}r\right)\begin{bmatrix}\cos m\phi\\ \sin m\phi\end{bmatrix}\mathrm{e}^{-\mathrm{j}\beta z} \tag{4.2.16}$$

式中，$H_{mn}=A_1B$，为任意振幅常数。H_z的一般解应为

$$H_z(r,\phi,z)=\sum_{m=0}^{\infty}\sum_{n=1}^{\infty}H_{mn}\mathrm{J}_m\left(\frac{u_{mn}'}{a}r\right)\begin{bmatrix}\cos m\phi\\ \sin m\phi\end{bmatrix}\mathrm{e}^{-\mathrm{j}\beta z} \tag{4.2.17}$$

将式（4.2.17）代入式（4.2.1）和式（4.2.2），最后可求得传输型 TE 模的场分量为

$$\begin{cases}E_r=\pm\displaystyle\sum_{m=0}^{\infty}\sum_{n=1}^{\infty}\frac{\mathrm{j}\omega\mu m a^2}{u_{mn}'^2 r}H_{mn}\mathrm{J}_m\left(\frac{u_{mn}'}{a}r\right)\begin{bmatrix}\sin m\phi\\ \cos m\phi\end{bmatrix}\mathrm{e}^{\mathrm{j}(\omega t-\beta z)}\\ E_\phi=\displaystyle\sum_{m=0}^{\infty}\sum_{n=1}^{\infty}\frac{\mathrm{j}\omega\mu a}{u_{mn}'}H_{mn}\mathrm{J}_m'\left(\frac{u_{mn}'}{a}r\right)\begin{bmatrix}\cos m\phi\\ \sin m\phi\end{bmatrix}\mathrm{e}^{\mathrm{j}(\omega t-\beta z)}\\ E_z=0\\ H_r=\displaystyle\sum_{m=0}^{\infty}\sum_{n=1}^{\infty}\frac{-\mathrm{j}\beta a}{u_{mn}'}H_{mn}\mathrm{J}_m'\left(\frac{u_{mn}'}{a}r\right)\begin{bmatrix}\cos m\phi\\ \sin m\phi\end{bmatrix}\mathrm{e}^{\mathrm{j}(\omega t-\beta z)}\\ H_\phi=\pm\displaystyle\sum_{m=0}^{\infty}\sum_{n=1}^{\infty}\frac{\mathrm{j}\beta m a^2}{u_{mn}'^2 r}H_{mn}\mathrm{J}_m\left(\frac{u_{mn}'}{a}r\right)\begin{bmatrix}\sin m\phi\\ \cos m\phi\end{bmatrix}\mathrm{e}^{\mathrm{j}(\omega t-\beta z)}\\ H_z=\displaystyle\sum_{m=0}^{\infty}\sum_{n=1}^{\infty}H_{mn}\mathrm{J}_m\left(\frac{u_{mn}'}{a}r\right)\begin{bmatrix}\cos m\phi\\ \sin m\phi\end{bmatrix}\mathrm{e}^{\mathrm{j}(\omega t-\beta z)}\end{cases} \tag{4.2.18}$$

结果表明，圆波导中可以存在无穷多种 TE 模，以 TE_{mn}表示。由式（4.2.18）可见，场沿半径按贝塞尔函数或按其导数的规律变化，波型指数 n 表示场沿半径分布的最大值个数；场沿圆周方向按正弦或余弦函数形式变化，波型指数 m 表示场沿圆周分布的整波数。

TE 模的波阻抗为

$$Z_{\mathrm{TE}}=\frac{E_r}{H_\phi}=\frac{-E_\phi}{H_r}=\frac{\omega\mu}{\beta}=\frac{k\eta}{\beta} \tag{4.2.19}$$

由式（4.2.15）得到 TE_{mn}模的传播常数为

$$\beta_{mn}=\sqrt{k^2-k_{cmn}^2}=\sqrt{k^2-\left(\frac{u'_{mn}}{a}\right)^2} \tag{4.2.20}$$

截止波长为

$$\lambda_{cmn}=\frac{2\pi a}{u'_{mn}} \tag{4.2.21}$$

截止频率为

$$f_{cmn}=\frac{k_{cmn}}{2\pi\sqrt{\mu\varepsilon}}=\frac{u'_{mn}}{2\pi a\sqrt{\mu\varepsilon}} \tag{4.2.22}$$

具有最小值 $u'_{11}=1.841$ 的 TE_{11}模，其 $\lambda_c=3.41a$，是圆波导最常用的导模。对应于 $u'_{01}=3.832$ 的 TE_{01}模的 $\lambda_c=1.64a$。

2. TM 模（TM modes）

对于 TM 模，$H_z=0$，$E_z(r,\phi,z)=E_{0z}(r,\phi)\mathrm{e}^{-\mathrm{j}\beta z}$，采用与 TE 模类似的分离变量法，可以求得

$$E_z(r,\phi,z)=E_{mn}\mathrm{J}_m(k_c r)\begin{bmatrix}\cos m\phi\\ \sin m\phi\end{bmatrix}\mathrm{e}^{-\mathrm{j}\beta z} \tag{4.2.23}$$

由边界条件式（4.2.6）可知，应有 $\mathrm{J}_m(k_c a)=0$。令其根为 u_{mn}，则得

$$k_{cmn}=\frac{u_{mn}}{a}\quad(m=0,1,2,3,\cdots,n=1,2,3,\cdots) \tag{4.2.24}$$

于是 E_z的基本解为

$$E_z(r,\phi,z)=E_{mn}\mathrm{J}_m\left(\frac{u_{mn}}{a}r\right)\begin{bmatrix}\cos m\phi\\ \sin m\phi\end{bmatrix}\mathrm{e}^{-\mathrm{j}\beta z} \tag{4.2.25}$$

E_z的一般解为

$$E_z(r,\phi,z)=\sum_{m=0}^{\infty}\sum_{n=1}^{\infty}E_{mn}\mathrm{J}_m\left(\frac{u_{mn}}{a}r\right)\begin{bmatrix}\cos m\phi\\ \sin m\phi\end{bmatrix}\mathrm{e}^{-\mathrm{j}\beta z} \tag{4.2.26}$$

将式（4.2.26）代入式（4.2.1）和式（4.2.2），最后可得传输型 TM 模的场分量为

$$\begin{cases}E_r=\sum\limits_{m=0}^{\infty}\sum\limits_{n=1}^{\infty}\dfrac{-\mathrm{j}\beta a}{u_{mn}}E_{mn}\mathrm{J}'_m\left(\dfrac{u_{mn}}{a}r\right)\begin{bmatrix}\cos m\phi\\ \sin m\phi\end{bmatrix}\mathrm{e}^{\mathrm{j}(\omega t-\beta z)}\\ E_\phi=\pm\sum\limits_{m=0}^{\infty}\sum\limits_{n=1}^{\infty}\dfrac{\mathrm{j}\beta m a^2}{u_{mn}^2 r}E_{mn}\mathrm{J}_m\left(\dfrac{u_{mn}}{a}r\right)\begin{bmatrix}\sin m\phi\\ \cos m\phi\end{bmatrix}\mathrm{e}^{\mathrm{j}(\omega t-\beta z)}\\ E_z=\sum\limits_{m=0}^{\infty}\sum\limits_{n=1}^{\infty}E_{mn}\mathrm{J}_m\left(\dfrac{u_{mn}}{a}r\right)\begin{bmatrix}\cos m\phi\\ \sin m\phi\end{bmatrix}\mathrm{e}^{\mathrm{j}(\omega t-\beta z)}\\ H_r=m\sum\limits_{m=0}^{\infty}\sum\limits_{n=1}^{\infty}\dfrac{\mathrm{j}\omega\varepsilon m a^2}{u_{mn}^2 r}E_{mn}\mathrm{J}_m\left(\dfrac{u_{mn}}{a}r\right)\begin{bmatrix}\sin m\phi\\ \cos m\phi\end{bmatrix}\mathrm{e}^{\mathrm{j}(\omega t-\beta z)}\\ H_\phi=\sum\limits_{m=0}^{\infty}\sum\limits_{n=1}^{\infty}\dfrac{-\mathrm{j}\omega\varepsilon m a}{u_{mn}}E_{mn}\mathrm{J}'_m\left(\dfrac{u_{mn}}{a}r\right)\begin{bmatrix}\cos m\phi\\ \sin m\phi\end{bmatrix}\mathrm{e}^{\mathrm{j}(\omega t-\beta z)}\\ H_z=0\end{cases} \tag{4.2.27}$$

结果表明，圆波导中可以存在无穷多种 TM 模，以 TM_{mn} 表示。波型指数 m、n 的意义与 TE_{mn} 模相同。

TM 导模的波阻抗为

$$Z_{TM}=\frac{E_r}{H_\phi}=\frac{-E_\phi}{H_r}=\frac{\beta}{\omega\varepsilon}=\frac{\beta\eta}{k} \tag{4.2.28}$$

由式（4.2.24）可得 TE_{mn} 模的传播常数为

$$\beta_{mn}=\sqrt{k^2-k_{cmn}^2}=\sqrt{k^2-\left(\frac{u_{mn}}{a}\right)^2} \tag{4.2.29}$$

截止波长为

$$\lambda_{cmn}=\frac{2\pi a}{u_{mn}} \tag{4.2.30}$$

截止频率为

$$f_{cmn}=\frac{k_{cmn}}{2\pi\sqrt{\mu\varepsilon}}=\frac{u_{mn}}{2\pi a\sqrt{\mu\varepsilon}} \tag{4.2.31}$$

具有最小值 $u_{01}=2.405$ 的 TM_{01} 模的 $\lambda_c=2.62a$。

由上述分析结果可以得到如下重要结论：

圆波导中导模的传输条件是 $\lambda_c>\lambda$（λ 为工作波长）或 $f_c<f$（f 为工作频率）；导模的截止是由于消失模的出现。圆波导中导模的传输特性与矩形波导相似。

圆波导的导模存在两种模式简并现象：一种是 TE_{0n} 模与 TM_{1n} 模的模式简并，即有 $\lambda_{cTE0n}=\lambda_{cTM1n}$；另一种是 $m\neq0$ 的 TE_{mn} 或 TM_{mn} 模的极化简并。

圆波导的主模是 TE_{11} 模，其截止波长最长，$\lambda_{cTE11}=3.41a$；TM_{01} 模为次主模，$\lambda_{cTM01}=2.62a$。

4.2.2　三个常用模

1. 主模 TE_{11} 模

对于主模 TE_{11} 模，其 $\lambda_c=3.41a$，由式（4.2.18）得到其场分量为（取 $\sin\phi$ 解）：

$$\begin{cases} E_r=\dfrac{-j\omega\mu}{k_c^2 r}H_{11}\cos\phi J_1(k_c r)e^{-j\beta z} \\ E_\phi=\dfrac{j\omega\mu}{k_c}H_{11}\sin\phi J_1'(k_c r)e^{-j\beta z} \\ E_z=0 \\ H_r=\dfrac{-j\beta}{k_c}H_{11}\sin\phi J_1'(k_c r)e^{-j\beta z} \\ H_\phi=\dfrac{-j\beta}{k_c^2 r}H_{11}\cos\phi J_1(k_c r)e^{-j\beta z} \\ H_z=H_{11}\sin\phi J_1(k_c r)e^{-j\beta z} \end{cases} \tag{4.2.32}$$

其场结构如图 4.2.2a 所示。由图可见，TE_{11} 模场结构与矩形波导 TE_{10} 模场结构相似。实际使用中，圆波导 TE_{11} 模便是由矩形波导 TE_{10} 模来激励的；将矩形波导的截面逐渐过渡成圆形，则 TE_{10} 模便会自然地过渡变成 TE_{11} 模。

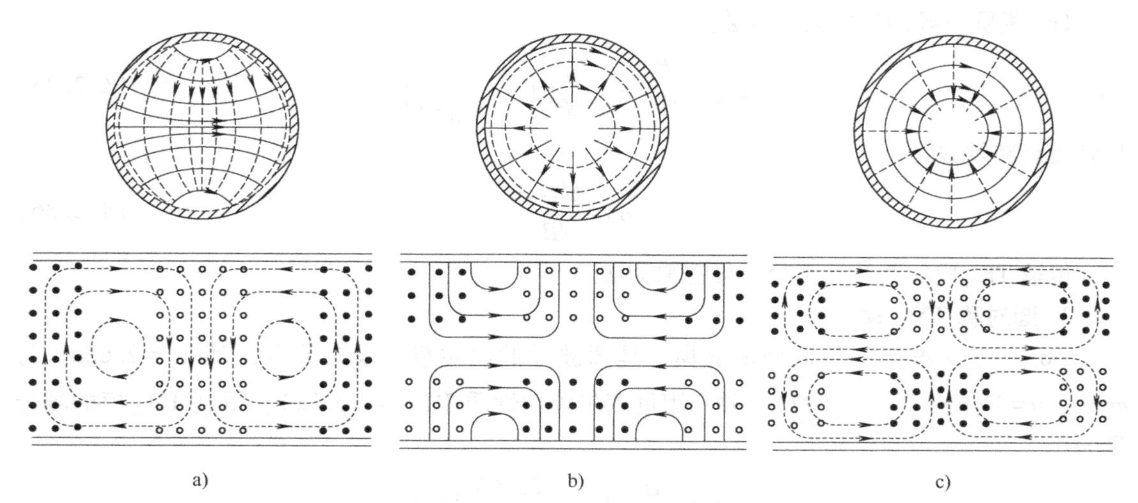

图 4.2.2 圆波导 TE_{11}、TM_{01} 和 TE_{01} 模的场结构

a）TE_{11} 模场结构 b）TM_{01} 模场结构 c）TE_{01} 模场结构

TE_{11} 模虽然是圆波导的主模，但它存在极化简并，当圆波导出现椭圆度时，就会分裂出 $\cos\phi$ 和 $\sin\phi$ 模，如图 4.2.3 所示。所以一般情况下不宜采用 TE_{11} 模来传输微波能量和信号，这也是在实用中不用圆波导而采用矩形波导作为微波传输系统的基本原因。但是利用 TE_{11} 模的极化简并特性可以构成一些双极化器件，如极化分离器、极化衰减器等。

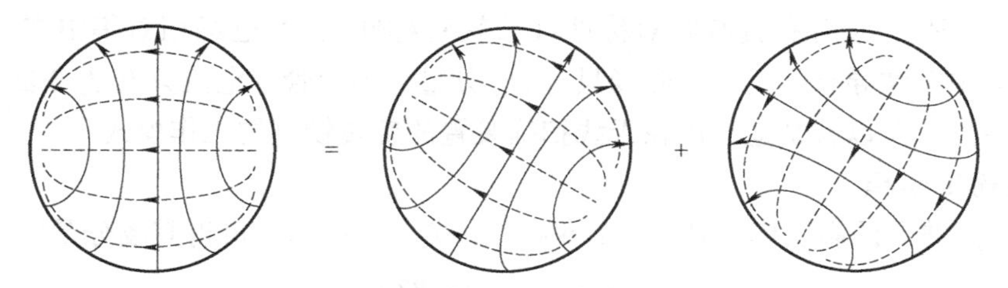

图 4.2.3 因椭圆度而出现 TE_{11} 模的极化简并

TE_{11} 模圆波导的传输功率为（以 $\sin\phi$ 模计）

$$\begin{aligned}P_{11} &= \frac{1}{2}\mathrm{Re}\int_0^a\int_0^{2\pi}\boldsymbol{E}\times\boldsymbol{H}^*\cdot\boldsymbol{e}_z\mathrm{d}\phi\mathrm{d}r = \frac{1}{2}\mathrm{Re}\int_0^a\int_0^{2\pi}[E_rH_\phi^* - E_\phi H_r^*]r\mathrm{d}\phi\mathrm{d}r\\ &= \frac{\omega\mu\beta_{11}|H_{11}|^2}{2k_c^2}\int_0^a\int_0^{2\pi}\left[\frac{1}{r^2}\cos^2\phi \mathrm{J}_1^2(k_cr) + k_c^2\sin^2\phi \mathrm{J}_1'^2(k_cr)\right]r\mathrm{d}\phi\mathrm{d}r\\ &= \frac{\pi\omega\mu\beta_{11}|H_{11}|^2}{4k_c^4}(u_{11}'^2 - 1)\mathrm{J}_1^2(k_ca)\end{aligned} \tag{4.2.33}$$

有限电导率金属圆波导的单位长度功率损耗为

$$P_1 = \frac{R_s}{2}\int_0^{2\pi}|\boldsymbol{J}_{cs}|^2a\mathrm{d}\phi = \frac{R_s}{2}\int_0^{2\pi}[|H_\phi|^2 + |H_z|^2]a\mathrm{d}\phi = \frac{\pi R_sa|H_{11}|^2}{2}\left(1 + \frac{\beta_{11}^2}{k_c^4a^2}\right)\mathrm{J}_1^2(k_ca)$$

$$= \frac{\pi R_s a |H_{11}|^2}{2}\left(1 + \frac{\beta_{11}^2}{k_c^4 a^2}\right) J_1^2(k_c a) \tag{4.2.34}$$

TE_{11}模圆波导的导体衰减常数为

$$\alpha_{c11} = \frac{P_1}{2P_{11}} = \frac{R_s}{ak\eta\beta_{11}}\left(k_c^2 + \frac{k_c^2}{u_{11}'^2 - 1}\right) \tag{4.2.35}$$

其介质衰减常数为

$$\alpha_d = \frac{k^2 \tan\delta}{2\beta_{11}} \tag{4.2.36}$$

传输 TE_{11}模的圆波导半径一般选取为 $\lambda/3$。

2. 圆对称 TM_{01}模

TM_{01}模是圆波导的最低型横磁模，是圆波导的次主模，没有简并，其 $\lambda_c = 2.62a$。将 $m=0$、$n=1$ 代入式（4.2.27），并利用贝塞尔函数性质 $J_0'(x) = -J_1(x)$，得到 TM_{01}模的场分量为

$$\begin{cases} E_r = \dfrac{j\beta a}{2.405} E_{01} J_1\left(\dfrac{2.405}{a} r\right) e^{-j\beta z} \\ E_z = E_{01} J_1\left(\dfrac{2.405}{a} r\right) e^{-j\beta z} \\ H_\phi = \dfrac{j\omega\varepsilon a}{2.405} E_{01} J_1\left(\dfrac{2.405}{a} r\right) e^{-j\beta z} \\ H_r = H_z = E_\phi = 0 \end{cases} \tag{4.2.37}$$

其场结构如图 4.2.2b 所示。由图 4.2.2b 和式（4.2.37）可见其场结构有如下特点：①电磁场沿 ϕ 方向不变化，场分布具有圆对称性（或轴对称性）；②电场相对集中在中心线附近，磁场则相对集中于波导壁附近；③磁场只有 H_ϕ 分量，因而管壁电流只有 J_z分量。由于 TM_{01}模具有上述特点，所以特别适于用在天线扫描装置的旋转铰链的工作模式。

3. 低损耗 TE_{01}模

TE_{01}模是圆波导的高次模，其 $\lambda_c = 1.64a$，由式（4.2.18）可得其场分量为

$$\begin{cases} E_\phi = \dfrac{-j\omega\mu a}{3.832} H_{01} J_1\left(\dfrac{3.832}{a} r\right) e^{-j\beta z} \\ H_r = \dfrac{j\beta a}{3.832} H_{01} J_1\left(\dfrac{3.832}{a} r\right) e^{-j\beta z} \\ H_z = H_{01} J_1\left(\dfrac{3.832}{a} r\right) e^{-j\beta z} \\ E_r = E_z = H_\phi = 0 \end{cases} \tag{4.2.38}$$

其场结构如图 4.2.2c 所示。由图 4.2.2c 和式（4.2.38）可见其场结构有如下特点：①电磁场沿 ϕ 方向不变化，具有轴对称性；②电场只有 E_ϕ 分量，在中心和管壁附近为零；③在管壁附近只有 H_z分量磁场，故管壁电流只有 J_ϕ 分量。因此，当传输功率一定时，随频率增高，损耗将减小，衰减常数变小。这一特性使 TE_{01}模适用于毫米波长距离低损耗传输与高 Q 值圆柱谐振腔的工作模式。在毫米波段，TE_{01}模圆波导的理论衰减约为 TE_{10}模矩形波导衰减

的 1/8~1/4。由于 TE_{01}模不是圆波导的主模，使用时需设法抑制其他的低次传输模。

例 4.2.1　求半径为 0.5cm，填充 ε_r为 2.25 介质（$\tan\delta=0.001$）的圆波导前两个传输模的截止频率；设其内壁镀银，计算工作频率为 13.0GHz 时 50cm 长波导的衰减值（dB）。

解：前两个传输模是 TE_{11}和 TE_{01}，其截止频率分别为

$$f_{cTE_{11}}=\frac{u'_{11}c}{2\pi a\sqrt{\varepsilon_r}}=\frac{1.841(3\times10^8)}{2\pi(0.005)\sqrt{2.25}}\text{GHz}=11.72\text{GHz}$$

$$f_{cTM_{01}}=\frac{u_{01}c}{2\pi a\sqrt{\varepsilon_r}}=\frac{2.405(3\times10^8)}{2\pi(0.005)\sqrt{2.25}}\text{GHz}=15.31\text{GHz}$$

显然，当工作频率 $f_0=13.0\text{GHz}$ 时，该波导只能传输 TE_{11}模，其波数为

$$k=\frac{2\pi}{\lambda}=\frac{2\pi f_0\sqrt{\varepsilon_r}}{c}=\frac{2\pi(13\times10^9)\sqrt{2.25}}{3\times10^8}\text{m}^{-1}=408.4\text{m}^{-1}$$

TE_{11}模的传播常数为

$$\beta_{11}=\sqrt{k^2-\left(\frac{u'_{11}}{a}\right)^2}=\sqrt{408.4^2-\left(\frac{1.841}{0.005}\right)^2}\text{m}^{-1}=176.7\text{m}^{-1}$$

介质衰减常数为

$$\alpha_d=\frac{k^2\tan\delta}{2\beta_{11}}=\frac{408.4^2\times0.001}{2\times176.7}\text{Np/m}=0.47\text{Np/m}$$

银的电导率 $\sigma=6.17\times10^7\text{S/m}$，其表面电阻 $R_s=\sqrt{\omega\mu_0/2\sigma}=0.029\Omega$，于是金属导体衰减常数为

$$\alpha_c=\frac{R_s}{ak\eta\beta_{11}}\left(k_c^2+\frac{k^2}{u'^2_{11}-1}\right)=0.066\text{Np/m}$$

总的衰减常数为 $\alpha=\alpha_c+\alpha_d=0.536\text{Np/m}$。则 50cm 长波导的衰减值为

$$L=-20\lg e^{-\alpha l}=-20\lg e^{-0.536\times0.5}\text{dB}=2.33\text{dB}$$

4.3 同轴波导

同轴波导常被称为同轴线，它是由两根同轴的圆柱导体构成的导行系统，内导体外半径为 a，外导体内半径为 b，两导体之间填充空气（硬同轴线）或相对介电常数为 ε_r的高频介质（软同轴线，即同轴电缆），如图 4.3.1 所示。

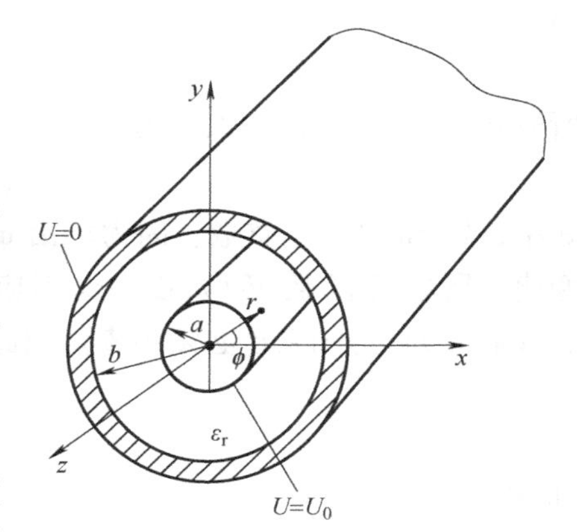

图 4.3.1　同轴线的结构

同轴线是一种双导体导行系统，显然可以传输 TEM 导波。同轴线便是以 TEM 模为主模工作，广泛用作宽频带馈线，用于设计宽带元件。但当同轴线的横向尺寸可与工作波长比拟时，同轴线中也会出现 TE 模和 TM 模，它们是同轴线的高次模。本节主要研究同轴线以 TEM 模工作时的传输特性，同时也要分析其高次模以便确定同轴线的尺寸。

4.3.1 同轴线的 TEM 导波场

如图 4.3.1 所示，采用圆柱坐标系（r, ϕ, z）。对于 TEM 模，$E_z=H_z=0$，电场为 $\boldsymbol{E}(r,\phi,z)=\boldsymbol{E}_t(r,\phi,z)=\boldsymbol{E}_t(r,\phi)e^{-j\beta z}$，而 $\nabla_t\times\boldsymbol{E}_t=-j\omega\mu\boldsymbol{e}_z H_z=0$，于是 $\boldsymbol{E}_t(r,\phi)$ 可用标量位函数 $\Phi(r,\phi)$ 的梯度表示为

$$\boldsymbol{E}_t(r,\phi)=-\nabla_t\Phi(r,\phi) \tag{4.3.1}$$

又因为 $\nabla\cdot\boldsymbol{E}_t=0$，因此得到位函数 $\Phi(r,\phi)$ 满足拉普拉斯方程：

$$\nabla_t^2\Phi(r,\phi)=0 \tag{4.3.2}$$

用圆柱坐标系表示为

$$\frac{1}{r}\frac{\partial}{\partial r}\left(r\frac{\partial\Phi(r,\phi)}{\partial r}\right)+\frac{1}{r^2}\frac{\partial^2\Phi(r,\phi)}{\partial\phi^2}=0 \tag{4.3.3}$$

设边界条件为

$$\begin{cases}\Phi(a,\phi)=U_0\\ \Phi(b,\phi)=0\end{cases} \tag{4.3.4}$$

应用分离变量法对式（4.3.3）求解，即令

$$\Phi(r,\phi)=R(r)F(\phi) \tag{4.3.5}$$

代入式（4.3.3），得到

$$\frac{r}{R(r)}\frac{\partial}{\partial r}\left(r\frac{\mathrm{d}R(r)}{\mathrm{d}r}\right)+\frac{1}{F(\phi)}\frac{\mathrm{d}^2F(\phi)}{\mathrm{d}\phi^2}=0 \tag{4.3.6}$$

若式（4.3.6）成立，则每项必须等于常数。令分离变量常数为 k_r 和 k_ϕ，可得：

$$\frac{r}{R(r)}\frac{\partial}{\partial r}\left(r\frac{\mathrm{d}R(r)}{\mathrm{d}r}\right)=-k_r^2 \tag{4.3.7}$$

$$\frac{1}{F(\phi)}\frac{\mathrm{d}^2F(\phi)}{\mathrm{d}\phi^2}=-k_\phi^2 \tag{4.3.8}$$

而

$$k_r^2+k_\phi^2=0 \tag{4.3.9}$$

所以式（4.3.8）的一般解为

$$F(\phi)=A\cos n\phi+B\sin n\phi \tag{4.3.10}$$

式中，$k_\phi=n$ 必须是整数，因为场沿 ϕ 方向呈周期性变化。而边界条件式（4.3.4）不随 ϕ 变化，所以位函数 $\Phi(r,\phi)$ 也不应随 ϕ 变化，故 n 必须为零，则得 $F(\phi)=A$；又由式（4.3.9）可知 k_r 也必须为零。因此式（4.3.7）可简化为

$$\frac{\partial}{\partial r}\left(r\frac{\mathrm{d}R(r)}{\mathrm{d}r}\right)=0 \tag{4.3.11}$$

其解为

$$R(r)=C\ln r+D \tag{4.3.12}$$

因此位函数为

$$\Phi(r,\phi)=(C\ln r+D)A=C_1\ln r+C_2 \tag{4.3.13}$$

代入边界条件式（4.3.4），则有

$$\Phi(a,\phi)=U_0=C_1\ln a+C_2$$
$$\Phi(b,\phi)=0=C_1\ln b+C_2$$

由此解得 C_1 和 C_2，代入式（4.3.13），最后得到解为

$$\Phi(r,\phi)=\frac{U_0\ln(b/r)}{\ln(b/a)} \tag{4.3.14}$$

横向电场由式（4.3.1）可求得为

$$\boldsymbol{E}_{0t}(r,\phi)=-\nabla_t\Phi(r,\phi)=-\left(\boldsymbol{e}_r\frac{\partial\Phi(r,\phi)}{\partial r}+\frac{\phi}{r}\frac{\partial\Phi(r,\phi)}{\partial\phi}\right)=\boldsymbol{e}_r\frac{U_0}{r\ln(b/a)}$$

因此电场为

$$\boldsymbol{E}(r,\phi,z)=\boldsymbol{E}_{0t}(r,\phi)\mathrm{e}^{-\mathrm{j}\beta z}=\boldsymbol{e}_r\frac{U_0}{r\ln(b/a)}\mathrm{e}^{-\mathrm{j}\beta z}=\boldsymbol{e}_rE_m\mathrm{e}^{-\mathrm{j}\beta z} \tag{4.3.15}$$

式中，$E_m=U_0/r\ln(b/a)$，为电场的振幅；β 为传播常数：

$$\beta=k=\omega\sqrt{\mu\varepsilon} \tag{4.3.16}$$

横向磁场则为

$$\boldsymbol{H}(r,\phi,z)=\frac{1}{\eta}\boldsymbol{e}_z\times\boldsymbol{E}_t(r,\phi)\mathrm{e}^{-\mathrm{j}\beta z}=\boldsymbol{e}_\phi\frac{U_0}{\eta r\ln(b/a)}\mathrm{e}^{-\mathrm{j}\beta z}=\boldsymbol{e}_\phi\frac{E_m}{\eta}\mathrm{e}^{-\mathrm{j}\beta z} \tag{4.3.17}$$

式中，$\eta=\sqrt{\mu/\varepsilon}$。

根据式（4.3.15）和式（4.3.17）可画出同轴线中 TEM 模的场结构，如图 4.3.2 所示。

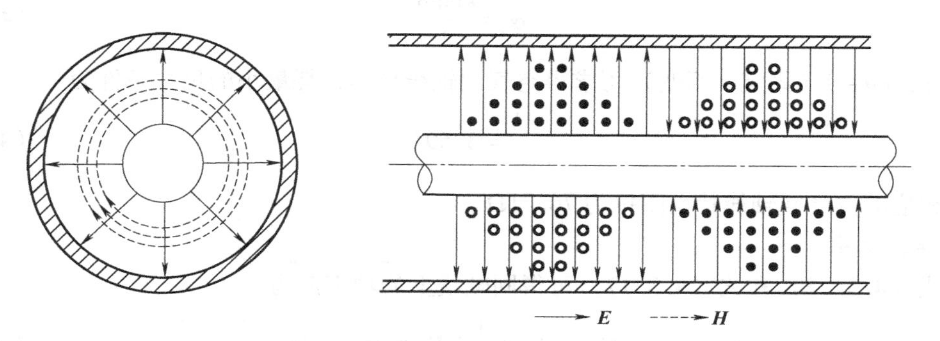

图 4.3.2　同轴线 TEM 模的场结构

4.3.2　传输特性

1. 相速度和波导波长

对于 TEM 模，$k_c=0$，$\lambda_c=\infty$，$\beta=k$，相速度为

$$v_p=v=\frac{c}{\sqrt{\varepsilon_r}} \tag{4.3.18}$$

式中，c 为自由空间光速。得到波导波长为

$$\lambda_g=\lambda=\frac{\lambda_0}{\sqrt{\varepsilon_r}} \tag{4.3.19}$$

式中，λ_0 为自由空间波长。

2. 特性阻抗

同轴线内外导体之间的电位差可由式（4.3.15）求得，为

$$U_{ab} = U_a - U_b = \int_a^b E_t(r,\phi,z)\mathrm{d}r = U_0 \mathrm{e}^{-\mathrm{j}\beta z} \tag{4.3.20}$$

内导体上的总电流由式（4.3.17）求得为

$$I_a = \int_0^{2\pi} H_\phi(r,\phi,z) a\mathrm{d}\phi = \frac{2\pi U_0}{\eta \ln(b/a)} \mathrm{e}^{-\mathrm{j}\beta z} = I_0 \mathrm{e}^{-\mathrm{j}\beta z} \tag{4.3.21}$$

式中，$I_0 = 2\pi U_0 / \eta \ln(b/a)$。

特性阻抗（单位为 Ω）为

$$Z_0 = \frac{U_{ab}}{I_a} = \frac{\eta \ln(b/a)}{2\pi} = \frac{60}{\sqrt{\varepsilon_r}} \ln \frac{b}{a} \tag{4.3.22}$$

与由第二章表 2.1.1 给出的分布参数 L_0 和 C_0 并利用式（2.3.3）求得的结果一致。

3. 衰减常数

同轴线的导体衰减常数为

$$\alpha_c = \frac{R_s}{2\eta \ln(b/a)} \left(\frac{1}{a} + \frac{1}{b} \right) \tag{4.3.23}$$

介质衰减常数为

$$\alpha_d = \frac{k \tan\delta}{2} \tag{4.3.24}$$

由 $\partial \alpha_c / \partial a = 0$（固定 b 不变）可求得空气同轴线导体损耗最小的尺寸条件为

$$\frac{b}{a} = 3.591 \tag{4.3.25}$$

此尺寸相应的空气同轴线特性阻抗为 76.71Ω。

4. 传输功率

由式（4.3.15）和式（4.3.17）可得同轴线上的功率流为

$$P = \frac{1}{2} \int_S \boldsymbol{E} \times \boldsymbol{H}^* \cdot \mathrm{d}s = \frac{1}{2} \int_S \boldsymbol{E}_r \times \boldsymbol{H}_\phi^* \cdot \mathrm{d}s = \frac{1}{2} U_0 I_0^* \tag{4.3.26}$$

此结果与电路理论结果相符。这说明传输线上的功率流完全是通过导体之间的电场与磁场而不是导体本身传输的。

由式（4.3.15）可知，同轴线内导体附近的电场最强。由此可得击穿前最大电压为 $U_{max} = E_{br} a \ln(b/a)$，其中 E_{br} 是介质的击穿场强；对于空气，$E_{br} = 3\times10^6 \mathrm{V/m}$。空气同轴线的最大功率容量为

$$P_{max} = \frac{U_{max}^2}{2Z_0} = \frac{\pi a^2 E_{br}}{\eta_0} \ln \frac{b}{a} \tag{4.3.27}$$

式中，$\eta_0 = \sqrt{\mu_0/\varepsilon_0} = 120\pi$（Ω），表示自由空间波阻抗。似乎选用较大的同轴线（就相同的 Z_0 而言，即对固定的 b/a，采用较大的 a 和 b）可增大功率容量，但这会导致高次模的出现，从而限制其最大工作频率。因此，对于给定的最大工作频率 f_{max}，存在同轴线的功率容

量上限：

$$P_{\max}=\frac{0.025}{\eta_0}\left(\frac{cE_{br}}{f_{\max}}\right)^2=5.8\times10^{12}\left(\frac{E_{br}}{f_{\max}}\right)^2 \tag{4.3.28}$$

例如，10GHz 时无高次模的任意同轴线的最大功率容量约为 520kW。实际使用时，考虑到驻波的影响及安全系数，通常取式（4.3.27）或式（4.3.28）值的四分之一作为实际功率容量。

由 $\partial P_{\max}/\partial a=0$（固定 b 不变）可求得功率容量最大的尺寸条件为

$$\frac{b}{a}=1.649 \tag{4.3.29}$$

此尺寸相应的空气同轴线特性阻抗为 30Ω。

4.3.3　同轴线的高次模

在一定的尺寸条件下，除 TEM 模以外，同轴线中也会出现 TM 模和 TE 模，实用中，这些高次模通常是截止的，只有在不连续性或激励源附近起电抗作用。我们要知道这些波导模式，特别是最低次波导模式的截止波长或截止频率，以避免这些模式在同轴线中传播。这正是分析同轴线高次模的目的。

1. TM 模

同轴线 TM 模的分析方法与圆波导 TM 模的分析方法相似。由于 $r=0$ 不属于波的传播区域，故 E_z 解应为

$$E_z=[A_1\mathrm{J}_m(k_c r)+A_2\mathrm{Y}_m(k_c r)]\begin{bmatrix}\cos m\phi\\ \sin m\phi\end{bmatrix}\mathrm{e}^{-\mathrm{j}\beta z} \tag{4.3.30}$$

边界条件要求在 $r=a$、b 处，$E_z=0$，于是得到

$$\begin{cases}A_1\mathrm{J}_m(k_c a)+A_2\mathrm{Y}_m(k_c a)=0\\ A_1\mathrm{J}_m(k_c b)+A_2\mathrm{Y}_m(k_c b)=0\end{cases} \tag{4.3.31}$$

由此得到决定 TM 模本征值 k_c 的公式为

$$\frac{\mathrm{J}_m(k_c a)}{\mathrm{J}_m(k_c b)}=\frac{\mathrm{Y}_m(k_c a)}{\mathrm{Y}_m(k_c b)} \tag{4.3.32}$$

式（4.3.32）为超越方程，满足此式的 k_c 值便决定同轴的 TM_{mn} 模。用数值法求式（4.3.32）的近似解，可得

$$k_c\simeq\frac{n\pi}{b-a}\quad(n=1,2,\cdots) \tag{4.3.33}$$

由此得到 TM_{mn} 模的截止波长近似为

$$\lambda_{c\mathrm{TM}mn}\simeq\frac{2}{n}(b-a) \tag{4.3.34}$$

最低次 TM_{01} 模的截止波长近似为

$$\lambda_{c\mathrm{TM01}}\simeq2(b-a) \tag{4.3.35}$$

2. TE 模

同轴线 TE 模的分析方法与圆波导 TE 模的分析方法相似。考虑到 $r=0$ 不属于波的传播

区域，故 H_z 解应为

$$H_z=[A_1 \mathrm{J}_m(k_c r)+A_2 \mathrm{Y}_m(k_c r)]\begin{bmatrix}\cos m\phi \\ \sin m\phi\end{bmatrix} \mathrm{e}^{-\mathrm{j}\beta z} \tag{4.3.36}$$

边界条件要求在 $r=a$、b 处，$\partial H_z/\partial r=0$，则得到

$$\begin{cases} A_1 \mathrm{J}_m'(k_c a)+A_2 \mathrm{Y}_m'(k_c a)=0 \\ A_1 \mathrm{J}_m'(k_c b)+A_2 \mathrm{Y}_m'(k_c b)=0 \end{cases} \tag{4.3.37}$$

由此得到决定 TE 模本征值 k_c 的公式：

$$\frac{\mathrm{J}_m'(k_c a)}{\mathrm{J}_m'(k_c b)}=\frac{\mathrm{Y}_m'(k_c a)}{\mathrm{Y}_m'(k_c b)} \tag{4.3.38}$$

满足此式的 k_c 值决定同轴线的 TE_{mn} 模。式（4.3.38）为超越方程，只能用数值法近似求解。常用的 TE_{11} 模的近似解为

$$k_{c11} \simeq \frac{2}{a+b} \tag{4.3.39}$$

由此可得 TE_{11} 模的截止波长近似为

$$\lambda_{c\mathrm{TE}_{11}} \simeq \pi(a+b) \tag{4.3.40}$$

4.3.4 同轴线尺寸选择

同轴线尺寸选择时，首要条件是保证同轴线只传输 TEM 模。由上述分析可知，同轴线中的最低次波导模式是 TE_{11} 模，其截止波长最大，如式（4.3.40）所示，为此应满足

$$\lambda_{\min}>\pi(a+b) \text{或} a+b<\frac{\lambda_{\min}}{\pi} \tag{4.3.41}$$

式中，$\lambda_{\min}$ 是最小工作波长。

在设计同轴线尺寸时，通常允许取 5%的保险系数。在满足式（4.3.41）的前提下，再对同轴线的传输特性优化，以确定尺寸 a 和 b。

若要求衰减最小，按式（4.3.25）取值，即取 $b/a=3.591$；若要求功率容量最大，按式（4.3.29）取值，即取 $b/a=1.629$；若折中考虑，通常取

$$\frac{b}{a}=2.303 \tag{4.3.42}$$

此尺寸相应的空气同轴线的特性阻抗为 50Ω。

4.4 波导正规模的特性

由前两节的分析可知，规则金属波导中的 TE 模和 TM 模是麦克斯韦方程的两套独立解，因此可以认为它们是金属波导的基本波型。这两套波型又包括无穷多个结构不同的模式，彼此相互独立。它们可以单独存在，也可以同时并存。这些模式称为正规模。

在某些波导里，如部分填充介质的矩形波导或圆波导里，一个 TE 模或 TM 模是不能独立存在的。在这种情况下，有时可以用其他的基本模型，如纵电模和纵磁模。但不论是什么

波型，规则金属波导中的波型仍然可以看成是 TE 模和 TM 模的叠加。

波导正规模具有一些很重要的特性，即对称性、正交性和完备性。本节对此做一些简单说明。

4.4.1　对称性

波导正规模的电场和磁场对时间 t 和距离 r 具有对称性和反对称性。

正规模的电场和磁场波函数对时间 t 分别为对称函数和反对称函数，即有

$$\begin{cases}\boldsymbol{E}_2(r,t)=\boldsymbol{E}_1(r,-t)\\ \boldsymbol{H}_2(r,t)=-\boldsymbol{H}_1(r,-t)\end{cases}\tag{4.4.1}$$

或者

$$\begin{cases}\boldsymbol{E}_2(r)=\boldsymbol{E}_1^*(r)\\ \boldsymbol{H}_2(r)=-\boldsymbol{H}_1^*(r)\end{cases}\tag{4.4.2}$$

式中，$\boldsymbol{E}_1(r,-t)$、$\boldsymbol{H}_1(r,-t)$ 是时间为$+t$ 的场；$\boldsymbol{E}_2(r,t)$、$\boldsymbol{H}_2(r,t)$ 是时间为$-t$ 的场；符号 * 代表共轭复数。式（4.4.2）可根据麦克斯韦方程得到证明。

正规模的电场和磁场的波函数关于纵坐标 z 呈对称性；横向电场 $\boldsymbol{E}_t$ 与纵向磁场 $\boldsymbol{H}_z$ 是坐标 z 的对称函数；横向磁场 $\boldsymbol{H}_t$ 与纵向电场 $\boldsymbol{E}_z$ 是坐标 z 的反对称函数，即有

$$\begin{cases}\boldsymbol{E}_{t2}(z)=\boldsymbol{E}_{t1}(-z)\\ \boldsymbol{E}_{z2}(z)=-\boldsymbol{E}_{z1}(-z)\\ \boldsymbol{H}_{t2}(z)=-\boldsymbol{H}_{t1}(-z)\\ \boldsymbol{H}_{z2}(z)=\boldsymbol{H}_{z1}(-z)\end{cases}\tag{4.4.3}$$

式中，$\boldsymbol{E}_{t1}(-z)$、$\boldsymbol{E}_{z1}(-z)$、$\boldsymbol{H}_{t1}(-z)$ 和 $\boldsymbol{H}_{z1}(-z)$ 是沿$+z$ 方向传播的场；$\boldsymbol{E}_{t2}(z)$、$\boldsymbol{E}_{z2}(z)$、$\boldsymbol{H}_{t2}(z)$ 和 $\boldsymbol{H}_{z2}(z)$ 是沿$-z$ 方向传播的场。式（4.4.3）也可根据麦克斯韦方程得到证明。

如果时间 t 和传播方向（即坐标 z）同时变换符号，则电场和磁场应同时满足式（4.4.1）或式（4.4.2）和式（4.4.3），对称性则变成

$$\begin{cases}\boldsymbol{E}_{t2m}=\boldsymbol{E}_{t1m}^*\\ \boldsymbol{H}_{t2m}=\boldsymbol{H}_{t1m}^*\\ \boldsymbol{E}_{z2m}=-\boldsymbol{E}_{t1m}^*\\ \boldsymbol{H}_{z2m}=-\boldsymbol{H}_{t1m}^*\end{cases}\tag{4.4.4}$$

式中，下标 m 代表模式指数。

由式（4.4.4）可以看出，$\boldsymbol{E}_{tm}$ 和 $\boldsymbol{H}_{tm}$ 必须是实数，否则左右两边不可能相等，因此 $\boldsymbol{E}_{tm}$ 和 $\boldsymbol{H}_{tm}$ 必然相位相同；而 $\boldsymbol{E}_{zm}$ 和 $\boldsymbol{H}_{zm}$ 必然是虚数，否则左右两边不能相等。由此可以得出结论：正规模的电场和磁场的横向分量或纵向分量相互同相，而横向分量与纵向分量之间有 90°相位差。故对于正规模，$\boldsymbol{E}_m\times\boldsymbol{H}_m$ 是传输能量。

对于消失模，不存在变换 z 的符号问题，只有时间对称关系：

$$\begin{cases}\boldsymbol{E}_{2m}(r)=\boldsymbol{E}_{1m}^*(r)\\ \boldsymbol{H}_{2m}(r)=-\boldsymbol{H}_{1m}^*(r)\end{cases}\tag{4.4.5}$$

由式（4.4.5）可见，$\boldsymbol{E}_m$是实数，而$\boldsymbol{H}_m$是虚数，两者相位差90°。故对于消失模，$\boldsymbol{E}_m\times\boldsymbol{H}_m$不是传输能量，而是虚功，是储能。

上述分析结果表明，正规模的对称性是麦克斯韦方程对称性和规则波导本身对称性的必然结果。这种对称性在研究波导的激励、波导中的不连续性等问题时很有用。

4.4.2 正交性

正交性是正规模的一种基本特性，有着重要的应用。在确定组成波导中的电场、磁场各模式的系数时，如由不连续性所产生的或由某种激励方法所产生的正规模的系数时，都必须应用正规模的正交特性。

矩形波导的本征函数是正弦和余弦函数。圆波导的本征函数是贝塞尔函数与正弦、余弦函数。这些本征函数都具有正交特性，由这些本征函数表征的矩形波导和圆波导的正规模也具有正交特性。一般而言，若以 i 和 j 代表两个特定的模式，则波导正规模的正交性可以表示成如下五种形式（证明从略）：

$$\begin{cases}\int_S (H_{0z})_i (H_{0z})_j \mathrm{d}s = 0 \quad (i\neq j,\text{TE 模})\\ \int_S (E_{0z})_i (E_{0z})_j \mathrm{d}s = 0 \quad (i\neq j,\text{TM 模})\end{cases} \tag{4.4.6}$$

$$\begin{cases}\int_S (\boldsymbol{H}_{0t})_i \cdot (\boldsymbol{H}_{0t})_j \mathrm{d}s = 0 \quad (i\neq j,\text{TE 模或 TM 模})\\ \int_S (\boldsymbol{E}_{0t})_i \cdot (\boldsymbol{E}_{0t})_j \mathrm{d}s = 0 \quad (i\neq j,\text{TE 模或 TM 模})\end{cases} \tag{4.4.7}$$

$$\begin{cases}\int_S (\boldsymbol{E}_{0t}^{\text{TE}})_i \cdot (\boldsymbol{E}_{0t}^{\text{TM}})_j \mathrm{d}s = 0 \quad (i\neq j)\\ \int_S (\boldsymbol{H}_{0t}^{\text{TE}})_i \cdot (\boldsymbol{H}_{0t}^{\text{TE}})_j \mathrm{d}s = 0 \quad (i\neq j)\end{cases} \tag{4.4.8}$$

$$\int_S (\boldsymbol{E}_{0t})_i \times (\boldsymbol{H}_{0t})_j \cdot \boldsymbol{e}_z \mathrm{d}s = 0 \quad (i\neq j,\text{TE 模或 TM 模}) \tag{4.4.9}$$

模式函数正交性为

$$\int_S \boldsymbol{e}_i \times \boldsymbol{h}_j \cdot \boldsymbol{e}_z \mathrm{d}s = 0 \quad (i\neq j) \tag{4.4.10}$$

式中，$\boldsymbol{e}_i$和$\boldsymbol{h}_j$分别表示第 i 模横向电场的本征函数（或称模式函数）和第 j 模横向磁场的本征函数（或称模式函数）。

4.4.3 完备性

波导中的电场、磁场至少是分段连续的，或者说平方可积的。物理中碰到的电场、磁场大小是有限的。如前所述，波导正规模是本征函数乘积，而本征函数系是完备的，所以正规模必然是完备的。这就是说，波导中的任意电场、磁场都可以用正规模叠加来代表，即用正规模的展开式来表示。正规模的这种完备性也是正规模的重要特性。由于这种特性，我们才有可能对波导的许多实际问题作出近似分析。

如上所述，波导中的任意电场、磁场的横向场可以表示为（沿±z 方向传播情况）

$$\begin{cases} \boldsymbol{E}_{\mathrm{t}} = \sum\limits_i A_i(\boldsymbol{E}_{0\mathrm{t}})_i \mathrm{e}^{-\mathrm{j}\beta_i Z} \\ \boldsymbol{H}_{\mathrm{t}} = \sum\limits_i B_i(\boldsymbol{H}_{0\mathrm{t}})_i \mathrm{e}^{-\mathrm{j}\beta_i Z} \end{cases} \tag{4.4.11}$$

式中，系数A_i和B_i可用正交关系像确定傅里叶级数的系数那样来确定；$(\boldsymbol{E}_{0\mathrm{t}})_i$和$(\boldsymbol{H}_{0\mathrm{t}})_i$可以属于TE模或TM模。令

$$A_i\mathrm{e}^{-\mathrm{j}\beta_i z} = U_i(z), B_i\mathrm{e}^{-\mathrm{j}\beta_i z} = Z_i I_i(z)$$

$$(\boldsymbol{E}_{0\mathrm{t}})_i = \boldsymbol{e}_i, (\boldsymbol{H}_{0\mathrm{t}})_i = \boldsymbol{h}_i/Z_i$$

式中，Z_i是TE模或TM模的波阻抗。则式（4.4.11）在（u, v, z）坐标系下可以表示为

$$\begin{cases} \boldsymbol{E}_i = \sum\limits_i U_i(z)\boldsymbol{e}_i(u,v) \\ \boldsymbol{H}_i = \sum\limits_i I_i(z)\boldsymbol{h}_i(u,v) \end{cases} \tag{4.4.12}$$

式中，$U_i(z)$和$I_i(z)$称为第i模式的模式电压和模式电流。

当波导中传输任意场时，所传输的总功率为

$$P_0 = \frac{1}{2}\mathrm{Re}\int_S \boldsymbol{E}\times\boldsymbol{H}^*\cdot\boldsymbol{e}_z\mathrm{d}s = \frac{1}{2}\mathrm{Re}\int_S \boldsymbol{E}_{\mathrm{t}}\times\boldsymbol{H}_{\mathrm{t}}^*\cdot\boldsymbol{e}_z\mathrm{d}s = \frac{1}{2}\mathrm{Re}\int_S\Big(\sum_i U_i\boldsymbol{e}_i\Big)\times\Big(\sum_j I_j^*\boldsymbol{h}_j\Big)\cdot\boldsymbol{e}_z\mathrm{d}s$$

$$= \frac{1}{2}\mathrm{Re}\sum_{i,j}U_iI_j^*\int_S\boldsymbol{e}_i\times\boldsymbol{h}_j\cdot\boldsymbol{e}_z\mathrm{d}s = \frac{1}{2}\mathrm{Re}\sum_i U_iI_i^*\int_S\boldsymbol{e}_i\times\boldsymbol{h}_i\cdot\boldsymbol{e}_z\mathrm{d}s \tag{4.4.13}$$

由此得到模式函数正交性式（4.4.10）应为

$$\int_S\boldsymbol{e}_i\times\boldsymbol{h}_j\cdot\boldsymbol{e}_z\mathrm{d}s = \begin{cases}1 & (i=j)\\ 0 & (i\neq j)\end{cases} \tag{4.4.14}$$

结果表明，波导中传输任意场时的总功率等于每个正规模所携带功率的总和，而每个模式之间没有能量耦合。

4.5　带状线

在20世纪50年代初以前，几乎所有的微波设备都是采用金属波导和同轴线电路。随着航空和航天技术的发展，要求微波电路和系统做到小型化、轻量化并具有高性能和可靠性。首先要解决的问题是要有新的导行系统，且应为平面结构，使微波电路和系统能够平面化、集成化。20世纪50年代初出现了第一代微波印刷传输线——带状线。在有些场合它可以取代同轴线和波导，用来制作微波无源电路。20世纪60年代初出现了第二代微波印刷传输线——微带线。随后又相继出现了鳍线、槽线、共面波导和共面带线等平面微波集成传输线。

带状线（stripline）又称为三板线，由两块相距为b的接地板与中间的宽度为W、厚度为t的矩形截面导体带构成，接地板之间填充均匀介质或空气，如图4.5.1a所示。

带状线可以替代同轴线制作高性能（宽频带、高Q值、高隔离度）无源器件；但它不便外接固体微波器件，因而不宜用作有源微波电路。

带状线具有两个导体，且为均匀介质填充，故可传输TEM导波，且为带状线的工作模

式，图 4.5.1b 表示其场结构。直观上，带状线可以视为由同轴线演变而成；将同轴线内外导体变成矩形，令其窄边延伸至无限远便成了带状线。然而，像同轴线一样，带状线也可存在高次型 TE 模或 TM 模。通常选择带状线的横向尺寸：$b<\lambda_{min}/2$，$W<\lambda_{min}/2$，λ_{min} 是工作频带内的最小波长，接地板宽度 $a=(5\sim6)W$，以避免出现这些高次模。

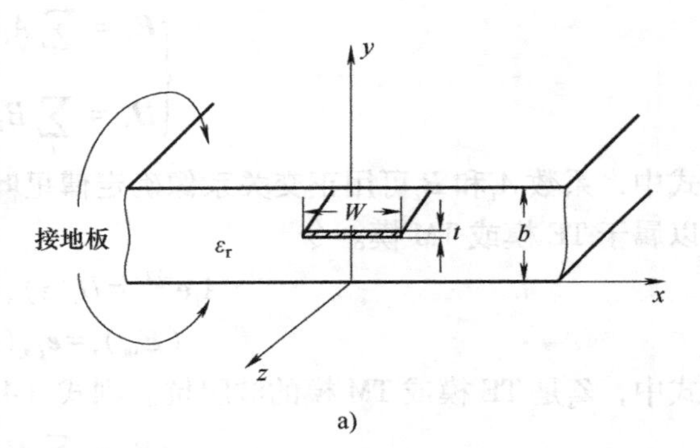

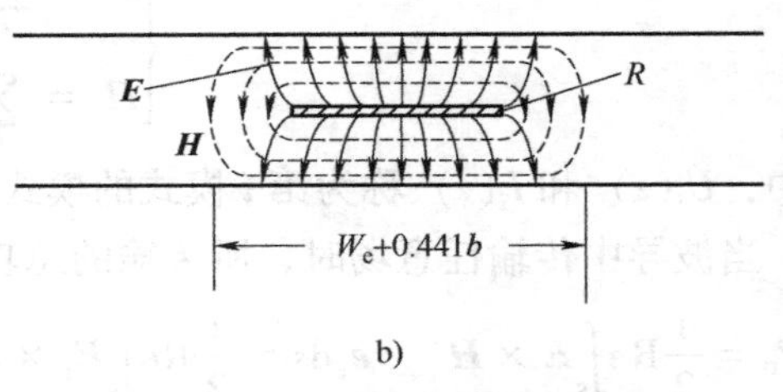

图 4.5.1 带状线的结构与场结构

这种两侧边开放的带状线的特性分析，不像金属波导和同轴线那样简单。但我们关心的是带状线的 TEM 特性，通过静电分析方法，如保角变换就可以获得带状线电路设计所需的全部数据。本节首先求解带状线的 TEM 特性，介绍一些有用的闭式公式，然后讨论带状线的静态近似数值解法。

4.5.1 带状线的 TEM 特性

像一般传输线一样，带状线的基本特性参数是相速度和波导波长 λ_g（或传播常数 β）特性阻抗 Z_0、衰减常数 α。

1. 相速度和波导波长

由于是 TEM 模，$k_c=0$，$\lambda_c=\infty$，故带状线的相速度为

$$v_p=v=\frac{1}{\sqrt{\mu_0\varepsilon_0\varepsilon_r}}=\frac{c}{\sqrt{\varepsilon_r}} \tag{4.5.1}$$

式中，c 为自由空间光速。传播常数 β 为

$$\beta=\frac{\omega}{v_p}=\omega\sqrt{\mu_0\varepsilon_0\varepsilon_r}=k_0\sqrt{\varepsilon_r} \tag{4.5.2}$$

式中，k_0 是自由空间中的波数。

波导波长或带状线波长为

$$\lambda_g=\lambda=\frac{\lambda_0}{\sqrt{\varepsilon_r}} \tag{4.5.3}$$

式中，λ_0 为自由空间波长。

2. 特性阻抗

带状线的特性阻抗可由其单位长度电容求得，即

$$Z_0=\sqrt{\frac{L_0}{C_0}}=\frac{\sqrt{L_0C_0}}{C_0}=\frac{1}{v_pC_0} \tag{4.5.4}$$

式中，L_0 和 C_0 分别表示带状线分布式单位长度电感和单位长度电容。用保角变换方法求解拉普拉斯方程，可精确求得带状线的单位长度电容 C_0；但过程复杂，且其解包含椭圆函数，

不便工程应用。下面介绍精度较高的实用公式和曲线。

如图 4. 5. 1b 所示，考虑到边缘场的影响，中心导体带宽度应加宽，其效果相当于导体带两端加段圆弧，其半径以 R 表示，则导体带的宽度应增加为 W_e+2R，一般取 $R=0.2205b$，这样导体带宽度就变成 $W_e+0.441b$。导体带与一边接地板之间的单位长度电容应为 $\varepsilon(W_e+0.441b)/(b/2)=2\varepsilon(W_e+0.441b)/b$，则带状线单位长度电容为

$$C_0=\frac{4\varepsilon(W_e+0.441b)}{b}$$

代入式（4. 5. 4），得到带状线特性电阻为

$$Z_0=\frac{\sqrt{\mu_0\varepsilon}\,b}{4\varepsilon(W_e+0.441b)}=\frac{30\pi}{\sqrt{\varepsilon_r}}\frac{b}{W_e+0.441b} \tag{4.5.5}$$

式中，W_e是中心导体带的有效带宽：

$$\frac{W_e}{b}=\frac{W}{b}-\begin{cases}(0.35-W/b)^2 & (W/b\leqslant 0.35)\\ 0 & (W/b>0.35)\end{cases} \tag{4.5.6}$$

式（4. 5. 5）和式（4. 5. 6）是假定导体带宽零厚度，其精度约 1%。由此式可见，带状线的特性阻抗随导体带宽度 W 增大而减小。

带状线电路的设计通常是给定特性阻抗和基片材料（已知 ε_r和 b），要求设计导体带宽度 W。此时可用如下综合公式：

$$\frac{W}{b}=\begin{cases}x & (\sqrt{\varepsilon_r}Z_0\leqslant 120\Omega)\\ 0.85-\sqrt{0.6-x} & (\sqrt{\varepsilon_r}Z_0>120\Omega)\end{cases} \tag{4.5.7}$$

式中

$$x=\frac{30\pi}{\sqrt{\varepsilon_r Z_0}}-0.441$$

科恩（Cohn，S. B. ）最先应用保角变换方法求得零厚度导体带带状线的特性阻抗；对于非零厚度导体带，他将厚度的影响折合成宽高比（W/b）来计算，其精度约为 1. 5%。若给定 ε_r、W/b，便可得特性阻抗值；若已知特性阻抗 Z_0 和 ε_r、b，便可求得导体带宽度 W。

惠勒（H. A. Wheeler）用保角变换法得到如下有限厚度导体带带状线特性阻抗公式，可用于带状线电路的 CAD 设计：

$$Z_0=\frac{30}{\sqrt{\varepsilon_r}}\ln\left\{1+\frac{4}{\pi}\frac{1}{m}\left[\frac{8}{\pi}\frac{1}{m}+\sqrt{\left(\frac{8}{\pi}\frac{1}{m}\right)^2+6.27}\right]\right\} \tag{4.5.8}$$

式中

$$m=\frac{W}{b-t}+\frac{\Delta W}{b-t}$$

$$\frac{\Delta W}{b-t}=\frac{x}{\pi(1-x)}\left\{1-0.5\ln\left[\left(\frac{x}{2-x}\right)^2+\left(\frac{0.0796x}{W/b+1.1x}\right)^n\right]\right\}$$

$$n=\frac{2}{1+\frac{2}{3}\frac{x}{1-x}},x=\frac{t}{b}$$

式中，t 为导体带厚度。当 $W/(b-t)<10$ 时，式（4.5.8）的精度优于 0.5%。

若已知特性阻抗 Z_0 和 ε_r，非零厚度带状线导体带的宽度可用如下综合公式计算：

$$\frac{W}{b}=\frac{W_e}{b}-\frac{\Delta W}{b} \tag{4.5.9}$$

式中

$$\frac{W_e}{b}=\frac{8(1-t/b)}{\pi}\frac{\sqrt{e^A+0.568}}{e^{A-1}}$$

$$\frac{\Delta W}{b}=\frac{t/b}{\pi}\left\{1-\frac{1}{2}\ln\left[\left(\frac{t/b}{2-t/b}\right)^2+\left(\frac{0.0796t/b}{W_e/b-0.26t/b}\right)^m\right]\right\}$$

$$m=\frac{2}{1+\frac{2}{3}\frac{t/b}{1-t/b}},A=\frac{Z_0\sqrt{\varepsilon_r}}{30}$$

3. 衰减常数

带状线的损耗包括导体损耗和介质损耗，总的衰减常数为

$$\alpha=\alpha_c+\alpha_d \tag{4.5.10}$$

式中，α_c 是中心导体带和接地板的导体衰减常数（单位为 Np/m）；α_d 是介质的衰减常数（单位为 Np/m）。

介质的衰减常数为

$$\alpha_d=\frac{k\tan\delta}{2} \tag{4.5.11}$$

导体衰减常数可用惠勒增量电感法则求得，近似结果为

$$\alpha_c=\begin{cases}\dfrac{2.7\times10^{-3}R_s\varepsilon_r Z_0}{30\pi(b-t)}A & (\sqrt{\varepsilon_r}Z_0\leqslant120\Omega)\\ \dfrac{0.16R_s}{Z_0 b}B & (\sqrt{\varepsilon_r}Z_0>120\Omega)\end{cases} \tag{4.5.12}$$

式中

$$A=1+\frac{2W}{b-t}+\frac{1}{\pi}\frac{b+t}{b-t}\ln\left(\frac{2b-t}{t}\right)$$

$$B=1+\frac{b}{(0.5W+0.7t)}\left(0.5+\frac{0.414t}{W}+\frac{1}{2\pi}\ln\frac{4\pi W}{t}\right)$$

式中，t 是导体带宽度。

对于导体带和接地板的材料为铜的带状线，其 α_c（单位为 dB/m）可用如下近似公式计算：

$$\alpha_c=\frac{\sqrt{f\varepsilon_r}}{b}\left[4+\left(0.4-0.13\ln\frac{t}{b}\right)(6.5x-4x^2+7.5x^3)\right]\times10^{-4} \tag{4.5.13}$$

式中，$x=\sqrt{\varepsilon_r}Z_0/180$；频率（$f$）的单位为 GHz；$t$ 和 b 的单位为 m。式（4.5.13）的适用范围为 $0.003\leqslant t/b\leqslant0.030$。

4.5.2　带状线的静态近似数值解法

微波技术中有许多问题很复杂，难以直接求出其解析解，此时需要求数值解。这里介绍带状线特性阻抗的近似数值解法。

带状线以 TEM 模工作时，两接地板之间的场满足拉普拉斯方程：

$$\nabla_t^2 E_{0t}(x,y)=0 \tag{4.5.14}$$

图 4.5.1b 所示带状线两侧边开放，但电力线主要集中在中心导体带周围。我们可以在一定距离处截断，在 $|x|=a/2$ 处放置平面金属壁来简化，得到如图 4.5.2 所示分析模型。这里要求 $a\gg b$，使中心导体带周围的场不致被此金属壁扰动。这样便得到一个封闭的有限区域，位函数在其中满足拉普拉斯方程：

$$\nabla_t^2 \Phi(x,y)=0 \quad (|x|\leqslant a/2, 0\leqslant y\leqslant b) \tag{4.5.15}$$

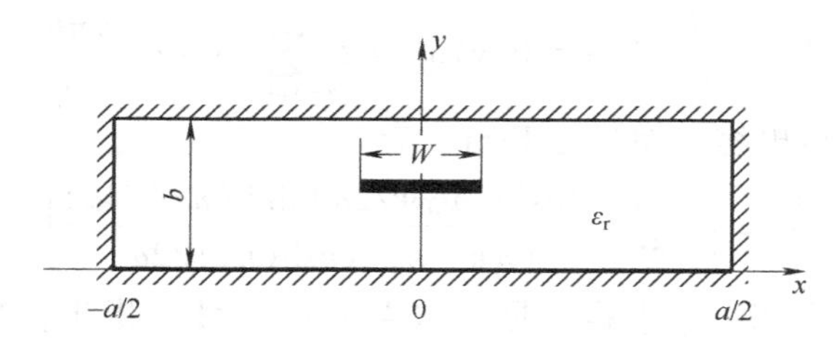

图 4.5.2　屏蔽带状线截面图

边界条件为

$$\Phi(x,y)\big|_{x=\pm a/2}=0 \text{ 和 } \Phi(x,y)\big|_{y=0,b}=0 \tag{4.5.16}$$

式（4.5.15）和式（4.5.16）可用分离变量法求解。其一般解可以写成

$$\Phi(x,y)=\begin{cases}\sum\limits_{n=1,3,\cdots}^{\infty} A_n\cos\dfrac{n\pi x}{a}\sinh\dfrac{n\pi y}{a} & \left(0\leqslant y\leqslant\dfrac{b}{2}\right)\\ \sum\limits_{n=1,3,\cdots}^{\infty} A_n\cos\dfrac{n\pi x}{a}\sinh\dfrac{n\pi}{a}(b-y) & \left(\dfrac{b}{2}< y\leqslant b\right)\end{cases} \tag{4.5.17}$$

式中已用 $b/2$ 处位函数连续条件。常数 A_n 可由中心导体带上的电荷密度求得。由于 $E_y=-\partial\Phi/\partial y$，所以有

$$E_y=\begin{cases}-\sum\limits_{n=1,3,\cdots}^{\infty} A_n\left(\dfrac{n\pi}{a}\right)\cos\dfrac{n\pi x}{a}\cosh\dfrac{n\pi y}{a} & \left(0\leqslant y\leqslant\dfrac{b}{2}\right)\\ \sum\limits_{n=1,3,\cdots}^{\infty} A_n\left(\dfrac{n\pi}{a}\right)\cos\dfrac{n\pi x}{a}\cosh\dfrac{n\pi}{a}(b-y) & \left(\dfrac{b}{2}< y\leqslant b\right)\end{cases} \tag{4.5.18}$$

则 $y=b/2$ 处导体带上的电荷密度为

$$\rho_e=\varepsilon_0\varepsilon_r\left[E_y\left(x,y=\frac{b^+}{2}\right)-E_y\left(x,y=\frac{b^-}{2}\right)\right]=2\varepsilon_0\varepsilon_r\sum_{n=1,3,\cdots}^{\infty} A_n\left(\frac{n\pi}{a}\right)\cos\frac{n\pi x}{a}\cosh\frac{n\pi b}{2a} \tag{4.5.19}$$

式中，$y=b^+/2$ 和 $y=b^-/2$ 分别表示 $y=b/2$ 处分界面的上表面和下表面。若导体带宽度很窄，则可假设其上电荷密度为常数，即

$$\rho_e(x)=\begin{cases}1 & \left(|x|\leqslant\dfrac{W}{2}\right)\\ 0 & \left(|x|>\dfrac{W}{2}\right)\end{cases} \tag{4.5.20}$$

令式（4.5.19）和式（4.5.20）相等，并应用 $\cos(n\pi x/a)$ 函数的正交性，可求得常数 A_n 为

$$A_n=\frac{2a\sin(n\pi W/2a)}{(n\pi)^2\varepsilon_0\varepsilon_r\cosh(n\pi b/2a)} \tag{4.5.21}$$

中心导体带单位长度总电荷（单位为 C/m）为

$$Q=\int_{-W/2}^{W/2}\rho_e(x)\,\mathrm{d}x=W \tag{4.5.22}$$

中心导体带相对于底部接地板的电压为

$$V=-\int_0^{b/2}E_y(x=0,y)\,\mathrm{d}y=2\sum_{n=1,3,\cdots}^{\infty}A_n\sinh\frac{n\pi b}{4a} \tag{4.5.23}$$

因此带状线单位长度电容（单位为 F/m）为

$$C_1=\frac{Q}{V}=\left[\sum_{n=1,3,\cdots}^{\infty}\frac{4a\sin(n\pi W/2a)\sinh(n\pi b/4a)}{(n\pi)^2\varepsilon_0\varepsilon_r\cosh(n\pi b/2a)}\right]^{-1}W \tag{4.5.24}$$

则带状线特性阻抗可由 C_1 求得，见式（4.5.4）。最后指出，带状线的最高工作频率（单位为 GHz）一般取

$$f_c=\frac{15}{b\sqrt{\varepsilon_r}}\frac{1}{(W/b+\pi/4)} \tag{4.5.25}$$

式中，W 和 b 的单位为 cm。

4.6 微带线

微带线目前是混合微波集成电路（HMIC）和单片微波集成电路（MMIC）中使用最多的一种平面型传输线。它可用光刻程序制作，且容易与其他无源微波电路和有源微波器件集成，实现微波部件和系统的集成化。微带线是在厚度为 h 的介质基片的一面制作宽度为 W、厚度为 t 的导体带，另一面作接地金属平板而构成的，如图 4.6.1a 所示。最常用的介质基片材料是纯度为 99.5%的氧化铝陶瓷（$\varepsilon_r=9.5\sim10$，$\tan\delta=0.0003$）、聚四氟乙烯（$\varepsilon_r=2.1$，$\tan\delta=0.0004$）和聚四氟乙烯玻璃纤维板（$\varepsilon_r=2.55$，$\tan\delta=0.008$）；用作单片微波集成电路的半导体基片材料主要是砷化镓（$\varepsilon_r=13.0$，$\tan\delta=0.006$）。图 4.6.1b 所示为其场结构。由于导体带上面（$y>h$）为空气，导体带下面（$y\leqslant h$）为介质基片，所以大部分场在介质基片内，且集中在导体带与接地板之间；但也有一部分场分布在基片上面的空气区域内，因此微带线不可能存在纯 TEM 模。这是容易理解的，因为 TEM 模在介质内和在空气中的相速度不同，因此在介质—空气分界面处不可能对 TEM 模匹配。

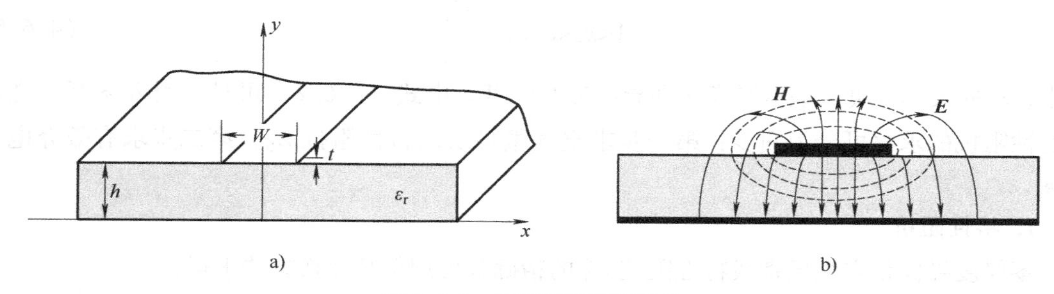

图 4.6.1　微带线及其场结构

事实上，微带线中真正的场是一种混合的 TE-TM 波场，其纵向场分量主要是由介质空气分界面处的边缘场 E_x 和 H_x 引起的，它们与导体带和接地板之间的横向场分量相比很小，所以微带线中传输模的特性与 TEM 模特性相差很小，称之为准 TEM（quasi-TEM）模。由于微带线的传输模不是纯 TEM 模，致使微带线特性的分析比较困难和复杂。其分析方法也很多，可归纳为准静态法、色散模型法和全波分析法三种。本节主要介绍微带线的准 TEM 特性及其一些实用简化结果，同时以屏蔽微带线为例介绍谱域法的一般分析程序。

4.6.1　微带线的准 TEM 特性

如上所述，微带线中的场为准 TEM，换言之，其场基本上与静态情况下的场相同。准静态方法便是将其模式看成纯 TEM 模，引入有效介电常数为 ε_e 的均匀介质代替微带线的混合介质，如图 4.6.2 所示。

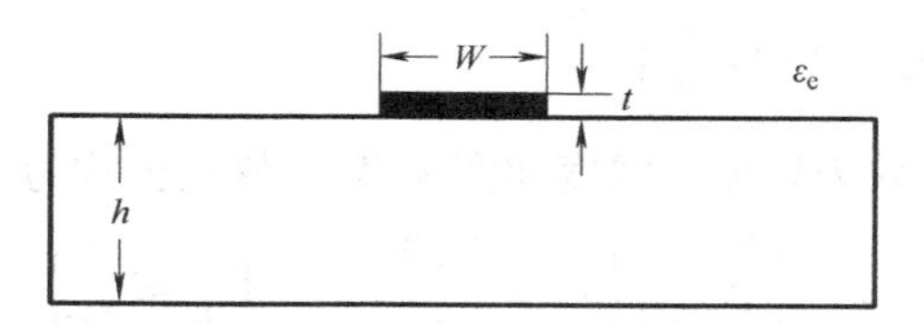

图 4.6.2　填充均匀介质 ε_e 的微带线

在准静态法中，传输特性参数是根据如下两个电容值计算的：一个是介质基片换成空气的空气微带线单位长度电容 C_0^a；另一个是微带线单位长度电容 C_0。特性阻抗 Z_0 和相位常数 β 可以用这两个电容表示为

$$\beta = k_0\sqrt{\varepsilon_e},\ k_0 = \omega\sqrt{\mu_0\varepsilon_0} \tag{4.6.1}$$

$$Z_0 = \frac{1}{v_p C_0} = \frac{1}{(c/\sqrt{\varepsilon_e})\,\varepsilon_e C_0^a} = \frac{Z_0^a}{\sqrt{\varepsilon_e}} \tag{4.6.2}$$

式中，$Z_0^a = 1/(cC_0^a)$，是空气微带线的特性阻抗。相速度 v_p 和波导波长 λ_g 则为

$$v_p = \frac{c}{\sqrt{\varepsilon_e}} \tag{4.6.3}$$

$$\lambda_g = \frac{\lambda_0}{\sqrt{\varepsilon_e}} \tag{4.6.4}$$

由于电力线部分在介质基片内，部分在空气中，显然有

$$1<\varepsilon_e<\varepsilon_r,\varepsilon_e=\frac{C_0}{C_0^a} \tag{4.6.5}$$

式中，ε_e的大小取决于基本厚度 h 和导体带宽度 W。由式（4.6.2）可见，引入 ε_e后，微带线特性阻抗的求解可分为两步：第一步求空气微带线的特性阻抗 Z_0^a，第二步求有效介电常数 ε_e。

1. 特性阻抗

零厚度导体带空气微带线特性阻抗 Z_0^a 的精确解可用保角变换方法求得，

$$Z_0^a=60\pi\frac{K(k')}{K(k)} \tag{4.6.6}$$

式中，$K(k)$ 和 $K(k')$ 分别是第一类全椭圆积分和第一类余全椭圆积分。由于式中包含复杂的椭圆函数，不便使用。哈梅斯泰特（Hammerstadt，E. O.）通过对精确准静态解做曲线拟合近似得到如下特性阻抗公式，可用于微带线 CAD 电路，在 $0.05<W/h<20$，$\varepsilon_e<16$ 范围内，式（4.6.7）的精度优于 1%。

$$\begin{cases}Z_0=\dfrac{60}{\sqrt{\varepsilon_e}}\ln\left(\dfrac{8h}{W}+0.25\dfrac{W}{h}\right) & (W/h\leqslant1)\\ \varepsilon_e=\dfrac{\varepsilon_r+1}{2}+\dfrac{\varepsilon_r-1}{2}\left[\left(2+\dfrac{12h}{W}\right)^{-1/2}+0.041\left(1-\dfrac{W}{h}\right)^2\right] & \\ Z_0=\dfrac{120\pi}{\sqrt{\varepsilon_e}}\dfrac{1}{[W/h+1.393+0.667\ln(W/h+1.4444)]} & (W/h>1)\\ \varepsilon_e=\dfrac{\varepsilon_r+1}{2}+\dfrac{\varepsilon_r-1}{2}\left(1+12\dfrac{h}{W}\right)^{-1/2} & \end{cases} \tag{4.6.7}$$

导体带厚度 $t\neq0$ 可等效为导体带宽度加宽为 W_e，修正公式为（$t<h$，$t<W/2$）

$$\frac{W_e}{h}=\begin{cases}\dfrac{W}{h}+\dfrac{t}{\pi h}\left(1+\ln\dfrac{4\pi W}{t}\right) & \left(\dfrac{W}{h}\leqslant\dfrac{1}{2\pi}\right)\\ \dfrac{W}{h}+\dfrac{t}{\pi h}\left(1+\ln\dfrac{2h}{t}\right) & \left(\dfrac{W}{h}>\dfrac{1}{2\pi}\right)\end{cases} \tag{4.6.8}$$

微带线电路的设计通常是给定 Z_0 和 ε_r，计算导体带宽度 W。此时可由上式得到综合公式：

$$\frac{W}{h}=\begin{cases}\dfrac{8e^A}{e^{2A}-2} & \left(\dfrac{W}{h}\leqslant2\right)\\ \dfrac{2}{\pi}\left\{B-1-\ln(2B-1)+\dfrac{\varepsilon_r+1}{2\varepsilon_r}\left[\ln(B-1)+0.39-\dfrac{0.61}{\varepsilon_r}\right]\right\} & \left(\dfrac{W}{h}>2\right)\end{cases} \tag{4.6.9}$$

式中

$$A=\frac{Z_0}{60}\sqrt{\frac{\varepsilon_r+1}{2}}+\frac{\varepsilon_r-1}{\varepsilon_r+1}\left(0.23+\frac{0.11}{\varepsilon_r}\right)$$

$$B=\frac{377\pi}{2Z_0\sqrt{\varepsilon_r}}$$

2. 衰减常数

假如忽略辐射损耗，则微带线的衰减常数 α 为

$$\alpha=\alpha_c+\alpha_d \tag{4.6.10}$$

式中，α_c为导体衰减常数，α_d为介质衰减常数。

假定 $W/h\to\infty$，电流在导体带和接地板内均匀分布，则导体衰减常数近似为

$$\alpha_c=\frac{R_s}{Z_0W} \tag{4.6.11}$$

式中，$R_s=\sqrt{\omega\mu_0/2\sigma}$，为导体的表面电阻。式（4.6.11）只适用于 $W/h\to\infty$ 情况；实际的 W/h 并非如此，且电流在导体带和接地板内为非均匀分布。此种情况下更精确的导体衰减常数可用惠勒增量电感法则求得。

由于微带线是部分介质填充，所以需引入填充系数 q：

$$q=\frac{\varepsilon_e-1}{\varepsilon_r-1} \tag{4.6.12}$$

式（4.6.12）对一定区域内的部分介质填充情况均适用。

微带线的介质衰减常数则可表示成

$$\begin{aligned}\alpha_d&=\frac{1}{2}Z_0G_{e0}=\frac{1}{2}\frac{Z_0^a}{\sqrt{\varepsilon_e}}qG_0=\frac{q}{2}\frac{G_0}{\omega C_0}\omega C_0\frac{Z_0^a}{\sqrt{\varepsilon_e}}=2\pi f\varepsilon_rC_0^a\frac{1}{cC_0^a}\frac{1}{\sqrt{\varepsilon_e}}\frac{q}{2}\tan\delta\\&=\frac{q\pi\varepsilon_rf}{v_p\varepsilon_e}\tan\delta=\frac{\pi g\varepsilon_r}{\sqrt{\varepsilon_e}}\frac{\varepsilon_e-1}{\varepsilon_r-1}\frac{\tan\delta}{\lambda_0}\end{aligned} \tag{4.6.13}$$

式中，G_{e0}是介质的单位长度等效电导，G_0 是介质的单位长度电导。若令 $q_e=\varepsilon_r(\varepsilon_e-1)/\varepsilon_e(\varepsilon_r-1)$，则

$$\alpha_d=\pi\sqrt{\varepsilon_e}q_e\frac{\tan\delta}{\lambda_0}=\frac{\beta\tan\delta}{2}q_e \tag{4.6.14}$$

与完全填充均匀介质 ε_e的 TEM 波介质衰减常数公式相似。

4.6.2 微带线的近似静态解法

现在介绍微带线的近似静态数值解法。为此在 $x=\pm a/2$ 处放置导电金属板，且应使 $a\gg h$，使此壁不会扰动导体带周围的场结构，如图 4.6.3 所示。这样，问题就变成求解如下拉普拉斯方程：

$$\nabla_t^2\Phi(x,y)=0\quad\left(|x|\leqslant\frac{a}{2},0\leqslant y<\infty\right) \tag{4.6.15}$$

边界条件为

$$\begin{cases}\Phi(x,y)=0 & (x=\pm a/2)\\ \Phi(x,y)=0 & (y=0,\infty)\end{cases} \tag{4.6.16}$$

式（4.6.15）可用分离变量法求解，应用边界条件式（4.6.16）可得其一般解为

$$\Phi(x,y)=\begin{cases}\displaystyle\sum_{n=1,3,\cdots}^{\infty}A_n\cos\frac{n\pi x}{a}\sinh\frac{n\pi x}{a} & (0\leqslant y\leqslant h)\\ \displaystyle\sum_{n=1,3,\cdots}^{\infty}B_n\cos\frac{n\pi x}{a}e^{-n\pi y/a} & (h<y<\infty)\end{cases} \tag{4.6.17}$$

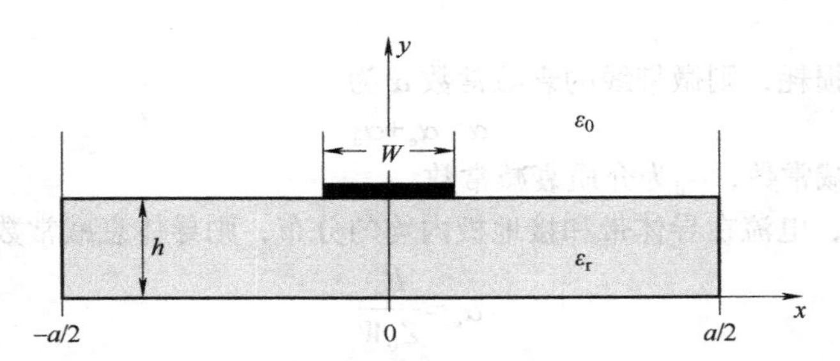

图 4.6.3 具有导电侧壁的微带线截面图

$\Phi(x,y)$ 在 $y=h$ 处应当连续，则有

$$A_n \sinh \frac{n\pi h}{a} = B_n e^{-n\pi h/a}$$

于是 $\Phi(x,y)$ 可以写成

$$\Phi(x,y)=\begin{cases}\sum\limits_{n=1,3,\cdots}^{\infty} A_n \cos\dfrac{n\pi x}{a}\sinh\dfrac{n\pi y}{a} & (0\leqslant y\leqslant h)\\ \sum\limits_{n=1,3,\cdots}^{\infty} A_n \cos\dfrac{n\pi x}{a}\sinh\dfrac{n\pi y}{a}e^{-n\pi(y-h)/a} & (h<y<\infty)\end{cases} \tag{4.6.18}$$

常数 A_n 可由导体带上的表面电荷密度来确定。为此需求 $E_y=-\partial\Phi/\partial y$，即有

$$E_y=\begin{cases}-\sum\limits_{n=1,3,\cdots}^{\infty} A_n\left(\dfrac{n\pi}{a}\right)\cos\dfrac{n\pi x}{a}\sinh\dfrac{n\pi y}{a} & (0\leqslant y\leqslant h)\\ \sum\limits_{n=1,3,\cdots}^{\infty} A_n\left(\dfrac{n\pi}{a}\right)\cos\dfrac{n\pi x}{a}\sinh\dfrac{n\pi y}{a}e^{-n\pi(y-h)/a} & (h<y<\infty)\end{cases} \tag{4.6.19}$$

在 $y=h$ 处导体带上的表面电荷密度为

$$\begin{aligned}\rho_e &= D_y(x,y=h^+)-D_y(x,y=h^-)=\varepsilon_0 E_y(x,y=h^+)-\varepsilon_0\varepsilon_r E_y(x,y=h^-)\\ &=\varepsilon_0\sum_{n=1,3,\cdots}^{\infty} A_n\left(\frac{n\pi}{a}\right)\cos\frac{n\pi x}{a}\left[\sinh\frac{n\pi h}{a}+\varepsilon_r\cosh\frac{n\pi h}{a}\right]\end{aligned} \tag{4.6.20}$$

式中，$y=h^+$ 和 $y=h^-$ 分别表示 $y=h$ 处分界面的上表面和下表面。假定导体带的宽度很窄，其上电荷密度为均匀分布：

$$\rho_e(x)=\begin{cases}1 & (|x|\leqslant W/2)\\ 0 & (|x|>W/2)\end{cases} \tag{4.6.21}$$

令式（4.6.20）和式（4.6.21）相等，并应用 $\cos(n\pi x/a)$ 函数的正交性，可求得常数 A_n 为

$$A_n=\frac{4a\sin(n\pi h/2a)}{(n\pi)^2\varepsilon_0[\sinh(n\pi h/a)+\varepsilon_r\cosh(n\pi h/a)]} \tag{4.6.22}$$

导体带上单位长度的总电荷为

$$Q=\int_{-W/2}^{W/2}\rho_e(x)\,dx=W \tag{4.6.23}$$

导体带相对于接地板的电压为

$$U=-\int_0^h E_y(x=0,y)\,dy=\sum_{n=1,3,\cdots}^{\infty} A_n\sin\frac{n\pi h}{a} \tag{4.6.24}$$

因此，微带线单位长度电容为

$$C_0=\frac{Q}{U}=\left\{\sum_{n=1,3,\cdots}^{\infty}\frac{4a\sin(n\pi W/2a)\sinh(n\pi h/a)}{(n\pi)^2W\varepsilon_0[\sinh(n\pi h/a)+\varepsilon_r\cosh(n\pi h/a)]}\right\}^{-1} \tag{4.6.25}$$

特性阻抗为

$$Z_0=\frac{1}{v_pC_0}=\frac{\sqrt{\varepsilon_e}}{cC_0} \tag{4.6.26}$$

式中，$c=3\times10^8\text{m/s}$；而 $\varepsilon_e=C_0/C_0^a$，C_0 和 C_0^a 可由式（4.6.25）分别令 ε_r=基片的 ε_r 和 $\varepsilon_r=1$ 求得。

4.6.3　微带线的色散特性与尺寸限制

上述与频率无关的准 TEM 模 Z_0 和 ε_r 只适用于较低应用频率，而微带线中实为混合模，其传播速度随频率而变，即存在色散现象。对于微带线，这种传播速度随频率而变的色散现象具体表现为 Z_0 和 ε_r 随频率而变。事实上，频率升高时，相速度 v_p 要降低，则 ε_r 应增大，特性阻抗 Z_0 应减小。微带线的最高工作频率 f_r 受到许多因素的限制，如寄生模的激励、较高的损耗、严格的制造公差、处理过程中材料的脆性、显著的不连续效应、不连续处辐射引起的 Q 值下降等，当然还有工艺加工问题。f_r(GHz) 可按下式估算：

$$f_r=\frac{150}{\pi h}\sqrt{\frac{2}{\varepsilon_r-1}}\arctan\varepsilon_r \tag{4.6.27}$$

式中，h 的单位是 mm。

研究结果表明，当频率在 10GHz 以下时，色散对 Z_0 的影响一般可以忽略不计，而对 ε_e 的影响较大，可由下式计算

$$\varepsilon_e(f)=\left(\frac{\sqrt{\varepsilon_r}-\sqrt{\varepsilon_e}}{1+4F^{-1.5}}+\sqrt{\varepsilon_e}\right)^2 \tag{4.6.28}$$

式中

$$F=\frac{4h\sqrt{\varepsilon_r-1}}{\lambda_0}\left\{0.5+\left[1+2\lg\left(1+\frac{W}{h}\right)\right]^2\right\}$$

微带线中除准 TEM 模外，还可能出现表面波模和波导模。为抑制高次模，微带线的横向尺寸应选择为

$$0.4h+W<\frac{\lambda_{\min}}{2\sqrt{\varepsilon_r}},h<\frac{\lambda_{\min}}{2\sqrt{\varepsilon_r}}$$

金属屏蔽盒高度取 $H\geqslant(5\sim6)h$；接地板宽度取 $a\geqslant(5\sim6)W$。

4.7　其他形式平面传输线

除上述带状线、微带线外，本节将简要介绍其他形式的平面传输线：槽线、共面传输线和鳍线，它们各具优点，在混合微波集成电路和单片微波集成电路中有着重要的应用。

4.7.1 槽线

槽线的结构如图 4.7.1 所示，它是在介质基片的一面金属化层上刻有一个宽度为 W 的窄槽，而在另一面没有金属化层。完整的槽线电路还往往加一个金属屏蔽盒，但由于槽线的电磁场主要集中在槽口附近，所以屏蔽盒的影响可以忽略，故图中并未画出屏蔽盒外壳。槽线的介质基片必须使用高介电常数材料，如 $\varepsilon_r=16$，以使槽线的波导波长比自由空间波长小得多，电磁场才能主要集中在槽口附近，辐射损耗才能忽略。这种槽线结构的特性阻抗一般难以低于 60Ω，所以特别适合用于制作微波集成电路（MIC）中的高阻抗线。

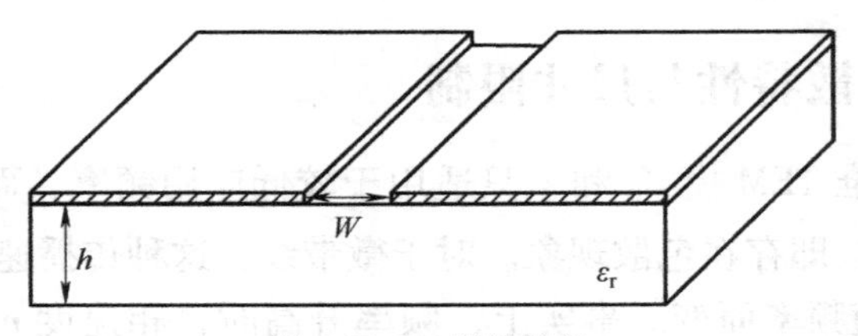

图 4.7.1 槽线结构

槽线上的传输模式为非 TEM 模，其性质基本上是 TE 模，如图 4.7.2 所示。槽口两边有电位差，电场跨过槽口，磁场则垂直于槽口。由于有电压跨过槽口，故此种结构特别适合于并联连接元器件，如微波二极管、电阻和电容等可直接并联在槽口上；槽线模的纵向截面上的磁力线每隔 $\lambda_g/2$ 又回到槽口，因而槽线模有椭圆极化区，所以槽线又特别适合于需要椭圆极化磁场区域的情况，可用于制作铁氧体元件。

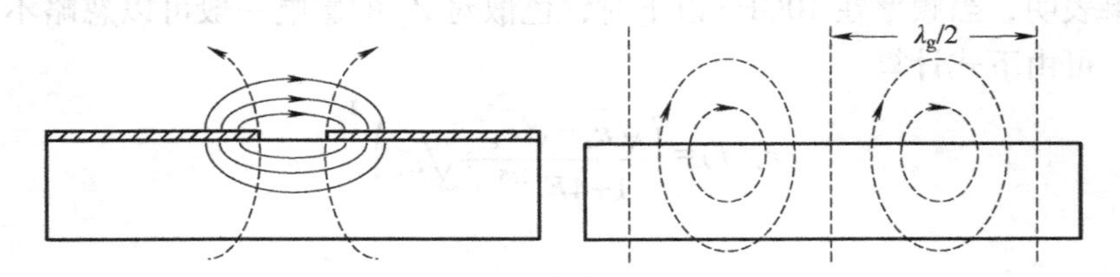

图 4.7.2 槽线上的场分布

此外，若在介质基片一面制作槽线，另一面可以制作微带线或共面波导，当两者靠近时就有耦合存在，这种耦合作用可用于设计定向耦合器、滤波器和过渡元件等。

槽线的特性阻抗和波长可通过数值方法拟合得到，根据槽口宽度与介质基片厚度的大小关系，分以下两种情况进行讨论。

当 $0.02\leqslant W/h\leqslant 0.2$ 时，有如下拟合公式：

$$\frac{\lambda_g}{\lambda_0}=0.932-0.195\ln\varepsilon_r+0.2\frac{W}{h}-\left(0.126\frac{W}{h}+0.02\right)\ln\left(\frac{h}{\lambda_0}\times10^2\right)$$

$$Z_0=72.62-15.283\ln\varepsilon_r+50\frac{(W/h-0.02)(W/h-0.1)}{W/h}+\ln\left(\frac{W}{h}\times10^2\right)(19.23-3.693\ln\varepsilon_r)$$

$$-\left[0.139\ln\varepsilon_r-0.11+\frac{W}{h}(0.465\ln\varepsilon_r+0.144)\right]\left(11.4-2.636\ln\varepsilon_r-\frac{h}{\lambda_0}\times10^2\right)$$

当 $0.2<W/h\leqslant 0.1$ 时，有如下拟合公式：

$$\frac{\lambda_g}{\lambda_0}=0.987-0.21\ln\varepsilon_r+\frac{W}{h}(0.111-0.002\times2\varepsilon_r)-\left(0.053+0.041\frac{W}{h}-0.001\times4\varepsilon_r\right)\ln\left(\frac{h}{\lambda_0}\times10^2\right)$$

$$Z_0=113.19-23.257\ln\varepsilon_r+1.25\frac{W}{h}(114.59-22.531\ln\varepsilon_r)+20\left(\frac{W}{h}-0.2\right)\left(1-\frac{W}{h}\right)$$
$$-\left[0.15+0.1\ln\varepsilon_r+\frac{W}{h}(-0.79+0.899\ln\varepsilon_r)\right]\left[10.25-2.171\ln\varepsilon_r+\frac{W}{h}(2.1-0.617\ln\varepsilon_r)-\frac{h}{\lambda_0}\times10^2\right]^2$$

上述拟合结果在如下一组参数约束下的精度约为 2%。

$$\begin{cases}9.7\leqslant\varepsilon_r\leqslant20\\0.02\leqslant W/h\leqslant1.0\\0.01\leqslant h/\lambda_0\leqslant(h/\lambda_0)_c\end{cases}$$

其中 $(h/\lambda_0)_c$是槽线上 TE10 表面模的截止值：$(h/\lambda_0)_c=0.25/\sqrt{\varepsilon_r-1}$。

4.7.2　共面传输线

共面传输线分为共面波导（coplanar waveguide，CPW）和共面带状线（coplanar stripline，CPS），如图 4.7.3 所示，两者为互补结构。图中 h 是介质基板厚度，t 是金属层厚度，在共面波导结构中 S 是导带宽度，W 是中心导带和地线之间的间距，在共面带状线结构中 S 则是两导带之间的间距，W 则是导带宽度。在这种共面传输线中，所有导体位于同一平面内，即在介质基板的同一表面。这两种传输线的重要优点之一是安装并联或串联的有源或无源集总参数元件都非常方便，而不用在基片上开槽或通孔。在 HMIC 和 MMIC 中，共面波导有着广泛的应用。共面波导可设计制作非互易铁氧体元件、定向耦合器等，与介质基片另一面的微带线或槽线相结合使用，还能设计耦合器、滤波器、过渡元件等。

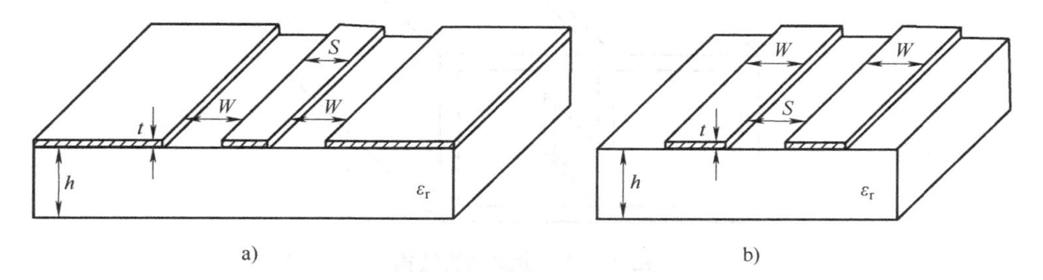

图 4.7.3　共面传输线

a）共面波导　b）共面带状线

共面波导和共面带状线能支持 TEM 模传播，其特性分析的简单方法是用准静态方法；但高频时，其上为非 TEM 模，需应用全波分析法求解。下面给出 $t\approx0$ 时特性阻抗和有效介电常数的准静态结果。

对于共面波导有如下结果：

$$Z_0=\frac{30\pi}{\sqrt{\varepsilon_e}}\frac{K'(k)}{K(k)}$$

式中，$K'(k)=K(k')$，$k'=\sqrt{1-k^2}$，$k=S/(S+2W)$；$K(k)$ 表示第一类全椭圆积分，$K'(k)$ 表示第一类余全椭圆积分。$K(k)/K'(k)$ 的近似公式为

$$\frac{K'(k)}{K(k)}=\begin{cases}\left[\dfrac{1}{\pi}\ln\left(2\dfrac{1+\sqrt{k'}}{1-\sqrt{k'}}\right)\right]^{-1} & (0\leqslant k\leqslant 0.7)\\ \dfrac{1}{\pi}\ln\left(2\dfrac{1+\sqrt{k'}}{1-\sqrt{k'}}\right) & (0.7<k\leqslant 1)\end{cases}$$

$$\varepsilon_e=\frac{\varepsilon_r+1}{2}\left\{\tan\left[0.775\ln\left(\frac{W}{h}\right)+1.75\right]\right\}+\frac{kW}{h}[0.04-0.7k+0.01(1-0.1\varepsilon_r)(0.25+k)]$$

对于共面带状线有如下结果：

$$Z_0=\frac{120\pi}{\sqrt{\varepsilon_e}}\frac{K(k)}{K'(k)}$$

ε_e的表达式与共面波导相似。

4.7.3 鳍线

鳍线分金属鳍线和集成鳍线两种，由垂直置于矩形波导两宽壁之间的金属片和集成槽线构成。通常将前者称为加鳍波导，后者称为鳍线结构。这两种结构总称为 E 平面电路，因为它们插入的金属片或集成槽线均与 TE_{10}模矩形波导的 E 面平行。

金属鳍线结构是 1974 年由 Konishi 等人提出的，它的结构如图 4.7.4 所示，由插入 TE_{10}模矩形波导中央 E 平面的一个金属片构成。

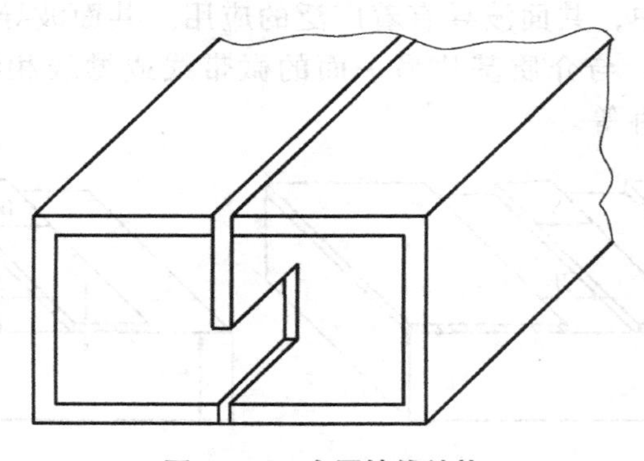

图 4.7.4 金属鳍线结构

集成鳍线是 Meier 于 1974 年作为毫米波集成电路的低损耗传输线而提出的一种准平面结构，实际上它是置于 TE_{10}模矩形波导 E 平面的槽线，分为单侧鳍线、双侧鳍线、对极鳍线和绝缘鳍线四种结构，如图 4.7.5 所示。

集成鳍线特别适合用于 30GHz~100GHz 之间的传输媒介，其主要优点是：

1）鳍线的波长比微带线长，因而加工制造比较简单，加工公差要求低。

2）在整个波导频段内都容易用标准矩形波导过渡。

3）损耗很低，约为相同介质基片微带线损耗的三分之一。

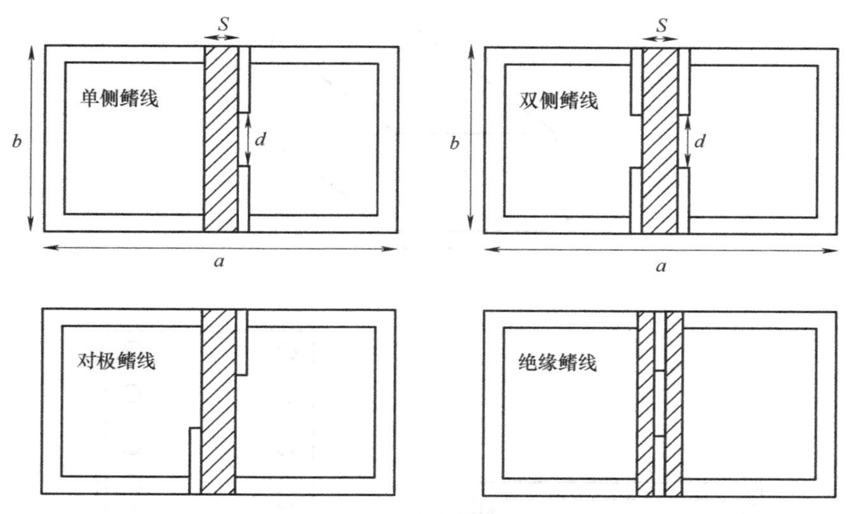

图 4.7.5　集成鳍线结构

4.8　新型传输线

4.8.1　基片集成波导

基片集成波导（Substrate Integrated Waveguide，SIW）结构是一种类矩形波导的平面化波导传输结构，通过单层或多层低损耗介质基板传输电磁场，介质基板上下表面敷有薄覆铜层，两侧有连通上下两层金属层的规则周期性排列的等效电壁金属通孔。图 4.8.1a 所示为普通介质填充的矩形波导示意图，图 4.8.1b 和图 4.8.1c 是 SIW 结构示意图。SIW 是一种封闭的导波结构，由敷于低损耗介质基片上下的两个金属层和介质基片两侧的周期性金属化通孔构成，金属通孔的直径为 d，两个相邻通孔中心的距离为 p。w 是两排金属通孔中心之间的距离，l 是纵向首尾金属通孔中心之间的距离。当通孔直径 d 与孔间距 p 都很小时，电磁场被束缚在其中并向特定方向传输，孔间泄露的能量可以忽略不计。在此结构中的电磁波传输非常类似于介质填充的矩形金属波导，电磁波在 SIW 结构中传播，形成了一个波导传输结构。SIW 结构简单，可以直接采用价格低廉的 PCB 工艺或者 LTCC 工艺加工制造。SIW 的传输频率由介质基板的宽度，即两列金属通孔壁之间的宽度决定。由于 SIW 与矩形波导同属于波导传输结构，在结构上和传输特性上有很大的相似性，所以通常将其等效为矩形波导分析。这种结构也与传统结构不太相同，不仅具有高 Q 值、低损耗、高功率的优点，而且是一种平面化的波导传输结构，易与平面电路集成，是微波、毫米波电路发展的一大进步。在国内外学者的深入研究下，SIW 技术获得了飞速发展，通过采用先进的工艺设计加工，其最高工作频率可达到 200GHz。基于 SIW 的各种器件被广泛投入使用，SIW 也成为了一种成熟的、应用广泛的新技术。

SIW 结构与传统矩形波导结构十分相似，只有当频率大于截止频率时电磁波才能在

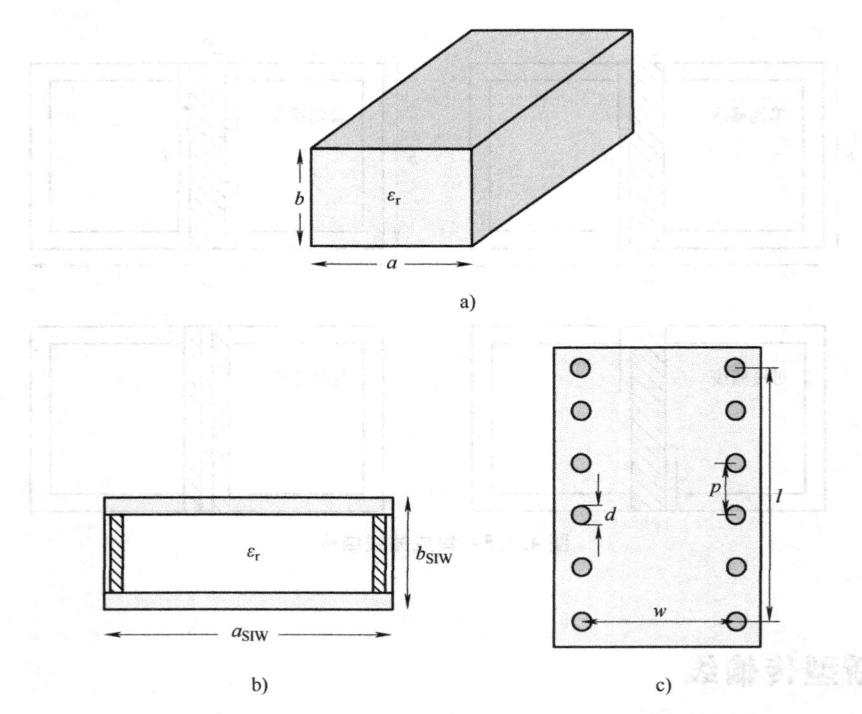

图 4.8.1 普通介质填充的矩形波导与 SIW 结构示意图

a）介质填充波导 b）基片集成波导侧视图 c）基片集成波导俯视图

其中传播，因此已有的矩形波导的设计经验和方法可以直接应用于 SIW 的设计。因为 SIW 结构与金属波导腔有相同的频率特性与色散特性，两者之间只需要进行一个长度的等效。

SIW 的辐射与反射损耗主要由金属通孔的直径 d 与金属通孔之间的间距 p 决定，减小孔间距使得孔间泄露的能量减少，就能够有效地减少辐射损耗。一般情况下，只要 SIW 的设计满足 $d<0.2\lambda$，$d/w<0.5$，$d/p>0.5$，更多的能量就会被限制在两排金属通孔之间传播，从而可以使 SIW 与传统的矩形波导进行等效处理。这样不仅能够把传统矩形波导的传播理论应用到 SIW 上去，还能将利用传统矩形波导设计的各类微波器件的经验应用到 SIW 器件的设计当中去，极大地拓宽了 SIW 器件的设计理念，拓展了 SIW 的应用范围。在将 SIW 视为传统矩形金属波导进行等效分析时，等效宽度 w_{eff} 和等效长度 L_{eff} 满足式（4.8.1）。

$$\begin{cases} w_{eff}=w-\dfrac{1.08d^2}{p}+\dfrac{0.1d^2}{w} \\ l_{eff}=l+\dfrac{d^2}{0.95p} \end{cases} \tag{4.8.1}$$

根据研究，SIW 只能传输 TE_{n0} 模，这是由于 SIW 的侧壁是由周期排列的金属化通孔构成，从侧面来看，这个结构更类似于在介质填充的金属波导侧壁上开了一些槽缝，根据矩形波导理论可知，若波导壁上的电流线被所开的槽缝割断，则会产生辐射，反之则不会有能量泄露。

根据矩形波导的管壁电流分布可知，对于 TE_{n0}模来说，沿着波导窄壁的纵向方向所开的槽缝是不切割电流线的，不会造成能量泄露，因此 SIW 结构是可以传输 TE_{n0}模的，其中 TE_{10}模为主模传输模式。而对于 TM 模来说，波导窄壁上是横向分布的电流，一旦在窄壁上开了纵向的槽缝，必然会割断电流线，从而造成能量泄露，因此 TM 模在 SIW 中不能传播。所以在 SIW 中只能传播 TE_{n0}模，其中主模式为 TE_{10}模。SIW 中传播的主模 TE_{10}模的截止频率为

$$f_{\mathrm{TE10}}=\frac{1}{2w_{\mathrm{eff}}\pi\sqrt{\varepsilon\mu}} \tag{4.8.2}$$

由于 SIW 金属通孔结构的限制，SIW 中只存在 TE_{mn}模，不存在 TM_{mn}模。对于由 SIW 构成的谐振腔而言，因为介质基板高度 h 远小于 SIW 的宽度 w 和高度 l，在 SIW 谐振腔中只存在 TE_{m0n}。其中 m 和 n 表示 TE_{m0n}谐振模式沿不同方向的半驻波数。对于 SIW 谐振腔内的 TE_{m0n}模式，可通过经验公式计算谐振腔的谐振频率：

$$f_{\mathrm{TE}m0n}=\frac{c}{2\sqrt{\varepsilon_{\mathrm{r}}}}\sqrt{\left(\frac{m}{w_{\mathrm{eff}}}\right)^2+\left(\frac{n}{l_{\mathrm{eff}}}\right)^2} \tag{4.8.3}$$

4.8.2　复合左右手传输线

电磁波在材料中的传播特性是由材料的介电常数与磁导率决定的。因此根据介电常数与磁导率的取值［(+,+),(−,+),(−,−),(+,−)］可以将材料划分为四类，如图 4.8.2 所示。位于第Ⅰ、第Ⅱ、第Ⅳ象限的材料都是自然界中熟知的传统材料，而位于第Ⅲ象限的介电常数与磁导率同时为负值的材料在自然界中是不存在的，其被称为左手超材料（Left Handed Metamaterials，LHMs）。

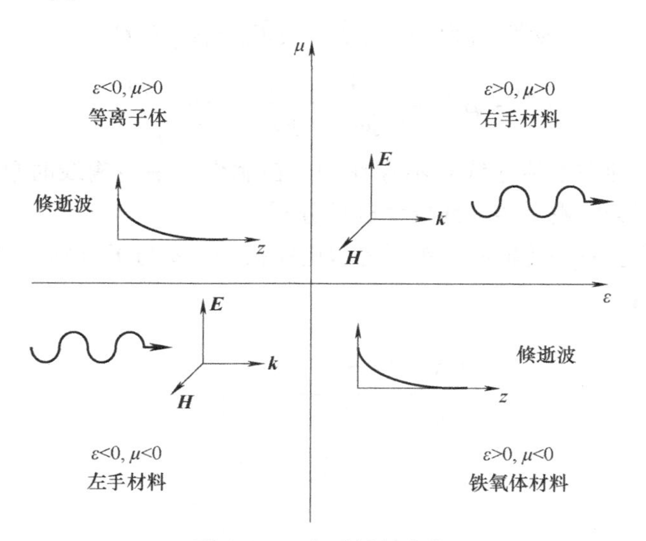

图 4.8.2　电磁材料分类

左手材料能够同时呈现负的介电常数与负的磁导率，这种特性使得其具有许多与传统右手材料迥然不同的电磁现象。电磁波在传统右手材料中传播时，其电场矢量、磁

场矢量以及波矢量满足右手螺旋定则，电磁波的相速度（v_p）与群速度方向相同；电磁波在左手材料中传播时，其电场矢量、磁场矢量以及波矢量满足左手螺旋定则，电磁波的相速度与群速度方向相反。由此可以看出，电磁波在左手材料中的特性与在右手材料中完全相反，与右手材料相比，左手材料具有逆多普勒效应、逆斯涅耳折射效应以及逆 Cerenkov 辐射效应等。

随着左手材料的研究发展，一些学者提出了基于传输线模型的非谐振式左手结构，这种结构是由传统右手传输线模型对偶得到的，如图 4.8.3 所示。图中 L_R 和 C_R 分别为右手传输线单位长度的串联电感和并联电容，C_L 和 L_L 分别为左手传输线单位长度的串联电容和并联电感。

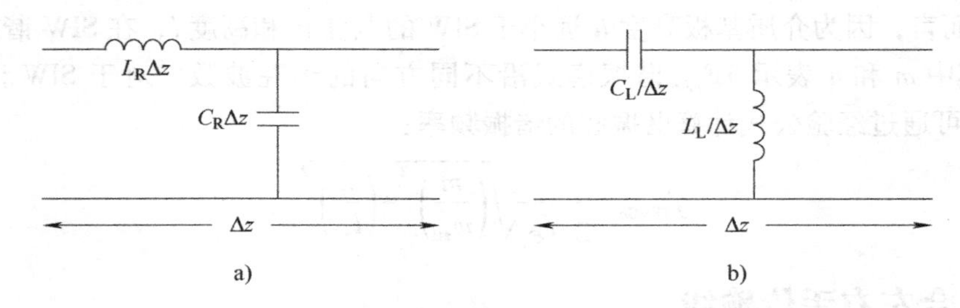

图 4.8.3 右手传输线和左手传输线结构

a）纯右手传输线等效电路 b）纯左手传输线等效电路

传输线的复传播常数可以表示为 $\gamma=\alpha+j\beta$。图 4.8.3a 中无耗右手传输线的复传播常数 γ^{PRH} 可以由式（4.8.4a）来表示，图 4.8.3b 中无耗左手传输线的复传播常数 γ^{LRH} 可以由式（4.8.4b）来表示。

$$\gamma^{PRH}=j\beta^{PRH}=\sqrt{j\omega L_R\cdot j\omega C_R}=j\omega\sqrt{L_R C_R} \tag{4.8.4a}$$

$$\gamma^{LRH}=j\beta^{LRH}=\sqrt{\frac{1}{j\omega L_L}\cdot\frac{1}{j\omega C_L}}=-j\omega\frac{1}{\sqrt{L_L C_L}} \tag{4.8.4b}$$

然而在实际中，纯左手传输线是不存在的，在制作左手传输线时总是存在右手寄生效应，所以通常采用复合左右手传输线模型进行分析。

图 4.8.4 为复合左右手传输线的单元等效电路模型。Z 与 Y 分别为复合左右手传输线单位长度的阻抗与导纳。

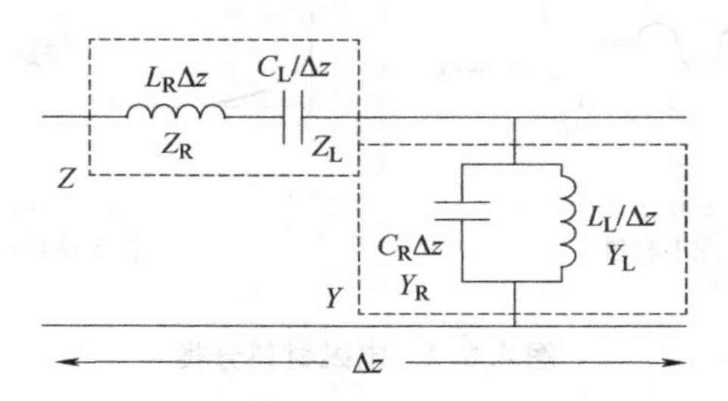

图 4.8.4 复合左右手传输线的单元等效电路模型

$$\begin{cases} Z(\omega)=\mathrm{j}\left(\omega L_{\mathrm{R}}-\dfrac{1}{\omega C_{\mathrm{L}}}\right) \\ Y(\omega)=\mathrm{j}\left(\omega C_{\mathrm{R}}-\dfrac{1}{\omega L_{\mathrm{L}}}\right) \end{cases} \tag{4.8.5}$$

根据图4.8.4的等效电路模型可建立电报方程如下：

$$\frac{\mathrm{d}U(z)}{\mathrm{d}z}=-ZI(z)=-\mathrm{j}\omega\left(L_{\mathrm{R}}-\frac{1}{\omega^2 C_{\mathrm{L}}}\right)I(z) \tag{4.8.6a}$$

$$\frac{\mathrm{d}I(z)}{\mathrm{d}z}=-YI(z)=-\mathrm{j}\omega\left(C_{\mathrm{R}}-\frac{1}{\omega^2 L_{\mathrm{L}}}\right)V(z) \tag{4.8.6b}$$

将式（4.8.6）中的两个方程联立可以得到关于 $U(z)$ 和 $I(z)$ 的波动方程

$$\begin{cases} \dfrac{\mathrm{d}^2U(z)}{\mathrm{d}z^2}-\gamma^2V(z)=0 \\ \dfrac{\mathrm{d}^2I(z)}{\mathrm{d}z^2}-\gamma^2I(z)=0 \end{cases} \tag{4.8.7}$$

式中，$\gamma=\alpha+\mathrm{j}\beta=\sqrt{ZY}$。由此可以求解出复合左右手传输的色散特性曲线

$$\beta(\omega)=s(\omega)\sqrt{\omega^2L_{\mathrm{R}}C_{\mathrm{R}}+\frac{1}{\omega^2L_{\mathrm{L}}C_{\mathrm{L}}}-\left(\frac{L_{\mathrm{R}}}{L_{\mathrm{L}}}+\frac{C_{\mathrm{R}}}{C_{\mathrm{L}}}\right)}$$

式中

$$s(\omega)=\begin{cases} -1 & \text{当 } \omega<\min\left(\dfrac{1}{\sqrt{L_{\mathrm{R}}C_{\mathrm{L}}}},\dfrac{1}{\sqrt{L_{\mathrm{L}}C_{\mathrm{R}}}}\right)\text{时，左手模态区} \\ 1 & \text{当 } \omega>\max\left(\dfrac{1}{\sqrt{L_{\mathrm{R}}C_{\mathrm{L}}}},\dfrac{1}{\sqrt{L_{\mathrm{L}}C_{\mathrm{R}}}}\right)\text{时，右手模态区} \end{cases}$$

复合左右手传输线既可以用集总电容电感来实现，也可以采用分布参数元件来构造。采用集总元件虽然能够快速方便地实现复合左右手传输线，但是集总元件的值一般都局限于某些特定的值并且很难应用于高频频段，同时集总元件也很难实现复合左右手传输线的辐射应用。此外，相比于分布参数元件，集总元件的集成度也较低。

课后习题

4.1 试定性解释为什么空心金属波导中不能传输TEM波。

4.2 矩形波导的尺寸 a 为8cm，b 为4cm，试求频率分别为3GHz和5GHz时该波导能传输哪些模式。

4.3 采用BJ-32作馈线：（1）当工作波长为6cm时，波导中能传输哪些模？（2）测得波导中传输TE_{10}模时相邻两波节点之间的距离为10.9cm，求 λ_g 和 λ_0；（3）设工作波长为10cm，求导模的 λ_c、λ_g、v_p 和 v_g。

4.4 用BJ-100波导以主模传输10GHz的微波信号：（1）求 λ_c、λ_g、β、Z_w；（2）若波导宽边尺寸增大一倍，问上述各量如何变化？（3）若波导窄边尺寸增大一倍，上述各量又

将如何变化？（4）若尺寸不变，工作频率变为15GHz，上述各量如何变化？

4.5　空气圆波导的直径为5cm：（1）求TE_{11}模、TE_{01}模和TM_{01}模的截止波长；（2）当工作波长分别为7cm、6cm和3cm时，波导中可能存在哪些模？（3）求工作波长为7cm时主模的波导波长。

4.6　在BJ-58波导中均匀填充ε_r为2.25的介质，工作频率为6GHz，求该波导能传输哪些模式。

4.7　发射机工作频率为3GHz，今用矩形波导和圆波导作馈线，均以主模传输，试比较波导尺寸大小。

4.8　矩形波导传输5GHz的微波信号，由$\lambda/\lambda_0=0.8$来确定其尺寸，要求内壁宽高比为2：1，设传输的平均功率为1kW，求管内电场和磁场最大值，并指出此值在管内的位置和矢量方向。

4.9　空气同轴线尺寸a为1cm，b为4cm：（1）计算TE_{11}模、TM_{01}模、TE_{01}模三种高次模的截止波长；（2）若工作波长为10cm，求TEM和TE_{11}模的相速度。

CHAPTER 5

第5章 微波网络基础

低频电路技术不能直接应用于微波电路。本章旨在研究微波电路和系统的等效电路分析方法，即微波网络方法。

微波网络由分布参数电路和集总参数网络组合而成。分布参数电路由组成微波电路或系统的规则导行系统等效而成，集总参数网络则由微波电路或系统中的不连续性等效而成。应用这种等效关系，许多微波问题便可以在电磁场理论分析基础上，或者实验的基础上应用传输线理论和低频网络理论来处理，从而使问题得到解决，而且运算要简便得多；同时也可以采用模拟低频传输线的测量技术和方法，来研究微波电路和系统的测量问题。

在这一章，我们首先讨论规则导行系统（以下简称为波导）和不连续性的等效电路，从而得到微波电路元件的等效微波网络，然后讨论各种微波网络参数的特性与应用，并着重论述 *ABCD* 参数和 *S* 参数的特性与应用。

5.1 微波接头的等效网络

本节的目的是要建立任意微波接头的等效网络。接头的规则波导段等效为一对双导线，接头内的不连续性等效为集总参数网络，由此构成相应接头的微波网络，进而使用传输线理论和低频电路理论对微波网络元件进行分析和综合。

5.1.1 等效电压和电流与阻抗概念

1. 等效电压和电流

在微波波段，电压和电流的测量是很困难的，或者说是不可能的，这是因为电压和电流的测量需要定义有效的端对。这样的端对对 TEM 导行系统（如同轴线、带状线）可能存在；但对于非 TEM 导行系统（如矩形波导、圆波导）是不存在的。

对于任意的双导体 TEM 传输线，正导体相对于负导体的电压为

$$U=\int_{+}^{-}\boldsymbol{E}\cdot \mathrm{d}\boldsymbol{l} \tag{5.1.1}$$

其积分路径是从正导体到负导体。根据两导体之间横向场的性质可知，式（5.1.1）的定义是唯一的，且与积分路径的形状无关。根据安培定律，正导体上总的电流为

$$I=\int_{C^+}\boldsymbol{H}\cdot \mathrm{d}\boldsymbol{l} \tag{5.1.2}$$

式中的积分回路是包围正导体的任意闭合路径。对于行波便可定义特性阻抗为

$$Z_0=\frac{U}{I} \tag{5.1.3}$$

这样，定义了电压 U、电流 I 和特性阻抗 Z_0 之后，若已知此线的传播常数，就可以应用传输线理论来研究此种线的特性。

然而，对于波导情况会遇到困难。以矩形波导为例，其主模 TE_{10} 模的横向场可以写成

$$\begin{cases} E_y(x,y,z)=\dfrac{\mathrm{j}\omega\mu a}{\pi}H_{10}\sin\dfrac{\pi x}{a}\mathrm{e}^{-\mathrm{j}\beta z}=H_{10}E_{0y}(x,y)\mathrm{e}^{-\mathrm{j}\beta z} \\ H_x(x,y,z)=\dfrac{\mathrm{j}\beta a}{\pi}H_{10}\sin\dfrac{\pi x}{a}\mathrm{e}^{-\mathrm{j}\beta z}=H_{10}H_{0x}(x,y)\mathrm{e}^{-\mathrm{j}\beta z} \end{cases} \tag{5.1.4}$$

代入式（5.1.1）便得到

$$U=\frac{-\mathrm{j}\omega\mu a}{\pi}H_{10}\sin\frac{\pi x}{a}\mathrm{e}^{-\mathrm{j}\beta z}\int_y \mathrm{d}y \tag{5.1.5}$$

可见电压取决于位置 x 与沿 y 方向的积分等高线长度。如取 $x=a/2$ 处，从 $y=0$ 至 b 积分所得到的电压，与取 $x=0$ 处，从 $y=0$ 至 b 积分所得到的电压是不相同的。那么，什么是正确的电压？回答是：不存在唯一的或对所有应用都适用的“正确”电压。电流和阻抗也存在类似的问题。但是，理论和实践都要求对非 TEM 线定义有用的电压、电流和阻抗，即有必要定义其等效的电压、电流和阻抗。

由于非 TEM 模的电压、电流和阻抗不是唯一的，所以对波导等效电压、等效电流和等效阻抗的定义有许多方法，但一般都是出于以下几种考虑：①电压和电流仅对特定波导模式定义，且定义电压与其横向电场成正比，电流与其横向磁场成正比；②为了与电路理论中的电压和电流应用方式相似，等效电压和电流的乘积应等于该模式的功率流；③单一行波的电压和电流之比应等于此线的特性阻抗，此阻抗可任意选择，但通常选择等于此线的波阻抗，或归一化为 1。

对于具有正向和反向行波的任意波导模式，其横向场可以写为

$$\begin{cases} \boldsymbol{E}_t(x,y,z)=\boldsymbol{E}_{0t}(x,y)(A^+\mathrm{e}^{-\mathrm{j}\beta z}+A^-\mathrm{e}^{\mathrm{j}\beta z})=\dfrac{\boldsymbol{E}_{0t}(x,y)}{C_1}(U^+\mathrm{e}^{-\mathrm{j}\beta z}+U^-\mathrm{e}^{\mathrm{j}\beta z}) \\ \boldsymbol{H}_t(x,y,z)=\boldsymbol{H}_{0t}(x,y)(A^+\mathrm{e}^{-\mathrm{j}\beta z}-A^-\mathrm{e}^{\mathrm{j}\beta z})=\dfrac{\boldsymbol{H}_{0t}(x,y)}{C_2}(I^+\mathrm{e}^{-\mathrm{j}\beta z}-I^-\mathrm{e}^{\mathrm{j}\beta z}) \end{cases} \tag{5.1.6}$$

式中，上标“+”的项表示沿+z 方向传输的入射部分；上标“-”的项表示沿-z 方向传输的反射部分；A^+和 A^-是行波的场振幅；U^+和 U^-是行波的电压振幅。由于 $\boldsymbol{E}_t$与 $\boldsymbol{H}_t$之比为波阻抗 Z_W，于是有

$$\boldsymbol{H}_{0t}(x,y)=\frac{\boldsymbol{e}_z\times\boldsymbol{E}_{0t}(x,y)}{Z_W} \tag{5.1.7}$$

由式（5.1.6）可得等效电压波和电流波的定义为

$$\begin{cases}U(z)=U^{+}\mathrm{e}^{-\mathrm{j}\beta z}+U^{-}\mathrm{e}^{\mathrm{j}\beta z}\\ I(z)=I^{+}\mathrm{e}^{-\mathrm{j}\beta z}-I^{-}\mathrm{e}^{\mathrm{j}\beta z}\end{cases} \tag{5.1.8}$$

式中，$U^{+}/I^{+}=U^{-}/I^{-}=Z_0$。

式（5.1.6）中比例常数 $C_1=U^{+}/A^{+}=U^{-}/A^{-}$，$C_2=I^{+}/A^{+}=I^{-}/A^{-}$，可由功率和阻抗条件确定。

入射波的复功率流为

$$P^{+}=\frac{1}{2}|A^{+}|^{2}\int_S \boldsymbol{E}_{0\mathrm{t}}\times\boldsymbol{H}_{0\mathrm{t}}\cdot\boldsymbol{e}_z\mathrm{d}s=\frac{U^{+}I^{+*}}{2C_1C_2^{*}}\int_S \boldsymbol{E}_{0\mathrm{t}}\times\boldsymbol{H}_{0\mathrm{t}}^{*}\cdot\boldsymbol{e}_z\mathrm{d}s \tag{5.1.9}$$

此功率应等于 $U^{+}I^{+*}/2$，因此得到

$$C_1C_2^{*}=\int_S \boldsymbol{E}_{0\mathrm{t}}\times\boldsymbol{H}_{0\mathrm{t}}^{*}\cdot\boldsymbol{e}_z\mathrm{d}s \tag{5.1.10}$$

式中积分是对波导截面进行的。由式（5.1.6），$U^{+}=C_1A^{+}$，$I^{+}=C_2A^{+}$，则得到特性阻抗

$$Z_0=\frac{U^{+}}{I^{+}}=\frac{U^{-}}{I^{-}}=\frac{C_1}{C_2} \tag{5.1.11}$$

若要求 $Z_0=Z_{\mathrm{W}}$，则此模式的波阻抗（Z_{TE}或 Z_{TM}）为

$$\frac{C_1}{C_2}=Z_{\mathrm{W}} \tag{5.1.12a}$$

若要求将特性阻抗归一化（$Z_0=1$），则得

$$\frac{C_1}{C_2}=1 \tag{5.1.12b}$$

至此，对于给定的波导模式，可由式（5.1.10）和式（5.1.12）求得 C_1 和 C_2，进而定义等效电压和等效电流。对高次模可用同样的方法处理。这样，波导中的一般场便可表示成如下形式：

$$\begin{cases}\boldsymbol{E}_{\mathrm{t}}(x,y,z)=\sum\limits_{n=1}^{N}\left(\dfrac{U_n^{+}}{C_{1n}}\mathrm{e}^{-\mathrm{j}\beta_n z}+\dfrac{U_n^{-}}{C_{1n}}\mathrm{e}^{\mathrm{j}\beta_n z}\right)\boldsymbol{E}_{0\mathrm{t}}(x,y)\\ \boldsymbol{H}_{\mathrm{t}}(x,y,z)=\sum\limits_{n=1}^{N}\left(\dfrac{I_n^{+}}{C_{2n}}\mathrm{e}^{-\mathrm{j}\beta_n z}-\dfrac{I_n^{-}}{C_{2n}}\mathrm{e}^{\mathrm{j}\beta_n z}\right)\boldsymbol{H}_{0\mathrm{t}}(x,y)\end{cases} \tag{5.1.13}$$

式中，$U_n^{\pm}$和 $I_n^{\pm}$是第 n 模式的等效电压和等效电流；C_{1n}和 C_{2n}是每个模式的比例常数。

例 5.1 求矩形波导 TE_{10}模的等效电压和等效电流。

解： TE_{10}模矩形波导模式的横向场分量和功率流与此模的等效传输线模型如表 5.1.1 所示。

表 5.1.1

波导场	传输线模型
$E_y=(A^{+}\mathrm{e}^{-\mathrm{j}\beta z}+A^{-}\mathrm{e}^{\mathrm{j}\beta z})\sin\dfrac{\pi x}{a}$	$U(z)=U^{+}\mathrm{e}^{-\mathrm{j}\beta z}+U^{-}\mathrm{e}^{\mathrm{j}\beta z}$

（续）

波导场	传输线模型
$H_x=\dfrac{-1}{Z_{TE}}(A^+e^{-j\beta z}-A^-e^{j\beta z})\sin\dfrac{\pi x}{a}$	$I(z)=I^+e^{-j\beta z}-I^-e^{j\beta z}=\dfrac{U^+}{Z_0}e^{-j\beta z}-\dfrac{U^-}{Z_0}e^{j\beta z}$
$P^+=\dfrac{-1}{2}\int_S E_yH_x^*\,dxdy=\dfrac{ab\mid A^+\mid^2}{4Z_{TE}}$	$P=\dfrac{1}{2}U^+I^{+*}$

由入射功率相等得到

$$\frac{ab\,|A^+|^2}{4Z_{TE}}=\frac{1}{2}V^+I^{+*}=\frac{1}{2}|A^+|^2C_1C_2^*$$

若选择 $Z_0=Z_W=Z_{TE}$，则有

$$\frac{U^+}{I^+}=\frac{C_1}{C_2}=Z_{TE}$$

由此求得

$$C_1=\sqrt{\frac{ab}{2}},C_2=\frac{1}{Z_{TE}}\sqrt{\frac{ab}{2}}$$

故等效电压和等效电流为

$$U=\sqrt{\frac{ab}{2}}A^+e^{-j\beta z}+\sqrt{\frac{ab}{2}}A^-e^{j\beta z}$$

$$I=\frac{1}{Z_{TE}}\sqrt{\frac{ab}{2}}A^+e^{-j\beta z}-\frac{1}{Z_{TE}}\sqrt{\frac{ab}{2}}A^-e^{j\beta z}$$

2. 阻抗概念

目前已涉及三种阻抗形式：

1）媒质的固有阻抗 $\eta=\sqrt{\mu/\varepsilon}$。它仅取决于媒质的材料参数，且等于平面波的波阻抗。

2）波阻抗 $Z_W=E_t/H_t=1/Y_W$。它是特定导行波的特性参数，TEM、TM 和 TE 导行波具有不同的波阻抗（Z_{TEM}、Z_{TM}和 Z_{TE}）。它们与导行系统（传输线或波导）的类型、材料和工作频率有关。

3）特性阻抗 $Z_0=1/Y_0=\sqrt{L_0/C_0}$。它是行波的电压与电流之比，由于 TEM 导波的电压和电流定义有唯一性，所以 TEM 导波的特性阻抗是唯一的；但 TE 和 TM 导波无唯一定义的电压和电流，所以这种导波的特性阻抗可用不同方法定义。

5.1.2 均匀波导的等效电路

为简单起见，以矩形波导为例讨论。对于传输某 TM_{mn}模的矩形波导，由于其 $H_z=0$，则有

$$(\nabla\times\boldsymbol{E})_z=-\left(\frac{\partial\boldsymbol{B}}{\partial t}\right)_z=0$$

这表明电场在 xy 平面内无旋度，因此在此平面内，$\boldsymbol{E}$ 可以表示成该模式的模式电压的负梯度：

$$E_x=-\frac{\partial U}{\partial x},E_y=-\frac{\partial U}{\partial y} \tag{5.1.14}$$

将 $H_z=0$ 代入 $(\nabla\times\boldsymbol{H})_x=(\partial\boldsymbol{D}/\partial t)_x$，得到

$$-\frac{\partial H_y}{\partial z}=\mathrm{j}\omega\varepsilon E_x \tag{5.1.15}$$

此式左边以纵向场关系代入，右边以式（5.1.14）代入，得到

$$-\frac{\partial}{\partial z}\left[\frac{-\mathrm{j}\omega\varepsilon}{k_c^2}\frac{\partial E_z}{\partial x}\right]=-\mathrm{j}\omega\varepsilon\frac{\partial U}{\partial x}$$

由此得到

$$\frac{\partial}{\partial z}\left(\frac{\mathrm{j}\omega\varepsilon}{k_c^2}E_z\right)=-\mathrm{j}\omega\varepsilon U \tag{5.1.16}$$

又由 $(\nabla\times E)_y=-(\partial\boldsymbol{B}/\partial t)_y$，得到

$$\frac{\partial E_x}{\partial z}-\frac{\partial E_z}{\partial x}=-\mathrm{j}\omega\mu H_y=-\frac{\omega^2\mu\varepsilon}{k_c^2}\frac{\partial E_z}{\partial x}$$

因而

$$\frac{\partial U}{\partial z}=\left(\frac{\omega^2\mu\varepsilon}{k_c^2}-1\right)E_z=-\left(\mathrm{j}\omega\mu+\frac{k_c^2}{\mathrm{j}\omega\varepsilon}\right)\left(\frac{\mathrm{j}\omega\varepsilon}{k_c^2}\right)E_z \tag{5.1.17}$$

式中，$\mathrm{j}\omega\varepsilon E_z$ 为纵向位移电流密度，$1/k_c^2$ 具有面积量纲，故 $\mathrm{j}\omega\varepsilon E_z/k_c^2$ 表示 z 向电流，代表该模式的模式电流，用 I_z 表示。因此式（5.1.16）和式（5.1.17）变成等效传输线方程：

$$\begin{cases}\dfrac{\partial U}{\partial z}=-\left\{\mathrm{j}\omega\mu+\dfrac{k_c^2}{\mathrm{j}\omega\varepsilon}\right\}I_z\\[2ex]\dfrac{\partial I_z}{\partial z}=-\mathrm{j}\omega\varepsilon U\end{cases} \tag{5.1.18}$$

据此可得到 TM 模波导的传输线等效电路，如图 5.1.1a 所示，其单位长度串联阻抗和并联导纳分别为

$$Z_1=\mathrm{j}\omega\mu+\frac{k_c^2}{\mathrm{j}\omega\varepsilon},Y_1=\mathrm{j}\omega\varepsilon \tag{5.1.19}$$

对于传输某 TE_{mn} 模的矩形波导，用同样方法可以得到其传输线等效电路，如图 5.1.1b 所示；其单位长度串联阻抗和并联导纳为

$$Z_1=\mathrm{j}\omega\mu,Y_1=\mathrm{j}\omega\varepsilon+\frac{k_c^2}{\mathrm{j}\omega\mu} \tag{5.1.20}$$

由图 5.1.1 可见，波导的传输线电路具有高通滤波器特性。事实上，由图 5.1.1a 可知，当 $f<f_c(\omega<\omega_c)$ 时，串联支路呈电容性；由图 5.1.1b 可知，当 $f<f_c$ 时，并联支路呈电感性。结果，等效电路变成由无数节二端口网络级联而成的电容或电感分压器，不能无衰减地传输导行波。图 5.1.1a 传输线的截止频率 f_c 出现在串联阻抗等于零时；图 5.1.1b 传输线的截止频率则出现在并联导纳为零时。结果都要求

$$k_c^2=\omega_c^2\mu\varepsilon \tag{5.1.21}$$

由图 5.1.1 所示的等效电路，可以求得相应等效传输线的特性阻抗和传播常数为

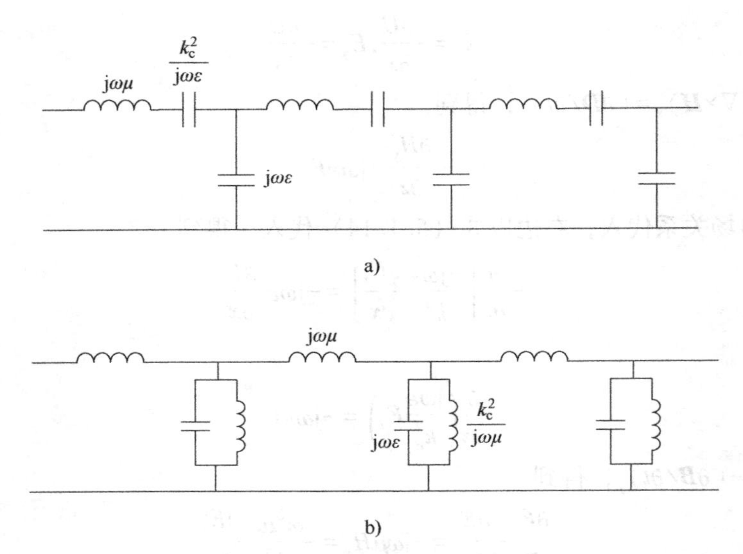

图 5.1.1 矩形波导的传输线等效电路

a）传输 TM_{mn}模 b）传输 TE_{mn}模

$$Z_{0,TM}=\sqrt{\frac{Z_1}{Y_1}}=\sqrt{\frac{j\omega\mu+(k_c^2/j\omega\varepsilon)}{j\omega\varepsilon}}=\eta\sqrt{1-\left(\frac{f_c}{f}\right)^2} \tag{5.1.22}$$

$$Z_{0,TE}=\sqrt{\frac{Z_1}{Y_1}}=\sqrt{\frac{j\omega\mu}{j\omega\varepsilon+(k_c^2/j\omega\mu)}}=\frac{\eta}{\sqrt{1-(f_c/f)^2}} \tag{5.1.23}$$

$$\gamma=j\beta=j\sqrt{\omega^2\mu\varepsilon-k_c^2} \tag{5.1.24}$$

这些结果和第一章 1.4 节场分析的结果一致。

波导的等效传输线概念是波导问题求解很有用的工具，这样便可借助于低频电路理论和传输线理论来解决波导问题。但应记住：上述等效与模式有关，且仅适用于传输单一的 TM_{mn}模或 TE_{mn}模的波导；当波导传输 n 模时，根据模式正交性，则应等效为 n 对传输线。

5.1.3 不均匀性的等效网络

实用的微波器件和系统都含有各种各样的不均匀性（亦称不连续性），包括：截面形状或材料性能在波导某处突然改变；截面形状或材料性能在一定距离内连续改变；均匀波导系统中的障碍物或孔缝；波导分支等。

在微波器件和系统的不均匀性附近将激励起高次模。根据截止模的特性可知，这些高次模在波导接头内产生储能，可用电抗元件 L 和 C 来等效。图 5.1.2 所示为三种最简单的不均匀性例子。图 5.1.2a 的容性膜片的边垂直于 TE_{10}模的电场，其作用相当于并联电容，等效电路如图 5.1.3a 所示。图 5.1.2b 的感性膜片的边平行于 TE_{10}模的电场，作用相当于并联电感，其等效电路如图 5.1.3b 所示。图 5.1.2c 的波导尺寸突变也相当于并联电容，等效电路如图 5.1.3c 所示。

由上述分析可知，不均匀性可用集总元件网络来等效。这样，任意含不均匀性的波导接头都可按其端口波导数等效为一端口、二端口、多端口微波网络。

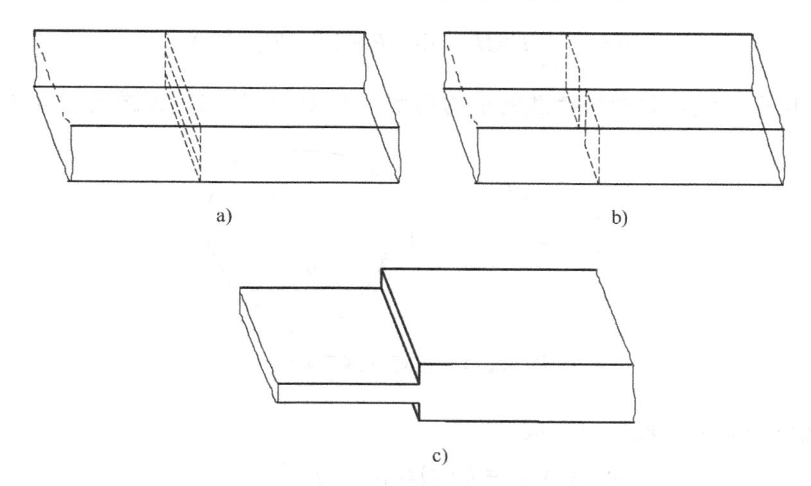

图 5.1.2 不均匀性例子

a）容性膜片 b）感性膜片 c）窄边尺寸突变

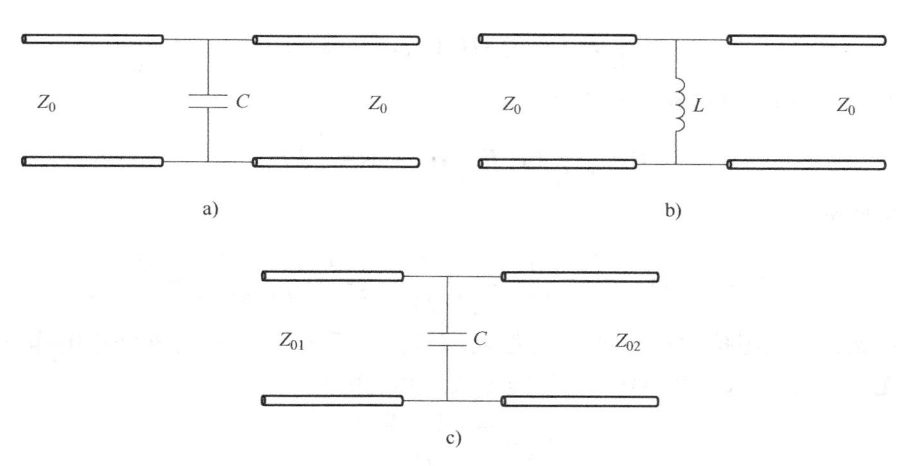

图 5.1.3 波导不连续性的等效电路

需要指出的是：与低频网络不同，微波网络的形式与模式有关，若传输单一模式，则等效为一个 N 端口网络；若每个波导中可能传输 m 个模式，则应等效为 $N\times m$ 端口微波网络。微波网络的形式与参考面的选取有关。参考面的选择原则上是任意的，但必须垂直于各端口波导的轴线，并且应远离不均匀区，使其上没有高次模，只有相应的传输模。

5.2 一端口网络的阻抗特性

一端口网络是指功率既能进去又能出来的单个端口波导或传输线的电路。本节讨论其策动点阻抗的基本特性。

如图 5.2.1 所示为任意一端口网络，传送给此网络的复功率为

$$P=\frac{1}{2}\oint_S \boldsymbol{E}\times\boldsymbol{H}^*\cdot \mathrm{d}\boldsymbol{s}=P_1+2\mathrm{j}\omega(W_\mathrm{m}-W_\mathrm{e}) \tag{5.2.1}$$

式中，P_1为实功率，代表此网络耗散的平均功率；W_m和 W_e分别代表磁场和电场的储能。

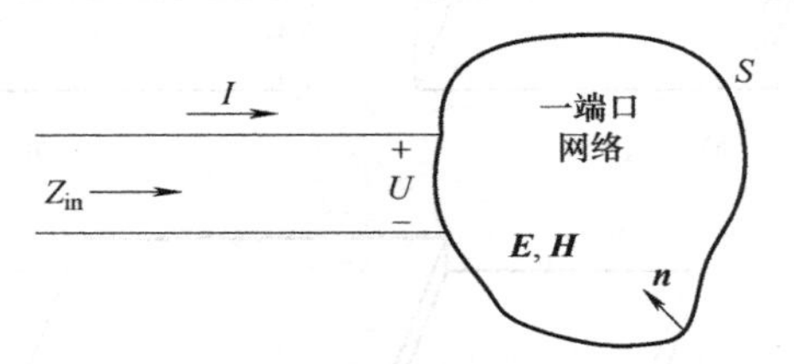

图 5.2.1 任意一端口网络

此网络端口平面上的场可以写成

$$\begin{cases}\boldsymbol{E}_\mathrm{t}(x,y,z)=U(z)\boldsymbol{E}_{0\mathrm{t}}(x,y)\mathrm{e}^{-\mathrm{j}\beta z}\\ \boldsymbol{H}_\mathrm{t}(x,y,z)=I(z)\boldsymbol{H}_{0\mathrm{t}}(x,y)\mathrm{e}^{-\mathrm{j}\beta z}\end{cases} \tag{5.2.2}$$

且有关系

$$\int_S \boldsymbol{E}_{0\mathrm{t}}(x,y)\times\boldsymbol{H}_{0\mathrm{t}}(x,y)\cdot \mathrm{d}\boldsymbol{s}=1$$

则式（5.2.1）可用端电压和端电流表示为

$$P=\frac{1}{2}\int_S UI^*\boldsymbol{E}_{0\mathrm{t}}\times\boldsymbol{H}_{0\mathrm{t}}\cdot \mathrm{d}\boldsymbol{s}=\frac{1}{2}UI^* \tag{5.2.3}$$

于是输入阻抗为

$$Z_\mathrm{in}=R_\mathrm{in}+\mathrm{j}X_\mathrm{in}=\frac{U}{I}=\frac{UI^*}{|I|^2}=\frac{P}{(1/2)|I|^2}=\frac{P_1+2\mathrm{j}\omega(W_\mathrm{m}-W_\mathrm{e})}{(1/2)|I|^2} \tag{5.2.4}$$

由此可见，输入阻抗的实部 R_in与耗散功率有关，而虚部 X_in则与网络中的净储能有关。假如网络无耗，则 $P_1=0$，$R_\mathrm{in}=0$，Z_in为纯虚数。其电抗为

$$X_\mathrm{in}=\frac{4\omega(W_\mathrm{m}-W_\mathrm{e})}{|I|^2} \tag{5.2.5}$$

对于电感性负载（$W_\mathrm{m}>W_\mathrm{e}$），$X_\mathrm{in}$为正；对于电容性负载（$W_\mathrm{e}>W_\mathrm{m}$），$X_\mathrm{in}$为负。

5.2.1 福斯特电抗定理

现在假定图 5.2.1 所示一端口网络无耗，并考虑频率变化的影响。电路内的电场和磁场满足如下麦克斯韦方程：

$$\nabla\times\boldsymbol{E}=-\mathrm{j}\omega\mu\boldsymbol{H}$$
$$\nabla\times\boldsymbol{H}=\mathrm{j}\omega\varepsilon\boldsymbol{E}$$

将这两个方程的复数共轭对 ω 求导数，得到

$$\nabla\times\frac{\partial\boldsymbol{E}^*}{\partial\omega}=\mathrm{j}\omega\mu\frac{\partial\boldsymbol{H}^*}{\partial\omega}+\mathrm{j}\boldsymbol{H}^*\frac{\partial\omega\mu}{\partial\omega}$$

$$\nabla\times\frac{\partial\boldsymbol{H}^*}{\partial\omega}=-\mathrm{j}\omega\varepsilon\frac{\partial\boldsymbol{E}^*}{\partial\omega}-\mathrm{j}\boldsymbol{E}^*\frac{\partial\omega\varepsilon}{\partial\omega}$$

利用矢量恒等式$\nabla\cdot(\boldsymbol{A}\times\boldsymbol{B})=\boldsymbol{B}\cdot\nabla\times\boldsymbol{A}-\boldsymbol{A}\cdot\nabla\times\boldsymbol{B}$，有

$$\begin{aligned}\nabla\cdot\left(\boldsymbol{E}^*\times\frac{\partial\boldsymbol{E}}{\partial\omega}+\frac{\partial\boldsymbol{E}}{\partial\omega}\times\boldsymbol{H}^*\right)&=\frac{\partial\boldsymbol{E}}{\partial\omega}\cdot\nabla\times\boldsymbol{E}^*-\boldsymbol{E}^*\cdot\nabla\times\frac{\partial\boldsymbol{E}}{\partial\omega}+\boldsymbol{H}^*\cdot\nabla\times\frac{\partial\boldsymbol{E}}{\partial\omega}-\frac{\partial\boldsymbol{E}}{\partial\omega}\cdot\nabla\times\boldsymbol{H}^*\\&=\mathrm{j}\omega\mu\boldsymbol{H}^*\cdot\frac{\partial\boldsymbol{H}}{\partial\omega}-\mathrm{j}\omega\varepsilon\boldsymbol{E}^*\cdot\frac{\partial\boldsymbol{E}}{\partial\omega}-\mathrm{j}\varepsilon|\boldsymbol{E}|^2-\mathrm{j}\omega\mu\boldsymbol{H}^*\cdot\frac{\partial\boldsymbol{H}}{\partial\omega}-\mathrm{j}\mu|\boldsymbol{H}|^2+\mathrm{j}\omega\varepsilon\frac{\partial\boldsymbol{E}}{\partial\omega}\cdot\boldsymbol{E}^*\\&=-\mathrm{j}(\varepsilon|\boldsymbol{E}|^2+\mu|\boldsymbol{H}|^2)\end{aligned}\tag{5.2.6}$$

对式（5.2.6）左边应用散度定理，并使之与右边的电磁储能项相等，得到

$$\oint_S\left(\boldsymbol{E}^*\times\frac{\partial\boldsymbol{H}}{\partial\omega}+\frac{\partial\boldsymbol{E}}{\partial\omega}\times\boldsymbol{H}^*\right)\cdot\mathrm{d}\boldsymbol{s}=4\mathrm{j}(W_\mathrm{e}+W_\mathrm{m})\tag{5.2.7}$$

将式（5.2.2）代入，得到

$$\int_S\left(U^*\frac{\partial I}{\partial\omega}\boldsymbol{E}_{0\mathrm{t}}\times\boldsymbol{H}_{0\mathrm{t}}+U^*I\boldsymbol{E}_{0\mathrm{t}}\times\frac{\partial\boldsymbol{H}_{0\mathrm{t}}}{\partial\omega}+\frac{\partial U}{\partial\omega}I^*\boldsymbol{E}_{0\mathrm{t}}\times\boldsymbol{H}_{0\mathrm{t}}+UI^*\frac{\partial\boldsymbol{E}_{0\mathrm{t}}}{\partial\omega}\times\boldsymbol{H}_{0\mathrm{t}}\right)\cdot\mathrm{d}\boldsymbol{s}=4\mathrm{j}(W_\mathrm{e}+W_\mathrm{m})\tag{5.2.8}$$

由于$\boldsymbol{H}_{0\mathrm{t}}=\boldsymbol{e}_z\times\boldsymbol{E}_{0\mathrm{t}}/Z_\mathrm{W}$，则有$\boldsymbol{E}_{0\mathrm{t}}\times(\partial\boldsymbol{H}_{0\mathrm{t}}/\partial\omega)=(\partial\boldsymbol{E}_{0\mathrm{t}}/\partial\omega)\times\boldsymbol{H}_{0\mathrm{t}}$。这表明$\boldsymbol{E}_{0\mathrm{t}}$和$\boldsymbol{H}_{0\mathrm{t}}$的 ω 关系相同。因为无耗电抗终端的$U=\mathrm{j}XI$，故式（5.2.8）简化为

$$4\mathrm{j}(W_\mathrm{e}+W_\mathrm{m})=U^*\frac{\partial I}{\partial\omega}+\frac{\partial U}{\partial\omega}I^*\tag{5.2.9}$$

式中，U^*和I^*是端面上的等效电压和等效电流。再次应用$U=\mathrm{j}XI$，得到

$$4\mathrm{j}(W_\mathrm{e}+W_\mathrm{m})=-\mathrm{j}XI^*\frac{\partial I}{\partial\omega}+\mathrm{j}\frac{\partial X}{\partial\omega}|I|^2+\mathrm{j}X\frac{\partial I}{\partial\omega}I^*=\mathrm{j}|I|^2\frac{\partial X}{\partial\omega}$$

即得到

$$\frac{\partial X}{\partial\omega}=\frac{4(W_\mathrm{e}+W_\mathrm{m})}{|I|^2}\tag{5.2.10}$$

式（5.2.10）右边总是正的，因此，对于一个无耗网络，电抗对频率的斜率必然总是正的。另一方面，若将$I=\mathrm{j}BU$代入式（5.2.9），则得到

$$\frac{\partial B}{\partial\omega}=\frac{4(W_\mathrm{e}+W_\mathrm{m})}{|U|^2}\tag{5.2.11}$$

这表明一个无耗网络的电纳也具有对频率为正的斜率。这些结果即构成福斯特电抗定理。应用此定理可以证明，物理可实现的电抗或电纳函数的极点和零点，必定在 ω 轴上交替出现。

5.2.2　$Z(\omega)$ 和 $\Gamma(\omega)$ 的奇偶特性

考虑一端口网络输入端的策动点阻抗 $Z(\omega)$，在该点的电压和电流关系为 $U(\omega)=Z(\omega)I(\omega)$。对于任意的频率关系，取 $U(\omega)$ 的逆傅里叶变换可得时域电压为

$$u(t)=\frac{1}{2\pi}\int_{-\infty}^{\infty}U(\omega)\mathrm{e}^{\mathrm{j}\omega t}\mathrm{d}\omega\tag{5.2.12}$$

由于 $u(t)$ 必定为实数，所以有 $u(t)=u^*(t)$，或者

$$\int_{-\infty}^{\infty}U(\omega)\mathrm{e}^{\mathrm{j}\omega t}\mathrm{d}\omega=\int_{-\infty}^{\infty}U^*(\omega)\mathrm{e}^{-\mathrm{j}\omega t}\mathrm{d}\omega=\int_{-\infty}^{\infty}U^*(-\omega)\mathrm{e}^{\mathrm{j}\omega t}\mathrm{d}\omega$$

这表明 $U(\omega)$ 必定满足关系

$$U(-\omega)=U^*(\omega) \tag{5.2.13}$$

即说明 $\mathrm{Re}\{U(\omega)\}$ 是 ω 的偶函数，而 $\mathrm{Im}\{U(\omega)\}$ 是 ω 的奇函数。类似的结果对 $I(\omega)$ 和 $Z(\omega)$ 也成立，因为有

$$U^*(-\omega)=Z^*(-\omega)I^*(-\omega)=Z^*(-\omega)I(\omega)=U(\omega)=Z(\omega)I(\omega)$$

因此，如果 $Z(\omega)=R(\omega)+\mathrm{j}X(\omega)$，则 $R(\omega)$ 是 ω 的偶函数，而 $X(\omega)$ 是 ω 的奇函数。

现在考虑输入端反射系数：

$$\Gamma(\omega)=\frac{Z(\omega)-Z_0}{Z(\omega)+Z_0}=\frac{R(\omega)-Z_0+\mathrm{j}X(\omega)}{R(\omega)+Z_0+\mathrm{j}X(\omega)} \tag{5.2.14}$$

则

$$\Gamma(-\omega)=\frac{R(\omega)-Z_0-\mathrm{j}X(\omega)}{R(\omega)+Z_0-\mathrm{j}X(\omega)}=\Gamma^*(\omega) \tag{5.2.15}$$

结果表明，$\Gamma(\omega)$ 的实部和虚部分别是 ω 的偶函数和奇函数。最后，考虑反射系数的幅值：

$$|\Gamma(\omega)|^2=\Gamma(\omega)\Gamma^*(\omega)=\Gamma(\omega)\Gamma(-\omega)=|\Gamma(-\omega)|^2 \tag{5.2.16}$$

可见 $|\Gamma(\omega)|^2$ 和 $|\Gamma(\omega)|$ 都是 ω 的偶函数。此结果意味着只有形如 $a+b\omega^2+c\omega^4+\cdots$ 的偶函数才能代表 $|\Gamma(\omega)|$ 或者 $|\Gamma(\omega)|^2$。

5.3 微波网络的阻抗和导纳矩阵

有了 5.1 节所定义的 TEM 和非 TEM 导波的等效电压和等效电流，我们即可应用电路理论的阻抗和导纳矩阵，来建立微波网络各端口的电压和电流关系，进而描述微波网络的特性。这种描述方法在讨论诸如耦合器和滤波器等无源器件的设计时十分有用。

5.3.1 阻抗和导纳矩阵

考虑如图 5.3.1 所示的任意 N 端口微波网络，图中的各端口可以是任意型式的传输线或单模波导的等效传输线；若网络的某端口是传输多个模的波导，则在该端口应为多对等效传输线。定义第 i 端口参考面 t_i 处的等效入射波电压和电流为 U_i^+、I_i^+，反射波（或称为出射波）电压和电流为 U_i^-、I_i^-，则根据式（5.1.8），令 $z=0$，得到第 i 端的总电压和总电流为

$$U_i=U_i^++U_i^-,\ I_i=I_i^+-I_i^- \tag{5.3.1}$$

此 N 端口微波网络的阻抗矩阵方程则为

$$\begin{bmatrix} U_1 \\ U_2 \\ \vdots \\ U_N \end{bmatrix}=\begin{bmatrix} Z_{11} & Z_{12} & \cdots & Z_{1N} \\ Z_{21} & & & \vdots \\ \vdots & & & \vdots \\ Z_{N1} & \cdots & \cdots & Z_{NN} \end{bmatrix}\begin{bmatrix} I_1 \\ I_2 \\ \vdots \\ I_N \end{bmatrix} \tag{5.3.2a}$$

或者

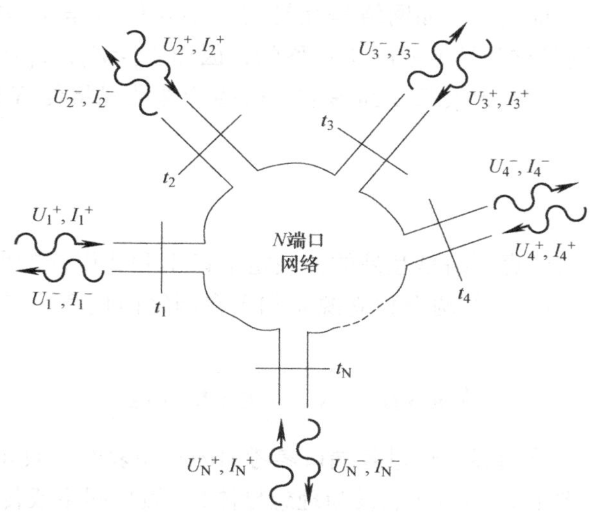

图 5.3.1　任意 N 端口微波网络

$$[U]=[Z][I] \tag{5.3.2b}$$

同样可以得到导纳矩阵方程为

$$\begin{bmatrix} I_1 \\ I_2 \\ \vdots \\ I_N \end{bmatrix} = \begin{bmatrix} Y_{11} & Y_{12} & \cdots & Y_{1N} \\ Y_{21} & & & \vdots \\ \vdots & & & \vdots \\ Y_{N1} & \cdots & \cdots & Y_{NN} \end{bmatrix} \begin{bmatrix} U_1 \\ U_2 \\ \vdots \\ U_N \end{bmatrix} \tag{5.3.3a}$$

或者

$$[I]=[Y][U] \tag{5.3.3b}$$

[Z] 和 [Y] 矩阵互为逆矩阵：

$$[Y]=[Z]^{-1} \tag{5.3.4}$$

由式（5.3.2a）可见，阻抗参数 Z_{ij} 为

$$Z_{ij}=\left.\frac{U_i}{I_j}\right|_{I_k=0, k\neq j} \tag{5.3.5}$$

式（5.3.5）说明，Z_{ij}是所有其他端口都开路时（即 $k\neq j$ 时，$I_k=0$），用电流 I_j激励端口 j，测量端口 i 的开路电压而求得。因此，Z_{ii}是其他所有端口都开路时向端口 i 看去的输入阻抗，Z_{ij}则是其他所有端口都开路时端口 j 和端口 i 之间的转移阻抗。

类似地，由式（5.3.3a）可得

$$Y_{ij}=\left.\frac{I_i}{U_j}\right|_{U_k=0, k\neq j} \tag{5.3.6}$$

可见 Y_{ij}是其他所有端口都短路时（即 $k\neq j$ 时，$U_k=0$），用电压 U_j激励端口 j，测量端口 i 的短路电流来求得。

一般情况下，阻抗矩阵元素 Z_{ij}或导纳矩阵元素 Y_{ij}为复数，因而对于 N 端口网络，阻抗和导纳矩阵为 $N\times N$ 方矩阵，存在 $2N^2$ 个独立变量。不过实际的许多网络是互易或无耗的，

或既互易又无耗。下面将证明，假如网络是互易的（不含任何非互易媒质，如铁氧体或等离子体或有源器件），则阻抗和导纳矩阵是对称的，因而 $Z_{ij}=Z_{ji}$，$Y_{ij}=Y_{ji}$；假如网络是无耗的，则阻抗和导纳矩阵中所有元素都是纯虚数。这些特殊情况将使 N 端口微波网络的独立变量大为减少。

5.3.2 互易网络

考虑图 5.3.1 所示的任意网络是互易的，假定端口 1 和 2 以外的所有端口参考面短路，$\boldsymbol{E}_{\mathrm{a}}$、$\boldsymbol{H}_{\mathrm{a}}$和 $\boldsymbol{E}_{\mathrm{b}}$、$\boldsymbol{H}_{\mathrm{b}}$是网络内某处的两个独立源 a 和 b 在网络内任意一点所产生的场，则由电磁场互易原理，有

$$\oint_S \boldsymbol{E}_{\mathrm{a}}\times\boldsymbol{H}_{\mathrm{b}}\cdot \mathrm{d}\boldsymbol{s}=\oint_S \boldsymbol{E}_{\mathrm{b}}\times\boldsymbol{H}_{\mathrm{a}}\cdot \mathrm{d}\boldsymbol{s} \tag{5.3.7}$$

式中，积分区域 S 是沿网络边界并通过各端口参考面的封闭表面。假如网络的边界壁和传输线均为金属，则在这些壁上 $\boldsymbol{E}_{\tan}=0$（假设为理想导体）；假如网络或传输线为开放结构，像微带线那样，则网络的边界可取得任意远离这些线，使 $\boldsymbol{E}_{\tan}$ 可以忽略不计。这样，式（5.3.7）中积分的非零值仅由端口 1 和 2 的横截面提供。由 5.1 节的讨论可知，源 a 和 b 产生的场可以在参考面 t_1、t_2 计算出：

$$\begin{cases}\boldsymbol{E}_{1\mathrm{a}}=U_{1\mathrm{a}}\boldsymbol{E}_{0\mathrm{t}1} & \boldsymbol{H}_{1\mathrm{a}}=I_{1\mathrm{a}}\boldsymbol{H}_{0\mathrm{t}1}\\ \boldsymbol{E}_{1\mathrm{b}}=U_{1\mathrm{b}}\boldsymbol{E}_{0\mathrm{t}1} & \boldsymbol{H}_{1\mathrm{b}}=I_{1\mathrm{b}}\boldsymbol{H}_{0\mathrm{t}1}\\ \boldsymbol{E}_{2\mathrm{a}}=U_{2\mathrm{a}}\boldsymbol{E}_{0\mathrm{t}2} & \boldsymbol{H}_{2\mathrm{a}}=I_{2\mathrm{a}}\boldsymbol{H}_{0\mathrm{t}2}\\ \boldsymbol{E}_{2\mathrm{b}}=U_{2\mathrm{b}}\boldsymbol{E}_{0\mathrm{t}2} & \boldsymbol{H}_{2\mathrm{b}}=I_{2\mathrm{b}}\boldsymbol{H}_{0\mathrm{t}2}\end{cases} \tag{5.3.8}$$

将式（5.3.8）代入式（5.3.7），得到

$$(U_{1\mathrm{a}}I_{1\mathrm{b}}-U_{1\mathrm{b}}I_{1\mathrm{a}})\int_{S_1}\boldsymbol{E}_{0\mathrm{t}1}\times\boldsymbol{H}_{0\mathrm{t}1}\cdot \mathrm{d}\boldsymbol{s}+(U_{2\mathrm{a}}I_{2\mathrm{b}}-U_{2\mathrm{b}}I_{2\mathrm{a}})\int_{S_2}\boldsymbol{E}_{0\mathrm{t}2}\times\boldsymbol{H}_{0\mathrm{t}2}\cdot \mathrm{d}\boldsymbol{s}=0 \tag{5.3.9}$$

式中，S_1 和 S_2 是参考面 t_1 和 t_2 的横截面积。

将式（5.3.9）与式（5.1.6）比较可见，对每个端口有 $C_1=C_2=1$，因此

$$\int_{S_1}\boldsymbol{E}_{0\mathrm{t}1}\times\boldsymbol{H}_{0\mathrm{t}1}\cdot \mathrm{d}\boldsymbol{s}=\int_{S_2}\boldsymbol{E}_{0\mathrm{t}2}\times\boldsymbol{H}_{0\mathrm{t}2}\cdot \mathrm{d}\boldsymbol{s}=1 \tag{5.3.10}$$

于是式（5.3.9）简化为

$$U_{1\mathrm{a}}I_{1\mathrm{b}}-U_{1\mathrm{b}}I_{1\mathrm{a}}+U_{2\mathrm{a}}I_{2\mathrm{b}}-U_{2\mathrm{b}}I_{2\mathrm{a}}=0 \tag{5.3.11}$$

而对于二端口网络，导纳矩阵方程为

$$I_1=Y_{11}U_1+Y_{12}U_2$$
$$I_2=Y_{21}U_1+Y_{22}U_2$$

代入式（5.3.11），得到

$$(U_{1\mathrm{a}}U_{2\mathrm{b}}-U_{1\mathrm{b}}U_{2\mathrm{a}})(Y_{12}-Y_{21})=0 \tag{5.3.12}$$

由于源 a 和源 b 是独立的，所以电压 $U_{1\mathrm{a}}$、$U_{1\mathrm{b}}$、$U_{2\mathrm{a}}$和 $U_{2\mathrm{b}}$ 可取任意值，因此为使式（5.3.12）对任意源都满足，必须有 $Y_{12}=Y_{21}$；又由于端口 1 和 2 是任意选择的，故有一般结果

$$Y_{ij}=Y_{ji} \tag{5.3.13}$$

即 [Y] 矩阵是对称矩阵；其逆矩阵 [Z] 也一定是对称矩阵。

5.3.3 无耗网络

现在考虑一互易无耗 N 端口接头，我们可以证明其阻抗和导纳矩阵元素必定为纯虚数。事实上，假如网络无耗，则传送给该网络的净功率必定为零。因此 $\mathrm{Re}\{P_{av}\}=0$，其中

$$P_{av}=\frac{1}{2}[U]^{T}[I]^{*}=\frac{1}{2}([Z][U])^{T}[I]^{*}=\frac{1}{2}[I]^{T}[Z][I]^{*}$$
$$=\frac{1}{2}(I_1Z_{11}I_1^{*}+I_1Z_{12}I_2^{*}+I_2Z_{21}I_1^{*}+\cdots)=\frac{1}{2}\sum_{n=1}^{N}\sum_{m=1}^{N}I_mZ_{mn}I_n^{*} \tag{5.3.14}$$

式中，上标“T”表示转置，且 $([A][B])^{T}=[B]^{T}[A]^{T}$。由于各 I_n是独立的，所以可以让除第 n 端口电流以外的所有端口电流为零，于是每项 $I_nZ_{nn}I_n^{*}$ 的实部必须等于零，因此得到

$$\mathrm{Re}\{I_nZ_{nn}I_n^{*}\}=|I_n|^{2}\mathrm{Re}\{Z_{nn}\}=0$$

或者

$$\mathrm{Re}\{Z_{nn}\}=0 \tag{5.3.15}$$

令 I_m和 I_n以外的所有端口电流均为零，则式（5.3.14）简化为

$$\mathrm{Re}\{(I_nI_m^{*}+I_mI_n^{*})Z_{mn}\}=0$$

这是由于 $Z_{mn}=Z_{nm}$。但（$I_nI_m^{*}+I_mI_n^{*}$）为纯实数量，一般为非零。因此必然有

$$\mathrm{Re}\{Z_{mn}\}=0 \tag{5.3.16}$$

式（5.3.15）和式（5.3.16）意味着，对于任意的 m、n，$\mathrm{Re}\{Z_{mn}\}=0$。同样可得 [Y] 矩阵亦为虚数矩阵。

例 5.2 求图 5.3.2 所示二端口 T 形网络的 Z 参数。

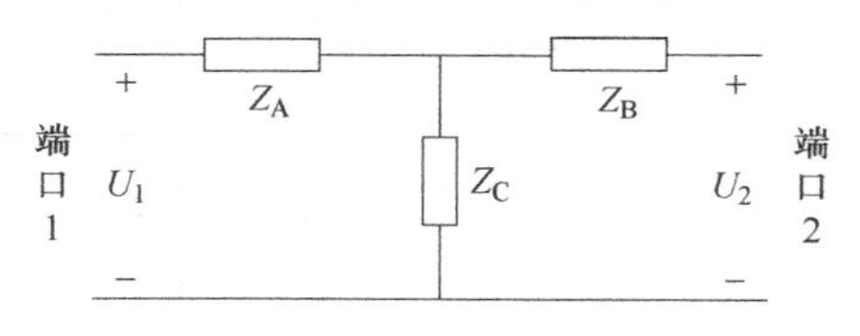

图 5.3.2 二端口 T 型网络

解： 由式（5.3.5）可知，端口 2 开路时端口 1 的输入阻抗为

$$Z_{11}=\left.\frac{U_1}{I_1}\right|_{I_2=0}=Z_A+Z_C$$

根据分压原理，可得

$$Z_{12}=\left.\frac{U_1}{I_2}\right|_{I_1=0}=\frac{U_2}{I_2}\frac{Z_C}{Z_B+Z_C}=Z_C$$

可以证明 $Z_{21}=Z_{12}$，表示电路是互易的。最后，Z_{22}可求得为

$$Z_{22}=\left.\frac{U_2}{I_2}\right|_{I_1=0}=Z_B+Z_C$$

5.4 散射矩阵

前面讲到，难以对非 TEM 线定义电压和电流，而上述 [Z]、[Y] 矩阵是用电压和电流来表示网络特性的，电压和电流在微波频率已失去明确的物理意义，且难以直接测量，因而 Z 参数和 Y 参数也难以测量，其测量所需参考面的开路和短路条件在微波频率下难以实现。为了研究微波电路和系统的特性，设计微波电路的结构，就需要一种能在微波频率采用直接测量方法确定的网络矩阵参数。这样的参数便是散射参数，简称 S 参数。

散射参数有行波散射参数和功率波散射参数之分，即普通散射参数和广义散射参数。前者的物理内涵是以特性阻抗 Z_0 匹配（恒等匹配）为核心，它在测量技术上的外在表现形态是电压驻波比；后者的物理内涵是以共轭匹配（最大功率匹配）为核心，它在测量技术上的外在表现形态是失配因子。

本节着重讨论普通散射参数的定义和特性，对广义散射参数仅作简单介绍。

5.4.1 普通散射参数的定义

普通散射矩阵是用网络各端口的入射电压波（简称入射波）和出射电压波（简称出射波）来描述网络特性的波矩阵。如图 5.4.1 所示 N 端口网络，设 $U_i(z)$、$I_i(z)$ 为第 i 端口参考面 z 处的电压和电流，则由第二章传输线理论可知

$$\begin{cases}U_i(z)=U_{0i}^{+}\mathrm{e}^{-\gamma z}+U_{0i}^{-}\mathrm{e}^{\gamma z}=U_i^{+}(z)+U_i^{-}(z)\\ I_i(z)=\dfrac{U_{0i}^{+}\mathrm{e}^{-\gamma z}-U_{0i}^{-}\mathrm{e}^{\gamma z}}{Z_{0i}}=I_i^{+}(z)-I_i^{-}(z)\end{cases}\tag{5.4.1}$$

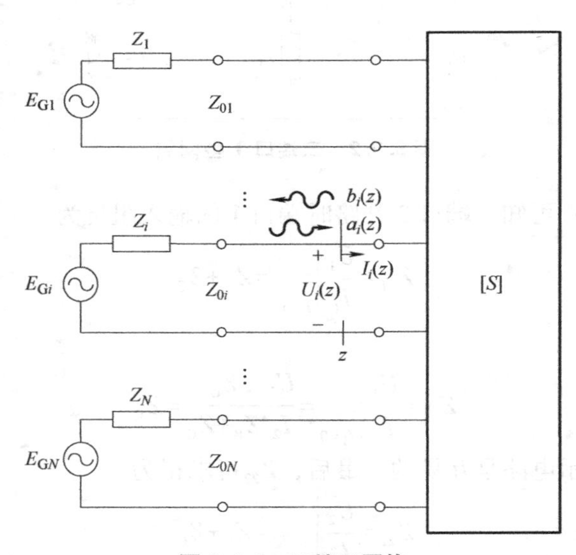

图 5.4.1 N 端口网络

由此可得

$$\begin{cases} U_{0i}^{+}\mathrm{e}^{-\gamma z}=\dfrac{1}{2}[U_i(z)+Z_{0i}I_i(z)] \\ U_{0i}^{-}\mathrm{e}^{\gamma z}=\dfrac{1}{2}[U_i(z)-Z_{0i}I_i(z)] \end{cases} \tag{5.4.2}$$

两边除以$\sqrt{Z_{0i}}$，定义如下归一化入射波和归一化出射波：

$$\begin{cases} a_i(z)\equiv\dfrac{U_{0i}^{+}\mathrm{e}^{-\gamma z}}{\sqrt{Z_{0i}}}=\dfrac{1}{2}\left[\dfrac{U_i(z)}{\sqrt{Z_{0i}}}+\sqrt{Z_{0i}}I_i(z)\right] \\ b_i(z)\equiv\dfrac{U_{0i}^{-}\mathrm{e}^{\gamma z}}{\sqrt{Z_{0i}}}=\dfrac{1}{2}\left[\dfrac{U_i(z)}{\sqrt{Z_{0i}}}-\sqrt{Z_{0i}}I_i(z)\right] \end{cases} \tag{5.4.3}$$

二者之比显然是第 i 端口 z 处的电压行波反射系数，为

$$\frac{b_i(z)}{a_i(z)}=\frac{U_{0i}^{-}\mathrm{e}^{\gamma z}}{U_{0i}^{+}\mathrm{e}^{-\gamma z}}=\frac{Z_i(z)-Z_{0i}}{Z_i(z)+Z_{0i}}=\Gamma_i(z) \tag{5.4.4}$$

由式（5.4.3）解得

$$\begin{cases} U_i(z)=\sqrt{Z_{0i}}[a_i(z)+b_i(z)] \\ I_i(z)=\dfrac{1}{\sqrt{Z_{0i}}}[a_i(z)-b_i(z)] \end{cases} \tag{5.4.5}$$

或者得到归一化电压和归一化电流为

$$\begin{cases} \overline{U_i(z)}=\dfrac{U_i(z)}{\sqrt{Z_{0i}}}=a_i(z)+b_i(z) \\ \overline{I_i(z)}=I_i(z)\sqrt{Z_{0i}}=a_i(z)-b_i(z) \end{cases} \tag{5.4.6}$$

通过第 i 端口 z 处的功率为

$$P_i=\mathrm{Re}\{U_i(z)I_i^{*}(z)\}=|a_i(z)|^2-|b_i(z)|^2 \tag{5.4.7}$$

式（5.4.7）表明 z 处的净功率为入射波功率与出射波功率之差。这里 Z_{0i}是第 i 端口传输线的特性阻抗，一般为实数；若 Z_{0i}为复数（例如当传输线的损耗不可忽略时），则上述关系不成立。

以归一化入射波的振幅 a_i为自变量，归一化出射波的振幅 b_i为因变量的线性 N 端口微波网络的行波散射矩阵方程为

$$\begin{bmatrix} b_1 \\ b_2 \\ \vdots \\ b_N \end{bmatrix}=\begin{bmatrix} S_{11} & S_{12} & \cdots & S_{1N} \\ S_{21} & & & \vdots \\ \vdots & & & \vdots \\ S_{N1} & \cdots & \cdots & S_{NN} \end{bmatrix}\begin{bmatrix} a_1 \\ a_2 \\ \vdots \\ a_N \end{bmatrix} \tag{5.4.8a}$$

或者

$$[b]=[S][a] \tag{5.4.8b}$$

散射矩阵元素的定义为

$$S_{ij}=\left.\frac{b_i}{a_j}\right|_{a_k=0,k\neq j} \tag{5.4.9}$$

式（5.4.9）说明，S_{ij}可通过在端口j用入射电压波振幅a_j激励，测量端口i的出射波振幅b_i来求得，条件是除端口j以外的所有其他端口上的入射波为零。这意味着所有其他端口应接其匹配负载，以避免反射。可见散射参数有明确的物理意义：S_{ii}是当所有其他端口端接匹配负载时端口i的反射系数，S_{ij}是当所有其他端口端接匹配负载时从端口j至端口i的传输系数。这种散射参数可用熟知的方法和测量系统加以测量。

对于常见的二端口网络，式（5.4.8）化简为

$$\begin{cases} b_1 = S_{11}a_1 + S_{12}a_2 \\ b_2 = S_{21}a_1 + S_{22}a_2 \end{cases} \tag{5.4.10}$$

式中，a_1和b_1分别为输入端口的入射波振幅和出射波振幅；a_2和b_2分别为输出端口的入射波振幅和出射波振幅。若输出端口不匹配，设其负载阻抗的反射系数为Γ_L，则在式（5.4.10）中令$a_2=\Gamma_L b_2$，得到

$$b_1 = S_{11}a_1 + S_{12}\Gamma_L b_2$$
$$b_2 = S_{21}a_1 + S_{22}\Gamma_L b_2$$

由此求得输入端口的反射系数为

$$\Gamma_{in} = \frac{b_1}{a_1} = S_{11} + \frac{S_{12}S_{21}\Gamma_L}{1 - S_{22}\Gamma_L} \tag{5.4.11}$$

若网络互易，$S_{12}=S_{21}$，则此线性互易二端口网络的散射参数只有三个是独立的，且有关系

$$\Gamma_{in} = S_{11} + \frac{S_{12}^2\Gamma_L}{1 - S_{22}\Gamma_L} \tag{5.4.12}$$

据此关系，线性互易二端口网络的散射参数可以用三点法测定：当输出端口短路（$\Gamma_L=-1$）、开路（$\Gamma_L=1$）和接匹配负载（$\Gamma_L=0$）时，据式（5.4.12）有关系式：

$$\begin{cases} \Gamma_{in,sc} = S_{11} - \dfrac{S_{12}^2}{1+S_{22}} \\ \Gamma_{in,oc} = S_{11} + \dfrac{S_{12}^2}{1-S_{22}} \\ \Gamma_{in,mat} = S_{11} \end{cases} \tag{5.4.13}$$

分别将输出端短路、开路和接匹配负载，测出$\Gamma_{in,sc}$、$\Gamma_{in,oc}$和$\Gamma_{in,mat}$，便可由式（5.4.13）决定S_{11}、S_{12}和S_{22}。

5.4.2 ［S］矩阵与［Z］矩阵、［Y］矩阵的关系

根据式（5.3.2a），有

$$U_i = \sum_{j=1}^{N} z_{ij}I_j \quad (i=1,2,\cdots,N) \tag{5.4.14}$$

代入式（5.4.3），得到

$$\begin{cases} a_i = \dfrac{1}{2}\sum_{j=1}^{N}(\sqrt{Y_{0i}}Z_{ij} + \sqrt{Z_{0i}}\delta_{ij})I_j \\ b_i = \dfrac{1}{2}\sum_{j=1}^{N}(\sqrt{Y_{0i}}Z_{ij} + \sqrt{Z_{0i}}\delta_{ij})I_j \end{cases} \tag{5.4.15}$$

式中，当 $i=j$ 时，$\delta_{ij}=1$；当 $i\neq j$ 时，$\delta_{ij}=0$。

引入对角矩阵：

$$[Z_0]=\begin{bmatrix} Z_{01} & 0 & \cdots & 0 \\ 0 & Z_{02} & \cdots & 0 \\ \vdots & \vdots & & \vdots \\ 0 & \cdots & \cdots & Z_{0N} \end{bmatrix},[\sqrt{Z_0}]=\begin{bmatrix} \sqrt{Z_{01}} & 0 & \cdots & 0 \\ 0 & \sqrt{Z_{02}} & \cdots & 0 \\ \vdots & \vdots & & \vdots \\ 0 & \cdots & \cdots & \sqrt{Z_{0N}} \end{bmatrix},$$

$$[\sqrt{Y_0}]=\begin{bmatrix} \sqrt{Y_{01}} & 0 & \cdots & 0 \\ 0 & \sqrt{Y_{02}} & \cdots & 0 \\ \vdots & \vdots & & \vdots \\ 0 & \cdots & \cdots & \sqrt{Y_{0N}} \end{bmatrix} \tag{5.4.16}$$

则式（5.4.15）可以表示成矩阵形式：

$$\begin{cases} [a]=\dfrac{1}{2}[\sqrt{Y_0}]([Z]+[Z_0])[I] \\ [b]=\dfrac{1}{2}[\sqrt{Y_0}]([Z]-[Z_0])[I] \end{cases} \tag{5.4.17}$$

由式（5.4.17）第一式，得到

$$[I]=2([Z]+[Z_0])^{-1}[\sqrt{Z_0}][a]$$

代入式（5.4.17）第二式，得到

$$[b]=[\sqrt{Y_0}]([Z]-[Z_0])([Z]+[Z_0])^{-1}[\sqrt{Z_0}][a] \tag{5.4.18}$$

比较式（5.4.8b）和式（5.4.18）便得到［S］矩阵与［Z］矩阵的关系式为

$$[S]=[\sqrt{Y_0}]([Z]-[Z_0])([Z]+[Z_0])^{-1}[\sqrt{Z_0}] \tag{5.4.19}$$

同样可求得［S］矩阵与［Y］矩阵的关系式为

$$[S]=[\sqrt{Z_0}]([Y_0]-[Y])([Y_0]+[Y])^{-1}[\sqrt{Y_0}] \tag{5.4.20}$$

根据式（5.4.8a），有

$$b_i=\sum_{j=1}^{N}S_{ij}a_j \quad (i=1,2,\cdots,N) \tag{5.4.21}$$

代入式（5.4.5），用类似方法可求得［Z］、［Y］矩阵与［S］矩阵的关系式为

$$[Z]=[\sqrt{Z_0}]([E]+[S])([E]-[S])^{-1}[\sqrt{Z_0}] \tag{5.4.22}$$

$$[Y]=[\sqrt{Y_0}]([E]-[S])([E]+[S])^{-1}[\sqrt{Y_0}] \tag{5.4.23}$$

式中，［E］为单位矩阵。其定义为

$$[E]=\begin{bmatrix} 1 & 0 & \cdots & 0 \\ 0 & 1 & \cdots & 0 \\ \vdots & \vdots & & \vdots \\ 0 & \cdots & \cdots & 1 \end{bmatrix} \tag{5.4.24}$$

对于一端口网络，由式（5.4.19）求得

$$S_{11}=\Gamma_{\text{in}}=\frac{Z-Z_0}{Z+Z_0} \tag{5.4.25}$$

此结果与传输线理论的结果一致。

5.4.3　级联二端口网络的散射矩阵

用单个二端口网络的散射参数表示级联二端口网络的散射矩阵，在网络分析和 CAD 中十分有用，这样可以避免散射矩阵与其他矩阵之间的换算。如图 5.4.2 所示元件 A 和元件 B 级联，其散射矩阵分别为 $[S]_A$ 和 $[S]_B$，则有

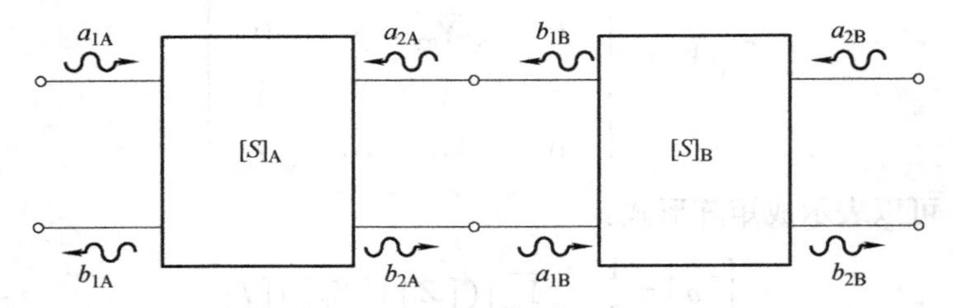

图 5.4.2　元件 *A* 和元件 *B* 级联

$$\begin{cases}b_{1A}=S_{11}^{A}a_{1A}+S_{12}^{A}a_{2A}\\ b_{2A}=S_{21}^{A}a_{1A}+S_{22}^{A}a_{2A}\end{cases} \tag{5.4.26}$$

和

$$\begin{cases}b_{1B}=S_{11}^{B}a_{1B}+S_{12}^{B}a_{2B}\\ b_{2B}=S_{21}^{B}a_{1B}+S_{22}^{B}a_{2B}\end{cases} \tag{5.4.27}$$

假如元件 A 的输出端口与元件 B 的输入端口的归一化阻抗相同，则 $b_{2A}=a_{1B}$，$b_{1B}=a_{2A}$，由式（5.4.26）和式（5.4.27）消除 b_{2A}、b_{1B}、a_{1B} 和 a_{2A}，便可得到两级联二端口网络的散射矩阵为

$$[S]_{AB}=\begin{bmatrix}S_{11}^{A}+\dfrac{S_{12}^{A}S_{11}^{B}S_{21}^{A}}{1-S_{22}^{A}S_{11}^{B}} & \dfrac{S_{12}^{A}S_{12}^{B}}{1-S_{22}^{A}S_{11}^{B}}\\ \dfrac{S_{21}^{A}S_{21}^{B}}{1-S_{22}^{A}S_{11}^{B}} & S_{22}^{B}+\dfrac{S_{21}^{B}S_{22}^{A}S_{12}^{B}}{1-S_{22}^{A}S_{11}^{B}}\end{bmatrix} \tag{5.4.28}$$

重复运用此关系，便可求得由许多元件组成的级联二端口网络总的散射矩阵。一些常用二端口网络的［S］矩阵可参照表 5.6.1。

5.4.4　散射矩阵的特性

散射矩阵有几个很重要的特性。这些特性在微波电路特性的分析中有着重要的应用。

1. 互易网络散射矩阵的对称性

在 5.3 节中讲到，对于互易网络，阻抗矩阵和导纳矩阵是对称的。同样，对于互易网络，散射矩阵也是对称的。

事实上，由式（5.3.2b）和式（5.4.5）得到

$$[Z][I]=[Z][\sqrt{Y_0}]([a]-[b])=[U]=[Z_0]([a]+[b])$$

即得到

$$([Z][\sqrt{Y_0}]-[\sqrt{Z_0}])[a]=([Z][\sqrt{Y_0}]+[\sqrt{Z_0}])[b]$$

由此得到

$$[S]=[\sqrt{Y_0}]([Z]+[Z_0])^{-1}([Z]-[Z_0])[\sqrt{Z_0}] \tag{5.4.29}$$

取式（5.4.29）的转置，考虑到 $[Z_0]$、$[\sqrt{Z_0}]$ 和 $[\sqrt{Y_0}]$ 为对角矩阵，则有 $[Z_0]^{\mathrm{T}}=[Z_0]$、$[\sqrt{Z_0}]^{\mathrm{T}}=[\sqrt{Z_0}]$、$[\sqrt{Y_0}]^{\mathrm{T}}=[\sqrt{Y_0}]$；若网络是互易的，$[Z]$ 为对称矩阵，$[Z]^{\mathrm{T}}=[Z]$，则得

$$[S]^{\mathrm{T}}=[\sqrt{Y_0}]([Z]-[Z_0])([Z]+[Z_0])^{-1}[\sqrt{Z_0}] \tag{5.4.30}$$

式（5.4.30）等价为式（5.4.19）。因此，对于互易网络，散射矩阵也是对称的，即有

$$[S]=[S]^{\mathrm{T}} \tag{5.4.31}$$

2. 无耗网络散射矩阵的幺正性

对于一个 N 端口无耗无源网络，如前面所述，传入系统的功率为 $\sum_{i=1}^{N}\frac{1}{2}|a_i|^2$，由系统出射的功率则为 $\sum_{i=1}^{N}\frac{1}{2}|b_i|^2$。由于系统无耗无源，所以这两种功率应相等，因此有

$$\sum_{i=1}^{N}\frac{1}{2}(|a_i|^2-|b_i|^2)=0$$

用矩阵形式表示，则为

$$[a]^{\mathrm{T}}[a]^*-[b]^{\mathrm{T}}[b]^*=0$$

根据式（5.4.8b），上式变成

$$[a]^{\mathrm{T}}[a]^*-[a]^{\mathrm{T}}[S]^{\mathrm{T}}[S]^*[a]^*=0$$

或者

$$[a]^{\mathrm{T}}\{[E]-[S]^{\mathrm{T}}[S]^*\}[a]^*=0$$

由此得到 $[S]$ 矩阵的幺正性：

$$[S]^{\mathrm{T}}[S]^*=[E] \tag{5.4.32}$$

对于互易无耗微波网络，幺正性为

$$[S][S]^*=[E] \tag{5.4.33}$$

式（5.4.32）可以写成求和形式：

$$\sum_{k=1}^{N}S_{ki}S_{kj}^*=\delta_{ij} \tag{5.4.34}$$

式中，当 $i=j$ 时，$\delta_{ij}=1$；当 $i\neq j$ 时，$\delta_{ij}=0$。因此，若 $i=j$，则式（5.4.34）简化为

$$\sum_{k=1}^{N}S_{ki}S_{ki}^*=1 \tag{5.4.35a}$$

若 $i\neq j$，则式（5.4.34）简化为

$$\sum_{k=1}^{N}S_{ki}S_{kj}^*=0\ ,\quad i\neq j \tag{5.4.35b}$$

式（5.4.35a）说明［S］矩阵的任一列与该列共轭值的点乘积等于1；式（5.4.35b）说明任一列与不同列的共轭值的点乘积等于零（正交）。假若网络是互易的，则［S］是对称的。式（5.4.35）也可对各行描述同样的特性。

3. 传输线无耗条件下，参考面移动时散射参数幅值的不变性

由于散射参数表示微波网络的出射波振幅（包括幅值和相位）与入射波振幅的关系，因此必须规定网络各端口的相位参考面。当参考面移动时，散射参数的幅值不改变，只有相位改变。

如图5.4.1所示N端口网络，设参考面位于$z_i=0$处（$i=1,2,\cdots,N$），网络的散射矩阵为［S］，参考面向外移至$z_i=l_i(i=1,2,\cdots,N)$处，网络的散射矩阵为［S'］。由于参考面移动后，各端口出射波的相位要滞后$\theta_i=2\pi l_i/\lambda_{gi}$，而入射波的相位要超前$\theta_j=2\pi l_j/\lambda_{gj}(j=1,2,\cdots,N)$，因此新的散射参数$S'_{ij}$为

$$S'_{ij}=\frac{b'_i}{a'_j}=S_{ij}\mathrm{e}^{-\mathrm{j}2\pi[(l_j/\lambda_{gj})+(l_i/\lambda_{gi})]} \tag{5.4.36}$$

新的［S'］矩阵与［S］矩阵的关系则为

$$[S']=[P][S][P] \tag{5.4.37}$$

式中，［P］为式（5.4.38）所示的对角矩阵。

$$[P]=\begin{bmatrix} \mathrm{e}^{-\mathrm{j}\theta_1} & 0 & \cdots & 0 \\ 0 & \mathrm{e}^{-\mathrm{j}\theta_2} & \cdots & 0 \\ \vdots & \vdots & & \vdots \\ 0 & 0 & \cdots & \mathrm{e}^{-\mathrm{j}\theta_N} \end{bmatrix} \tag{5.4.38}$$

5.4.5　广义散射矩阵

上述普通散射矩阵参数要求网络所有端口都具有相同的特性阻抗，但实际中有时各端口的特性阻抗并不相同，因此，普通散射矩阵缺乏普遍性。其解决的办法是引入功率波，定义广义散射参数。

如图5.4.3所示为各端口直接接以信源或负载的N端口网络，定义网络各端口的电压和电流为

$$U_i=\frac{a_iZ_i^*+b_iZ_i}{\sqrt{\mathrm{Re}Z_i}},I_i=\frac{a_i-b_i}{\sqrt{\mathrm{Re}Z_i}} \tag{5.4.39}$$

式中，Z_i是端口i的外接阻抗（一般为复数）。由此式得到入射功率波和出射功率波分别为

$$a_i=\frac{U_i+Z_iI_i}{2\sqrt{\mathrm{Re}Z_i}},b_i=\frac{U_i-Z_i^*I_i}{2\sqrt{\mathrm{Re}Z_i}} \tag{5.4.40}$$

功率波反射系数定义为

$$\Gamma_i=\frac{b_i}{a_i}=\frac{U_i-Z_i^*I_i}{U_i+Z_iI_i}=\frac{Z_\mathrm{L}-Z_i^*}{Z_\mathrm{L}+Z_i} \tag{5.4.41}$$

式中，Z_L为参考面z点向网络视入的阻抗。

式（5.4.40）定义的a_i和b_i之所以称为功率波，是因为通过它们可以建立微波电路中

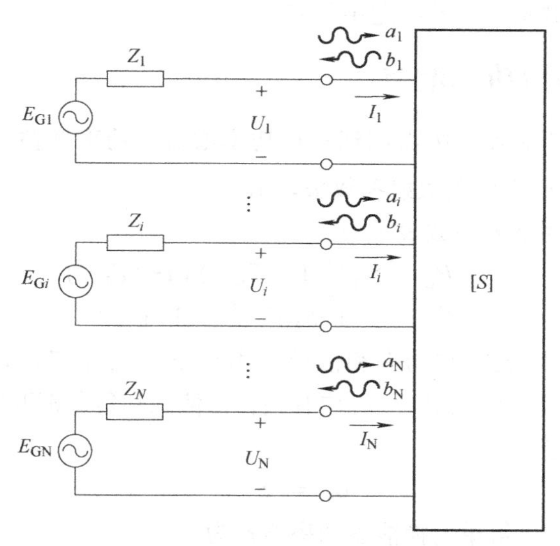

图 5.4.3　直接接以信源或负载的 N 端口网络

功率的确定关系。若 $a_i=0$，表示端口 i 无外接源，而当 $a_i\neq0$，$b_i=0$ 时，则表示该处实现了共轭匹配。

由图 5.4.3 可知，负载 Z_L两端的电压 U_i与流入 Z_L的电流 I_i之间的关系为

$$U_i=E_{Gi}-Z_iI_i \tag{5.4.42}$$

将此式代入式（5.4.40），得到

$$|a_i|^2=\frac{|E_{Gi}|^2}{4\mathrm{Re}Z_i}=P_A \tag{5.4.43}$$

式中，P_A表示信源的资用功率。另一方面，由式（5.4.40）和式（5.4.42）可得负载吸收的净功率为

$$|a_i|^2-|b_i|^2=\mathrm{Re}\{U_iI^*\}=P_L \tag{5.4.44}$$

式（5.4.38）和式（5.4.39）说明：信源 E_{Gi}向负载传输功率 $|a_i|^2$ 与负载阻抗 Z_L无关；而当信源不满足共轭匹配条件时，一部分入射功率将反射回信源，其反射功率为 $|b_i|^2$，因此，负载吸收的净功率为 $|a_i|^2-|b_i|^2$。

根据式（5.4.40）定义的功率波，相对于 N 个阻抗 Z_1，Z_2，…，Z_N归一化的 N 端口网络的广义散射矩阵 [S]，可用线性矩阵方程定义为

$$[b]=[S][a] \tag{5.4.45}$$

其中散射矩阵的元素可由下式计算：

$$S_{ii}=\left.\frac{b_i}{a_i}\right|_{a_k=0,k\neq i},S_{ki}=\left.\frac{b_k}{a_i}\right|_{a_k=0,k\neq i} \tag{5.4.46}$$

条件 $a_k=0$，$k\neq i$ 意味着除端口 i 以外的所有端口都用其各自的归一化阻抗端接，即所有其他端口都是匹配的。式（5.4.46）表示，S_{ii}和 S_{ki}分别是除端口 i 以外网络其他各端口均无外接源时，端口 i 的功率波反射系数和自端口 i 向端口 k 的功率波传输系数。

广义散射参数可以用特定的负载和信源阻抗来定义，它在微波有源电路的稳定性分

析、二端口网络的复数共轭匹配等问题中很有用。

5.4.6 二端口网络的功率增益

在微波有源电路分析和设计中需用到三种功率增益：功率增益 G、资用功率增益 G_A 和换能器功率增益 G_T。它们都可用散射参数来表示。

换能器功率增益可用散射参数表示为

$$G_T=\frac{P_L}{P_A}=\frac{|S_{21}|^2(1-|\Gamma_G|^2)(1-|\Gamma_L|^2)}{|1-S_{22}\Gamma_L|^2|1-\Gamma_G\Gamma_{in}|^2} \tag{5.4.47}$$

式中，P_L 和 P_A 分别表示负载吸收功率和信源资用功率；Γ_{in} 是二端口网络的输入端反射系数。由式（5.4.47）可见，G_T 与 Z_G 和 Z_L 均有关；当信源和负载都匹配时，$\Gamma_L=\Gamma_G=0$，则得到匹配的换能器功率增益为

$$G_{Tm}=|S_{21}|^2 \tag{5.4.48}$$

若器件的 $S_{12}=0$，则可得单向换能器功率增益为

$$G_{Tu}=\frac{|S_{21}|^2(1-|\Gamma_G|^2)(1-|\Gamma_L|^2)}{|1-S_{11}\Gamma_G|^2|1-S_{22}\Gamma_L|^2} \tag{5.4.49}$$

功率增益定义为负载吸收功率与二端口网络输入功率之比：

$$G=\frac{P_L}{P_{in}}=\frac{|S_{21}|^2(1-|\Gamma_L|^2)}{|1-S_{22}\Gamma_L|^2(1-|\Gamma_{in}|^2)} \tag{5.4.50}$$

可见 G 与信源内阻抗无关，因此对于与 Z_G 有关的微波电路的设计就不宜采用。

资用功率增益定义为负载从二端口网络得到的有用功率与负载直接从信源得到的有用功率之比：

$$G_A=\frac{P_{avn}}{P_{avs}}=\frac{|S_{21}|^2(1-|\Gamma_G|^2)}{|1-S_{11}\Gamma_G|^2(1-|\Gamma_{out}|^2)} \tag{5.4.51}$$

式中，Γ_{out} 是二端口网络的输出端反射系数。可见 G_A 与 Z_G 有关，而与 Z_L 无关。

5.5 转移矩阵

上述 Z、Y 和 S 参数表示法可以用来描述任意端口微波网络的特性。但实用中的许多微波网络是由两个或多个二端口网络级联组成的。用转移矩阵（或称 *ABCD* 矩阵，为书写方便也可写作［A］矩阵）和传输散射矩阵（简称传输矩阵）来描述这种网络特别方便。本节和下节将分别讨论 *ABCD* 矩阵和传输矩阵的表示法与应用。

5.5.1 *ABCD* 矩阵

ABCD 矩阵是用来描述二端口网络输入端口的总电压和总电流与输出端口的总电压和总电流的关系，如图 5.5.1a 所示，即有

$$U_1=AU_2+BI_2$$

$$I_1=CU_2+DI_2$$

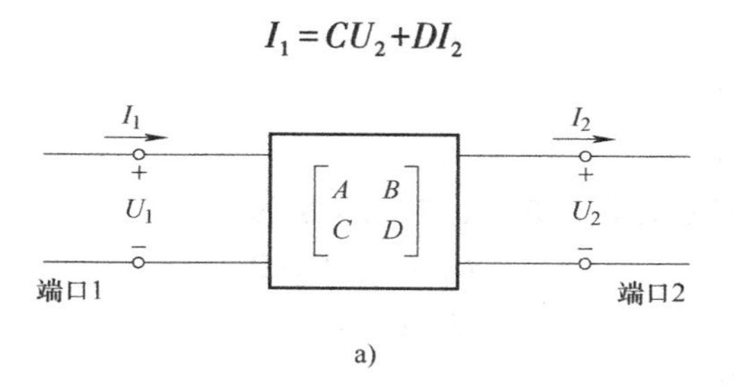

a)

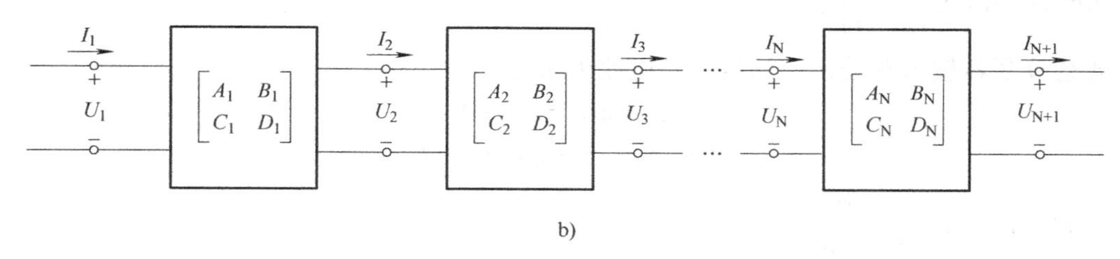

b)

图 5.5.1 二端口网络和 N 个二端口网络级联

a）二端口网络 b）N 个二端口网络级联

写成矩阵形式为

$$\begin{bmatrix} U_1 \\ I_1 \end{bmatrix}=\begin{bmatrix} A & B \\ C & D \end{bmatrix}\begin{bmatrix} U_2 \\ I_2 \end{bmatrix} \tag{5.5.1}$$

注意：I_2 的方向是流出端口 2，以便于研究二端口网络的级联。

$ABCD$ 矩阵元素无明确的物理意义，但它特别适用于分析二端口网络的级联。如图 5.5.1b 所示，我们有

$$\begin{bmatrix} U_1 \\ I_1 \end{bmatrix}=\begin{bmatrix} A_1 & B_1 \\ C_1 & D_1 \end{bmatrix}\begin{bmatrix} U_2 \\ I_2 \end{bmatrix},\begin{bmatrix} U_2 \\ I_2 \end{bmatrix}=\begin{bmatrix} A_2 & B_2 \\ C_2 & D_2 \end{bmatrix}\begin{bmatrix} U_3 \\ I_3 \end{bmatrix},\cdots,\begin{bmatrix} U_N \\ I_N \end{bmatrix}=\begin{bmatrix} A_N & B_N \\ C_N & D_N \end{bmatrix}\begin{bmatrix} U_{N+1} \\ I_{N+1} \end{bmatrix}$$

于是得到

$$\begin{aligned}\begin{bmatrix} U_1 \\ I_1 \end{bmatrix}&=\begin{bmatrix} A_1 & B_1 \\ C_1 & D_1 \end{bmatrix}\begin{bmatrix} A_2 & B_2 \\ C_2 & D_2 \end{bmatrix}\cdots\begin{bmatrix} A_N & B_N \\ C_N & D_N \end{bmatrix}\begin{bmatrix} U_{N+1} \\ I_{N+1} \end{bmatrix}=\prod_{i=1}^{N}\begin{bmatrix} A_i & B_i \\ C_i & D_i \end{bmatrix}\begin{bmatrix} U_{N+1} \\ I_{N+1} \end{bmatrix}\\&=\begin{bmatrix} A & B \\ C & D \end{bmatrix}_{\text{级联}}\begin{bmatrix} U_{N+1} \\ I_{N+1} \end{bmatrix}\end{aligned} \tag{5.5.2}$$

因此得到

$$\begin{bmatrix} A & B \\ C & D \end{bmatrix}_{\text{级联}}=\prod_{i=1}^{N}\begin{bmatrix} A_i & B_i \\ C_i & D_i \end{bmatrix} \tag{5.5.3}$$

即是说，级联二端口网络总的 $ABCD$ 矩阵等于各个二端口网络 $ABCD$ 矩阵之积。需要注意的是，矩阵乘法不满足交换律，因此在求矩阵乘积时，矩阵的前后次序必须与级联网络的排列次序完全一致。一些常用二端口电路的 $ABCD$ 矩阵可参照后面的表 5.6.1。

例 5.3 求表 5.6.1 中串联阻抗 Z、并联导纳 Y 和理想变压器的 $ABCD$ 矩阵。

解： 可以写出串联阻抗 Z 的方程和矩阵表达式为

$$U_1=I_2Z+U_2=U_2+ZI_2$$

$$I_1=I_2=0+I_2$$

可得 $ABCD$ 矩阵为$\begin{bmatrix}1 & Z\\0 & 1\end{bmatrix}$。

并联导纳 Y 的输入和输出端的电压、电流关系为

$$U_1=U_2=U_2+0$$
$$I_1=I_2+U_2Y=YU_2+I_2$$

可得 $ABCD$ 矩阵为$\begin{bmatrix}1 & 0\\Y & 1\end{bmatrix}$。

理想变压器输入和输出端的电压、电流关系为

$$U_1=nU_2=nU_2+0$$
$$I_1=(1/n)I_2=0+(1/n)I_2$$

可得 $ABCD$ 矩阵为$\begin{bmatrix}n & 0\\0 & 1/n\end{bmatrix}$。

对于输入端口和输出端口传输线的特性阻抗 Z_0 相同的二端口网络，用 B 除以 Z_0 和 C 乘以 Z_0，便可得到归一化 $ABCD$ 矩阵：

$$\begin{bmatrix}a & b\\c & d\end{bmatrix}=\begin{bmatrix}A & B/Z_0\\CZ_0 & D\end{bmatrix} \tag{5.5.4}$$

若干二端口网络级联时，只要所有网络都具有相同的特性阻抗 Z_0，就可以直接将各网络的归一化 $ABCD$ 矩阵相乘得到总的归一化 $ABCD$ 矩阵。

5.5.2 *ABCD* 矩阵与［*S*］矩阵的关系

S 参数有明确物理意义，但它不便于分析级联网络。因此，为了分析级联网络，需采用 $ABCD$ 矩阵求级联网络的 $ABCD$ 矩阵，然后转换成［S］矩阵，以研究级联网络的特性。因此有必要熟悉［S］矩阵与 $ABCD$ 矩阵之间的转换关系。

将式（5.4.6）代入式（5.5.1），得到

$$a_1+b_1=A(a_2+b_2)-B(a_2-b_2)/Z_0$$
$$a_1-b_1=CZ_0(a_2+b_2)-D(a_2-b_2)$$

即

$$b_1-(A+B/Z_0)b_2=-a_1+(A-B/Z_0)a_2$$
$$-b_1-(CZ_0+D)b_2=-a_1+(CZ_0-D)a_2$$

或者

$$\begin{bmatrix}1 & -(A+B/Z_0)\\-1 & -(CZ_0+D)\end{bmatrix}\begin{bmatrix}b_1\\b_2\end{bmatrix}=\begin{bmatrix}-1 & (A-B/Z_0)\\-1 & (CZ_0-D)\end{bmatrix}\begin{bmatrix}a_1\\a_2\end{bmatrix}$$

由此得到

$$\begin{bmatrix}b_1\\b_2\end{bmatrix}=\begin{bmatrix}1 & -(A+B/Z_0)\\-1 & -(CZ_0+D)\end{bmatrix}^{-1}\begin{bmatrix}-1 & (A-B/Z_0)\\-1 & (CZ_0-D)\end{bmatrix}\begin{bmatrix}a_1\\a_2\end{bmatrix}$$

与［S］矩阵方程（5.4.8）比较，得到［S］矩阵与 $ABCD$ 矩阵的转换关系为

$$[S]=\begin{bmatrix}1 & -(A+B/Z_0)\\ -1 & -(CZ_0+D)\end{bmatrix}^{-1}\begin{bmatrix}-1 & (A-B/Z_0)\\ -1 & (CZ_0-D)\end{bmatrix}$$

$$=\frac{1}{A+B/Z_0+CZ_0+D}\begin{bmatrix}A+B/Z_0-CZ_0-D & 2(AD-BC)\\ 2 & -A+B/Z_0-CZ_0+D\end{bmatrix} \tag{5.5.5}$$

同样可求得 $ABCD$ 矩阵与［S］矩阵的关系为

$$\begin{bmatrix}A & B\\ C & D\end{bmatrix}=\begin{bmatrix}\dfrac{(1+S_{11})(1-S_{22})+S_{12}S_{21}}{2S_{21}} & Z_0\dfrac{(1+S_{11})(1+S_{22})-S_{12}S_{21}}{2S_{21}}\\ \dfrac{1}{Z_0}\dfrac{(1-S_{11})(1-S_{22})-S_{12}S_{21}}{2S_{21}} & \dfrac{(1-S_{11})(1+S_{22})-S_{12}S_{21}}{2S_{21}}\end{bmatrix} \tag{5.5.6}$$

可见，当 $S_{21}=0$ 时，$ABCD$ 参数将是不确定的。S_{21}表示正向传输系数，在微波电路中通常不为零。

5.5.3　二端口网络的特性

$ABCD$ 参数不仅适用于分析二端口网络的级联，而且可以很方便地表示二端口网络的各种特性。

1. 二端口网络的阻抗与反射特性

以负载阻抗 Z_L端接的二端口网络的输入阻抗为

$$Z_{in}=\frac{U_1}{I_1}=\frac{AU_2+BI_2}{CU_2+DI_2}=\frac{AZ_L+B}{CZ_L+D} \tag{5.5.7}$$

输入反射系数可用 $ABCD$ 参数表示为

$$\Gamma_{in}=S_{11}=\frac{Z_{in}-Z_0}{Z_{in}+Z_0}=\frac{AZ_L+B-CZ_0Z_L-DZ_0}{AZ_L+B+CZ_0Z_L+DZ_0} \tag{5.5.8}$$

2. 二端口网络的插入损耗和功率增益

二端口网络的插入损耗（insertion loss）定义为

$$L_I\equiv 10\lg\frac{P_{Lb}}{P_{La}} \tag{5.5.9}$$

式中，L_I 的单位为 dB；P_{Lb} 和 P_{La} 分别是插入网络之前和之后传送给特定负载的功率。式（5.5.9）可用 $ABCD$ 参数表示为

$$L_I=10\lg\left|\frac{AZ_L+B+CZ_GZ_L+DZ_G}{Z_G+Z_L}\right|^2 \tag{5.5.10}$$

式中，Z_G和 Z_L分别是信源内阻抗和负载阻抗。若 $Z_L=Z_G=Z_0$，则在传输系统任意处插入网络的插入损耗为

$$L_I=10\lg\left|\frac{A+B/Z_0+CZ_0+D}{2}\right|^2=10\lg\frac{1}{|S_{21}|^2} \tag{5.5.11}$$

在设计微波放大器的匹配网络时，常用到换能器损耗（transducer loss），其定义为

$$L_T\equiv 10\lg\frac{P_A}{P_L} \tag{5.5.12}$$

式中，P_A是信源的资用功率，P_L是负载吸收功率；对于无源网络，$P_L \leqslant P_A$，故L_T总是正的，L_T 的单位为 dB。

换能器损耗可用 *ABCD* 参数表示为

$$L_T = 10\lg \frac{|AZ_L + B + CZ_G Z_L + DZ_G|^2}{4R_G R_L} \tag{5.5.13}$$

式中，$Z_G = R_G + jX_G$，$Z_L = R_L + jX_L$。当 $Z_G = Z_L = Z_0$ 时，L_T和 L_I完全相同。

换能器增益 G_T（单位为 dB）则定义为

$$G_T \equiv 10\lg \frac{P_L}{P_A} \tag{5.5.14}$$

显然，$G_T = -L_T$。

在研究二端口网络接于失配负载和匹配信源情况下网络的损耗时，常用到失配损耗（mismatch loss）的概念。此时传送给网络的净功率为

$$P_{in} = (1 - |\Gamma_{in}|^2) P_A \tag{5.5.15}$$

设二端口网络的耗散功率为 P_d，则传送给负载的功率为

$$P_L = (1 - |\Gamma_{in}|^2) P_A - P_d \tag{5.5.16}$$

根据式（5.5.12），可得换能器损耗为

$$L_T = 10\lg \frac{1}{1 - |\Gamma_{in}|^2 - P_d / P_A}$$

将式（5.5.15）代入上式

$$\begin{aligned} L_T &= 10\lg\left(\frac{P_{in}}{P_{in} - P_d}\right)\left(\frac{1}{1 - |\Gamma_{in}|^2}\right) \\ &= 10\lg \frac{1}{1 - P_d / P_{in}} + 10\lg \frac{1}{1 - |\Gamma_{in}|^2} \\ &= L_d + L_{mis} \end{aligned} \tag{5.5.17}$$

式中，第一项代表耗散损耗（dB），第二项代表失配损耗（dB）。对于无耗网络，$P_d = 0$，则换能器损耗仅为网络的失配损耗。

3. 二端口网络的插入相移

插入相移（insertion phase）定义为插入网络前、后负载的电压（或电流）相位之差，即

$$\theta_I \equiv \theta_{Lb} - \theta_{La} \tag{5.5.18}$$

当 Z_G和 Z_L均为实数时，$\theta_{Lb} = 0$，则 $\theta_I = -\theta_{La}$。因此 θ_I为正值表示网络引起的相位滞后，为负值则表示相位超前。此种情况下，插入相移可用 *ABCD* 参数表示为

$$\theta_I = \arctan \frac{\mathrm{Im}(AZ_L + B + CZ_G Z_L + DZ_G)}{\mathrm{Re}(AZ_L + B + CZ_G Z_L + DZ_G)} \tag{5.5.19}$$

当 $Z_G = Z_L = Z_0$ 时，则为

$$\theta_I = \arctan \frac{\mathrm{Im}(AZ_0 + B + CZ_0^2 + DZ_0)}{\mathrm{Re}(AZ_0 + B + CZ_0^2 + DZ_0)} \tag{5.5.20}$$

对比 *S* 参数与 *ABCD* 参数之间的关系，可以发现插入相移即为 S_{21}的相位，即

$$S_{21}=|S_{21}|e^{j\varphi_{12}},\theta_I=\varphi_{12}$$

5.6 传输散射矩阵

由前文描述可知，散射矩阵表示法不便于分析级联二端口网络。解决的方法之一是采用 *ABCD* 矩阵运算，然后转换成散射矩阵。分析级联二端口网络的另一个方法是采用一组新定义的散射参数，即传输散射参数，简称传输参数。

5.6.1 传输散射矩阵表示法

仿效 *ABCD* 矩阵的定义，以输入端口的入射波 a_1、出射波 b_1 为因变量，输出端口的入射波 a_2、出射波 b_2 为自变量，可以定义一组新参数，称为传输散射参数或 T 参数。其定义公式为

$$\begin{bmatrix} b_1 \\ a_1 \end{bmatrix}=\begin{bmatrix} T_{11} & T_{12} \\ T_{21} & T_{22} \end{bmatrix}\begin{bmatrix} a_2 \\ b_2 \end{bmatrix} \tag{5.6.1}$$

由式（5.6.1）定义的 T 参数与 S 参数的关系为

$$\begin{bmatrix} T_{11} & T_{12} \\ T_{21} & T_{22} \end{bmatrix}=\begin{bmatrix} (-S_{11}S_{22}+S_{12}S_{21})/S_{21} & S_{11}/S_{21} \\ -S_{22}/S_{21} & 1/S_{21} \end{bmatrix} \tag{5.6.2}$$

可见，与 *ABCD* 参数一样，当正向传输系数 S_{21} 为零时，T 参数将是不确定的。相反的关系为

$$\begin{bmatrix} S_{11} & S_{12} \\ S_{21} & S_{22} \end{bmatrix}=\begin{bmatrix} T_{12}/T_{22} & T_{11}-(T_{12}T_{21}/T_{22}) \\ 1/T_{22} & -T_{21}/T_{22} \end{bmatrix} \tag{5.6.3}$$

为了实现［T］矩阵到［S］矩阵的转换，要求 T_{22} 不为零。而 T_{22} 是正向传输系数 S_{21} 的倒数，即为非零参数。

求 T 参数的一个简便方法是由 S 参数出发进行推导。另外，也可以利用传输线方程和基尔霍夫定律直接求得。表 5.6.1 也给出了一些常用二端口网络的［T］矩阵。

5.6.2 二端口［T］矩阵的特性

对于对称二端口网络，若从网络的端口 1 和 2 看入时网络是相同的，则必有 $S_{11}=S_{22}$，于是有

$$T_{21}=-T_{12} \tag{5.6.4}$$

对于互易二端口网络，T 参数满足关系

$$T_{11}T_{22}-T_{12}T_{21}=0 \tag{5.6.5}$$

它类似于 *ABCD* 参数的关系式 $AD-BC=1$。

与 *ABCD* 矩阵类似，级联二端口网络的［T］矩阵等于各个二端口网络［T］矩阵的乘积。如图 5.4.3 所示，当连接端口的参考阻抗相同时，则 $a_{2A}=b_{1B}$，$b_{2A}=a_{1B}$，于是由式（5.6.1）可求得元件 A 和元件 B 级联的 T 矩阵等于元件 A 的［T］$_A$矩阵与元件 B 的

$[T]_B$矩阵的乘积，即

$$[T]_{AB}=[T]_A\cdot[T]_B \tag{5.6.6a}$$

若有 N 个二端口网络级联，则级联网络总的［T］矩阵等于此 N 个二端口的［T］矩阵之乘积，即

$$\begin{bmatrix} T_{11} & T_{12} \\ T_{21} & T_{22} \end{bmatrix}_{级联}=\prod_{i=1}^{N}\begin{bmatrix} T_{11i} & T_{12i} \\ T_{21i} & T_{22i} \end{bmatrix} \tag{5.6.6b}$$

在一定程度上，［T］矩阵表示法要比 $ABCD$ 矩阵表示法更为理想，原因是从［S］矩阵变换到［T］矩阵所涉及的运算比［S］矩阵变换到 $ABCD$ 矩阵要简单些，另外，T 参数与 S 参数都是用各端口阻抗归一化的波参量定义的，所以这两种表示法也比较容易互换。

表 5.6.1　一些常用二端口网络的 $ABCD$ 矩阵、［S］矩阵和［T］矩阵

元件	$ABCD$ 矩阵，［S］矩阵，［T］矩阵
1. 传输线段 Z_0　$Z, \gamma l$　Z_0 l	$\begin{bmatrix} \cosh & Z\sinh \\ \frac{\sinh}{Z} & \cosh \end{bmatrix}$，$\frac{1}{D_S}\begin{bmatrix} (Z^2-Z_0^2)\sinh & 2ZZ_0 \\ 2ZZ_0 & (Z_2-Z_0^2)\sinh \end{bmatrix}$， $\begin{bmatrix} \cosh-\frac{Z^2+Z_0^2}{2ZZ_0}\sinh & \frac{Z^2-Z_0^2}{2ZZ_0}\sinh \\ -\frac{Z^2-Z_0^2}{2ZZ_0}\sinh & \cosh+\frac{Z^2+Z_0^2}{2ZZ_0}\sinh \end{bmatrix}$ 其中，$\sinh=\sinh\gamma l$，$\cosh=\cosh\gamma l$，$D_S=2ZZ_0\cosh+(Z^2+Z_0^2)\sinh$
2. 串联阻抗 Z Z_1　Z_2	$\begin{bmatrix} 1 & Z \\ 0 & 1 \end{bmatrix}$，$\frac{1}{D_S}\begin{bmatrix} Z+Z_2-Z_1 & 2\sqrt{Z_1Z_2} \\ 2\sqrt{Z_1Z_2} & Z+Z_1-Z_2 \end{bmatrix}$，$\frac{1}{D_t}\begin{bmatrix} Z_1+Z_2-Z & Z_2-Z_1+Z \\ Z_2-Z_1-Z & Z_1+Z_2-Z \end{bmatrix}$ 其中，$D_S=Z+Z_1+Z_2$，$D_t=2\sqrt{Z_1Z_2}$
3. 并联导纳 Y_1　Y　Y_2	$\begin{bmatrix} 1 & 0 \\ Y & 1 \end{bmatrix}$，$\frac{1}{D_S}\begin{bmatrix} Y_1-Y_2-Y & 2\sqrt{Y_1Y_2} \\ 2\sqrt{Y_1Y_2} & Y_2-Y_1-Y \end{bmatrix}$，$\frac{1}{D_t}\begin{bmatrix} Y_1+Y_2-Y & Y_1-Y_2-Y \\ Y_1-Y_2+Y & Y_1+Y_2+Y \end{bmatrix}$ 其中，$D_S=Y+Y_1+Y_2$，$D_t=2\sqrt{Y_1Y_2}$
4. 并联开路支节 Z_0　Z_0 Z βl	$\begin{bmatrix} 1 & 0 \\ \frac{jT}{2} & 1 \end{bmatrix}$，$\frac{1}{D_S}\begin{bmatrix} 1 & D_S+1 \\ D_S+1 & 1 \end{bmatrix}$，$\begin{bmatrix} 1-\frac{Z_0}{2Z}T & -j\frac{Z_0}{2Z}T \\ j\frac{Z_0}{2Z}T & 1+j\frac{Z_0}{2Z}T \end{bmatrix}$ 其中，$T=\tan\beta l$，$D_S=1+2jZT/Z_0$

（续）

元件	*ABCD* 矩阵，[*S*] 矩阵，[*T*] 矩阵
5. 并联短路支节 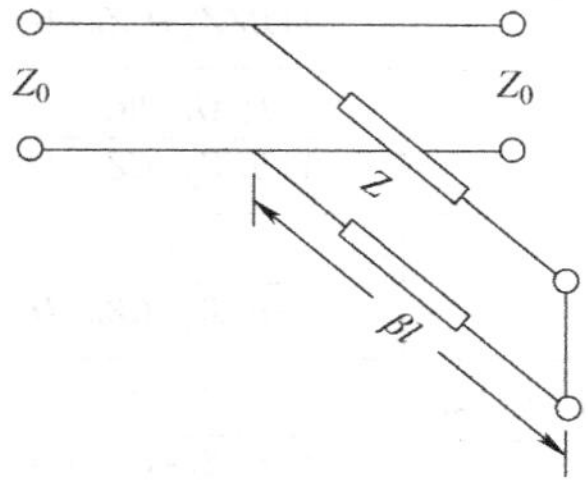	$\begin{bmatrix} 1 & 0 \\ \frac{1}{\mathrm{j}ZT} & 1 \end{bmatrix}$，$\frac{1}{D_S}\begin{bmatrix} -1 & D_S-1 \\ D_S-1 & -1 \end{bmatrix}$，$\begin{bmatrix} 1+\mathrm{j}\frac{Z_0}{2ZT} & \mathrm{j}\frac{Z_0}{2ZT} \\ -\mathrm{j}\frac{Z_0}{2ZT} & 1-\mathrm{j}\frac{Z_0}{2ZT} \end{bmatrix}$ 其中，$T=\tan\beta l$，$D_S=-1+2\mathrm{j}Z/(Z_0T)$
6. 理想变压器 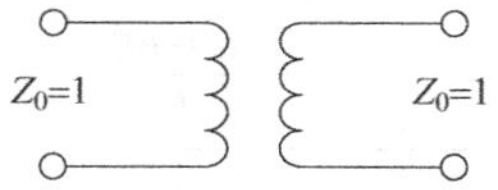	$\begin{bmatrix} n & 0 \\ 0 & 1/n \end{bmatrix}$，$\frac{1}{n^2+1}\begin{bmatrix} n^2-1 & 2n \\ 2n & 1-n^2 \end{bmatrix}$，$\frac{1}{2n}\begin{bmatrix} n^2+1 & n^2-1 \\ n^2-1 & n^2+1 \end{bmatrix}$
7. π 形网络 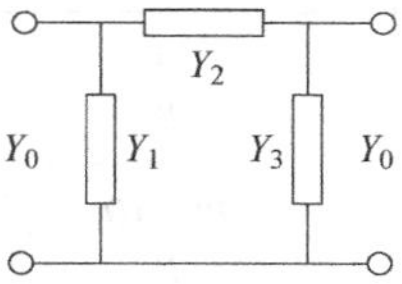	$\begin{bmatrix} 1+\frac{Y_2}{Y_3} & \frac{1}{Y_3} \\ \frac{D}{Y_3} & 1+\frac{Y_1}{Y_3} \end{bmatrix}$，$\frac{1}{D_S}\begin{bmatrix} Y_0^2-PY_0-D & 2Y_0Y_3 \\ 2Y_0Y_3 & Y_0^2+PY_0-D \end{bmatrix}$，$\frac{1}{2Y_0Y_3}\begin{bmatrix} -Y_0^2+\Omega Y_0-D & Y_0^2-PY_0-D \\ -Y_0^2-PY_0+D & Y_0^2+\Omega Y_0+D \end{bmatrix}$ 其中，$D_S=Y_0^2+\Omega Y_0+D$，$D=Y_1Y_2+Y_2Y_3+Y_3Y_1$，$\Omega=Y_1+Y_2+2Y_3$，$P=Y_1-Y_2$
8. *T* 形网络 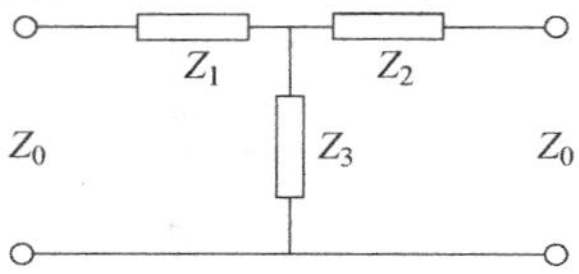	$\begin{bmatrix} 1+\frac{Z_1}{Z_3} & \frac{D}{Z_3} \\ \frac{1}{Z_3} & 1+\frac{Z_2}{Z_3} \end{bmatrix}$，$\frac{1}{D_S}\begin{bmatrix} -Z_0^2+PZ_0+D & 2Z_0Z_3 \\ 2Z_0Z_3 & -Z_0^2-PZ_0+D \end{bmatrix}$，$\frac{1}{2Z_0Z_3}\begin{bmatrix} -Z_0^2+\Omega Z_0-D & -Z_0^2+PZ_0+D \\ Z_0^2+PZ_0-D & Z_0^2+\Omega Z_0+D \end{bmatrix}$ 其中，$D_S=Z_0^2+\Omega Z_0+D$，$D=Z_1Z_2+Z_2Z_3+Z_3Z_1$，$\Omega=Z_1+Z_2+2Z_3$，$P=Z_1-Z_2$
9. 传输线接头 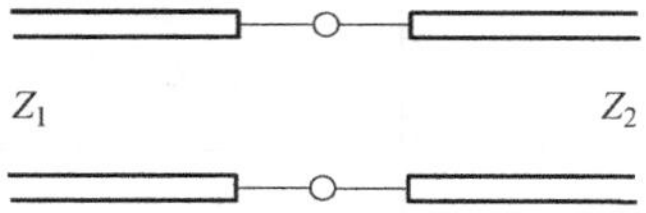	$\begin{bmatrix} 1 & 0 \\ 0 & 1 \end{bmatrix}$，$\frac{1}{D_S}\begin{bmatrix} Z_2-Z_1 & 2\sqrt{Z_1Z_2} \\ 2\sqrt{Z_1Z_2} & Z_1-Z_2 \end{bmatrix}$，$\frac{1}{D_t}\begin{bmatrix} Z_1+Z_2 & Z_2-Z_1 \\ Z_2-Z_1 & Z_1+Z_2 \end{bmatrix}$ 其中，$D_S=Z_1+Z_2$，$D_t=2\sqrt{Z_1Z_2}$
10. α 分贝衰减器 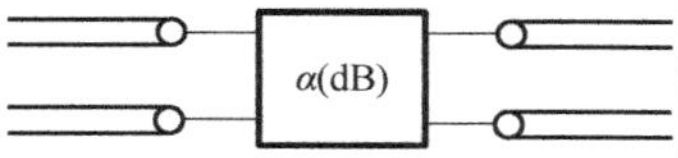	$\begin{bmatrix} \frac{A+B}{2} & Z_0\left(\frac{A-B}{2}\right) \\ \frac{A-B}{2Z_0} & \frac{A+B}{2} \end{bmatrix}$，$\begin{bmatrix} 0 & B \\ B & 0 \end{bmatrix}$，$\begin{bmatrix} -A & 0 \\ 0 & A \end{bmatrix}$ 其中，$A=10^{\alpha/20}$，$B=1/A$

表 5.6.2 给出二端口网络各种参量之间的转换关系。

表 5.6.2 二端口网络各参量之间的转换

	[S]	[Z]	[Y]	ABCD
S_{11}	S_{11}	$\frac{(Z_{11}-Z_0)(Z_{22}+Z_0)-Z_{12}Z_{21}}{\Delta Z}$	$\frac{(Y_0-Y_{11})(Y_0+Y_{22})+Y_{12}Y_{21}}{\Delta Y}$	$\frac{A+B/Z_0-CZ_0-D}{A+B/Z_0+CZ_0+D}$
S_{12}	S_{12}	$\frac{2Z_{21}Z_0}{\Delta Z}$	$\frac{-2Y_{12}Y_0}{\Delta Y}$	$\frac{2(AD-BC)}{A+B/Z_0+CZ_0+D}$
S_{21}	S_{21}	$\frac{2Z_{21}Z_0}{\Delta Z}$	$\frac{-2Y_{12}Y_0}{\Delta Y}$	$\frac{2}{A+B/Z_0+CZ_0+D}$
S_{22}	S_{22}	$\frac{(Z_{11}+Z_0)(Z_{22}-Z_0)-Z_{12}Z_{21}}{\Delta Z}$	$\frac{(Y_0+Y_{11})(Y_0-Y_{22})+Y_{12}Y_{21}}{\Delta Y}$	$\frac{-A+B/Z_0-CZ_0+D}{A+B/Z_0+CZ_0+D}$
Z_{11}	$Z_0\frac{(1+S_{11})(1-S_{22})+S_{12}S_{21}}{(1-S_{11})(1-S_{22})-S_{12}S_{21}}$	Z_{11}	$\frac{Y_{22}}{\lvert Y\rvert}$	$\frac{A}{C}$
Z_{12}	$Z_0\frac{2S_{12}}{(1-S_{11})(1-S_{22})-S_{12}S_{21}}$	Z_{12}	$-\frac{Y_{12}}{\lvert Y\rvert}$	$\frac{AD-BC}{C}$
Z_{21}	$Z_0\frac{2S_{21}}{(1-S_{11})(1-S_{22})-S_{12}S_{21}}$	Z_{21}	$-\frac{Y_{21}}{\lvert Y\rvert}$	$\frac{1}{C}$
Z_{22}	$Z_0\frac{(1-S_{11})(1+S_{22})+S_{12}S_{21}}{(1-S_{11})(1-S_{22})-S_{12}S_{21}}$	Z_{22}	$\frac{Y_{11}}{\lvert Y\rvert}$	$\frac{D}{C}$
Y_{11}	$Y_0\frac{(1-S_{11})(1+S_{22})+S_{12}S_{21}}{(1+S_{11})(1+S_{22})-S_{12}S_{21}}$	$\frac{Z_{22}}{\lvert Z\rvert}$	Y_{11}	$\frac{D}{B}$
Y_{12}	$Y_0\frac{-2S_{12}}{(1+S_{11})(1+S_{22})-S_{12}S_{21}}$	$-\frac{Z_{12}}{\lvert Z\rvert}$	Y_{12}	$\frac{BC-AD}{B}$
Y_{21}	$Y_0\frac{-2S_{21}}{(1+S_{11})(1+S_{22})-S_{12}S_{21}}$	$-\frac{Z_{21}}{\lvert Z\rvert}$	Y_{21}	$-\frac{1}{B}$
Y_{22}	$Y_0\frac{(1+S_{11})(1-S_{22})+S_{12}S_{21}}{(1+S_{11})(1+S_{22})-S_{12}S_{21}}$	$\frac{Z_{11}}{\lvert Z\rvert}$	Y_{22}	$\frac{A}{B}$
A	$\frac{(1+S_{11})(1-S_{22})+S_{12}S_{21}}{2S_{21}}$	$\frac{Z_{11}}{Z_{21}}$	$-\frac{Y_{22}}{Y_{21}}$	A
B	$Z_0\frac{(1+S_{11})(1+S_{22})-S_{12}S_{21}}{2S_{21}}$	$\frac{\lvert Z\rvert}{Z_{21}}$	$-\frac{1}{Y_{21}}$	B
C	$\frac{1}{Z_0}\frac{(1-S_{11})(1-S_{22})-S_{12}S_{21}}{2S_{21}}$	$\frac{1}{Z_{21}}$	$-\frac{\lvert Y\rvert}{Y_{21}}$	C
D	$\frac{(1-S_{11})(1+S_{22})+S_{12}S_{21}}{2S_{21}}$	$\frac{Z_{22}}{Z_{21}}$	$-\frac{Y_{11}}{Y_{21}}$	D

注，$\lvert Z\rvert=Z_{11}Z_{22}-Z_{12}Z_{21}$；$\lvert Y\rvert=Y_{11}Y_{22}-Y_{12}Y_{21}$；$\Delta Z=(Z_{11}+Z_0)(Z_{22}+Z_0)-Z_{12}Z_{21}$；$\Delta Y=(Y_{11}+Y_0)(Y_{22}+Y_0)-Y_{12}Y_{21}$

5.7 微波网络的信号流图

信号流图（signal flow graph）是图论的一个分支，是 1953 年由 S. J. Mason 提出来的。

它是用一个有向图来描述线性方程组变量之间的关系，因而可以不直接求解电路方程，而从图形得到解答，进而使电路的分析大为简化。信号流图结合散射参数是分析微波网络和微波测量系统的简便而有效的方法。本节将对信号流图的基本概念与流图的两种简化技术或解法做简单介绍，并举例说明信号流图在微波网络分析中的应用。

5.7.1　信号流图的构成

信号流图的基本构成部分是节点和支路。

节点是方程组的变量，以“·”或“∘”表示。微波网络的每个端口 i 都有两个节点 a_i 和 b_i，节点 a_i 定义为流入端口 i 的波，而节点 b_i 定义为从端口 i 出射的波。

支路又称分支，是两节点之间的有向线段，是节点 a_i 和节点 b_i 之间的直接通路，表示变量之间的关系。其方向即信号流动的方向。每个支路有相应的 S 参数或反射系数。支路终点的变量等于起点的变量乘以相应支路的系数，并满足叠加原理。此系数称为支路的传输值，注明在相应支路旁边；当支路的传输值为 1 时，一般略去不注。

此外，从某一节点出发，沿着支路方向连续经过一些支路而终止于另一节点或同一节点所经的途径称为通路或路径；闭合的路径称为环；只有一个支路的环路称为自环。通路的传输值等于所经各支路传输值之积。

如图 5.7.1a 所示的二端口网络，其散射方程为

$$b_1=S_{11}a_1+S_{12}a_2,b_2=S_{21}a_1+S_{22}a_2 \tag{5.7.1}$$

将式（5.7.1）画成信号流图如图 5.7.1b 所示。

在许多情况下，不一定要写出网络的方程组，而是可以根据信号在网络中的流动情况直接画出信号流图。对于一个复杂的微波系统，可以把它分成若干基本电路，分别画出其基本网络的信号流图，再把它们级联起来就可得到整个系统的信号流图。

微波网络中常用基本电路的信号流图如表 5.7.1 所示。

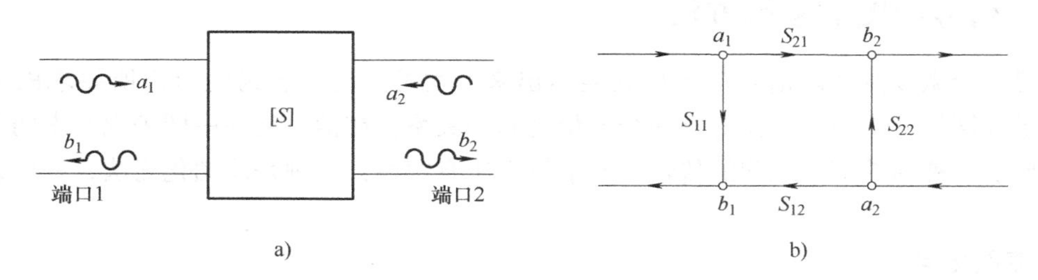

图 5.7.1　二端口网络及其信号流图

表 5.7.1　基本电路的信号流图

名称	基本电路	信号流图
无耗传输线段	$\theta=\beta l$	a_1　$e^{-j\theta}$　b_2 b_1　$e^{-j\theta}$　a_2

（续）

名称	基本电路	信号流图
终端负载	Z_0　Z_L　Γ_L	a　Γ_L　b
失配信号源	Z_G　E_G　Z_0	b_G　a　Γ_G　b
并联导纳	Y_0　Y　Y_0	a_1　$1+\Gamma$　b_2　Γ　Γ　b_1　$1+\Gamma$　a_2
串联阻抗	Z　Γ　Z_0　Z_0	a_1　$1-\Gamma$　b_2　Γ　Γ　b_1　$1-\Gamma$　a_2
检波器	k　Γ_d　M	a　k　M　Γ_d　b

5.7.2　信号流图的求解方法

一旦一个微波网络以信号流图形式表示出来，就可以比较容易地求出所要求的波振幅比。在微波网络分析中，常需要求两个变量之间的关系，在信号流图中即表现为求两个节点信号的比值，称为求节点之间的传输。其求解方法有两种：一种是流图化简法，一种是流图公式法。

1. 流图化简法

流图化简法又称流图分解法或流图拓扑变换法。它是根据信号流图的一些拓扑变换规则，将一个复杂的信号流图简化成两个节点之间的一条支路，从而求出此两节点之间的传输。

拓扑变换的基本规则有四条：

1）同向串联支路合并规则：在两节点之间，如有几条首尾相接的串联支路，则可以合并为一条支路，新支路的传输值为各串联支路传输值之积。图 5.7.2a 表示此规则的流图。其基本关系是

$$U_3 = S_{32}U_2 = S_{32}S_{21}U_1 \tag{5.7.2}$$

2）同向并联支路合并规则：在两节点之间，如有几条同向并联支路，则可以合并为一条支路，新支路的传输值为各并联支路传输值之和。图 5.7.2b 表示此规则的流图。其基本关系是

$$U_2 = S_a U_1 + S_b U_1 = (S_a + S_b) U_1 \tag{5.7.3}$$

3）自环消除规则：如果在某个节点有传输为 S 的自环，则将所有流入此节点的支路的传输值都除以（$1-S$），而流出的支路的传输值不变，即可消除此自环。图 5.7.2c 表示此规则的流图。其基本关系是

$$U_2 = S_{21} U_1 + S_{22} U_2 , U_3 = S_{32} U_2$$

消除 U_2，得到

$$U_3 = \frac{S_{32} S_{21}}{1 - S_{22}} U_1 \tag{5.7.4}$$

式（5.7.4）即为图 5.7.2c 化简后的流图的基本关系。

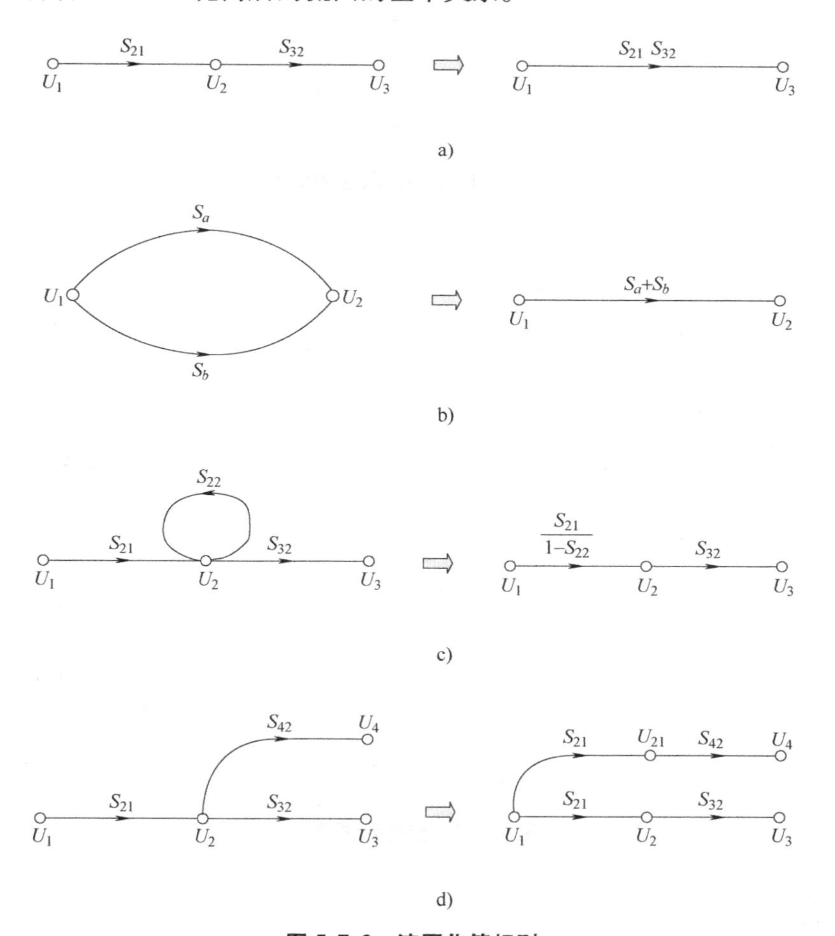

图 5.7.2　流图化简规则

a）串联规则　b）并联规则　c）自环消除规则　d）分裂规则

4）节点分裂规则：一个节点可以分裂成两个或几个节点，只要原来的信号流通情况保持

不变即可；如果在此节点上有自环，则分裂后的每个节点都应保持原有的自环。图 5.7.2d 表示此规则的流图。其基本关系是

$$U_4=S_{42}U_2=S_{21}S_{42}U_1 \tag{5.7.5}$$

例 5.4　图 5.7.3 表示接任意信源和负载的二端口网络的信号流图，用化简法求其输入端反射系数。

解： 所要求的是 $\Gamma_{in}=b_1/a_1$。应用上述化简规则，将图 5.7.3 所示信号流图分四步化简，如图 5.7.4 所示，最后由图 5.7.4d 得到

$$\Gamma_{in}=\frac{b_1}{a_1}=S_{11}+\frac{S_{12}S_{21}\Gamma_L}{1-S_{22}\Gamma_L} \tag{5.7.6}$$

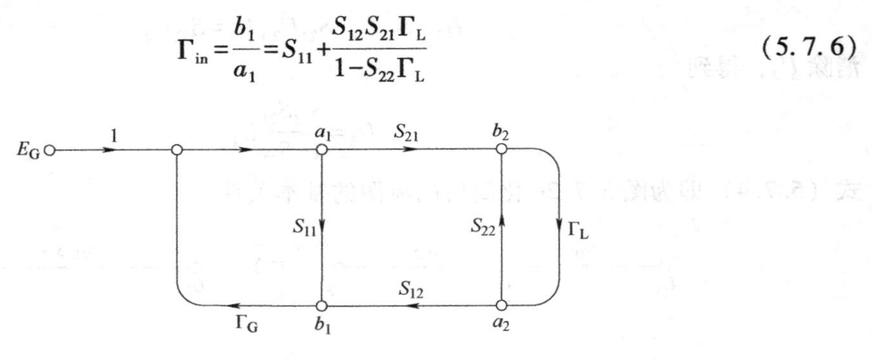

图 5.7.3　一般二端口网络的信号流图

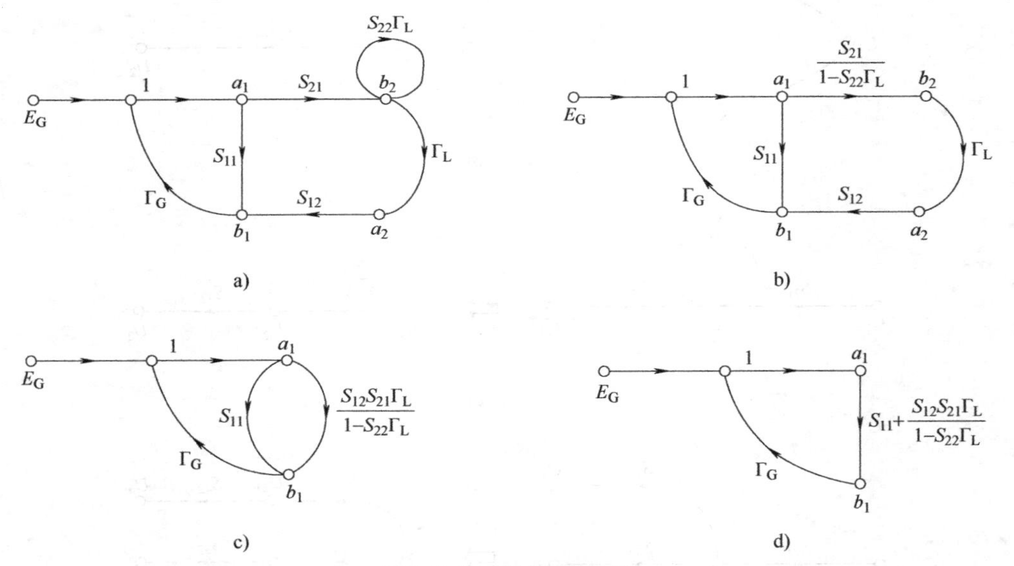

图 5.7.4　信号流图化简

2. 流图公式法

流图公式法亦称为梅森不接触环法则（Mason's nontouching loop rule），简称梅森公式。根据梅森公式可以直接求出流图中任意两点之间的传输值。

求流图中节点 j 至节点 k 传输值 T_{jk} 的流图公式（即梅森公式）为

$$T_{jk}=\frac{a_k}{a_j}=\frac{\sum_{i=1}^{n}P_i\Delta_i}{\Delta} \tag{5.7.7}$$

式中，a_k是节点k的值；a_j是节点j的值；P_i是节点j至节点k的第i条通路的传输值；$\Delta_i=1-\sum L_{1i}+\sum L_{2i}-\sum L_{3i}+\cdots$；$\Delta=1-\sum L_1+\sum L_2-\sum L_3+\cdots$；$\sum L_1$为所有一阶环传输值之和（一阶环就是一条由一系列首尾相接的定向线段按同一方向传输的闭合通路，而且其中没有一个节点接触一次以上，其传输值等于各线段传输值之积）；$\sum L_2$为所有二阶环传输值之和（任何两个互不接触的一阶环构成一个二阶环，其传输值等于两个一阶环传输值之积）；$\sum L_3$为所有三阶环传输值之和（任何三个互不接触的一阶环构成一个三阶环，其传输值等于三个一阶环传输值之积），更高阶环的情况依此类推；$\sum L_{1i}$为所有不与第i条通路相接触的一阶环传输值之和；$\sum L_{2i}$为所有不与第i条通路相接触的二阶环传输值之和；$\sum L_{3i}$为所有不与第i条通路相接触的三阶环传输值之和，依此类推。

课后习题

5.1　低频电路中的基本参量电压和电流在微波电路中为何失去物理意义？

5.2　在网络各参量矩阵［Z］、［Y］、［A］、［S］、［T］中，为何散射参量［S］矩阵最适合描述微波网络特性？阐明为定义散射参量［S］矩阵而采用的归一化电压符号及其工程意义，指明二端口网络散射参量矩阵［S］$_{2\times2}$中各参量的定义及物理含义。

5.3　求图题5.3所示参考面T_1、T_2所确定的网络的转移参量。

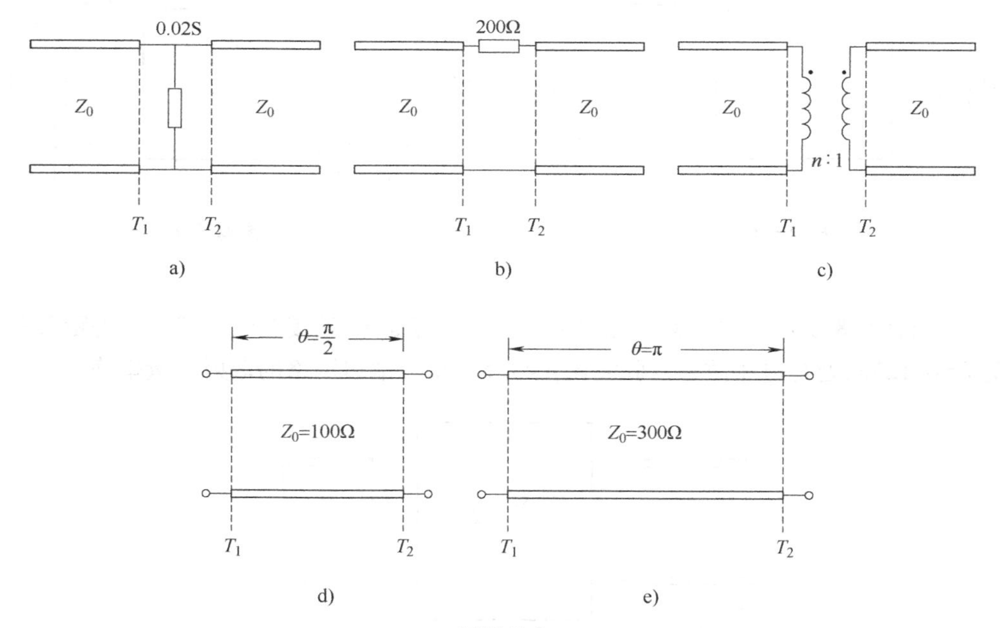

图题5.3

5.4　求图题5.4所示参考面T_1、T_2所确定的网络的散射参量［S］矩阵。

5.5　已知可逆无耗二端口网络的转移参量$a=d=1+XB$，$c=2B+XB^2$（式中X为电抗，B

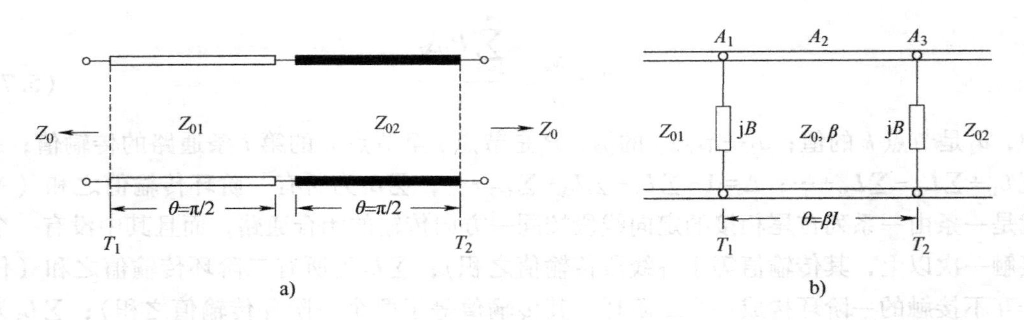

图题 5.4

为电纳），证明转移参量 $b=X$。

5.6 图题 5.6 所示可逆二端口网络参考面 T_2 处接负载阻抗 Z_L。证明参考面 T_1 处的输入阻抗为

$$Z_{in}=Z_{11}-\frac{Z_{12}^2}{Z_{22}+Z_L}$$

5.7 图题 5.7 所示可逆二端口网络参考面 T_2 处接负载导纳 Y_L，证明参考面 T_1 处的输入导纳为

$$Y_{in}=Y_{11}-\frac{Y_{12}^2}{Y_{22}+Y_L}$$

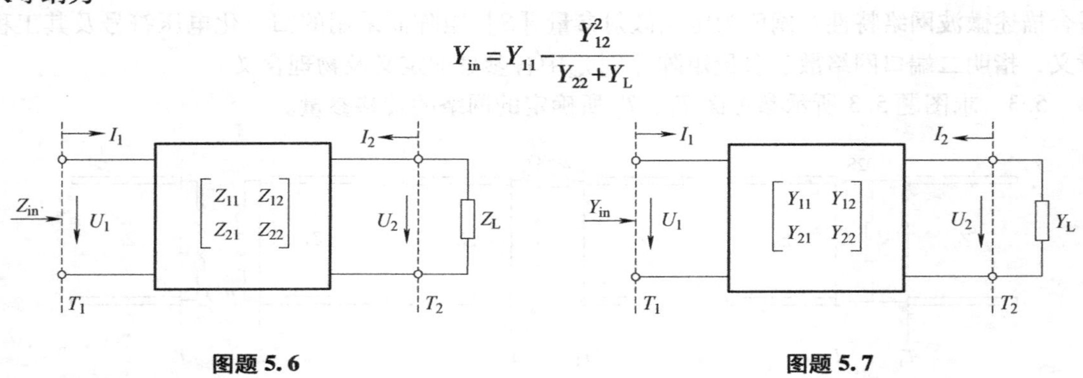

图题 5.6　　　　图题 5.7

5.8 图题 5.8 所示可逆对称无耗二端口网络参考面 T_2 处接匹配负载，测得距参考面 T_1 距离为 $l=0.125\lambda_p$ 处是电压波谷，驻波比 $\rho=1.5$，求二端口网络的散射参量矩阵。

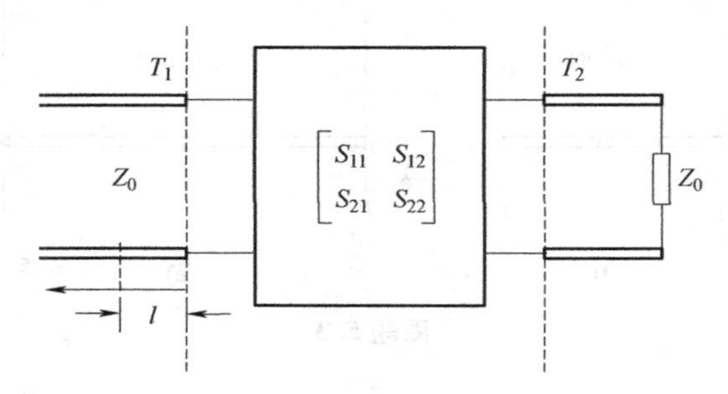

图题 5.8

5.9　已知二端口网络的散射参量矩阵为 $[S]=\begin{bmatrix}0.2e^{j\frac{3}{2}\pi} & 0.98e^{j\pi}\\ 0.98e^{j\pi} & 0.2e^{j\frac{3}{2}\pi}\end{bmatrix}$，求二端口网络的插入相移 θ_I、插入衰减 L_I(dB)、电压传输系数 T 及输入驻波比 ρ。

5.10　已知二端口网络的转移参量 $a=d=1$，$b=jZ_0$，$c=0$，网络外接传输线特性阻抗为 Z_0。求网络输入驻波比。

5.11　用阻抗法测得二端口网络输入端在三种不同负载条件（匹配、短路、开路）下的三个反射系数分别为 1/3，3/5 和 1，求网络的散射参量矩阵。

5.12　如图题 5.12 所示，参考面 T_1、T_2 所确定的二端口网络的散射参量为 S_{11}、S_{12}、S_{21}及 S_{22}，网络输入端传输线上波的相移常数为 β，参考面 T_1 外推距离 l_1 至 T_1'，求参考面 T_1'、T_2 所确定的网络的散射参量矩阵 $[S']$。

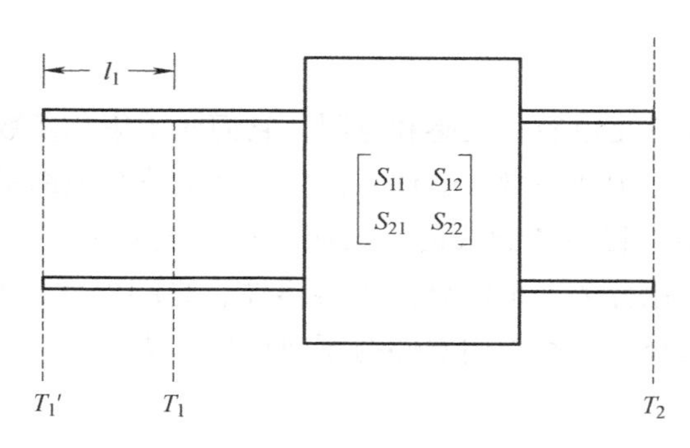

图题 5.12

CHAPTER 6

第6章　常用微波器件

低频电路中的基本元件是电容、电感和电阻，它们属于集总参数元件。在微波波段，集总参数元件不再适用，而必须使用微波器件。任何一个微波系统都是由多种作用不同的微波器件组成，微波器件是用导行系统制成的，按照导行系统分类，可以分为波导型、同轴线型、微带线型等；按照作用分类，可以分为连接器件、终端器件、匹配器件、分路器件等。本章将按照器件的端口数介绍一些常用器件的原理与基本特性。

6.1　一端口器件

一端口器件是一类负载器件，种类不多，常用的有短路负载、匹配负载和失配负载。下面分别加以介绍。

6.1.1　短路负载

短路负载又称短路器，其作用是将电磁波能量全部反射回去。将波导或同轴线的终端短路（用金属导体全部封闭起来）即可构成波导或同轴线短路负载。实用的短路负载都做成可调的，称为可调短路器或短路活塞。短路活塞可以用作调配器、标准可变电抗，广泛应用于微波测量中。

对短路活塞的主要要求是：①保证接触处的损耗小，其反射系数的模应接近1；②当活塞移动时，接触损耗的变化要小；③当大功率运用时，活塞与波导壁（或同轴线内外导体壁）间不应该发生打火现象。

短路活塞的输入阻抗为

$$Z_{in}=jZ_0\tan\theta \tag{6.1.1}$$

式中，Z_0 为波导或同轴线的特性阻抗；$\theta=2\pi l/\lambda_g$，l 是短路面与参考面之间的长度，λ_g为波导波长。

短路活塞的输入端反射系数为

$$\Gamma=\frac{Z_{in}-Z_0}{Z_{in}+Z_0}=-\frac{1-j\tan\theta}{1+j\tan\theta}=-e^{-j2\theta} \tag{6.1.2}$$

为保证反射系数接近 1，在结构上，短路活塞可做成接触式和扼流式两种形式。

(1) 接触式短路活塞

在小功率时，常采用直接接触式短路活塞。它由细弹簧片构成，如图 6.1.1 所示。弹簧片长度应为 $\lambda_g/4$，使接触处位于高频电流的节点，以减小损耗。接触式活塞的优点是结构简单；缺点是活塞移动时接触不稳定，弹簧片会逐渐磨损，大功率时容易发生打火现象。

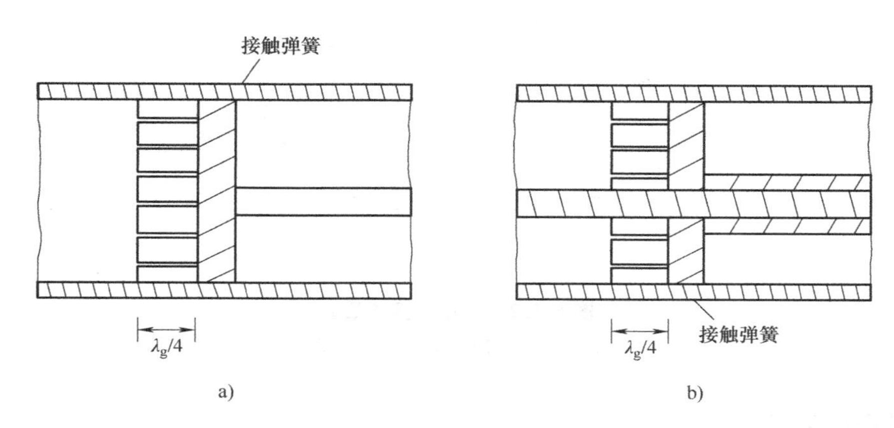

图 6.1.1　接触式短路活塞

a) 波导活塞　b) 同轴线活塞

(2) 扼流式短路活塞

早期的扼流活塞如图 6.1.2 所示，其有效短路面不在活塞与传输线内壁直接接触处，而是向左移动了半波长。由图 6.1.2c 所示的等效电路可以得到 ab 面的输入阻抗为

$$(Z_{in})_{ab}=\frac{Z_{01}^2}{(Z_{in})_{0d}}=R_k\left(\frac{Z_{01}}{Z_{02}}\right)^2 \tag{6.1.3}$$

式中，R_k为接触电阻。由图可知，$Z_{01}<<Z_{02}$，故 $(Z_{in})_{ab}$很小，使活塞与波导或同轴线有良好的电接触。

图 6.1.2 所示的扼流活塞的优点是损耗小，且损耗稳定；缺点是活塞太长。为了减小长度，可采用图 6.1.3 所示山字形和 S 形扼流活塞。在这种活塞中，具有较大特性阻抗的第二段被“卷入”第一段活塞内部。此时接触电阻 R_k不在高频电流波腹处，而是在波节处，因此可使损耗减至最小。实验表明，这种活塞的驻波比可做到大于 100，且当活塞移动时，接触的稳定性也较好。

在同轴器件中，广泛采用 S 形（或称 Z 字形）扼流活塞，如图 6.1.3d 所示。S 形同轴活塞的频带宽，其最大特点是活塞与同轴线完全分开，因此同轴线内外导体是分开的。扼流活塞的缺点是频带窄，一般只能做到带宽的 10%~15%。

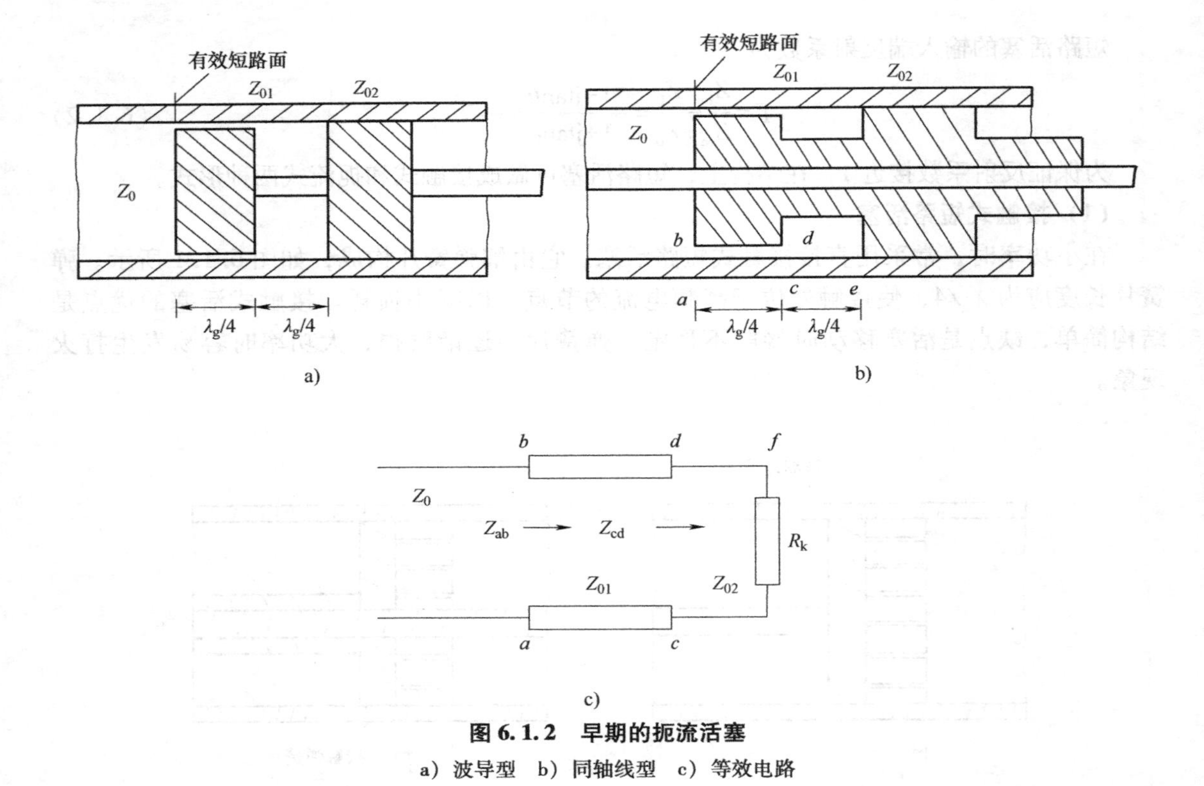

图 6.1.2　早期的扼流活塞

a）波导型　b）同轴线型　c）等效电路

6.1.2　匹配负载

匹配负载是一种能全部吸收输入功率的一端口器件。它是一段终端短路的波导或同轴线，其中放有吸收物质。匹配负载在微波测量中常用作匹配标准；在调整仪器和机器时，常用作等效天线。匹配负载的主要技术指标是工作频带、输入驻波比和功率容量。根据所吸收的功率大小，匹配负载分为小于1W的低功率负载和大于1W的高功率负载。低功率负载一般用作实验室的终端匹配器，其对驻波比的要求较高，在精密测量中，要求其驻波比小于1.01。

低功率波导匹配负载一般为一段终端短路的波导，在其里面沿电场方向放置一块或数块劈形吸收片或楔形吸收体，如图6.1.4所示。吸收片是由薄片状介质（如陶瓷片、玻璃、胶木片等）上面涂以金属碎末或炭末制成的。其表面电阻的大小需根据匹配条件由实验来确定。吸收片劈面长度应是$\lambda_g/2$的整数倍。楔形吸收体则是用羟基铁和聚苯乙烯混合物制成的。低功率波导匹配负载的驻波比通常在10%~15%频带内可做到小于1.01。

低功率同轴匹配负载是在内外导体之间放入圆锥形或阶梯形吸收体，如图6.1.5所示。

高功率匹配负载的构造原理与低功率匹配负载一样，但在高功率时需要考虑热量的吸收和发散问题。吸收物质可以是石墨和水泥混合物等固体或水等液体。利用水作吸收物质，由水的流动携带出热量的终端装置，称为水负载，如图6.1.6所示。它是在波导终端安置劈形玻璃容器，其内通有水，以吸收微波功率。流进的水吸收微波功率后温度升高，根据水的流量和进、出水的温度差可测量微波功率值。

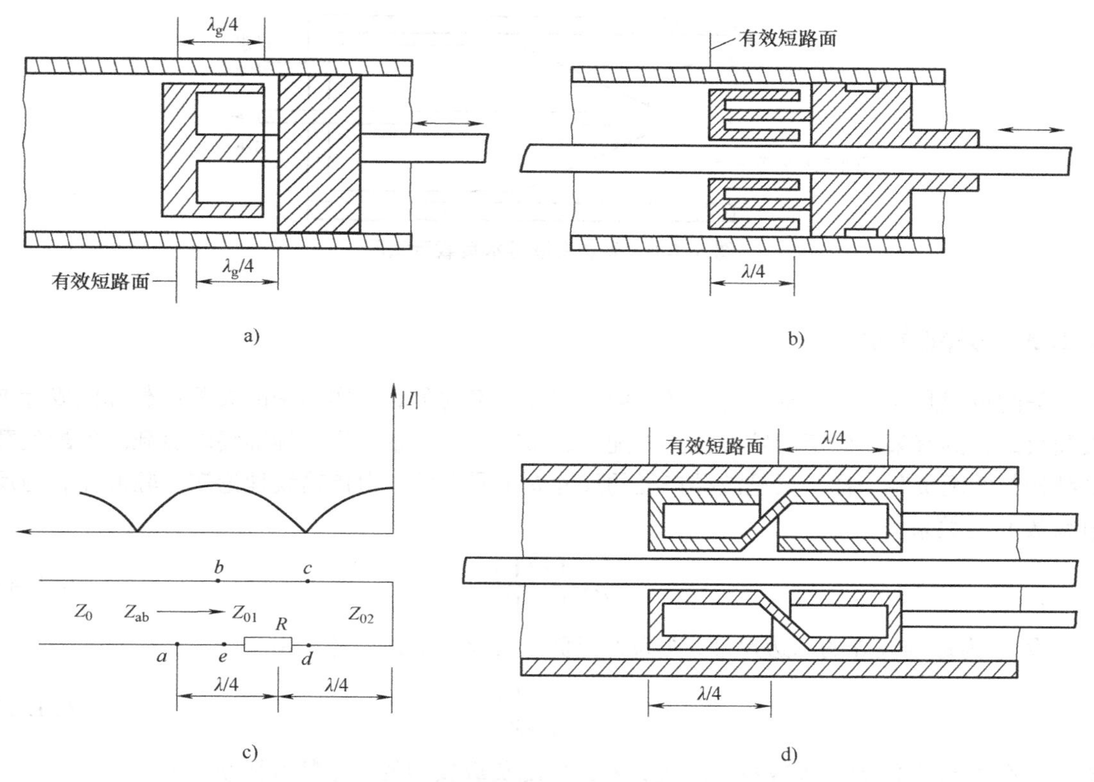

图 6.1.3　扼流活塞结构和原理图

a）山字形波导活塞　b）山字形同轴活塞　c）作用原理图　d）S 形同轴活塞

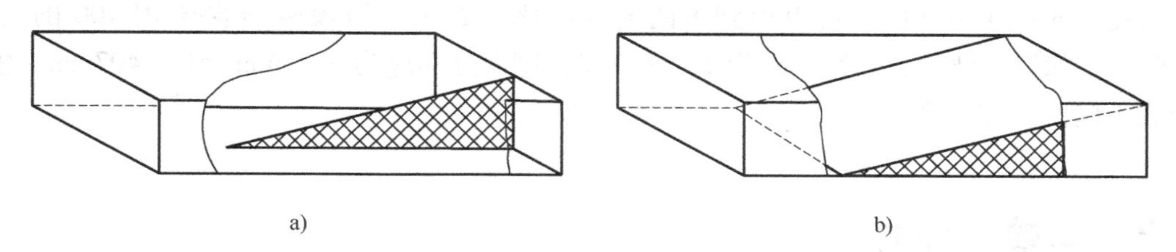

图 6.1.4　低功率波导匹配负载

a）劈形吸收片　b）有耗楔形吸收体

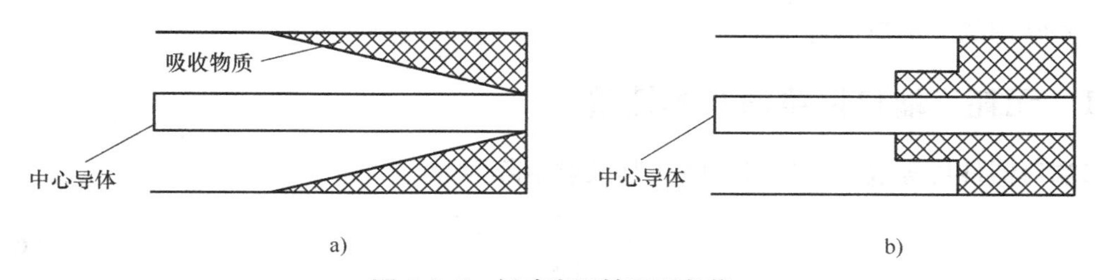

图 6.1.5　低功率同轴匹配负载

a）圆锥形吸收体　b）阶梯形吸收体

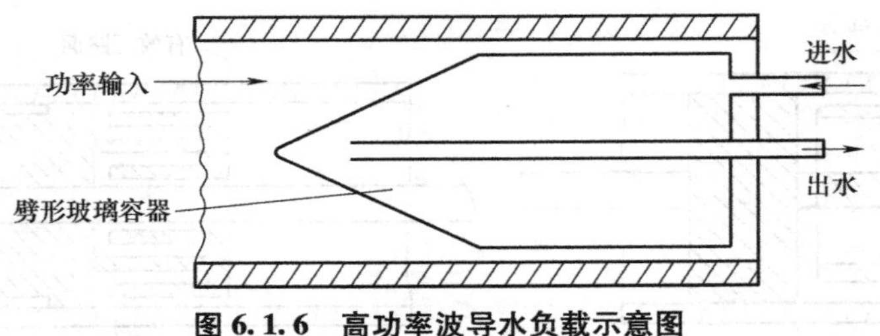

图 6.1.6　高功率波导水负载示意图

6.1.3　失配负载

失配负载是既吸收一部分功率又反射一部分功率的负载。实用中的失配负载都做成标准失配负载，具有某一固定的驻波比。失配负载常在微波测量中用作标准终端负载。失配负载的结构与匹配负载一样，只是波导口径的尺寸 b 不同而已。由传输线理论知，驻波比 ρ 与反射系数 Γ 的关系为

$$\rho=\frac{1+|\Gamma|}{1-|\Gamma|} \tag{6.1.4}$$

设 b_0 为标准波导的窄边尺寸，b 为失配负载波导的窄边尺寸。由于

$$\Gamma=\frac{Z-Z_0}{Z+Z_0} \tag{6.1.5}$$

式中，Z_0 为标准波导的等效特性阻抗，Z 为失配负载波导的等效特性阻抗，则

$$\rho=\frac{Z}{Z_0}=\frac{b}{b_0} \tag{6.1.6}$$

可见，对应于不同的 b 可以得到不同的驻波比。如 3cm 波段标准波导 BJ-100 的 b_0 为 10.16mm，如果驻波比 ρ 分别要求为 1.1 和 1.2，则 b 分别应为 9.236mm 和 8.407mm，依此可构成不同的失配负载。

6.2　二端口器件

大多数微波器件是二端口器件。本节将在分析无耗二端口网络的基本性质之后，按功能介绍一些常用的二端口器件。

6.2.1　无耗二端口网络的基本性质

二端口器件可等效为二端口网络，其散射矩阵为

$$[S]=\begin{bmatrix} S_{11} & S_{12} \\ S_{21} & S_{22} \end{bmatrix} \tag{6.2.1}$$

若网络无耗，互易，则由幺正性得到

$$|S_{11}|^2+|S_{12}|^2=1,\quad |S_{12}|^2+|S_{22}|^2=1 \tag{6.2.2}$$

$$S_{11}^{*}S_{12}+S_{12}^{*}S_{22}=0,\ S_{12}^{*}S_{11}+S_{22}^{*}S_{12}=0 \tag{6.2.3}$$

由此可得

$$|S_{11}|=|S_{22}|$$

$$2\arg S_{12}-(\arg S_{11}+\arg S_{22})=\pm\pi$$

式中，$\arg S_{12}$、$\arg S_{11}$和$\arg S_{22}$分别为S_{12}、S_{11}和S_{22}的相位角。若$S_{11}=0$，则$|S_{12}|=|S_{21}|=1$，$|S_{22}|=0$；若$S_{12}=1$，则$S_{11}=S_{22}=0$，反之亦然。由此可得到如下无耗互易二端口网络的基本性质：

1）若一个端口匹配，则另一个端口自动匹配。

2）若网络是完全匹配的，则必然是完全传输的，或相反。

3）S_{11}、S_{12}、S_{22}的相位角只有两个是独立的，已知其中两个相位角，则第三个相位角便可确定。

6.2.2　连接器件

连接器件的作用是将功能不同的微波器件连接成完整的系统。其主要指标要求是接触损耗小、驻波比小、功率容量大、工作频带宽。这里只介绍单纯起连接作用的接头、拐角、弯曲和扭转器件。

1. 波导接头

波导连接方法有接触连接和扼流连接两种。它们是借助于焊在待连接器件波导端口上的法兰盘来实现的。法兰盘结构形式有平法兰盘和扼流法兰盘两种，如图 6.2.1 所示。两个平接头连接时用螺栓和螺母旋紧，或用弓形夹夹紧。

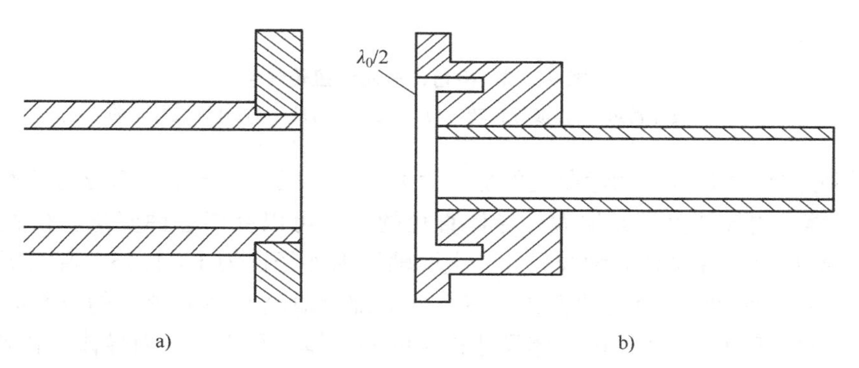

图 6.2.1　波导接头

a）平接头　b）扼流接头

扼流接头是由一个刻有扼流槽的法兰和一个平法兰对接而成，如图 6.2.1b 所示。扼流槽短路端到波导宽边中心的距离近似为 $\lambda_0/2$，λ_0 为信号波长，因此在波导端口呈电接触。

平接头的优点是加工方便、体积小、频带宽，主要用于宽带波导器件和测试装置中。其驻波比可以做到小于 1.002。扼流接头的优点是加工简单、安装方便、功率容量大，常用于雷达的天线馈电设备中；其主要缺点是频带较窄，其驻波比在中心频率的典型值为 1.02。

2. 拐角、弯曲和扭转器件

在微波传输系统中，为了改变电磁波的传输方向，需要用到拐角和弯曲器件；当需要改变电磁波的极化方向而不改变其传输方向时，则要用到扭转器件。对这些器件的要求是：引入的反射尽可能小、工作频带宽、功率容量大。波导拐角、弯曲和扭转器件的结构如图 6.2.2 所示。为使反射最小，图 6.2.2a 和 b 的拐角和扭转段长度 l 应为 $(2n+1)\lambda_g/4$。E 面波导弯曲的曲率半径应满足 $R \geqslant 1.5b$；H 面波导弯曲则应满足 $R \geqslant 1.5a$。

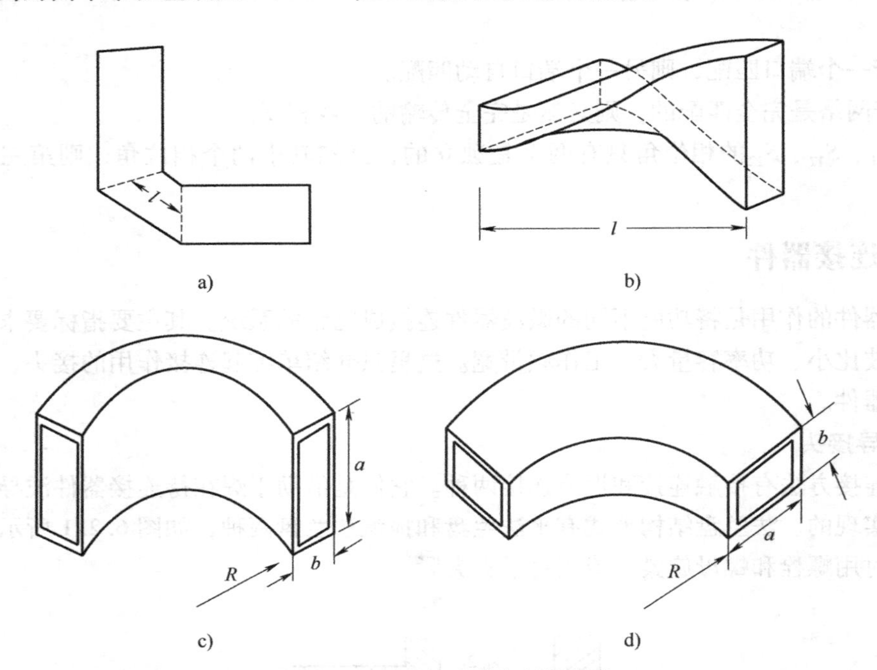

图 6.2.2　拐角、弯曲和扭转器件

a）波导拐角　b）波导扭转　c）E 面波导弯曲　d）H 面波导弯曲

弯曲部分的特性阻抗将随弯曲度的加大而变小，一般比直同轴线部分的特性阻抗降低了约 15%。用缩小内导体直径或加大外导体直径的办法可以补偿这种变化。相关实验结果表明，若按衰减最小条件设计同轴线尺寸，直同轴线内外径比为 1∶1.36，弯曲部分的内外径比则应为 1∶4。补偿特性阻抗的变化，减少弯曲部分对驻波系数影响的方案有：①全介质填充；②内导体切角；③减小内导体尺寸；④内外导体直径不变，内导体直接弯成 90°，外导体由两个尺寸相同的圆管端头加工成 45°后焊接成直角。

6.2.3　匹配器件

匹配器件的种类很多，本节主要介绍膜片、销钉和螺钉调配器。

1. 膜片

波导中的膜片是垂直于波导管轴放置的金属薄片，有对称和不对称之分，如图 6.2.3 所示。膜片是波导中常用的匹配器件，一般在匹配时多用不对称膜片，而当负载要求对称输出时，则需用对称膜片。

显然，在波导中放入膜片后必然引起波的反射，反射波的大小和相位随膜片的尺寸及放

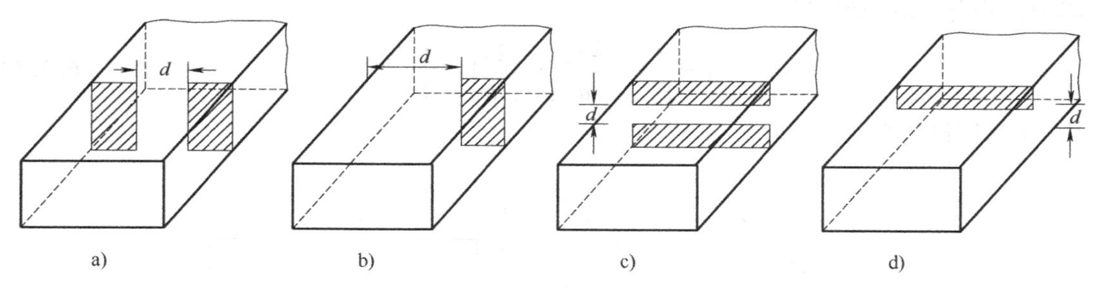

图 6.2.3　波导中的膜片

a）对称感性膜片　b）不对称感性膜片　c）对称容性膜片　d）不对称容性膜片

置位置的不同而变化。利用膜片进行匹配的原理便是利用膜片产生的反射波来抵消由于负载不匹配所产生的反射波。膜片的分析方法与其厚度有关。当膜片比较厚，与波导波长相比不能忽略时，应将膜片当作一段波导来分析；通常膜片很薄，若忽略其损耗，则可等效为一个并联电纳。

图 6.2.3a 和 b 所示薄膜片，使波导中 TE_{10} 模的磁场在膜片处集中而得以加强，呈电感性，称之为电感性膜片。薄对称电感性膜片相对电纳的近似公式为

$$b=\frac{B}{Y_0}\simeq-\frac{\lambda_g}{a}\cot^2\left(\frac{\pi d}{2a}\right) \tag{6.2.4}$$

图 6.2.3c 和 d 所示薄膜片，使波导中 TE_{10} 模的电场在膜片处集中而得以加强，呈电容性，称之为电容性膜片。其相对电纳近似公式为

$$b=\frac{B}{Y_0}\simeq\frac{4b}{\lambda_g}\ln\left(\csc\frac{\pi d}{2b}\right) \tag{6.2.5}$$

将感性膜片和容性膜片组合在一起便得到如图 6.2.4a 所示谐振窗。它对某一特定频率产生谐振，电磁波可以无反射地通过，其等效电路相当于并联谐振回路。这种谐振窗常用于大功率波导系统中，作为充气用的密封窗，也常用于微波电子器件中，作为真空部分和非真空部分的隔窗。窗孔的形状可做成圆形、椭圆形、哑铃形等，如图 6.2.4b、c、d 所示。谐振窗的常用材料是玻璃、聚四氟乙烯、陶瓷片等。

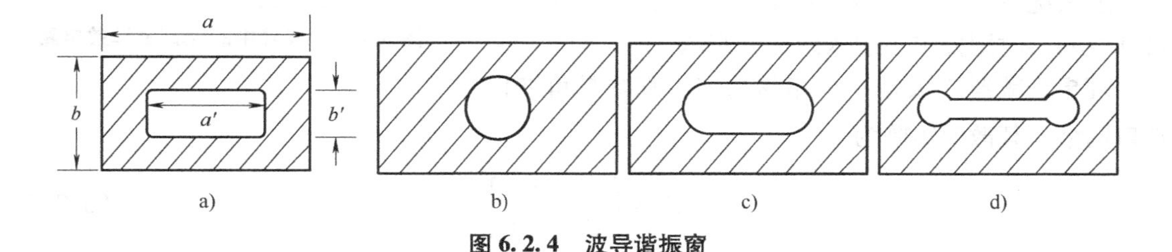

图 6.2.4　波导谐振窗

2. 销钉

销钉是垂直对穿波导宽边的金属圆棒，如图 6.2.5 所示。它在波导中起电感作用，可用作匹配器件和谐振器件，常用于构成波导滤波器。销钉的相对感纳与棒的粗细有关，棒越细，电感量越大，其相对电纳越小；同样粗细的棒，根数越多，相对电纳越大。置于 $a/2$ 处

的单销钉相对电纳的近似公式为

$$b=\frac{B}{Y_0}\approx-\frac{2\lambda_g}{a}\left[\ln\left(\frac{2a}{\pi r}\right)-2\right]^{-1} \tag{6.2.6}$$

式中，r 为销钉的半径。

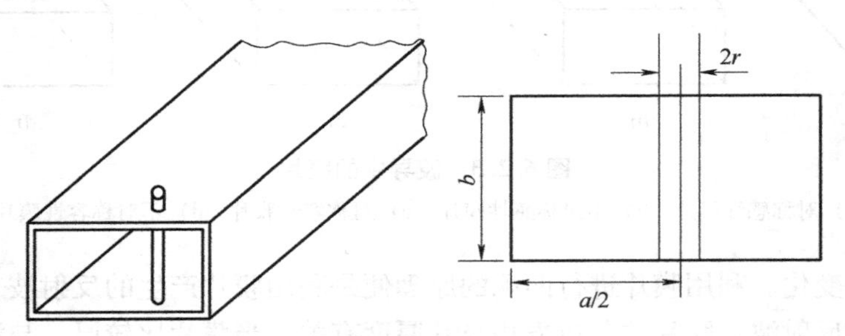

图 6.2.5 波导中的销钉

3. 螺钉调配器

用膜片和销钉匹配时，由于膜片和销钉在波导中的位置固定后不容易再进行调整，因此使用不方便。采用如图 6.2.6 所示的螺钉调配器调整则较为方便。螺钉是低功率微波装置中普遍采用的调谐和匹配器件。实用时，为了避免波导短路和击穿，通常设计螺钉呈容性，作可变电容用，螺钉旋入波导的深度应小于 $3b/4$，b 为矩形波导窄边尺寸。

螺钉调配器分单螺钉、双螺钉、三螺钉和四螺钉调配器。其作用原理与支节调配器相似，所不同的是螺钉只能当电容用。

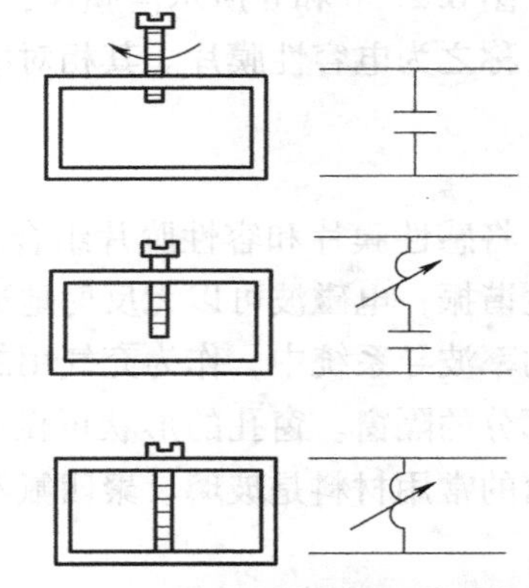

图 6.2.6 波导中的螺钉及等效电路

6.2.4 衰减与相移器件

衰减与相移器件分别用来改变导行系统中电磁场的幅度和相位，衰减器和相移器的联合使用，可以调节导行系统中电磁波的传输常数。

衰减器和相移器的结构都可以做成固定式和可变式。在一般情况下，设计衰减器时并不苛求其相位关系，而设计相移器时则要求不引入附加的衰减。

理想衰减器应该是一个相移为零、衰减量可变的二端口网络，其散射矩阵为

$$[S]=\begin{bmatrix} 0 & e^{-\alpha l} \\ e^{-\alpha l} & 0 \end{bmatrix} \tag{6.2.7}$$

式中，α 为衰减常数，l 为衰减器长度。

理想相移器应该是一个具有单位振幅、相移量可变的二端口网络，其散射矩阵为

$$[S]=\begin{bmatrix} 0 & e^{-j\theta} \\ e^{-j\theta} & 0 \end{bmatrix} \tag{6.2.8}$$

式中，θ 为相移器的相移量，$\theta=\beta l$。

衰减器的种类很多，其中应用最为广泛的是吸收式衰减器。它是在一段矩形波导中由平行电力线放置的衰减片而构成，衰减片的位置可以调节，如图 6.2.7 所示。衰减片一般是由胶布板表面上涂覆石墨或在玻璃上蒸发很薄的电阻膜做成。为了消除反射，衰减片两端通常做成渐变形。

由 $\theta=\beta l$ 可知，改变导行系统的相移常数 $\beta=\omega/v_{\mathrm{p}}$ 可以改变相移，而相移常数 β 与 $\sqrt{\varepsilon_{\mathrm{r}}}$ 成正比。因此，将图 6.2.7 所示衰减器的衰减片换成介质片便可构成可调相移器。同时，改变导行系统的等效长度也可以改变相移，因此可在矩形波导宽边中心加一个或多个螺钉，构成螺钉相移器。

图 6.2.7　吸收式衰减器

6.2.5　波型变换器件

一个微波系统常用到几种不同的导行系统，并由许多作用不同的器件组成。每种导行系统的主模都不相同，每个器件也都有一定的工作模式。因此，为了从一种导行系统器件过渡到另一种导行系统器件，或过渡到同种导行系统的另一种器件并要求产生所需要的工作模式，就需要采用波型变换器件。

波型变换器件又称波型变换器，设计波型变换器的主要要求是阻抗匹配、频带宽、功率容量大、不存在杂模。设计的一般原则是抑制杂模的产生和阻抗匹配。由于波型变换器是两种波型的过渡装置，容易产生杂模，引起反射，所以当变换器不同波型部分的等效阻抗相同或接近时，其主要问题是尽量减小杂模的激励，并选择适当的形状使一种波型缓慢地过渡到另一种波型，其尺寸则应逐渐过渡（渐变过渡或阶梯过渡）；若变换器两部分的等效阻抗不相同，则需加调配器件或选择变换器的形状和尺寸，使各处产生的反射波在一定频带内相互抵消，或采取阻抗匹配方法使其阻抗相等。

1. 同轴-矩形波导过渡器

同轴线的主模是 TEM 模，矩形波导的主模是 TE_{10} 模。设计同轴-矩形波导过渡器时，要求由同轴线到矩形波导的几何形状改变的同时，相应地使 TEM 模变换成 TE_{10} 模。

根据频带和功率的不同要求，同轴-矩形波导过渡器有很多结构形式。图 6.2.8a 所示为一种最简单的结构。为了加宽频带，增大功率容量，可将同轴线外导体做成锥形过渡，如图 6.2.8b 所示，这种结构可在 20%的带宽内获得优于 1.1 的驻波比。这种过渡器可看成一种特殊的阻抗变换器，其变换比可以通过改变短路活塞位置 l_1 和探针深度 l_2 来进行调节。

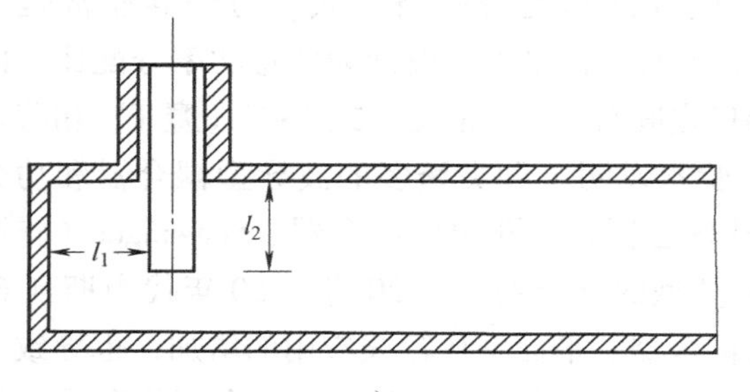

a)

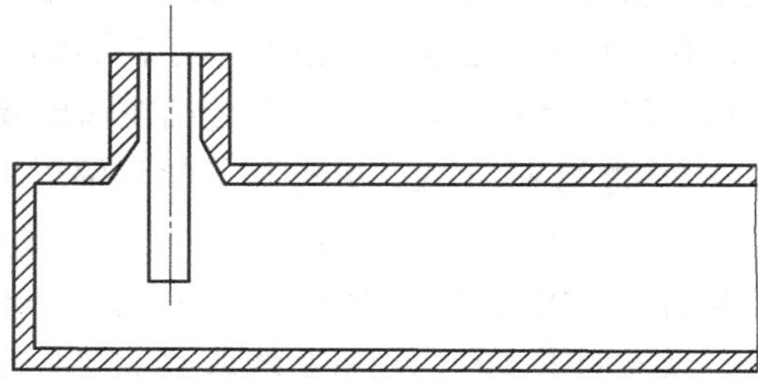

b)

图 6.2.8　同轴-矩形波导过渡器

2. 线圆极化变换器

在雷达、通信和电子对抗等设备中，常用到圆极化波，而一般馈电系统多采用矩形波导，其主模 TE_{10} 模是线极化波。为了获得圆极化波，就需要使用线圆极化变换器，如图 6.2.9 所示。

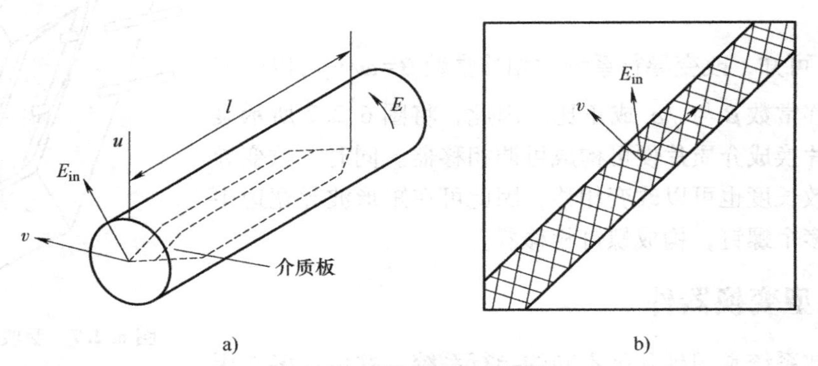

图 6.2.9 线圆极化变换器

如图 6.2.9a 所示，首先用方圆过渡使矩形波导 TE_{10} 模变换成圆波导 TE_{11} 模，然后在圆波导中与 TE_{11} 模的电场 E_{in} 呈 45°角放置长度为 l 的薄介质板。E_{in} 可分解成平行于介质板的分量 E_u 和垂直于介质板的分量 E_v。前者受介质板影响，传播速度将变慢；后者基本上不受介质板的影响，以与空气圆波导中相同的相速度传播。假如介质板足够长，使 E_u 和 E_v 的相位差 90°，即可获得一圆极化波。极化波导段也可采用方形波导，并将介质板沿对角线放置而做成，如图 6.2.9b 所示。

6.3 三端口器件

三端口器件在微波技术中常用作分路器件或功率分配器/合成器。本节将在论述三端口网络基本特性的基础上，介绍常用的各种三端口器件，如 T 型结功率分配器、威尔金森功率分配器等的特性和应用。

功率分配器（简称功分器）和耦合器是无源微波器件，用于功率分配或功率组合，如图 6.3.1 所示。在功率分配中，一个输入信号被分成两个（或多个）较小的功率信号。耦合器可以是如图所示的有耗或无耗三端口器件，或者是四端口器件。三端口网络采用 T 型结和其他功分器形式，而四端口网络采用定向耦合器和混合网络形式。功分器经常是等分（3dB）形式，但也有不相等的功率分配比。定向耦合器可以设计为任意功率分配比，而混合结一般是等功率分配比。混合结在输出端口之间有 90°（正交）或 180°（魔 T）相移。

在 20 世纪 40 年代，麻省理工学院辐射实验室发明了种类繁多的波导型耦合器和功分器。它们包括 E 和 H 平面波导 T 型结、倍兹孔耦合器、多孔定向耦合器、Schwinger（施温格）耦合器、波导魔 T 和使用同轴探针的各种类型的耦合器。在 20 世纪 50 年代中期到 60 年代，又发明了多种采用带状线或微带技术的耦合器。平面型传输线应用的增加，也导致了新型耦合器和功分器的开发，如 Wilkinson（威尔金森）功分器、分支线混合网络和耦合线

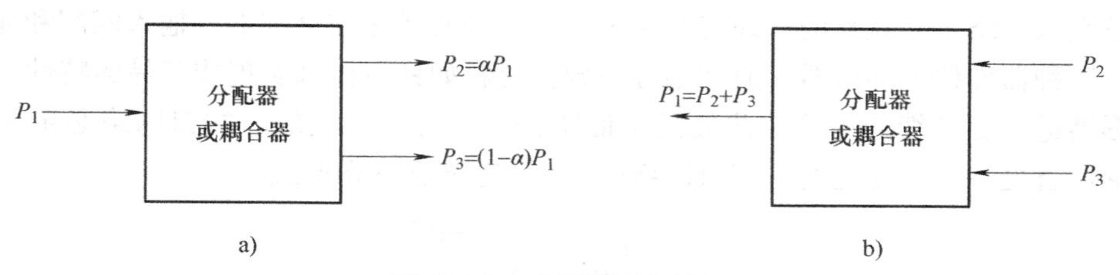

图 6.3.1　功率分配和组合

a）功率分配　b）功率组合

定向耦合器。本节和 6.4 节将分别讨论三端口和四端口网络的一些通用特性，然后对一些常用类型的分配器、耦合器和混合网络进行分析和设计。

本节将采用散射矩阵理论推导出三端口的基本特性。同时将在 6.4 节推导出四端口网络的基本特性，并定义隔离度、耦合度和方向性这些术语来表征耦合器和混合网络。

6.3.1　三端口网络

功分器最简单的形式是 T 型结，它是由一个输入和两个输出组成的三端口网络。任意三端口网络的散射矩阵有 9 个独立的矩阵元素：

$$[S]=\begin{bmatrix} S_{11} & S_{12} & S_{13} \\ S_{21} & S_{22} & S_{23} \\ S_{31} & S_{32} & S_{33} \end{bmatrix} \tag{6.3.1}$$

若该器件是无源的，而且不包含各向异性材料，则它必定是互易的，因此其 $[S]$ 矩阵必定是对称的（$S_{ij}=S_{ji}$）。通常，为了避免功率损耗，我们希望器件是无耗且所有端口都是匹配的。然而，容易证明，构建这种所有端口都匹配的三端口无耗互易网络是不可能的。

若所有端口都是匹配的，则有 $S_{ii}=0$，并且若网络是互易的，则散射矩阵式（6.3.1）可简化为

$$[S]=\begin{bmatrix} 0 & S_{12} & S_{13} \\ S_{12} & 0 & S_{23} \\ S_{13} & S_{23} & 0 \end{bmatrix} \tag{6.3.2}$$

若网络也是无耗的，则由能量守恒条件可知散射矩阵是幺正的，将导出下列条件：

$$|S_{12}|^2+|S_{13}|^2=1 \tag{6.3.3a}$$

$$|S_{12}|^2+|S_{23}|^2=1 \tag{6.3.3b}$$

$$|S_{13}|^2+|S_{23}|^2=1 \tag{6.3.3c}$$

$$S_{13}^*S_{23}=0 \tag{6.3.3d}$$

$$S_{23}^*S_{12}=0 \tag{6.3.3e}$$

$$S_{12}^*S_{13}=0 \tag{6.3.3f}$$

式（6.3.3d~f）表明，S_{12}、S_{13}、S_{23} 三个参量中至少有两个必须为零。但该条件总是和式（6.3.3a~c）中的某一个相矛盾，表明该三端口网络不可能是无耗、互易且全部端口匹配的。假如这三个条件中任意一个条件放宽了，则这种器件在实际中是可以实现的。

若三端口网络是非互易的，即有 $S_{ij} \neq S_{ji}$，则可同时满足在全部端口输入匹配和能量守恒的条件。这种器件称为环形器，通常用各向异性材料如铁氧体来实现非互易的特性。本书暂不对环形器进行更详细的讨论，此处只是证明任何匹配、无耗的三端口网络必定是非互易的，环形器就是一例。匹配的三端口网络的 [S] 矩阵有下列形式：

$$[S]=\begin{bmatrix} 0 & S_{12} & S_{13} \\ S_{21} & 0 & S_{23} \\ S_{31} & S_{32} & 0 \end{bmatrix} \tag{6.3.4}$$

另外，若网络是无耗的，则 [S] 矩阵必定是幺正的，即满足下列条件：

$$S_{31}^{*}S_{32}=0 \tag{6.3.5a}$$

$$S_{21}^{*}S_{23}=0 \tag{6.3.5b}$$

$$S_{12}^{*}S_{13}=0 \tag{6.3.5c}$$

$$|S_{12}|^2+|S_{13}|^2=1 \tag{6.3.5d}$$

$$|S_{21}|^2+|S_{23}|^2=1 \tag{6.3.5e}$$

$$|S_{31}|^2+|S_{32}|^2=1 \tag{6.3.5f}$$

式（6.3.5）能用下面两种方法之一来满足。即

$$S_{12}=S_{23}=S_{31}=0,\ |S_{21}|=|S_{32}|=|S_{13}|=1 \tag{6.3.6a}$$

或

$$S_{21}=S_{32}=S_{13}=0,\ |S_{12}|=|S_{23}|=|S_{31}|=1 \tag{6.3.6b}$$

上述结果表明，对于 $i \neq j$，有 $S_{ij} \neq S_{ji}$，这意味着该器件必定是非互易的。式（6.3.6）的两个解的 [S] 矩阵以及对应的环形器原理图如图 6.3.2 所示，图中这两种可能类型的环形器用共同的图形符号表示，两者的差别仅在各端口间功率流的方向上。所以，解式（6.3.6a）对应的环形器，只允许功率流从端口 1 到端口 2，或从端口 2 到端口 3，或从端口 3 到端口 1，而解式（6.3.6b）对应的环形器，有相反的功率流方向。

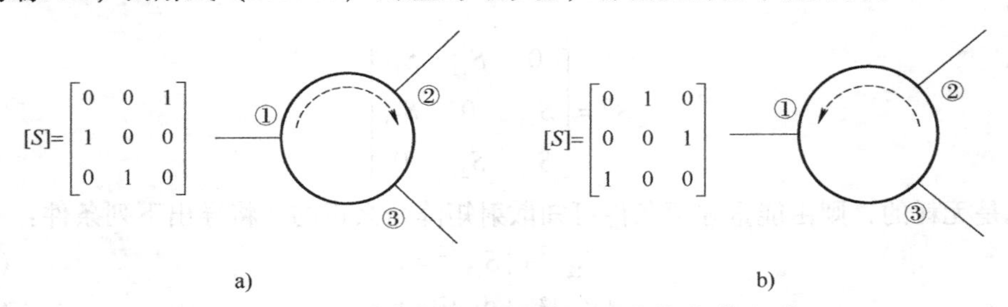

图 6.3.2　两种类型的环形器原理图及其 [S] 矩阵

a）顺时针环形器　b）逆时针环形器

换一种选择，若无耗、互易三端口网络只有两个端口是匹配的，则实际上是可以实现的。假定端口 1 和端口 2 是匹配端口，则 [S] 矩阵能表示为

$$[S]=\begin{bmatrix} 0 & S_{12} & S_{13} \\ S_{12} & 0 & S_{23} \\ S_{13} & S_{23} & S_{33} \end{bmatrix} \tag{6.3.7}$$

因为是无耗的，所以下面的幺正条件必定满足：

$$S_{13}^{*}S_{23}=0 \tag{6.3.8a}$$

$$S_{12}^{*}S_{13}+S_{23}^{*}S_{33}=0 \tag{6.3.8b}$$

$$S_{23}^{*}S_{12}+S_{33}^{*}S_{13}=0 \tag{6.3.8c}$$

$$|S_{12}|^2+|S_{13}|^2=1 \tag{6.3.8d}$$

$$|S_{12}|^2+|S_{23}|^2=1 \tag{6.3.8e}$$

$$|S_{13}|^2+|S_{23}|^2+|S_{33}|^2=1 \tag{6.3.8f}$$

式（6.3.8d~e）表明 $|S_{13}|=|S_{21}|$，由式（6.3.8a）得出 $S_{13}=S_{23}=0$，则有 $|S_{12}|=|S_{33}|=1$。该网络的散射矩阵和对应的信号流图如图 6.3.3 所示，由此看出该网络实际上由两个分开的器件组成，一个是匹配的二端口传输线，另一个是完全失配的一端口网络。

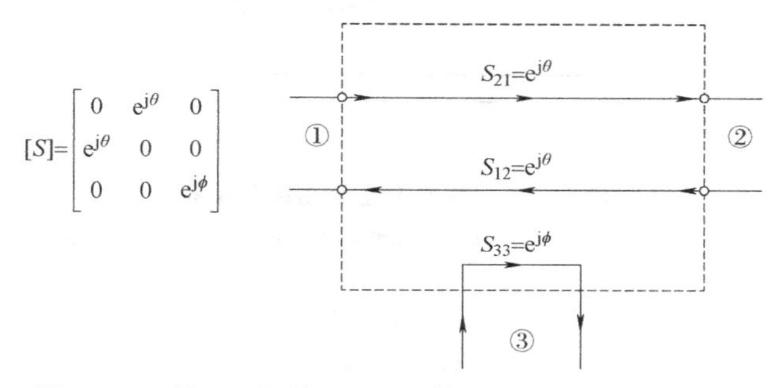

图 6.3.3　端口 1 和端口 2 匹配的互易、无耗三端口网络

最后，假定允许三端口网络有损耗，则该网络可以是互易的，且全部端口是匹配的。这是电阻性功分器的情形，我们将在 6.3.2 节讨论。此外，有耗三端口网络能做到在输出端口间是隔离的（如 $S_{23}=S_{32}=0$）。

6.3.2　T 型结功率分配器

T 型结功率分配器是一个简单的三端口网络，能用做功率分配或功率组合。它可用任意类型的传输线制作而成。图 6.3.4 给出了一些常用的波导型和微带或带状线型的 T 型结功率分配器，简称 T 型结。如果不存在传输线损耗，则构成无耗 T 型结，这种 T 型结不能同时在全部端口匹配；相反，能在全部端口匹配的 T 型结则一定有耗，这种情况则构成电阻性功分器。下面将对这两种情况进行分别讨论。

1. 无耗 T 型结

图 6.3.4 所示的各个无耗 T 型结都能模型化成三条传输线的结，如图 6.3.5 所示。通常，在每个 T 型结的不连续性处伴随有杂散场或高阶模，导致能用集总电纳 B 来估算的能量存储。为了使 T 型结与特征阻抗为 Z_0 的传输线匹配，必须有

$$Y_{\text{in}}=\text{j}B+\frac{1}{Z_1}+\frac{1}{Z_2}=\frac{1}{Z_0} \tag{6.3.9}$$

假定传输线是无耗的（或低损耗），则特征阻抗是实数。若还假定 $B=0$，则式（6.3.9）简化为

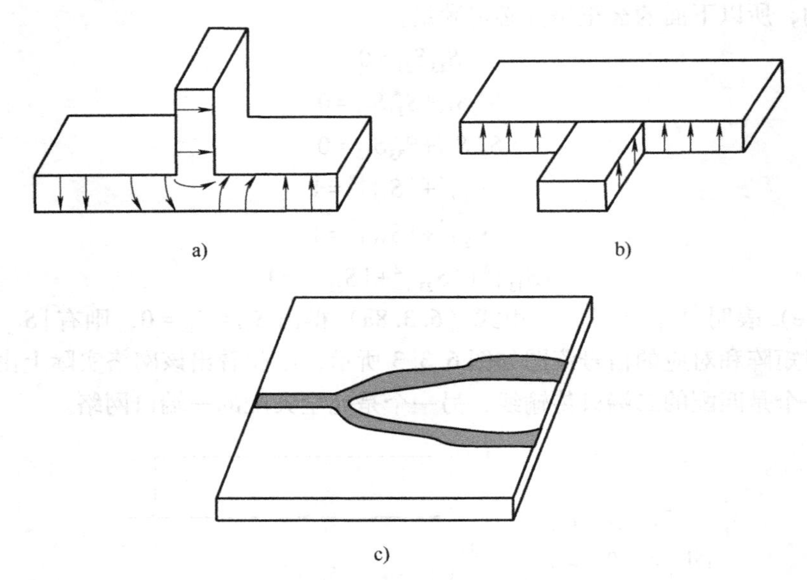

图 6.3.4　各种 T 型结功率分配器

a）E 面波导 T 型结　b）H 面波导 T 型结　c）微带 T 型结

$$\frac{1}{Z_1}+\frac{1}{Z_2}=\frac{1}{Z_0} \tag{6.3.10}$$

实际上，B 是不可忽略的，因此常常将某种类型的电抗性调谐器件添加在 T 型结上，以便抵消这个电纳。然后，可以选择输出传输线特征阻抗 Z_1 和 Z_2，以提供所需要的各种功率分配比。对于 50Ω 的输入传输线，3dB（等分）功率分配器能选用两个 100Ω 的输出传输线。如有必要，可用四分之一波长变换器将输出传输线的阻抗变换到所希望的值。若两个输出传输线是匹配的，则输入传输线也将是匹配的。两个输出端口没有隔离，且从输出端口往里看是失配的。

例 6.3.1　如图 6.3.5 所示的无耗 T 型结功率分配器，要求输入功率以 2∶1 的比率分配，求传输线的特性阻抗与向输出端口看去的反射系数。

解： 设接头处的电压为 U_0，则输入功率为

$$P_{\text{in}}=\frac{1}{2}\frac{U_0^2}{Z_0}$$

输出功率之比为 2∶1，则

$$P_1=\frac{1}{2}\frac{U_0^2}{Z_1}=\frac{1}{3}P_{\text{in}},\ P_2=\frac{1}{2}\frac{U_0^2}{Z_2}=\frac{2}{3}P_{\text{in}}$$

由此解得输出线的特性阻抗为

$$Z_1=3Z_0=150\Omega,\ Z_2=3Z_0/2=75\Omega$$

接头处的输入阻抗为

$$Z_{\text{in}}=150//75=50\Omega$$

因此，输入端口匹配。向 150Ω 的传输线看去

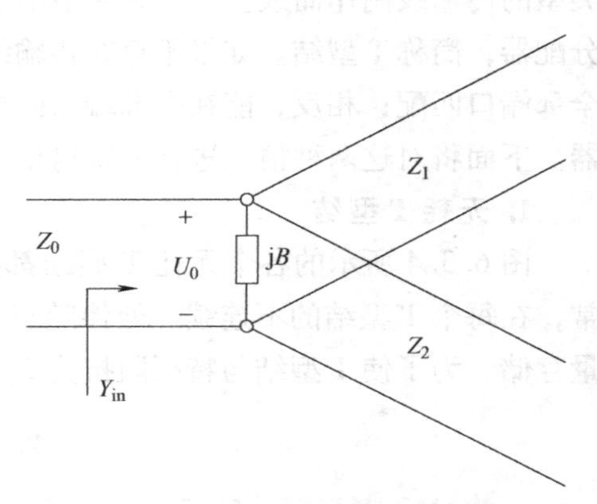

图 6.3.5　无耗 T 型结的传输线模型

的输入阻抗是 50//75 = 30Ω，而向 75Ω 的输出线看去的输入阻抗是 50//150 = 37.5Ω，因此，向输出端口看过去的反射系数分别为

$$\Gamma_1=\frac{30-150}{30+150}=-0.666,\ \Gamma_2=\frac{37.5-75}{37.5+75}=-0.333$$

波导 T 型结又称为 T 型分支，或称为单 T，是在波导某个方向上的分支。若分支波导宽面与 TE_{10}模电场 $\boldsymbol{E}$ 所在的平面平行，则称为 E 面分支或 E-T 接头（图 6.3.4a）；若分支波导宽面与 TE_{10}模磁场 $\boldsymbol{H}$ 所在的平面平行，则称为 H 面分支或 H-T 接头（图 6.3.4b）。

假设各端口波导中只传输 TE_{10}模，则 E 面分支具有如下特性：

1）当信号从端口 1 输入时，端口 2 和端口 3 都有输出，如图 6.3.6a 所示。

2）当信号从端口 2 输入时，端口 1 和端口 3 都有输出，如图 6.3.6b 所示。

3）当信号从端口 3 输入时，端口 1 和端口 2 都有输出，且反相，如图 6.3.6c 所示。

4）当信号从端口 1 和端口 2 同相输入时，在分支对称中心面处可得到电场的驻波波腹，端口 3 的输出最小；若端口 1 和端口 2 等幅，则端口 3 的输出为零，如图 6.3.6d 所示。

5）当信号从端口 1 和端口 2 反相输入时，在分支对称中心面处可得到电场的波节，端口 3 的输出最大，如图 6.3.6e 所示。

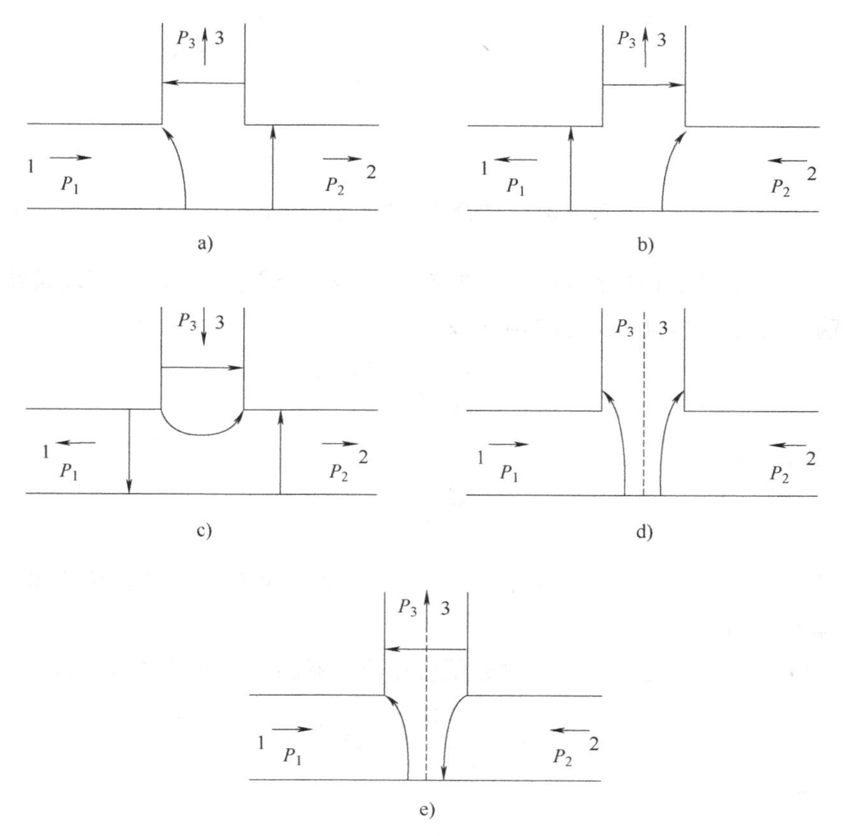

图 6.3.6　E 面分支的特性

H 面分支的特性与 E 面分支的特性类似，主要表现为：当信号由端口 3 输入时，端口 1

和端口 2 等幅同相输出；当信号从端口 1 和端口 2 同相输入时，在分支对称中心面处可得到电场的波节，端口 3 的输出最大；当信号从端口 1 和端口 2 反相输入时，在分支对称中心面处可得到电场的驻波波腹，端口 3 的输出最小，若端口 1 和端口 2 等幅，则端口 3 的输出为零。

2. 电阻性功分器

若三端口分配器包含有损耗器件，则它可满足全部端口都匹配，且这两个输出端口可以不隔离。这种用集总电阻元件制成的功分器电路如图 6.3.7 所示。图中所表示的是等分功分器，但非等分功率分配比也是可能的。

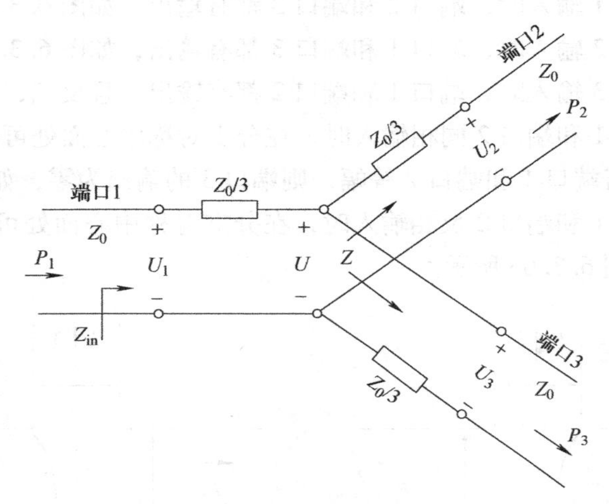

图 6.3.7 等分三端口电阻性功分器

图 6.3.7 所示的电阻性功分器容易用电路理论分析。假定所有端口都端接特征阻抗 Z_0，向着后接有输出线的 $Z_0/3$ 电阻看去的阻抗 Z 是

$$Z=\frac{Z_0}{3}+Z_0=\frac{4Z_0}{3} \tag{6.3.11}$$

而功分器的输入阻抗是

$$Z_{in}=\frac{Z_0}{3}+\frac{2Z_0}{3}=Z_0 \tag{6.3.12}$$

这表明输入对馈线是匹配的。因为网络从三个端口看都是对称的，所以输出端也是匹配的。因此，$S_{11}=S_{22}=S_{33}=0$。

假如在端口 1 的电压是 U_1，则通过分压后在功分器的中心处的电压 U 是

$$U=U_1\frac{2Z_0/3}{Z_0/3+2Z_0/3}=\frac{2}{3}U_1 \tag{6.3.13}$$

再通过分压，输出电压是

$$U_2=U_3=U\frac{Z_0}{Z_0+Z_0/3}=\frac{3}{4}U=\frac{1}{2}U_1 \tag{6.3.14}$$

于是，$S_{21}=S_{31}=S_{23}=1/2$，这低于输入功率电平-6dB。因为网络是互易的，所以散射矩阵是

对称的，可表示为

$$[S]=\frac{1}{2}\begin{bmatrix}0 & 1 & 1\\ 1 & 0 & 1\\ 1 & 1 & 0\end{bmatrix} \tag{6.3.15}$$

可以证明这不是幺正矩阵。

传送到功分器的输入功率是

$$P_{in}=\frac{1}{2}\frac{U_1^2}{Z_0} \tag{6.3.16}$$

而输出功率是

$$P_2=P_3=\frac{1}{2}\frac{(1/2U_1)^2}{Z_0}=\frac{1}{8}\frac{U_1^2}{Z_0}=\frac{1}{4}P_{in} \tag{6.3.17}$$

这表示供给功率的一半消耗在电阻上。

6.3.3 Wilkinson 功率分配器

无耗T型结功分器有不能在全部端口匹配的缺点，且在输出端口之间没有任何隔离。虽然电阻性功分器能够实现全部端口匹配，但不是无耗的，而且仍然达不到隔离。由6.3.1节中的讨论知道，有耗三端口网络能够实现全部端口匹配，并在输出端口之间有隔离。Wilkinson功率分配器就是这样一种网络：当输出端口都匹配时，它仍具有无耗的有用特性，且只耗散了反射功率。

我们可制成任意功率分配比的Wilkinson功率分配器（简称Wilkinson功分器），但首先应考虑等分情况。这种功分器常制成微带或带状线形式，如图6.3.8a所示，图6.3.8b给出了相应的传输线电路。可将此电路化简为两个较简单的电路（在输出端口用对称和反对称源驱动）来进行分析。这就是奇偶模分析技术，该技术对6.4节中四端口网络的分析也是有用的。

1. 奇偶模分析

为简单起见，用特征阻抗Z_0归一化所有的阻抗，重新画出图6.3.8b所示的电路，并在输出端口接电压源，如图6.3.8c所示。此网络在形式上是与横向中心平面对称的，端口1处两个归一化源电阻值是2，并联组成的归一化电阻值为1，代表匹配源的阻抗。四分之一波长线的归一化特征阻抗为Z，并联电阻的归一化值为r；对于等分Wilkinson功分器，$Z=\sqrt{2}$，$r=2$。

现在来定义图6.3.8c中电路激励的两个分离模式：偶模，$U_{g2}=U_{g3}=2U_0$；奇模，$U_{g2}=-U_{g3}=2U_0$，然后叠加这两个模，有效的激励是$U_{g2}=4U_0$，$U_{g3}=0$，由此可求出网络的S参量。现在分别处理这两个模式。

1）偶模（Even mode）。对于偶模激励，$U_{g2}=U_{g3}=2U_0$，因此端口2和端口3处的偶模电压$U_2^e=U_3^e$，没有电流流过$r/2$电阻，或者说在横向中心对称面上可等效为开路。于是能将图6.3.8c的网络在横向对称面上剖开获得如图6.3.9a所示的网络（$\lambda/4$线的接地侧未表示出）。因为传输线可看作一个四分之一波长变换器，所以从端口2向里看的阻抗为

$$Z_{in}^e=\frac{Z^2}{2} \tag{6.3.18}$$

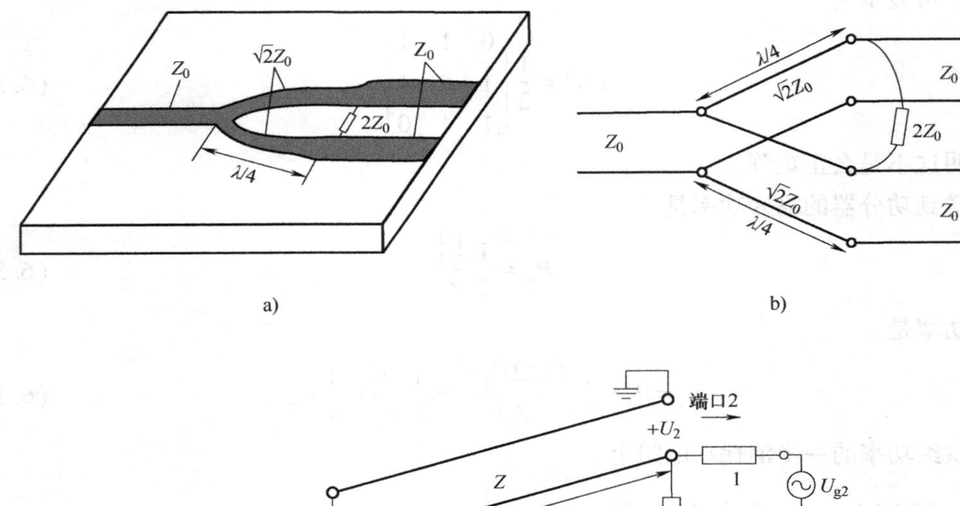

c)

图 6.3.8 Wilkinson 功分器

a）微带线形式的等分 Wilkinson 功分器 b）等效传输线电路 c）在归一化和对称形式下的 Wilkinson 功分器电路

若 $Z=\sqrt{2}$，则对于偶模激励端口 2 是匹配的，原因是 $Z_{\text{in}}^e=1$，所以 $U_2^e=U_0$。在这种情况下，因为 $r/2$ 电阻的一端开路，所以是无用的。下一步需要从传输线方程求端口 1 处的偶模电压 U_1^e。若令在端口 1 处 $x=0$，则在端口 2 处 $x=\lambda/4$，在传输线段上的电压可表示为

$$U(x)=U^+(\mathrm{e}^{-\mathrm{j}\beta x}+\Gamma\mathrm{e}^{\mathrm{j}\beta x})$$

则

$$\begin{cases} U_2^e=U(\lambda/4)=\mathrm{j}U^+(1-\Gamma)=U_0 \\ U_1^e=U(0)=U^+(1+\Gamma)=\mathrm{j}U_0\dfrac{\Gamma+1}{\Gamma-1} \end{cases} \tag{6.3.19}$$

在端口 1 向着归一化值为 2 的电阻看，反射系数 Γ 为

$$\Gamma=\frac{2-\sqrt{2}}{2+\sqrt{2}}$$

和

$$U_1^e=-\mathrm{j}U_0\sqrt{2} \tag{6.3.20}$$

2）奇模（Odd mode）。对于奇模激励，$U_{g2}=-U_{g3}=2U_0$，因此端口 2 和端口 3 处的奇模

电压满足关系 $U_2^o=-U_3^o$。沿着图 6.3.8c 所示电路的中线是电压零点，所以能把中心平面上的两个点接地，将电路剖分为两部分，给出如图 6.3.9b 所示的网络。从端口 2 向里可看到阻抗 $r/2$，这是因为并联的传输线长度是 $\lambda/4$，而且在端口 1 处短路，因此在端口 2 看是开路。若选择 $r=2$，则对于奇模激励端口 2 是匹配的，且有 $U_2^o=U_0$ 和 $U_1^o=0$。对于这种激励模式，全部功率都传送到 $r/2$ 电阻上，而没有功率进入端口 1。

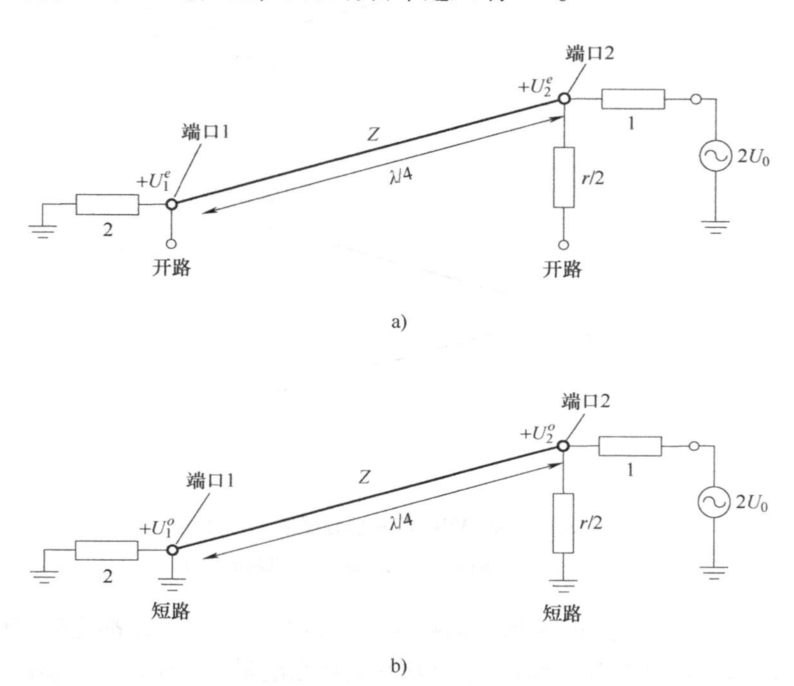

图 6.3.9 图 6.3.8 所示电路剖分为两部分

a）偶模激励 b）奇模激励

最后，需要求出当端口 2 和端口 3 终端接匹配负载时，在 Wilkinson 功分器的端口 1 处的输入阻抗。求解电路如图 6.3.10a 所示，可以看出它与偶模激励相似，因为 $U_2=U_3$，所以没有电流流过归一化值为 2 的电阻，因此它能被移走，留下图 6.3.10b 所示的电路。现在有两个端接有归一化值为 1 的负载电阻的四分之一波长变换器并联，则输入阻抗为

$$Z_{in}=\frac{1}{2}(\sqrt{2})^2=1 \tag{6.3.21}$$

基于上述分析，对于 Wilkinson 功分器，可以确立以下 S 参量关系：

$$S_{11}=0 \qquad (\text{在端口 }1, Z_{in}=1)$$

$$S_{22}=S_{33}=0 \qquad (\text{对于偶模和奇模,端口 2 和端口 3 匹配})$$

$$S_{12}=S_{21}=\frac{U_1^e+U_1^o}{U_2^e+U_2^o}=-\frac{j}{\sqrt{2}} \qquad (\text{由于互易性而对称})$$

$$S_{13}=S_{31}=-\frac{j}{\sqrt{2}} \qquad (\text{端口 2 和端口 3 对称})$$

$$S_{23}=S_{32}=0 \qquad (\text{由于剖分下的短路或开路})$$

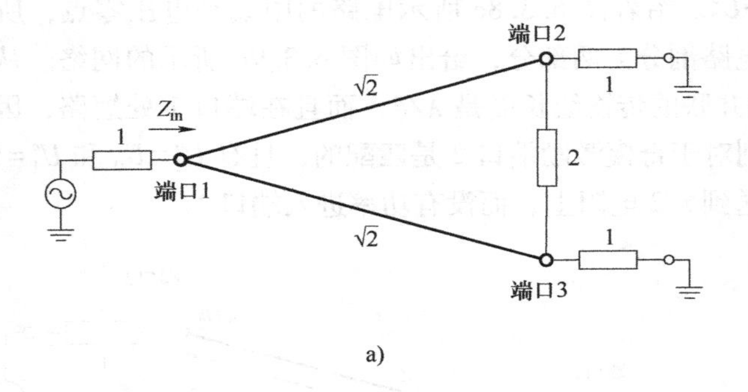

a)

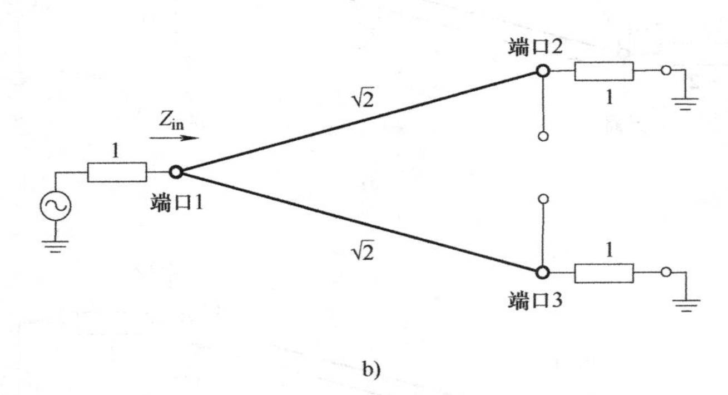

b)

图 6.3.10 对 Wilkinson 功分器求 S_{11} 的分析

a）有终端的 Wilkinson 功分器 b）电路的剖分

其中，$S_{12}=S_{21}$的成立，是因为当终端接匹配负载时，全部端口都是匹配的。注意，当功分器在端口 1 驱动并且输出匹配时，没有功率消耗在电阻上。所以，当输出都匹配时，功分器是无耗的，只有从端口 2 或端口 3 反射的功率消耗在电阻上。因为 $S_{23}=S_{32}=0$，所以端口 2 和端口 3 是隔离的。

2. 不等分功率分配和 N 路 Wilkinson 功率分配器

Wilkinson 功率分配器也可以制成不等分功率分配，其微带结构如图 6.3.11 所示。若端口 2 和端口 3 之间的功率比 $K^2=P_3/P_2$，则可应用下面的设计公式：

$$Z_{03}=Z_0\sqrt{\frac{1+K^2}{K^3}} \tag{6.3.22a}$$

$$Z_{02}=K^2Z_{03}=Z_0\sqrt{K(1+K^2)} \tag{6.3.22b}$$

$$R=Z_0\left(K+\frac{1}{K}\right) \tag{6.3.22c}$$

注意，当 $K=1$ 时，上面的结果可化简为功率等分情况。还可看到输出线是与阻抗 $R_2=Z_0K$ 和 $R_3=Z_0/K$ 匹配的，而不与阻抗 Z_0 匹配。匹配变换器可以用来变换这些输出阻抗。

Wilkinson 功分器也可以推广到 N 路 Wilkinson 功率分配器或合成器，如图 6.3.12 所示。此电路可以在所有端口上实现匹配，并且所有端口之间彼此隔离。然而，当 $N\geqslant3$ 时，功分器需要电阻跨接，这使得在用平面电路形式制作时产生困难。为了提高带宽，Wilkinson 功分器也可采用阶梯式多节结构。

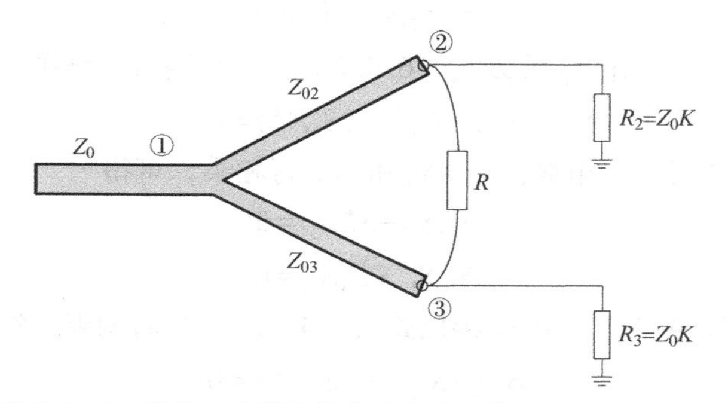

图 6.3.11　微带形式的不等分功率分配的 Wilkinson 功分器

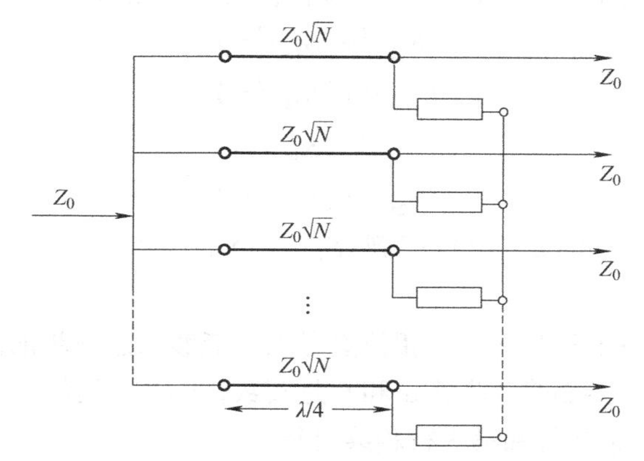

图 6.3.12　N 路等分的 Wilkinson 功分器

6.4　四端口器件

四端口器件是微波电路中一类特殊而有重要用途的定向耦合器件。本节将在论述无耗、互易四端口网络基本特性的基础上，讨论常用的定向耦合器、魔 T 等特性。

6.4.1　四端口网络（定向耦合器）

所有端口都匹配的互易四端口网络的 [S] 矩阵有下列形式：

$$[S]=\begin{bmatrix} 0 & S_{12} & S_{13} & S_{14} \\ S_{12} & 0 & S_{23} & S_{24} \\ S_{13} & S_{23} & 0 & S_{34} \\ S_{14} & S_{24} & S_{34} & 0 \end{bmatrix} \tag{6.4.1}$$

若网络是无耗的，则从幺正性或能量守恒条件可得出 10 个方程。现在，让矩阵中的第 1 行和第 2 行相乘，第 4 行和第 3 行相乘，可得

$$S_{13}^{*}S_{23}+S_{14}^{*}S_{24}=0 \tag{6.4.2a}$$

$$S_{14}^{*}S_{13}+S_{24}^{*}S_{23}=0 \tag{6.4.2b}$$

再用S_{24}^{*}乘以式（6.4.2a），用S_{13}^{*}乘以式（6.4.2b），并将两者的结果相减，得到

$$S_{14}^{*}(|S_{13}|^{2}-|S_{24}|^{2})=0 \tag{6.4.3}$$

同理，让第1行和第3行相乘，第4行和第2行相乘，可得

$$S_{12}^{*}S_{23}+S_{14}^{*}S_{34}=0 \tag{6.4.4a}$$

$$S_{14}^{*}S_{12}+S_{34}^{*}S_{23}=0 \tag{6.4.4b}$$

再用S_{12}乘以式（6.4.4a），用S_{34}乘以式（6.4.4b），并将两者的结果相减，得到

$$S_{23}(|S_{12}|^{2}-|S_{34}|^{2})=0 \tag{6.4.5}$$

满足式（6.4.3）和式（6.4.5）的一种途径是令$S_{14}=S_{23}=0$，结果成为定向耦合器。然后，使式（6.4.1）给出的幺正矩阵［S］的各行自乘，可以得出下列方程：

$$|S_{12}|^{2}+|S_{13}|^{2}=1 \tag{6.4.6a}$$

$$|S_{12}|^{2}+|S_{24}|^{2}=1 \tag{6.4.6b}$$

$$|S_{13}|^{2}+|S_{34}|^{2}=1 \tag{6.4.6c}$$

$$|S_{24}|^{2}+|S_{34}|^{2}=1 \tag{6.4.6d}$$

通过式（6.4.6a）和式（6.4.6b）可以得到$|S_{13}|=|S_{24}|$，通过式（6.4.6b）和式（6.4.6d）可以得到$|S_{12}|=|S_{34}|$。

通过选择四端口网络中三个端口的相位参考点，能够做进一步的简化。所以，我们选择$S_{12}=S_{34}=\alpha$，$S_{13}=\beta e^{j\theta}$和$S_{24}=\beta e^{j\phi}$，此处α和β是实数，θ和ϕ是待定的相位常数（它们之中仍有一个可自由选定）。第2行和第3行相乘可得

$$S_{12}^{*}S_{13}+S_{24}^{*}S_{34}=0 \tag{6.4.7}$$

由式（6.4.7）可得出待定的相位常数之间的关系式为

$$\theta+\phi=\pi\pm 2n\pi \tag{6.4.8}$$

若略去2π的整倍数，则在实际中通常有两种特定的选择：

1）对称耦合器：$\theta=\phi=\pi/2$。选择有振幅β的那些项的相位相等。则散射矩阵有下列形式：

$$[S]=\begin{bmatrix} 0 & \alpha & j\beta & 0 \\ \alpha & 0 & 0 & j\beta \\ j\beta & 0 & 0 & \alpha \\ 0 & j\beta & \alpha & 0 \end{bmatrix} \tag{6.4.9}$$

2）反对称耦合器：$\theta=0$，$\phi=\pi$。选择有振幅β的那些项的相位相差180°。则散射矩阵有下列形式：

$$[S]=\begin{bmatrix} 0 & \alpha & \beta & 0 \\ \alpha & 0 & 0 & -\beta \\ \beta & 0 & 0 & \alpha \\ 0 & -\beta & \alpha & 0 \end{bmatrix} \tag{6.4.10}$$

注意，这两个耦合器的差别只是在参考平面的选择上。此外，振幅α和β不是独立的，根据式（6.4.6a）可知，要求有

$$\alpha^2+\beta^2=1 \tag{6.4.11}$$

所以除了相位参考点以外，一个理想的定向耦合器只有一个自由度。

满足式（6.4.3）和式（6.4.5）的另一种途径是假定 $|S_{13}|=|S_{24}|$ 和 $|S_{12}|=|S_{34}|$，然而，若我们选择相位参考点，使 $S_{13}=S_{24}=\alpha$ 和 $S_{12}=S_{34}=\mathrm{j}\beta$［满足式（6.4.8）］，则式（6.4.2a）化简为 $\alpha(S_{23}+S_{14}^*)=0$，式（6.4.4a）化简为 $\beta(S_{14}^*-S_{23})=0$。这两个方程有两个可能解：第一个为 $S_{14}=S_{23}=0$，这和上面的定向耦合器的解相同；另一个解出现在 $\alpha=\beta=0$ 时，意味着 $S_{12}=S_{13}=S_{24}=S_{34}=0$。这是两个去耦二端口网络的情况（端口 1 和端口 4 以及端口 2 和端口 3 之间），不再进一步讨论。所以可得出这样的结论：任何互易、无耗、匹配的四端口网络是一个定向耦合器。

定向耦合器的基本特性能借助于图 6.4.1 进行说明，它给出了定向耦合器的两种常用的表示符号和常规功率流向。提供给端口 1 的功率耦合到端口 3（耦合端口），耦合因数 $|S_{31}|^2=\beta^2$；而剩余的输入功率传送到端口 2（直通端口），其系数 $|S_{21}|^2=\alpha^2=1-\beta^2$。在理想的耦合器中，没有功率传送到端口 4（隔离端口）。

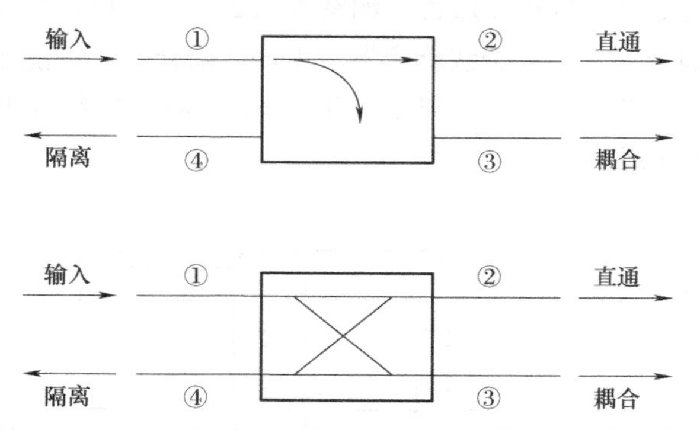

图 6.4.1　定向耦合器的两种常用表示符号和常规功率流向

通常用下面三个参量表征定向耦合器：

$$\text{耦合度(dB)}=C=10\lg\frac{P_1}{P_3}=-20\lg\beta \tag{6.4.12a}$$

$$\text{方向性(dB)}=D=10\lg\frac{P_3}{P_4}=20\lg\frac{\beta}{|S_{14}|} \tag{6.4.12b}$$

$$\text{隔离度(dB)}=I=10\lg\frac{P_1}{P_4}=-20\lg|S_{14}| \tag{6.4.12c}$$

式中，耦合度代表耦合到输出端口的功率与输入功率的比值，单位为 dB。方向性如同隔离度一样，是耦合器隔离前向波和反向波能力的量度。这些量之间的关系为

$$I=D+C \tag{6.4.13}$$

理想的耦合器有无限大的方向性和隔离度（$S_{14}=0$），因而 α 和 β 可根据耦合度 C 确定。

混合网络耦合器是定向耦合器的特殊情况，它的耦合度是 3dB，这意味着 $\alpha=\beta=1/\sqrt{2}$。这里有两类混合网络。第一类是如正交混合网络的对称耦合器，当在端口 1 馈入时，在端口 2 和端口 3 之间有 90°相位差（$\theta=\phi=\pi/2$）。它的［S］矩阵有下列形式：

$$[S]=\frac{1}{\sqrt{2}}\begin{bmatrix}0 & 1 & \mathrm{j} & 0\\ 1 & 0 & 0 & \mathrm{j}\\ \mathrm{j} & 0 & 0 & 1\\ 0 & \mathrm{j} & 1 & 0\end{bmatrix} \tag{6.4.14}$$

第二类是如魔 T 混合网络或环形波导混合网络的反对称耦合器，当在端口 4 馈入时，端口 2 和端口 3 之间有 180°相位差。它的［S］矩阵有下列形式：

$$[S]=\frac{1}{\sqrt{2}}\begin{bmatrix}0 & 1 & 1 & 0\\ 1 & 0 & 0 & -1\\ 1 & 0 & 0 & 1\\ 0 & -1 & 1 & 0\end{bmatrix} \tag{6.4.15}$$

6.4.2　正交（90°）混合网络

正交混合网络是 3dB 定向耦合器，其直通和耦合端的输出之间有 90°相位差。这种类型的混合网络通常做成微带线或带状线形式，如图 6.4.2 所示，也称为分支线混合网络或分支线耦合器。其他 3dB 耦合器，如耦合线耦合器或 Lange 耦合器，也能用作正交混合网络，这些器件将在下一节讨论。本节将使用类似于 Wilkinson 功率分配器所用的奇偶模分解技术来分析正交混合网络的工作过程。

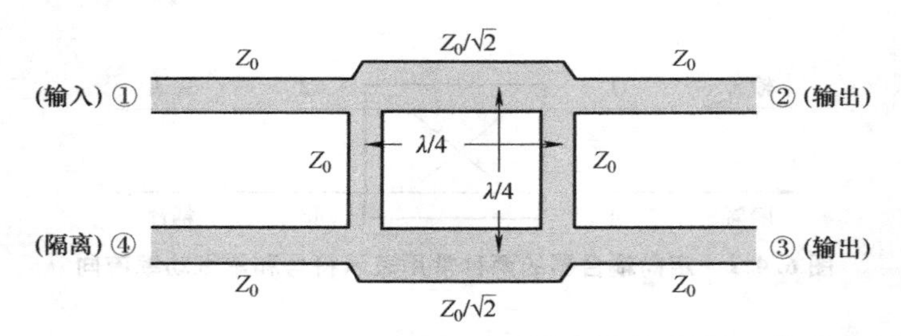

图 6.4.2　分支线耦合器的几何形状

参考图 6.4.2，分支线耦合器的基本运作如下：所有端口都是匹配的，从端口 1 输入的功率对等地分配给端口 2 和端口 3，这两个输出端口之间有 90°相位差，没有功率耦合到端口 4（隔离端）。所以［S］矩阵有如下形式：

$$[S]=\frac{-1}{\sqrt{2}}\begin{bmatrix}0 & \mathrm{j} & 1 & 0\\ \mathrm{j} & 0 & 0 & 1\\ 1 & 0 & 0 & \mathrm{j}\\ 0 & 1 & \mathrm{j} & 0\end{bmatrix} \tag{6.4.16}$$

注意，分支线耦合器有高度的对称性，任意端口都可作为输入端口，输出端口总是在与网络的输入端口相反的一侧，而隔离端是输入端口同侧的余下端口。其对称性反映在散射矩阵中，是每行可从第 1 行互换位置得到。

与三端口器件的分析类似，这里也将采用奇偶模分析法来分析分支线耦合器的散射矩阵。首先用归一化形式画出分支线耦合器的电路示意图，如图 6.4.3 所示。此处要注意，每条线代表一根传输线，线上表示的值是用 Z_0 归一化的特征阻抗，对每个传输线的公共接地没有表示。假定在端口 1 输入单位幅值（$A_1=1$）的波。

现在，图 6.4.3 所示电路可分解为偶模激励和奇模激励的叠加，如图 6.4.4 所示。注意，重叠这两组激励的波可产生图 6.4.3 所示的原始激励的波，因为该电路是线性的，所以实际的响应（散射波）可从偶模和奇模激励响应之和获得。

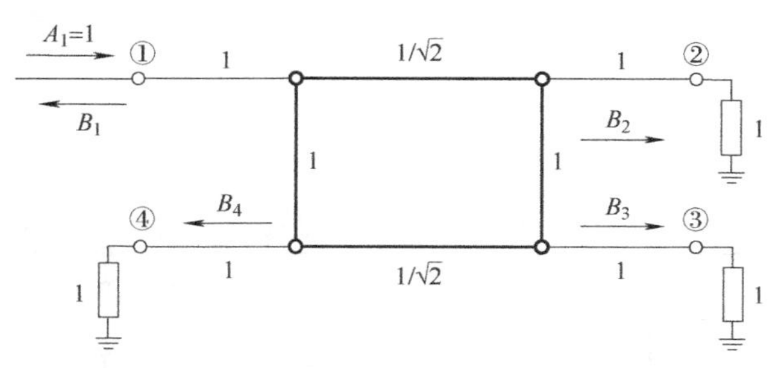

图 6.4.3　归一化形式的分支线耦合器电路

因为激励的对称性和反对称性，四端口网络能分解为一组两个无耦合的二端口网络，如图 6.4.4 所示。因为这两个端口的输入波振幅是±1/2，所以在分支线混合网络每个端口处的出射波的振幅可表示为

$$B_1=\frac{1}{2}\Gamma_e+\frac{1}{2}\Gamma_o \tag{6.4.17a}$$

$$B_2=\frac{1}{2}T_e+\frac{1}{2}T_o \tag{6.4.17b}$$

$$B_3=\frac{1}{2}T_e-\frac{1}{2}T_o \tag{6.4.17c}$$

$$B_4=\frac{1}{2}\Gamma_e-\frac{1}{2}\Gamma_o \tag{6.4.17d}$$

式中，Γ_e、Γ_o和 T_o、T_e是图 6.4.4 所示二端口网络的偶模和奇模的反射系数和传输系数。首先考虑偶模二端口电路 Γ_e和 T_e的计算。这可通过将电路中的每个级联器件的 $ABCD$ 矩阵相乘来完成，得出

$$\begin{bmatrix} A & B \\ C & D \end{bmatrix}_e=\begin{bmatrix} 1 & 0 \\ j & 1 \end{bmatrix}\begin{bmatrix} 0 & j/\sqrt{2} \\ j\sqrt{2} & 0 \end{bmatrix}\begin{bmatrix} 1 & 0 \\ j & 1 \end{bmatrix}=\frac{1}{\sqrt{2}}\begin{bmatrix} -1 & j \\ j & -1 \end{bmatrix} \tag{6.4.18}$$

并联开路 $\lambda/8$ 短截线的导纳为 $Y=j\tan\beta l=j$。将 $ABCD$ 参量转换到与反射系数和传输系数等效的 S 参量，得到

$$\Gamma_e=\frac{A+B-C-D}{A+B+C+D}=\frac{(-1+j-j+1)/\sqrt{2}}{(-1+j+j-1)/\sqrt{2}}=0 \tag{6.4.19a}$$

$$T_e=\frac{2}{A+B+C+D}=\frac{2}{(-1+j+j-1)/\sqrt{2}}=\frac{-1}{\sqrt{2}}(1+j) \tag{6.4.19b}$$

类似地，对于奇模激励可得

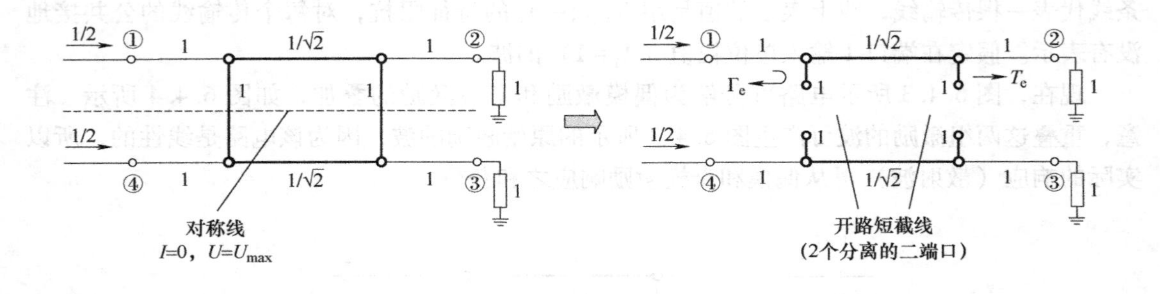

a)

b)

图 6.4.4 分支线耦合器分解为偶模和奇模

a）偶模 b）奇模

$$\begin{bmatrix} A & B \\ C & D \end{bmatrix}_{\text{o}} = \frac{1}{\sqrt{2}} \begin{bmatrix} 1 & \text{j} \\ \text{j} & 1 \end{bmatrix} \tag{6.4.20}$$

反射系数和传输系数为

$$\Gamma_{\text{o}} = 0 \tag{6.4.21a}$$

$$T_{\text{o}} = \frac{1}{\sqrt{2}}(1-\text{j}) \tag{6.4.21b}$$

然后将式（6.4.19）和式（6.4.21）代入式（6.4.17），得

$$B_1 = 0 \quad \text{（端口 1 是匹配的）} \tag{6.4.22a}$$

$$B_2 = -\frac{\text{j}}{\sqrt{2}} \quad \text{（半功率，从端口 1 到端口 2，−90° 相位差）} \tag{6.4.22b}$$

$$B_3 = -\frac{1}{\sqrt{2}} \quad \text{（半功率，从端口 1 到端口 3，−180° 相位差）} \tag{6.4.22c}$$

$$B_4 = 0 \quad \text{（无功率到端口 4）} \tag{6.4.22d}$$

这些结果与式（6.4.16）给出的［S］矩阵的第 1 行和第 1 列是一致的，剩下的矩阵元可通过互换位置找到。

事实上，由于需要有四分之一波长，分支线混合网络的带宽限制在 10%～20%。但是和多节匹配变换器以及多孔定向耦合器一样，通过使用多节级联，分支线混合网络的带宽可提高十倍或者更多。此外，这个基本设计可经修正后用于非等分功率分配和/或在输出端口有不同特征阻抗的情形。另一个实际问题是在分支线耦合器结点处的不连续性效应可能需要并联臂延长 10°~20°。

6.4.3　耦合线定向耦合器

当两个无屏蔽的传输线紧靠在一起时，由于各个传输线电磁场的相互作用，在传输线之间可以有功率耦合。这种传输线称为耦合传输线，通常由靠得很近的三个导体组成，当然也可使用更多的导体。图 6.4.5 给出了耦合传输线的几个例子，图中 W 是导带宽度，S 是两导带之间的间距，b 是两个接地板之间的间距。通常假定耦合传输线工作在 TEM 模，这对于带状线结构是严格正确的，而对于微带线结构是近似正确的。一般来说，3 线传输线能提供两种性质不同的传输模式。这种特性可用于实现定向耦合器、混合网络和滤波器。

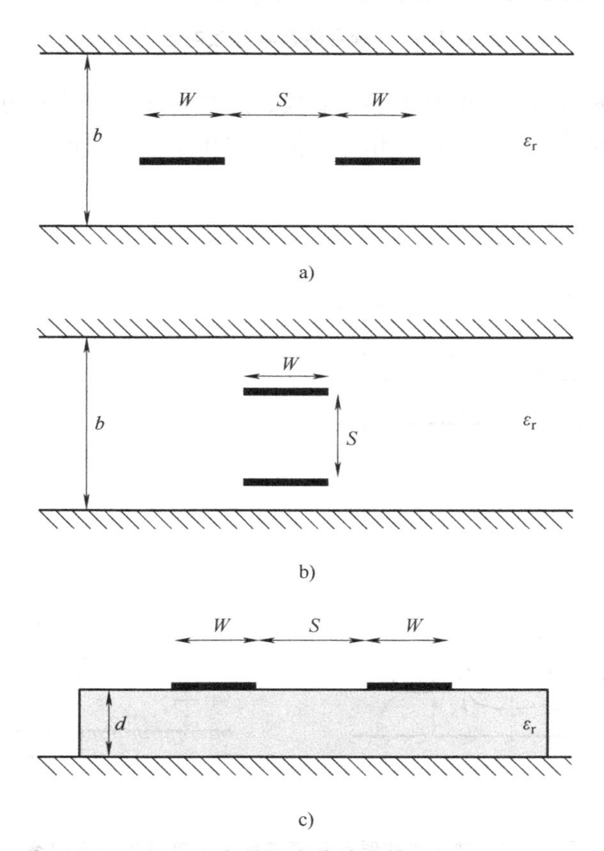

图 6.4.5　各种耦合传输线的几何形状

a）耦合带状线（平面或边缘耦合）　b）耦合带状线（分层或宽边耦合）　c）耦合微带线

图 6.4.5 所示的耦合线是对称的，这意味着两个导带有着相同的宽度和相对于地的位置。因此简化了其工作原理的分析。下面首先讨论耦合线理论并介绍耦合带状线和耦合微带线的某些设计数据，然后分析单节耦合线耦合器的工作，并将这些结果扩展到多节耦合线耦合器的设计中。

1. 耦合线理论

图 6.4.5 所示的耦合线或其他对称的 3 线传输线，都能用图 6.4.6 所示的结构来等效。

若假定传输的是 TEM 模，则耦合线的电特性可完全由线之间的等效电容和在线上的传播速度来决定。正如图 6.4.6 所示，C_{12}代表两个导带之间的电容，而 C_{11}和 C_{22}代表每个导带和地之间的电容，若这些导带的尺寸和相对于接地导体的位置是相等的，则 $C_{11}=C_{22}$。注意，把第 3 个导体指定为“接地”，除了方便之外，并无特殊的关系，因为在许多应用中，该导体是带状线和微带电路的接地板。

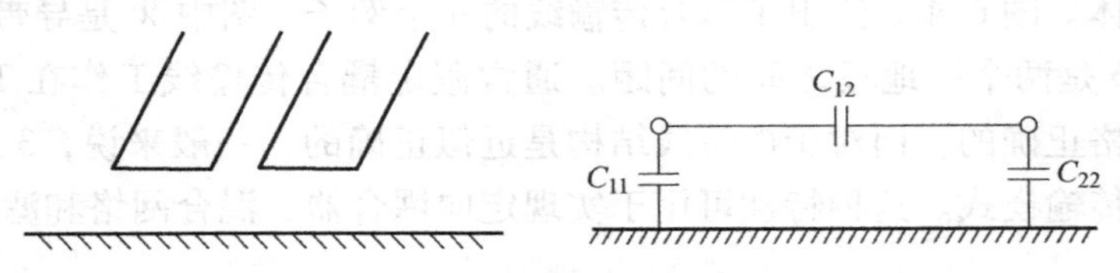

图 6.4.6　3 耦合线及其等效电容网络

现在考虑耦合线的两种特殊激励类型：偶模，此时在两个导带上的电流幅值相等，方向相同；奇模，此时在导带上的电流振幅相等，但方向相反。这两种情况下电力线的示意图如图 6.4.7 所示。

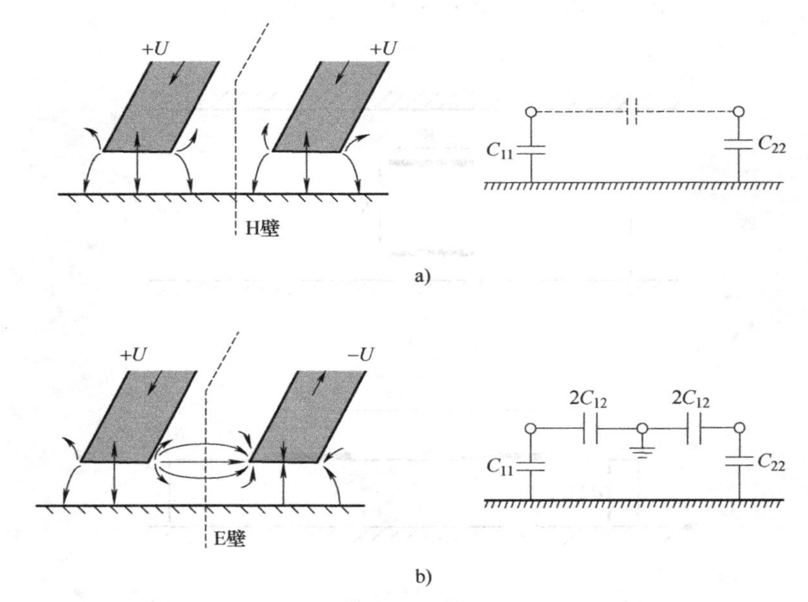

图 6.4.7　耦合线的偶模和奇模激励及其等效电容网络

a）偶模激励　b）奇模激励

对于偶模，电力线关于中心线偶对称，在两根导带之间没有电流流过。这时导出的等效电路如图 6.4.7a 所示，其中 C_{12}等效于开路状态。对于偶模，每根线到地产生的电容为

$$C_{\mathrm{e}}=C_{11}=C_{22} \tag{6.4.23}$$

假如这两个导带在尺寸和位置上是相同的，则偶模的特征阻抗为

$$Z_{0\mathrm{e}}=\sqrt{\frac{L_{\mathrm{e}}}{C_{\mathrm{e}}}}=\frac{\sqrt{L_{\mathrm{e}}C_{\mathrm{e}}}}{C_{\mathrm{e}}}=\frac{1}{v_{\mathrm{p}}C_{\mathrm{e}}} \tag{6.4.24}$$

式中，v_p是在线上传播的相速。

对于奇模，电力线关于中心线奇对称，在两个导带之间存在零电压。我们可以将它想象为在C_{12}的中间有一个接地面，这导致了如图6.4.7b所示的等效电路。在这种情况下，每条带状线和地之间的等效电容是

$$C_o = C_{11} + 2C_{12} = C_{22} + 2C_{12} \tag{6.4.25}$$

奇模的特征阻抗为

$$Z_{0o} = \sqrt{L_o/C_o} = \sqrt{L_o C_o}/C_o = \frac{1}{v_p C_o} \tag{6.4.26}$$

总之，当耦合线工作在偶（奇）模时，Z_{0e}（Z_{0o}）是导带相对于地的特征阻抗。耦合线的任何激励总可以看作是偶模和奇模的对应振幅的叠加。上述分析假定线是对称的，而且边缘电容对偶模和奇模是相同的。

假如耦合线传输的是纯TEM模，如同轴线、平行板或带状线，则可用保角映射分析技术来计算线的单位长度的电容，然后求偶模或奇模的特征阻抗。对于准TEM波传输线，如微带线，可以用数值方法或近似准静态技术求得这些结果。不管是哪种情况，这些计算通常都要比我们想象的复杂，所以下面只介绍两个关于耦合线设计数据的例子。

对于图6.4.5a所示的对称耦合带状线，可以利用图6.4.8所示的设计数据，对给定的一组特征阻抗Z_{0e}和Z_{0o}以及介电常数，确定所需要的带的宽度和间距。该图适用于大多数实际应用中参量覆盖的范围，并可用于任意值的介电常数，因为带状线支持纯TEM模。

对于耦合微带线，其结果没有对介电常数进行定标，所以设计图必须是对于特定的介电常数做出的。图6.4.9显示的是在$\varepsilon_r=10$的基片上的耦合微带线的设计数据。使用耦合微带线的另一困难是，这两种模式传播的相速通常是不同的，因为两个工作模式在空气-介质界面附近有不同的场结构，这对耦合器的方向性有降低效应。

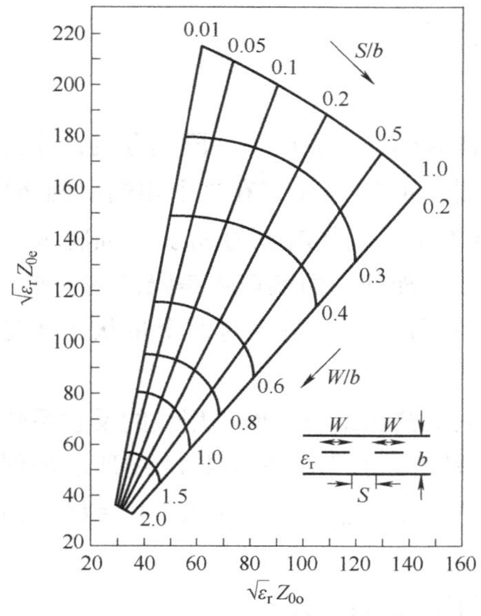

图6.4.8　对称耦合带状线的归一化奇偶模特征阻抗设计数据

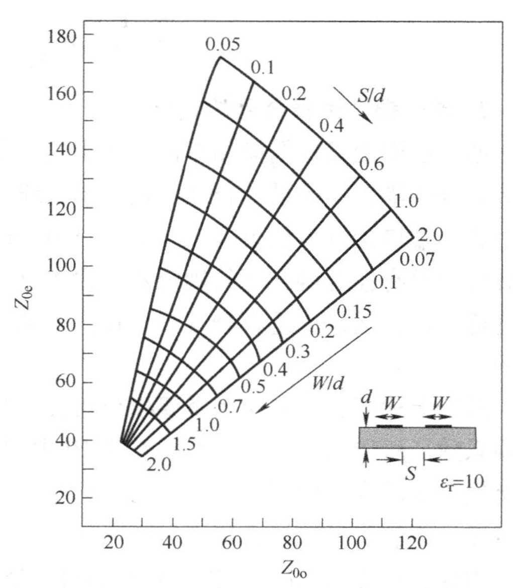

图6.4.9　对于$\varepsilon_r=10$的基片上的耦合微带线，偶模和奇模特征阻抗设计数据

例 6.4.1 对于图 6.4.5b 所示的宽边耦合带状线结构，假定 $W \gg S$ 和 $W \gg b$，因此可忽略边缘场，求解单耦合线偶模和奇模的特征阻抗。

解： 首先求出等效网络电容 C_{11} 和 C_{12}（因为线是对称的，所以有 $C_{22}=C_{11}$）。宽度为 W 和间距为 d 的宽边平行传输线每单位长度的电容是

$$\overline{C}=\frac{\varepsilon W}{d}$$

式中，ε 是基片的介电常数。该公式忽略了边缘场。

C_{11}是由一个导带到接地板形成的电容，所以每单位长度的电容是

$$\overline{C_{11}}=\frac{2\varepsilon_r\varepsilon_0 W}{b-S}$$

两个导带之间单位长度的电容是

$$\overline{C_{12}}=\frac{\varepsilon_r\varepsilon_0 W}{S}$$

然后，由式（6.4.23）和式（6.4.25）求出偶模和奇模电容为

$$\overline{C_e}=\overline{C_{11}}=\frac{2\varepsilon_r\varepsilon_0 W}{b-S}$$

$$\overline{C_o}=\overline{C_{11}}+2\,\overline{C_{12}}=2\varepsilon_r\varepsilon_0 W\left(\frac{1}{b-S}+\frac{1}{S}\right)$$

在线上的相速是 $v_p=1/\sqrt{\varepsilon_r\varepsilon_0\mu_0}=c/\sqrt{\varepsilon_r}$，所以特征阻抗为

$$Z_{0e}=\frac{1}{v_p\overline{C_e}}=\eta_0\frac{b-S}{2W\sqrt{\varepsilon_r}}$$

$$Z_{0o}=\frac{1}{v_p\overline{C_o}}=\eta_0\frac{1}{2W\sqrt{\varepsilon_r}\left[1/(b-S)+1/S\right]}$$

2. 单节耦合线耦合器的设计

通过前面定义的偶模和奇模特征阻抗，我们可将奇偶模分析应用于一段耦合线，并得出单节耦合线耦合器的设计公式。这种耦合线耦合器如图 6.4.10 所示。在这个四端口网络中，其中 3 个端口接有负载阻抗 Z_0。端口 1 用 $2U_0$ 的电压源驱动，其内阻为 Z_0。下面将说明可以设计出具有任意耦合度的耦合器，输入（端口 1）是匹配的，而端口 4 是隔离的，端口 2 是直通端口，端口 3 是耦合端口。在图 6.4.10 中，接地导体可理解为对两个带状导体是共用的。

对于上述问题，将应用奇偶模分析技术与线的输入阻抗相结合，而不用线的反射系数和传输系数。所以通过叠加，在图 6.4.10 中端口 1 的激励可以看作是图 6.4.11 中所示的偶模和奇模激励的和。由于对称性，对于偶模，可以认为 $I_1^e=I_3^e$，$I_4^e=I_2^e$，$U_1^e=U_3^e$，$U_4^e=U_2^e$，而对于奇模，则有 $I_1^o=-I_3^o$，$I_4^o=-I_2^o$，$U_1^o=-U_3^o$，$U_4^o=-U_2^o$。

因此，图 6.4.10 所示耦合器在端口 1 处的输入阻抗可以表示为

$$Z_{in}=\frac{U_1}{I_1}=\frac{U_1^e+U_1^o}{I_1^e+I_1^o} \tag{6.4.27}$$

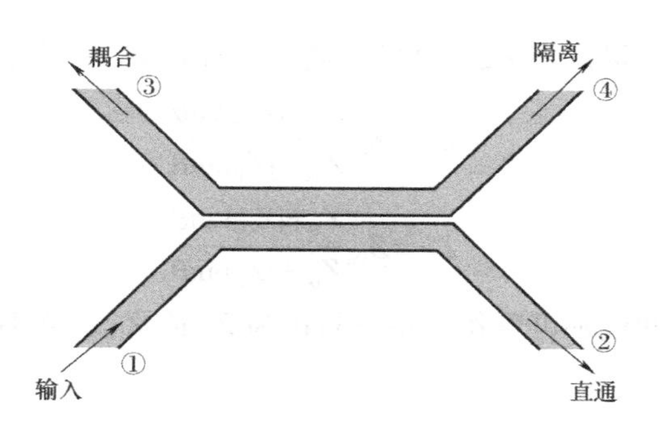

a)

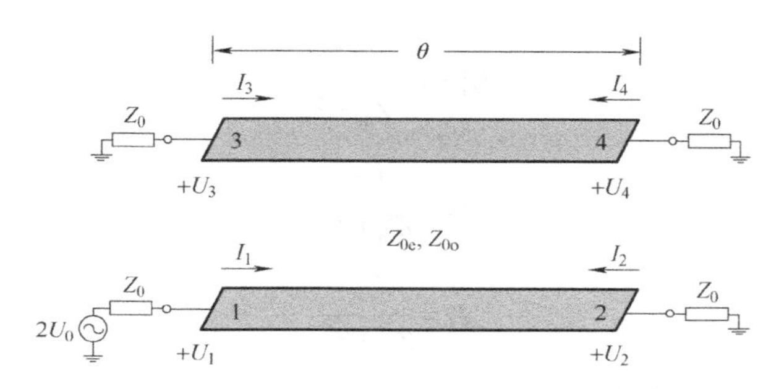

b)

图 6.4.10　单节耦合线耦合器

a）几何结构和端口命名　b）示意性电路

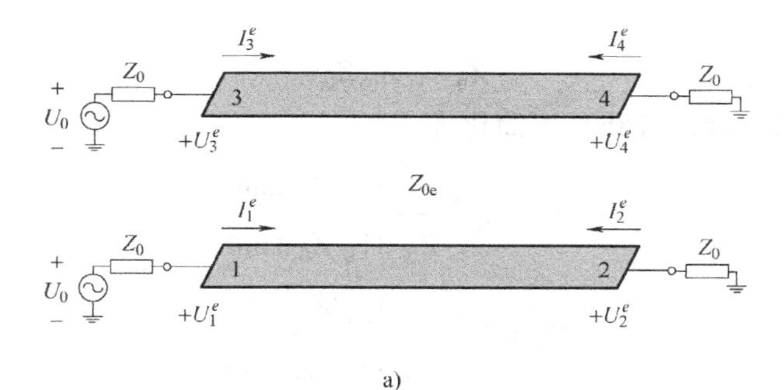

a)

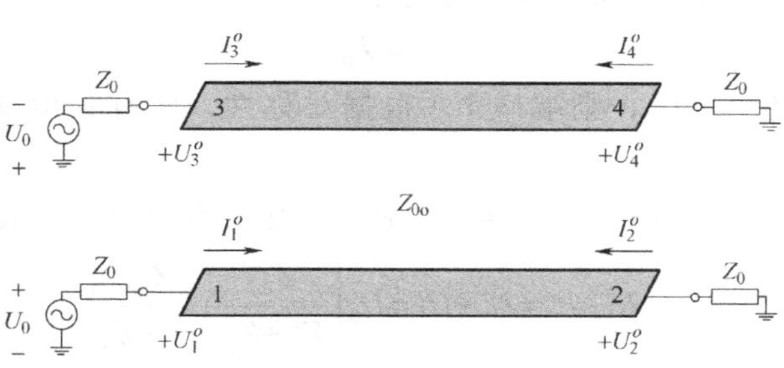

b)

图 6.4.11　耦合线耦合器分解为偶模激励和奇模激励

a）偶模　b）奇模

若令端口 1 处偶模的输入阻抗是 Z_{in}^e，奇模的输入阻抗是 Z_{in}^o，则有

$$Z_{in}^e = Z_{0e}\frac{Z_0 + jZ_{0e}\tan\theta}{Z_{0e} + jZ_0\tan\theta} \tag{6.4.28a}$$

$$Z_{in}^o = Z_{0o}\frac{Z_0 + jZ_{0o}\tan\theta}{Z_{0o} + jZ_0\tan\theta} \tag{6.4.28b}$$

因为对于每种模，此线都可看作是特征阻抗为 Z_{0e} 或 Z_{0o}、终端有负载阻抗 Z_0 的传输线，所以通过分压可得

$$U_1^o = U_0\frac{Z_{in}^o}{Z_{in}^o + Z_0} \tag{6.4.29a}$$

$$U_1^e = U_0\frac{Z_{in}^e}{Z_{in}^e + Z_0} \tag{6.4.29b}$$

$$I_1^o = \frac{U_0}{Z_{in}^o + Z_0} \tag{6.4.29c}$$

$$I_1^e = \frac{U_0}{Z_{in}^e + Z_0} \tag{6.4.29d}$$

将式（6.4.29）代入式（6.4.27）得

$$Z_{in} = \frac{Z_{in}^o(Z_{in}^e + Z_0) + Z_{in}^e(Z_{in}^o + Z_0)}{Z_{in}^e + Z_{in}^o + 2Z_0} = Z_0 + \frac{2(Z_{in}^o Z_{in}^e - Z_0^2)}{Z_{in}^e + Z_{in}^o + 2Z_0} \tag{6.4.30}$$

若令

$$Z_0 = \sqrt{Z_{0e}Z_{0o}} \tag{6.4.31}$$

则式（6.4.28a）和式（6.4.28b）可简化为

$$Z_{in}^e = Z_{0e}\frac{\sqrt{Z_{0o}} + j\sqrt{Z_{0e}}\tan\theta}{\sqrt{Z_{0e}} + j\sqrt{Z_{0o}}\tan\theta}$$

$$Z_{in}^o = Z_{0o}\frac{\sqrt{Z_{0e}} + j\sqrt{Z_{0o}}\tan\theta}{\sqrt{Z_{0o}} + j\sqrt{Z_{0e}}\tan\theta}$$

所以 $Z_{in}^e Z_{in}^o = Z_{0e}Z_{0o} = Z_0^2$，且式（6.4.30）可简化为

$$Z_{in} = Z_0 \tag{6.4.32}$$

因此，只要满足式（6.4.31），则端口 1（根据对称性，所有其他端口也一样）将是匹配的。

现在，若满足式（6.4.31），则 $Z_{in} = Z_0$，通过分压已有 $U_1 = U_0$。端口 3 处的电压是

$$U_3 = U_3^e + U_3^o = U_1^e - U_1^o = U_0\left[\frac{Z_{in}^e}{Z_{in}^e + Z_0} - \frac{Z_{in}^o}{Z_{in}^o + Z_0}\right] \tag{6.4.33}$$

此处使用了式（6.4.29）。由式（6.4.28）和式（6.4.31）可得

$$\frac{Z_{in}^e}{Z_{in}^e + Z_0} = \frac{Z_0 + jZ_{0e}\tan\theta}{2Z_0 + j(Z_{0e} + Z_{0o})\tan\theta}$$

$$\frac{Z_{in}^o}{Z_{in}^o+Z_0}=\frac{Z_0+jZ_{0o}\tan\theta}{2Z_0+j(Z_{0e}+Z_{0o})\tan\theta}$$

所以式（6.4.33）简化为

$$U_3=U_0\frac{j(Z_{0e}-Z_{0o})\tan\theta}{2Z_0+j(Z_{0e}+Z_{0o})\tan\theta} \tag{6.4.34}$$

定义 C_U 为

$$C_U=\frac{Z_{0e}-Z_{0o}}{Z_{0e}+Z_{0o}} \tag{6.4.35}$$

后面将看到 C_U 的物理意义是频带中心处的电压耦合系数 U_3/U_0。因此，有

$$\sqrt{1-C_U^2}=\frac{2Z_0}{Z_{0e}+Z_{0o}}$$

所以

$$U_3=U_0\frac{jC_U\tan\theta}{\sqrt{1-C_U^2}+j\tan\theta} \tag{6.4.36}$$

同样可证明

$$U_4=U_4^e+U_4^o=U_2^e-U_2^o=0 \tag{6.4.37}$$

和

$$U_2=U_2^e+U_2^o=U_0\frac{\sqrt{1-C_U^2}}{\sqrt{1-C_U^2}\cos\theta+j\sin\theta} \tag{6.4.38}$$

通过式（6.4.36）和式（6.4.38）可画出耦合端口和直通端口电压与频率的关系曲线，如图 6.4.12 所示。在很低的频率处（$\theta\ll\pi/2$），全部功率都传输到了直通端口 2，因而没有功率耦合到端口 3。当 $\theta=\pi/2$ 时，耦合到端口 3 的电压 U_3 和功率有其第一个最大值，通常对应此工作点的耦合器具有小的尺寸和小的传输线损耗。另外，响应是周期的，在 $\theta=\pi/2$，$3\pi/2$，…处，U_3 有最大值。

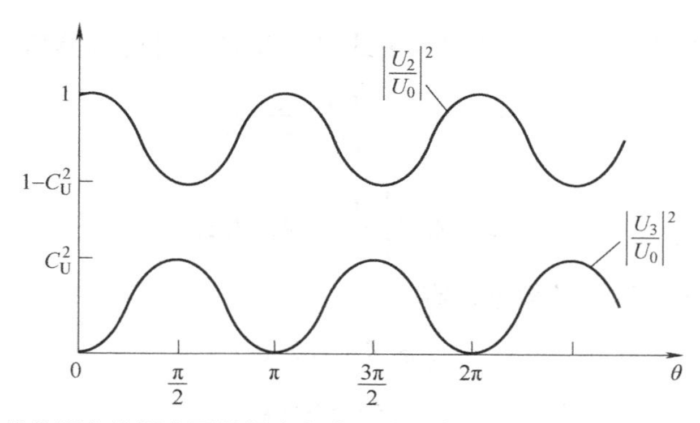

图 6.4.12　单节耦合线耦合器的耦合和直通端口电压（二次方）与频率的关系曲线

对于 $\theta=\pi/2$ 处，耦合器的长度是 $\lambda/4$，且式（6.4.36）和式（6.4.38）可简化为

$$\frac{U_3}{U_0}=C_U \tag{6.4.39}$$

$$\frac{U_2}{U_0}=-\mathrm{j}\sqrt{1-C_U^2} \tag{6.4.40}$$

这表明在设计频率即 $\theta=\pi/2$ 处，电压耦合系数 $C_U<1$。注意，这些结果满足功率守恒，因为 $P_{in}=(1/2)|U_0|^2/Z_0$，而输出功率 $P_2=(1/2)|U_2|^2/Z_0=(1/2)(1-C_U^2)|U_0|^2/Z_0$，$P_3=(1/2)|C_U|^2|U_0|^2/Z_0$，$P_4=0$，所以 $P_{in}=P_2+P_3+P_4$。此外，在两个输出端口的电压之间有 90°的相位差，所以这种耦合器可用作正交混合网络。只要满足式（6.4.31），耦合器就将在输入端匹配，并且在任何频率处都完全隔离。

最后，若特征阻抗 Z_0 和电压耦合系数 C_U 是设定的，则可容易地由式（6.4.31）和式（6.4.35）推导出用于设计所需偶模和奇模特征阻抗的公式为

$$Z_{0e}=Z_0\sqrt{\frac{1+C_U}{1-C_U}} \tag{6.4.41a}$$

$$Z_{0o}=Z_0\sqrt{\frac{1-C_U}{1+C_U}} \tag{6.4.41b}$$

在上面的分析中，已假定耦合线结构对偶模和奇模有同样的传播速度，所以该线对两种模式有同样的电长度。对于耦合微带线和其他非 TEM 传输线，通常不满足这个条件，耦合器将有较差的方向性。耦合微带线有不同的偶模和奇模相速，其可以通过图 6.4.7 所示的电力线做出直观解释。图中所示空气区域中偶模的边缘场比奇模少，所以它的有效介电常数应该是较高的，表示偶模有较小的相速。为了使偶模和奇模的相速相同，可采用耦合线补偿技术，如使用介电涂覆层和各向异性基片。

这种类型的耦合器适用于弱耦合情况，因为强耦合需要线靠得很近，这是不实际的，或者需要偶模和奇模的特征阻抗合并，这也是无法实现的。

例 6.4.2 用有接地板的微带线，设计一个 20dB 单节耦合线耦合器，线间距是 0.32cm，介电常数是 2.2，特征阻抗是 50Ω，中心频率是 3GHz。画出频率范围 1~5GHz 的耦合度 C 和方向性 D，要包括损耗的影响，假定介电常数的损耗角正切是 0.05，铜导体的厚度是 2mil（$1\mathrm{mil}=25.4\times10^{-6}\mathrm{m}$）。

解： 电压耦合系数 $C_U=10^{-20/20}=0.1$。由式（6.4.41）可得偶模和奇模的特征阻抗为

$$Z_{0e}=Z_0\sqrt{\frac{1+C_U}{1-C_U}}=55.28\Omega$$

$$Z_{0o}=Z_0\sqrt{\frac{1-C_U}{1+C_U}}=45.23\Omega$$

为了利用图 6.4.8 所示设计数据，有

$$\sqrt{\varepsilon_r}Z_{0e}=82.0$$

$$\sqrt{\varepsilon_r}Z_{0o}=67.1$$

所以 $W/b=0.809$ 和 $S/b=0.306$，进而给出了导体宽度 $W=0.259\mathrm{cm}$ 和导体间距 $S=0.098\mathrm{cm}$（这个值是用商用 CAD 软件实际计算得到的）。

图 6.4.13 显示了耦合度和方向性与频率的关系曲线，包含电介质和导体损耗的影响。损耗有降低方向性的效应，在没有损耗时，典型的方向性大于 70dB。

3. 多节耦合线耦合器的设计

由图 6.4.12 可知，由于需要 $\lambda/4$ 长度，单节耦合线耦合器在带宽上是受限制的。实际应用中采用多节结构可以使带宽增加。事实上，在多节耦合线耦合器和多节四分之一波长变换器之间有着非常密切的关系。

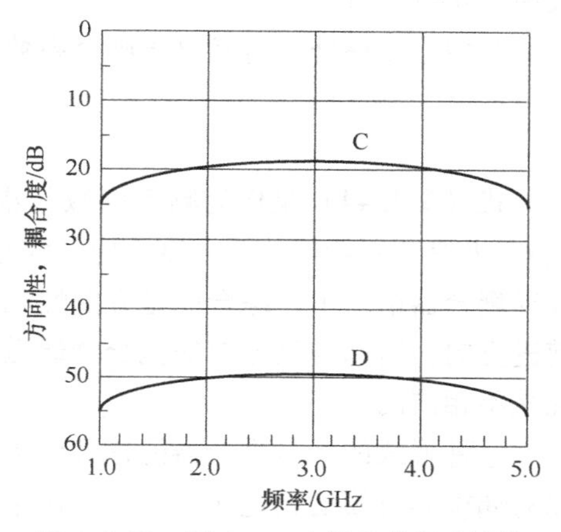

图 6.4.13　例 6.4.2 中的单节耦合器的耦合度和方向性与频率的关系曲线

由于其相位特性较好，多节耦合线耦合器一般做成奇数个节，如图 6.4.14 所示。所以，我们假定 N 是奇数，并假定是弱耦合（耦合度 $C\geqslant 10\text{dB}$），且中心频率处（即 $\theta=\pi/2$）每节的长度为 $\lambda/4$。

对于电压耦合系数 $C_U \ll 1$ 的单个耦合线段，式（6.4.36）和式（6.4.38）简化为

$$\frac{U_3}{U_1}=\frac{jC_U\tan\theta}{\sqrt{1-C_U^2}+j\tan\theta}\approx\frac{jC_U\tan\theta}{1+j\tan\theta}=jC_U\sin\theta e^{-j\theta} \tag{6.4.42a}$$

$$\frac{U_2}{U_1}=\frac{\sqrt{1-C_U^2}}{\sqrt{1-C_U^2}\cos\theta+j\sin\theta}\approx e^{-j\theta} \tag{6.4.42b}$$

于是对于 $\theta=\pi/2$，有 $U_3/U_1=C_U$ 和 $U_2/U_1=-j$。这个近似等效于假定从一节到另一节是没有功率损失的直通通道，而且与多节波导耦合器的分析相似。对于较小的 C，这是一个好的假设。

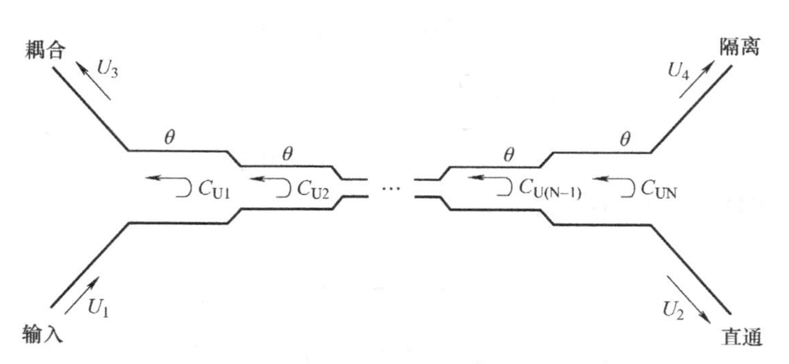

图 6.4.14　N 节耦合线耦合器

使用上述结果，可将图 6.4.14 中所示的级联耦合器的耦合端口（端口 3）的总电压表示为

$$U_3=(jC_{U1}\sin\theta e^{-j\theta})U_1+(jC_{U2}\sin\theta e^{-j\theta})U_1 e^{-2j\theta}+\cdots+(jC_{UN}\sin\theta e^{-j\theta})U_1 e^{-2j(N-1)\theta} \tag{6.4.43}$$

式中，C_{UN}是第 N 节的电压耦合系数。若假定耦合器是对称的，则有 $C_{U1}=C_{UN}$、$C_{U2}=C_{UN-1}$、…，式（6.4.43）可简化为

$$\begin{aligned}U_3&=jU_1\sin\theta e^{-j\theta}[C_{U1}(1+e^{-2j(N-1)\theta})+C_{U2}(e^{-2j\theta}+e^{-2j(N-2)\theta})+\cdots+C_{UM}e^{-j(N-1)\theta}]\\&=2jU_1\sin\theta e^{-jN\theta}[C_{U1}\cos(N-1)\theta+C_{U2}\cos(N-3)\theta+\cdots+\frac{1}{2}C_{UM}]\end{aligned} \tag{6.4.44}$$

式中，$M=(N+1)/2$。

在中心频率处，定义电压耦合系数 C_0 为

$$C_0=\left|\frac{U_3}{U_1}\right|_{\theta=\pi/2} \tag{6.4.45}$$

式（6.4.44）是作为频率函数的耦合度的傅里叶级数形式。因此，可通过选择耦合系数 C_0 来综合所希望的耦合度响应。注意，在这种情况下，综合的是耦合度响应：而在多孔波导耦合器情况下，综合的是方向性响应。这是因为多节耦合线耦合器的去耦合臂通道是在前进方向，所以与反方向的耦合臂通道相比会极少随频率而变化，这与多孔波导耦合器的情况是不相同的。

这种形式的多节耦合器能达到十倍带宽，但是耦合电平很低。因为有较长的电长度，所以对偶模和奇模的相速相等的要求比单节耦合器更严格。对于这种耦合器，通常用带状线作为媒质。失配的相速以及结的不连续性、负载失配和制造公差都将降低耦合器的方向性。

6.4.4 180°混合网络

180°混合网络是一种在两个输出端口之间有180°相位差的四端口网络。它也可以工作在同相输出。180°混合网络所用的符号如图6.4.15所示。施加到端口1的输入信号将在端口2和端口3被均匀分成两个同相分量，而端口4将被隔离。若输入施加到端口4，则输入将在端口2和端口3等分成两个有180°相位差的分量，而端口1将被隔离。当作为合成器使用时，输入信号施加在端口2和端口3，在端口1将形成输入信号的和，而在端口4形成输入信号的差。因此端口1称为和端口，端口4称为差端口。所以理想的3dB 180°混合网络的散射矩阵有如下形式：

$$[S]=\frac{-\mathrm{j}}{\sqrt{2}}\begin{bmatrix}0 & 1 & 1 & 0\\ 1 & 0 & 0 & -1\\ 1 & 0 & 0 & 1\\ 0 & -1 & 1 & 0\end{bmatrix} \tag{6.4.46}$$

可以证明这个矩阵是幺正的和对称的。

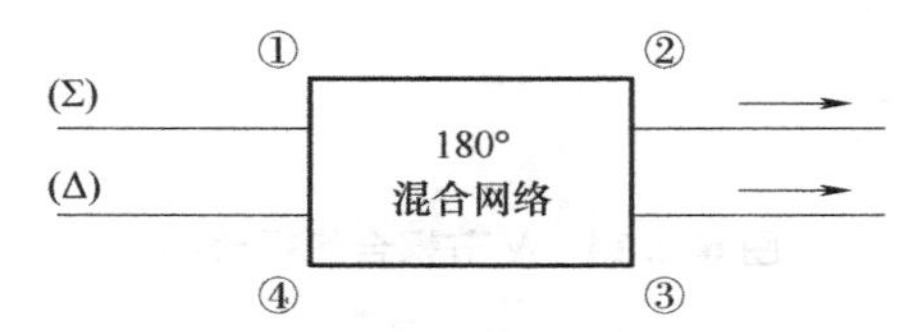

图 6.4.15 180°混合网络的符号

180°混合网络可以制作成几种形式。图6.4.16a所示的环形混合网络或称环形波导（rat-race）容易制成平面（微带线或带状线）形式，但也可以制成波导形式。另一类平面型180°混合网络使用渐变匹配线和耦合线，如图6.4.16b所示。此外，还有一种类型的混合网络是波导混合结或魔T，如图6.4.16c所示。下面首先使用类似于分支线混合网络所用的奇偶模分析法来分析环形混合网络，并使用类似的技术分析渐变耦合线混合网络。最后，将在下一节定性地讨论波导魔T的工作。

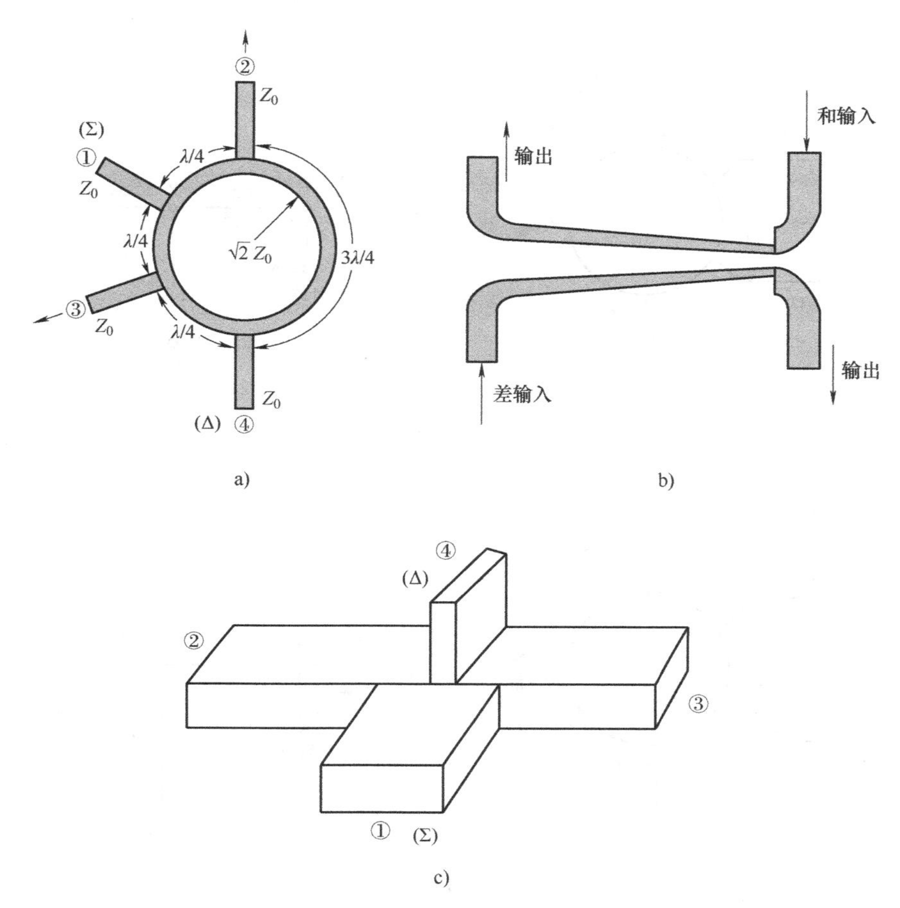

图 6.4.16　混合结

a）微带线或带状形式的环形混合网络　b）渐变耦合线混合网络　c）波导混合结或魔 T

1. 环形混合网络的奇偶模分析

首先考虑一个单位振幅的波在图 6.4.16a 所示的环形混合网络的端口 1（和端口）输入。在环形混合网络中波将被分成两个分量，同相到达端口 2 和端口 3，而在端口 4 相位相差 180°。用奇偶模分析技术，可将这种情况分解为图 6.4.17 所示的两个较简单的电路和激励的叠加。最后，来自环形混合网络的散射波的振幅是

$$B_1=\frac{1}{2}\Gamma_e+\frac{1}{2}\Gamma_o \tag{6.4.47a}$$

$$B_2=\frac{1}{2}T_e+\frac{1}{2}T_o \tag{6.4.47b}$$

$$B_3=\frac{1}{2}\Gamma_e-\frac{1}{2}\Gamma_o \tag{6.4.47c}$$

$$B_4=\frac{1}{2}T_e-\frac{1}{2}T_o \tag{6.4.47d}$$

通过图 6.4.17 中偶模和奇模二端口电路的 *ABCD* 矩阵可计算图 6.4.17 定义的反射和传

输系数。

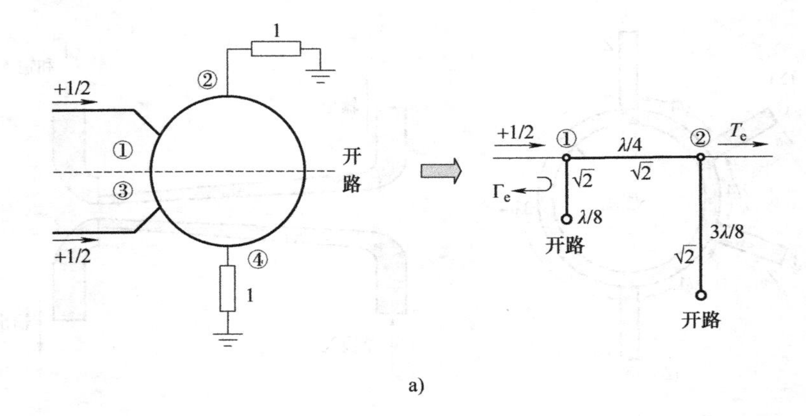

a)

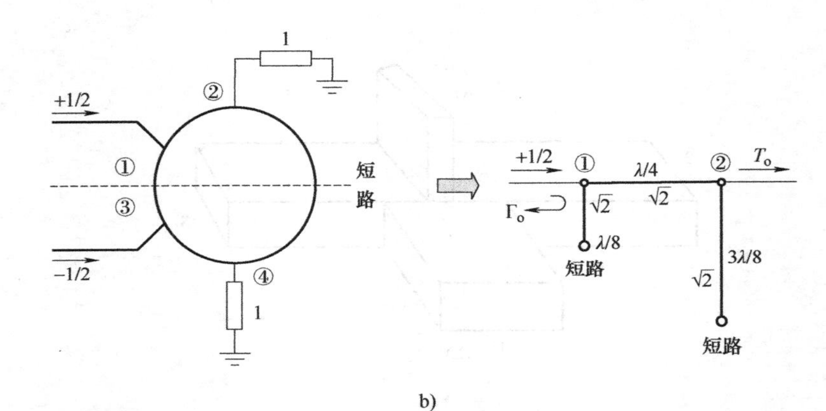

b)

图 6.4.17　当端口 1 用单位振幅输入波激励时，环形混合网络分解为偶模和奇模

a）偶模　b）奇模

结果是

$$\begin{bmatrix} A & B \\ C & D \end{bmatrix}_e = \begin{bmatrix} 1 & j\sqrt{2} \\ j\sqrt{2} & -1 \end{bmatrix} \tag{6.4.48a}$$

$$\begin{bmatrix} A & B \\ C & D \end{bmatrix}_o = \begin{bmatrix} -1 & j\sqrt{2} \\ j\sqrt{2} & 1 \end{bmatrix} \tag{6.4.48b}$$

然后，借助于由微波网络参量之间的转换关系表 5.6.2 可得

$$\Gamma_e = \frac{-j}{\sqrt{2}} \tag{6.4.49a}$$

$$T_e = \frac{-j}{\sqrt{2}} \tag{6.4.49b}$$

$$\Gamma_o = \frac{j}{\sqrt{2}} \tag{6.4.49c}$$

$$T_o=\frac{-j}{\sqrt{2}} \tag{6.4.49d}$$

将这些结果代入式（6.4.47），可得

$$B_1=0 \tag{6.4.50a}$$

$$B_2=\frac{-j}{\sqrt{2}} \tag{6.4.50b}$$

$$B_3=\frac{-j}{\sqrt{2}} \tag{6.4.50c}$$

$$B_4=0 \tag{6.4.50d}$$

这表明输入端是匹配的，端口 4 是隔离的，输入功率是等分的，端口 2 和端口 3 之间是同相的。这些结果形成了式（6.4.46）给出的散射矩阵中的第 1 行和第 1 列。

现在考虑单位振幅波在图 6.4.16a 所示的环形混合网络的端口 4（差端口）输入。在环上，这两个波分量同相到达端口 2 和端口 3，在这两个端口之间净相位差为 180°。这两个波分量在端口 1 的相位差为 180°。这种情况可以分解为图 6.4.18 所示的两个较简单的电路和激励的叠加。而该散射波的振幅是

$$B_1=\frac{1}{2}T_e-\frac{1}{2}T_o \tag{6.4.51a}$$

$$B_2=\frac{1}{2}\Gamma_e-\frac{1}{2}\Gamma_o \tag{6.4.51b}$$

$$B_3=\frac{1}{2}T_e+\frac{1}{2}T_o \tag{6.4.51c}$$

$$B_4=\frac{1}{2}\Gamma_e+\frac{1}{2}\Gamma_o \tag{6.4.51d}$$

图 6.4.18 中偶模和奇模电路的 $ABCD$ 矩阵是

$$\begin{bmatrix} A & B \\ C & D \end{bmatrix}_e=\begin{bmatrix} -1 & j\sqrt{2} \\ j\sqrt{2} & 1 \end{bmatrix} \tag{6.4.52a}$$

$$\begin{bmatrix} A & B \\ C & D \end{bmatrix}_o=\begin{bmatrix} 1 & j\sqrt{2} \\ j\sqrt{2} & -1 \end{bmatrix} \tag{6.4.52b}$$

然后，同样借助表 5.6.2 得到所需的反射和传输系数是

$$\Gamma_e=\frac{j}{\sqrt{2}} \tag{6.4.53a}$$

$$T_e=\frac{-j}{\sqrt{2}} \tag{6.4.53b}$$

$$\Gamma_o=\frac{-j}{\sqrt{2}} \tag{6.4.53c}$$

$$T_o=\frac{-j}{\sqrt{2}} \tag{6.4.53d}$$

将这些结果代入式（6.4.51）得

$$B_1=0 \tag{6.4.54a}$$

$$B_2=\frac{\mathrm{j}}{\sqrt{2}} \tag{6.4.54b}$$

$$B_3=\frac{-\mathrm{j}}{\sqrt{2}} \tag{6.4.54c}$$

$$B_4=0 \tag{6.4.54d}$$

这表明输入端口是匹配的，端口1是隔离的，输入功率等分到端口2和端口3，且有180°相位差。这些结果形成了式（6.4.46）所给出的散射矩阵的第4行和第4列。矩阵中的余下元可以由对称性得到。

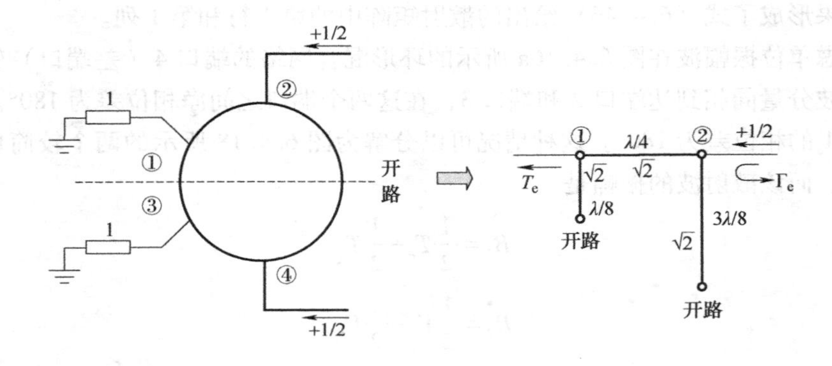

a)

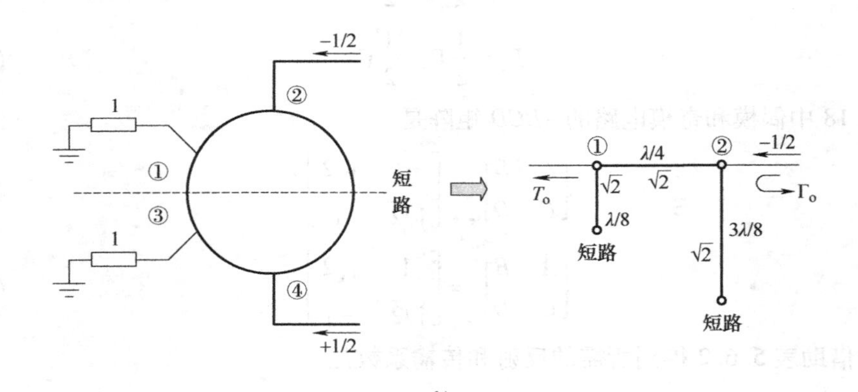

b)

图6.4.18　当端口4用单位振幅输入波激励时，环形混合网络分解为偶模和奇模

a）偶模　b）奇模

2. 渐变耦合线混合网络奇偶模分析

图6.4.16b所示的渐变耦合线混合网络可提供任意功率分配比，并有十倍或更大的带宽。这种混合网络也称为非对称渐变耦合线耦合器。

这种耦合器的电路示意图描绘在图6.4.19中。用数字标记的端口与图6.4.15和图6.4.16中的180°混合网络的相应端口有相同的功能。耦合器由两根长度在$0<z<L$且有渐

变特征阻抗的耦合线组成。在 $z=0$ 处，线之间的耦合很弱，所以 $Z_{0e}(0)=Z_{0o}(0)=Z_0$，而在 $z=L$ 处，耦合使得 $Z_{0e}(L)=Z_0/k$ 和 $Z_{0o}(L)=kZ_0$。其中 k 是耦合因数，$0\leqslant k\leqslant 1$，该耦合因数可与电压耦合系数相联系。这样，耦合线的偶模就把负载阻抗 Z_0/k（在 $z=L$ 处）与 Z_0 匹配，而奇模把负载阻抗 kZ_0 与 Z_0 匹配。注意，对于所有 z，有 $Z_{0e}(z)Z_{0o}(z)=Z_0^2$。通常采用 Klopfenstein 渐变线作为 $0<z<L$ 范围内的渐变匹配线，在 $L<z<2L$ 范围内，两根线的特征阻抗均为 Z_0，它们之间无耦合。每段线的电长度 $\theta=\beta L$ 必须相同，且为了在所希望的带宽内得到良好的阻抗匹配，需要对电长度进行设计优化。

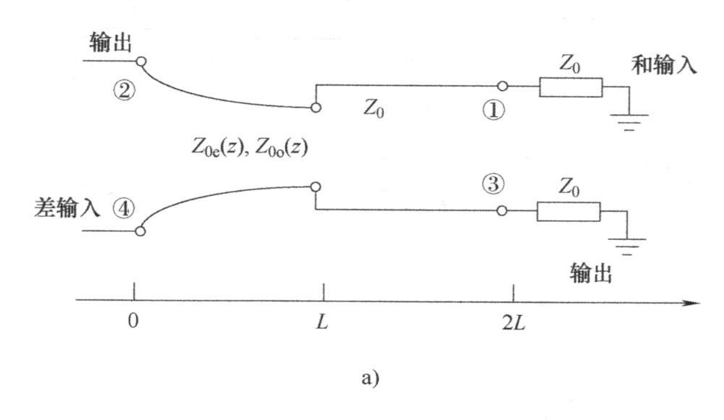

a)

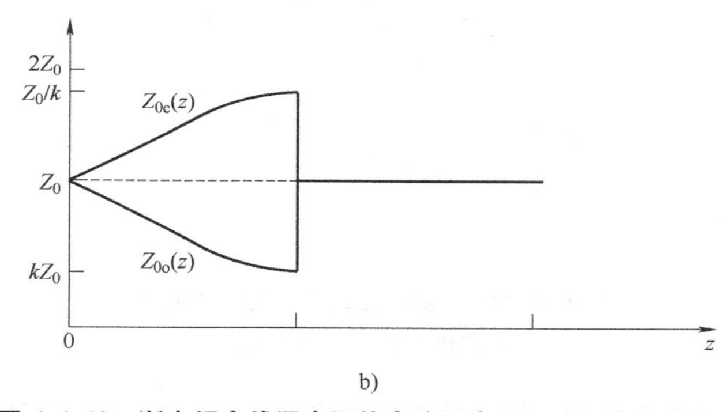

b)

图 6.4.19　渐变耦合线混合网络电路示意图和特征阻抗的变化

a）电路示意图　b）特征阻抗的变化

首先，考虑施加到端口 4（差输入端口）的振幅为 U_0 的输入电压波。该激励可概括为图 6.4.20a 和 b 所示的偶模激励和奇模激励的叠加。在耦合线和无耦合线的连接处（即 $z=L$ 处），渐变线的偶模和奇模的反射系数为

$$\Gamma_e'=\frac{Z_0-Z_0/k}{Z_0+Z_0/k}=\frac{k-1}{k+1} \tag{6.4.55a}$$

$$\Gamma_o'=\frac{Z_0-kZ_0}{Z_0+kZ_0}=\frac{1-k}{1+k} \tag{6.4.55b}$$

在 $z=0$ 处，这些反射系数变换为

$$\Gamma_e=\frac{k-1}{k+1}e^{-2j\theta} \tag{6.4.56a}$$

$$\Gamma_o=\frac{1-k}{1+k}e^{-2j\theta} \tag{6.4.56b}$$

因此，端口 2 和端口 4 的散射参量叠加后如下：

$$S_{44}=\frac{1}{2}(\Gamma_e+\Gamma_o)=0 \tag{6.4.57a}$$

$$S_{24}=\frac{1}{2}(\Gamma_e-\Gamma_o)=\frac{k-1}{k+1}e^{-2j\theta} \tag{6.4.57b}$$

由于对称性，可知 $S_{22}=0$ 和 $S_{42}=S_{24}$。

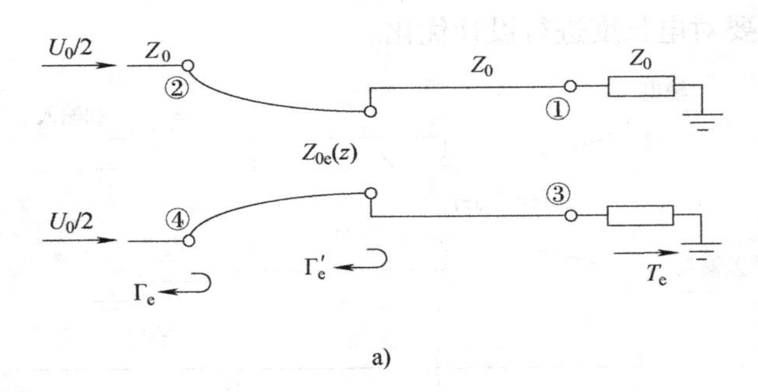

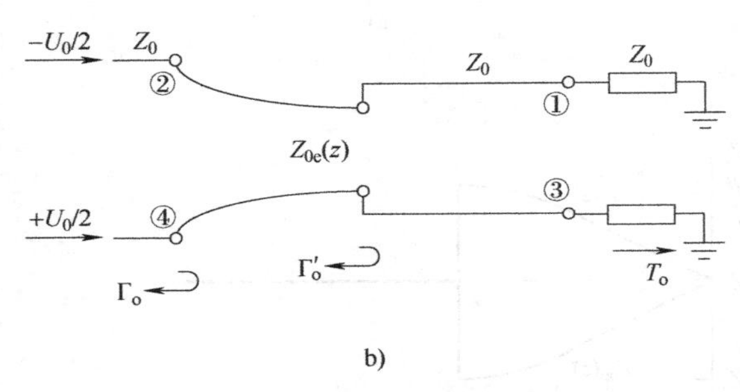

图 6.4.20　渐变耦合线混合网络的激励

a）偶模激励　b）奇模激励

为了计算进入端口 1 和端口 3 的传输系数，将用图 6.4.21 所示等效电路的 *ABCD* 参量，此处渐变匹配段假定是理想的，并用变压器替代。传输线-变压器-传输线级联的 *ABCD* 矩阵可以用这些元件的 3 个单独的 *ABCD* 矩阵相乘求出，因为传输线段只影响传输系数的相位，所以比较容易计算。对于偶模，变压器的 *ABCD* 矩阵是

$$\begin{bmatrix} A & B \\ C & D \end{bmatrix}_e=\begin{bmatrix} \sqrt{k} & 0 \\ 0 & 1/\sqrt{k} \end{bmatrix}$$

对于奇模，变压器的 *ABCD* 矩阵是

$$\begin{bmatrix} A & B \\ C & D \end{bmatrix}_o=\begin{bmatrix} 1/\sqrt{k} & 0 \\ 0 & \sqrt{k} \end{bmatrix}$$

从而可得偶模和奇模传输系数是

$$T_e=T_o=\frac{2\sqrt{k}}{k+1}e^{-2j\theta} \tag{6.4.58}$$

对于这两种模式，有 $T=2/(A+B/Z_0+CZ_0+D)=2\sqrt{k}/(k+1)$；系数 $e^{-2j\theta}$ 考虑了两个传输

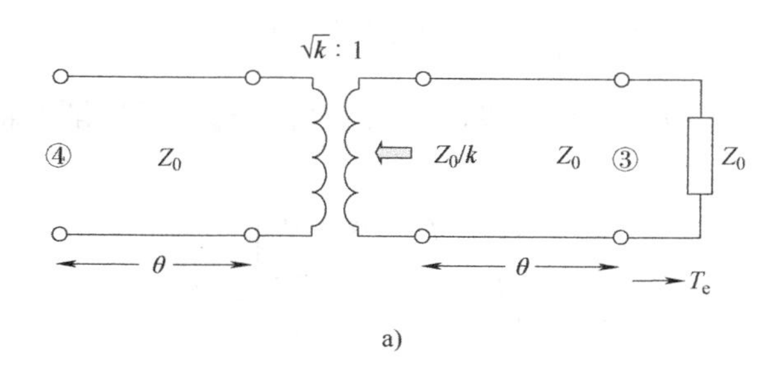

a)

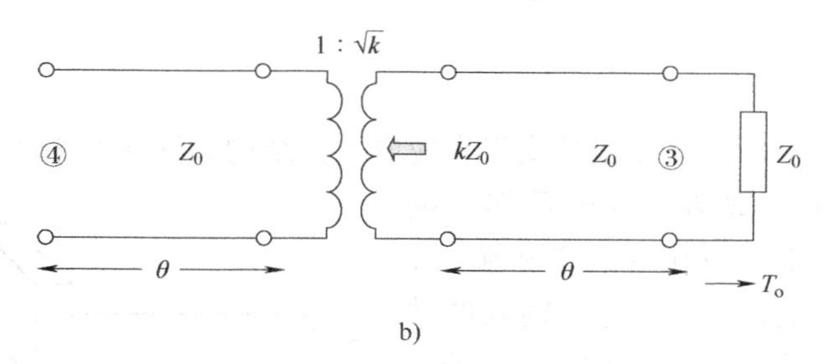

b)

图 6.4.21　渐变耦合线混合网络的等效电路，用于从端口 4 到端口 3 传输

a）偶模情况　b）奇模情况

线段的相位延迟。然后可以计算下列 S 参量：

$$S_{34}=\frac{1}{2}(T_e+T_o)=\frac{2\sqrt{k}}{k+1}e^{2j\theta} \tag{6.4.59a}$$

$$S_{14}=\frac{1}{2}(T_e-T_o)=0 \tag{6.4.59b}$$

于是，从端口 4 到端口 3 的电压耦合系数是

$$\beta=|S_{34}|=\frac{2\sqrt{k}}{k+1}\quad(0<\beta<1) \tag{6.4.60a}$$

而从端口 4 到端口 2 的电压耦合系数是

$$\alpha=|S_{24}|=-\frac{k-1}{k+1}\quad(0<\alpha<1) \tag{6.4.60b}$$

功率守恒可用下式证明：

$$|S_{24}|^2+|S_{34}|^2=\alpha^2+\beta^2=1$$

若在端口 1 和端口 3 施加偶模和奇模激励，以便叠加得出端口 1 的输入电压，则能推导出其余的散射参量。用输入端口作为相位参考，则在端口 1 的偶模和奇模反射系数为

$$\Gamma_e=\frac{1-k}{1+k}e^{-2j\theta} \tag{6.4.61a}$$

$$\Gamma_o=\frac{k-1}{k+1}e^{-2j\theta} \tag{6.4.61b}$$

然后可以计算下列 S 参量：

$$S_{11}=\frac{1}{2}(\Gamma_e+\Gamma_o)=0 \tag{6.4.62a}$$

$$S_{31}=\frac{1}{2}(\Gamma_e-\Gamma_o)=\frac{1-k}{1+k}e^{-2j\theta}=\alpha e^{-2j\theta} \tag{6.4.62b}$$

根据对称性，可知 $S_{33}=0$，$S_{13}=S_{31}$和 $S_{14}=S_{32}$，$S_{12}=S_{34}$。所以渐变耦合线 180°混合网络有下列散射矩阵：

$$[S]=\begin{bmatrix}0 & \beta & \alpha & 0\\ \beta & 0 & 0 & -\alpha\\ \alpha & 0 & 0 & \beta\\ 0 & -\alpha & \beta & 0\end{bmatrix}e^{-2j\theta} \tag{6.4.63}$$

6.4.5 波导魔 T

波导双 T 是由 E 面分支和 H 面分支组合而成，其结构如图 6.4.22 所示。

由 6.3 节对波导 T 型结的分析可知，端口 1（H 臂）输入的 TE_{10}波在端口 2 和端口 3 是等幅同相输出的，端口 4（E 臂）输入的波在端口 2 和端口 3 是等幅反向输出的。从 TE_{10}波的场结构看来，端口 1 和端口 4 是相互隔离的，因为偶对称分布的场不能激励奇对称分布的场。例如，考虑在端口 1 输入一个 TE_{10}模，求出的电力线绘制在图 6.4.23a，它显示出对波导 4 是对称的，因此在端口 1 和端口 4 之间没有耦合，即 E 臂与 H 臂相互隔离，但端口 1 的输入对端口 2 和端口 3 有相同的耦合，结果是端口 1 的波同相、等功率分配到端口 2 和端口 3。而对于从端口 4 输入的 TE_{10}模，电力线如图 6.4.23b 所示。由于对称性，端口 1 同样没有耦合，而端口 2 和端口 3 受输入波等激励，有 180°相位差。

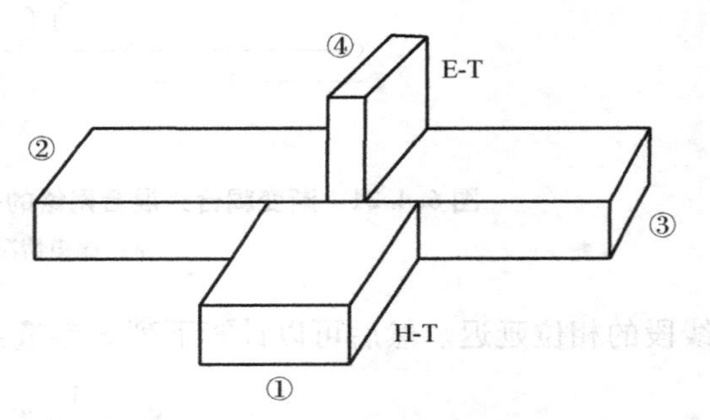

图 6.4.22 波导双 T

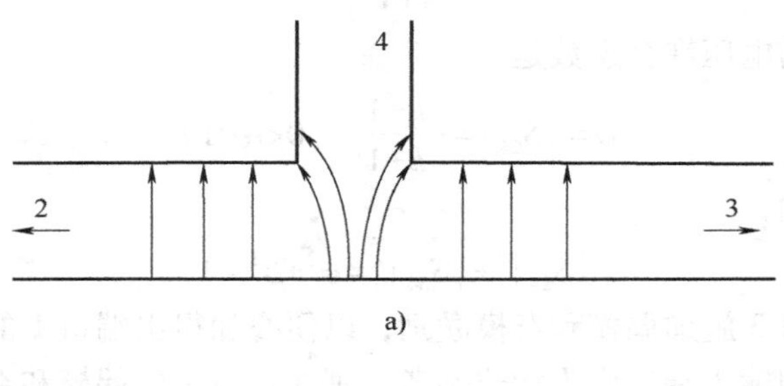

a)

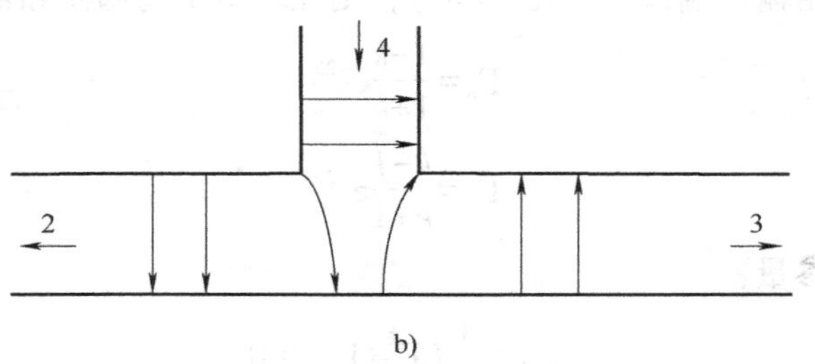

b)

图 6.4.23 波导双 T 的电力线

a）端口 1 输入 b）端口 4 输入

如果在 E 面分支和 H 面分支的接头处放入匹配元件，如螺钉、膜片或小锥体，使四个端口全匹配，则构成匹配的双 T。这种匹配的双 T 具有多种特殊性质，故又称魔 T。现将魔 T 的性质简述如下：

1）四个端口全匹配。

2）不仅 E 臂和 H 臂相互隔离，而且两个主臂（端口 2 和端口 3 对应的波导臂）也相互隔离。

3）进入一主臂的信号，将由 E 臂和 H 臂等幅同相输出，而不进入另一主臂。

4）进入 H 臂的信号，将由两个主臂等幅同相输出，而不进入 E 臂。

5）进入 E 臂的信号，将由两个主臂等幅反向输出，而不进入 H 臂。

6）若两主臂同时输入信号，则 E 臂输出的信号是两输入信号相量差的 $1/\sqrt{2}$，H 臂输出的信号则等于两输入信号相量和的 $1/\sqrt{2}$。

波导魔 T 的上述性质表示成 S 参数矩阵为

$$S=\frac{1}{\sqrt{2}}\begin{bmatrix}0 & 1 & 1 & 0\\ 1 & 0 & 0 & -1\\ 1 & 0 & 0 & 1\\ 0 & -1 & 1 & 0\end{bmatrix}$$

波导魔 T 在微波技术中有着广泛的应用，可以用来组成微波阻抗电桥、平衡混频器、功率分配器、天线收发装置等。

课后习题

6.1　特性阻抗为 50Ω 的同轴线终端接 Z_L为 150Ω 的电阻性负载，求：(1) 沿线的驻波比；(2) 在 50Ω 同轴线和 Z_L之间插入一个 7dB 的衰减器，重新计算线上的驻波比。

6.2　BJ-48 波导终端接电阻性负载，驻波比为 3.0，信号源频率为 5GHz，今采用对称容性膜片进行匹配，求膜片放置的位置与尺寸 d。

6.3　尺寸为 $2\times1\text{cm}^2$ 的矩形波导中，沿轴向相距 3.40cm 两端分别插入对称感性膜片和容性膜片，感性膜片的 d 是 1.2cm，容性膜片的 d 是 0.40cm。两个膜片的厚度均为 0.1cm，试计算当 $Z_G=Z_L=Z_0$ 时，工作频率为 10GHz 时的插入损耗和插入相位差。

6.4　证明图 6.3.7 给出的电阻性功率分配器的 S 矩阵不是幺正矩阵。

6.5　设计一个无耗 T 型结功率分配器，其源内阻是 30Ω，功率分配比是 3 : 1。

6.6　任意无耗并联型三端口接头的三个臂的特性阻抗是 Z_{01}、Z_{02}和 Z_{03}，各端口至接头中心的距离分别为 l_1、l_2 和 l_3。功率从端口 1 输入，端口 2、3 的输出功率分别为 a 和 $1-a$，当端口 2、3 接匹配负载时，要求输出端口呈匹配状态，求该三端口接头的等效电路、等效电路中的阻抗元件及其阻抗矩阵元素的关系。

6.7　设计一个威尔金森功率分配器，使其功率比为 $P_3/P_2=1/3$，源阻抗为 50Ω。

6.8　定向耦合器的耦合度是 33dB，定向性是 24dB，端口 1 为输入端，端口 2 是直通端，端口 3 是耦合端，当输入功率为 25W 时，计算端口 2 和端口 3 的输出功率。

6.9　一个定向耦合器有如下散射矩阵，假设所有端口都接匹配负载，求回波损耗、耦合度和方向性和插入损耗。

$$\begin{bmatrix} 0.1\angle 40^\circ & 0.944\angle 90^\circ & 0.178\angle 180^\circ & 0.0056\angle 90^\circ \\ 0.944\angle 90^\circ & 0.1\angle 40^\circ & 0.0056\angle 90^\circ & 0.178\angle 180^\circ \\ 0.178\angle 180^\circ & 0.0056\angle 90^\circ & 0.1\angle 40^\circ & 0.944\angle 90^\circ \\ 0.0056\angle 90^\circ & 0.178\angle 180^\circ & 0.944\angle 90^\circ & 0.1\angle 40^\circ \end{bmatrix}$$

6.10　求定向性为无限大、耦合度为 $20\lg K$ 的定向耦合器的 S 参数矩阵。

CHAPTER 7

第 7 章 微波谐振器

7.1 谐振的概念

谐振是系统固有频率与外界某一频率相等时发生的一种物理现象，根据物理属性不同，可以分为机械谐振、生理谐振和电谐振，微波谐振属于电谐振。微波谐振器是集总参数电路中 LC 谐振回路在微波领域的存在形式，其谐振原理和本质并未改变。可从系统储能、系统等效总阻抗和系统内部波动状态三个不同角度分别诠释微波谐振概念：谐振是封闭系统中所储电能与所储磁能自行周期性互相转换而系统总储能不变时的一种特殊状态；谐振是系统等效电路中的总感抗与总容抗相等时发生的现象；谐振是系统中电磁波的纵、横向场分布均呈纯驻波分布时的状态。在微波技术学习和工程应用中，对微波谐振现象的判断和分析择其中一种诠释即可，因为它们的本质是等价的。

对于一个集总参数电路，由谐振系统等效总阻抗特性可导出由其基本参量 L 和 C 值决定的一个回路固有特征参量——谐振频率 f_0，为

$$f_0=\frac{1}{2\pi\sqrt{LC}} \tag{7.1.1}$$

当外加激励源的工作频率 $f=f_0$ 时，回路发生谐振而等效为纯电阻。当 $f\neq f_0$ 时，回路失谐，失谐后的回路阻抗呈现为复数。可见，若将谐振回路等效为一个负载，则该负载的吸收功率 P 将随信源频率 f 而变化，其变化规律如图 7.1.1 所示，称为回路的“谐振曲线”。谐振峰对应于 $f=f_0$ 的谐振频率，峰的宽窄取决于回路的另一个固有特征参量——品质因数 Q_0，它是回路中的储能与一个周期内的耗能之比。储能越大、损耗越小的回路，其 Q_0 值越高，相应的谐振曲线的峰越尖锐，选频特性也越好。

随着频率的提高，普通 LC 回路的两个主要缺点越来越显著。一是损耗增加，这是因为导体的欧姆损耗、介质损耗和由于敞开式结构而引起的辐射损耗均随频率的提高而增大，这将导致回路的品质因数下降，选频特性变差。二是储能变小，为了提高谐振频率，由

式（7.1.1）可知，LC 数值必须减小，回路的尺寸也相应变小，这将导致回路的储能减少、寄生参量影响变大、功率容量受到限制。因此，一般到分米波段，LC 回路就很难适用。

由分布参数微波传输线构成的谐振腔或谐振器可取代集总参数 LC 回路，构成微波波段的谐振器件。为形象表述谐振腔的结构及其谐振机理，图 7.1.2 给出了“从 LC 回路到谐振腔”的演变过程示意图。图 7.1.2a 为由平板电容器与线圈电感构成的 LC 回路。为提高谐振频率，可增大极板间距以减小电容值，同时减少线圈匝数以减小电感值，直至一匝，如图 7.1.2b 所示。多匝线圈的并联可进一步减小电感值以提高频率，如图 7.1.2c 所示。并联线圈匝数无限增多以致连成一片，便构成了如图 7.1.2d 所示的“重入式谐振腔”，腔中电场相对集中于腔口，即原电容极板间，磁场相对集中于环形空间，即原电感线圈中。为继续提高谐振频率，将极板间距进一步拉开，使腔口与环形部分齐平，便得到了如图 7.1.2e 所示的圆柱谐振腔，此时，腔内电场和磁场已融为一体，分布于整个空间。

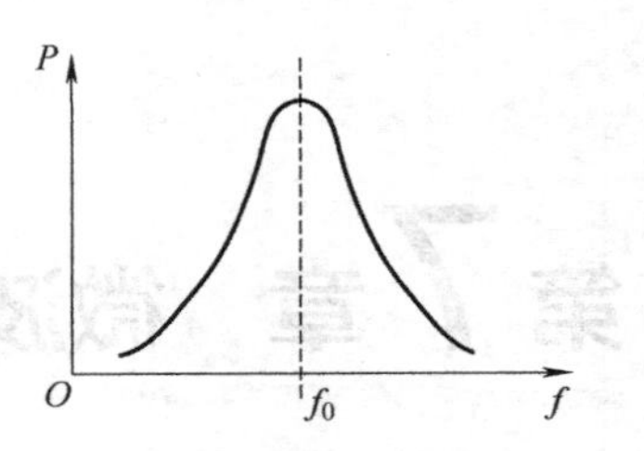

图 7.1.1 谐振曲线

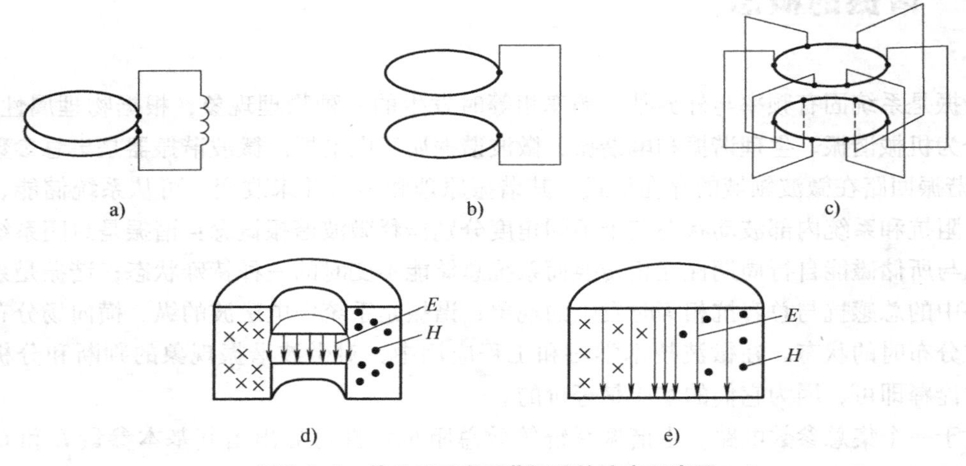

图 7.1.2 从 LC 回路到谐振腔的演变示意图

谐振腔内电磁场被空心良导体壁封闭，无辐射损耗，无介质损耗，良导体腔内壁高频电流欧姆损耗也很小，因此，谐振腔比一般 LC 回路的 Q_0 值要高得多。

种类繁多的微波谐振器是由各类微波传输线按纵向形成驻波条件截取而成，对微波谐振器的分析和参量计算方法，“场”“路”并用，弃繁从简。

7.2 微波谐振器的基本参量

由于微波传输线的分布参数特性和多模性，使得由此截取构成的微波谐振器虽然在产生谐振的物理本质上与低频集总参数 LC 回路相同，但两者在谐振特性、基本参量的定义以及分析方法上并不相同。集总参数谐振回路的基本参量是 L、C 和 R（或 G），由这些基本参量可导出回路特性参量：谐振频率f_0、固有品质因数Q_0和特性阻抗ξ_0。而在分布参数的微波谐振器中，因L和C已无明确物理意义，因此，在微波波段直接用指定谐振模式下可测且具有确切物理意义的f_0、Q_0和ξ_0作为衡量该谐振器的基本参量。另外，同一谐振器的不同谐振模式，其基本参量的数值一般也不相同。

7.2.1　谐振频率f_0或谐振波长λ_0

谐振频率f_0或谐振波长λ_0是表征微波谐振腔内某谐振模式的主要参量，根据谐振状态的三个等价判断条件：腔内三维场均呈驻波分布、腔内电场能量与磁场能量平均值相等、腔内总等效电纳为零，相应的有确定谐振器中指定谐振模式的f_0或λ_0的不同方法。

1. 场解法

对于任意形状的微波谐振器，其谐振频率f_0或谐振波长λ_0的计算都可归结为在给定边界条件下求波动方程本征值k的问题。在第 1 章 1.4 节“导行波的场解法”“变量分离”讨论中已获得任意导波系统中关于波数k的三维色散方程$k^2=k_c^2-\gamma^2$，对于无耗导波系统，$\gamma=j\beta$，相应的色散方程为

$$k^2=k_c^2+\beta^2 \tag{7.2.1}$$

为构成谐振器，对$k_c\neq0$的金属波导，可截取一段长l为

$$l=\frac{\lambda_p}{2}p\quad(p=1,2,3,\cdots) \tag{7.2.2}$$

的传输线，并将两端口用金属片全封闭以使腔内场沿纵向z方向呈驻波分布式，式（7.2.2）中λ_p为模式相波长。对于$k_c=0$的同轴线、微带线等非色散传输线构成的谐振器的结构分析方法见 7.5 节“传输线谐振器”。

将$\lambda_p=2\pi/\beta$代入式（7.2.2），得

$$\beta=\frac{p\pi}{l}\quad(p=1,2,3,\cdots) \tag{7.2.3}$$

将$k=2\pi/\lambda_0$、$k_c=2\pi/\lambda_c$和式（7.2.3）一起代入式（7.2.1），得封闭式金属波导谐振器谐振波长λ_0的一般表达式为

$$\lambda_0=\frac{1}{\sqrt{\left(\frac{1}{\lambda_c}\right)^2+\left(\frac{p}{2l}\right)^2}}\quad(p=1,2,3,\cdots) \tag{7.2.4}$$

式中，λ_c为工作模式截止波长，表达式见第 4 章式（4.1.32）。可见，谐振波长λ_0与腔内工作模式截止波长λ_c、腔体结构尺寸l及纵向半驻波数p的不同组合（m，n，p）有关，即相同的λ_0可对应不同的（m，n，p）模式组合，同一腔体尺寸下也可谐振于不同的λ_0，体现的是微波谐振器具有与低频LC回路不同的特性，即多模性和多谐性。

2. 相位法

由导波系统截取而成的谐振器可等效为图 7.2.1a 所示的一段两端短路或分别接以无功负载jB_1和jB_2的传输线，采用“相位法”可计算其谐振波长λ_0。因传输系统中的驻波场可看成是由行波场在其两端往返多次反射后叠加而成的，所以，腔内任意一点处的场均可视为许多行波场按一定相位关系叠加的结果。若从腔内任意一点出发的行波在腔内循环一周后回

到始发点，其相位与原始发时的相位之差为 2π 的整数倍，则这两个行波场便同相叠加而增强，即此时腔内两反向行波形成驻波而谐振。其相位条件为

$$2\beta l+\theta_1+\theta_2=2\pi p\quad(p=1,2,3,\cdots)\tag{7.2.5}$$

式中，l 为腔体纵向截取长度；θ_1 和 θ_2 分别为传输系统两端反射系数的相位角。对于两端封闭的金属波导型谐振器，其等效电路两端的反射系数 $\Gamma=-1$，$\theta_1=\theta_2=\pi$，便可得到和场解法一致的结果。

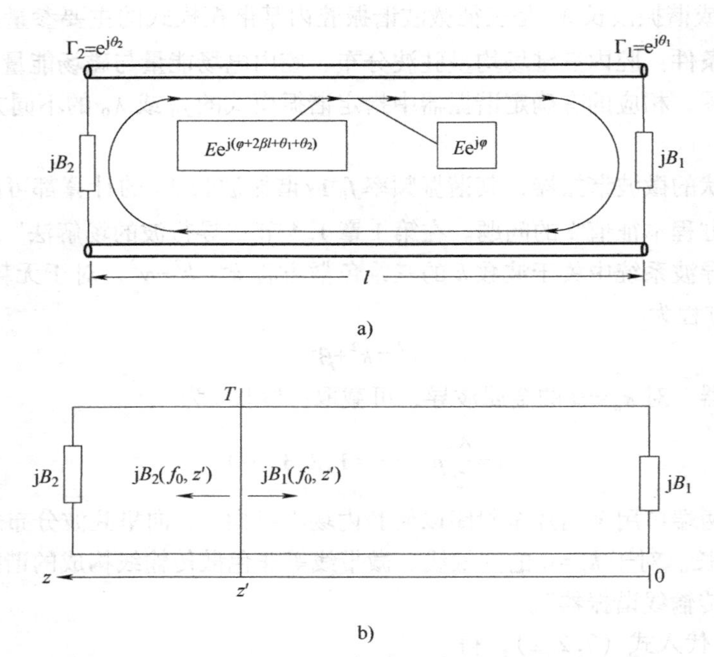

图 7.2.1　截取一段导波系统而成的微波谐振器等效电路

由式（7.2.5）确定了 β，即确定了相应的谐振波长 λ_0。

对于非色散系统：

$$\beta=\frac{2\pi}{\lambda_0}\tag{7.2.6a}$$

对于色散系统：

$$\beta=\frac{2\pi}{\lambda_p}=\frac{2\pi}{\lambda_0}\sqrt{1-\left(\frac{\lambda_0}{\lambda_c}\right)^2}\tag{7.2.6b}$$

式中，λ_c 为工作模式截止波长。

利用式（7.2.5）的条件可解释图 7.1.1 所示的谐振曲线为什么在谐振时谐振腔储能最强，而失谐后储能迅速减弱。谐振时，行波在腔内无论循环多少次后回到原出发点时都是同相的，故场强总是叠加增强，不会相互抵消。而失谐时，行波在腔内循环一周后回到原出发点时不再同相，即使一周内所产生的相位差 $\Delta\varphi$ 很小，但经 N 周后其累积相位差为 $N\Delta\varphi$，总有很多机会使 $N\Delta\varphi$ 等于 π 的奇数倍而使腔内的场反相抵消。

3. 电纳法

谐振器谐振时其等效电路总电纳为零。如图 7.2.1b 所示，对于任意的参考面 T，谐振时有

$$\sum \mathrm{j}B_i(f_0,z')=\mathrm{j}B_1(f_0,z')=\mathrm{j}B_2(f_0,z')=0 \tag{7.2.7}$$

式中，$B_1(f_0,z')$ 和 $B_2(f_0,z')$ 分别为从参考面 T 向两侧看去的电纳表达式，解此公式可得谐振频率 f_0。

7.2.2 品质因数 Q_0

品质因数 Q_0 是衡量谐振器储能与耗能比例的一项质量指标，定义为

$$Q_0=2\pi\left.\frac{\text{腔中电磁场的总储能}}{\text{一个周期内腔中的损耗能量}}\right|_{\text{谐振时}}=2\pi\frac{W_0}{P_{01}T_0}=\frac{W_0\omega_0}{P_{01}} \tag{7.2.8}$$

式中，$W_0=W_e(t)+W_m(t)$ 为腔内电磁场的总储能；P_{01} 为谐振时腔内平均损耗功率；T_0 为谐振周期。

设腔内介质无耗，则谐振时

$$W_0=W_{e,\max}=\frac{\varepsilon_0}{2}\int_V \boldsymbol{E}\cdot\boldsymbol{E}^*\,\mathrm{d}v=W_{m,\max}=\frac{\mu_0}{2}\int_V \boldsymbol{H}\cdot\boldsymbol{H}^*\,\mathrm{d}v \tag{7.2.9a}$$

式中，体积分遍及整个腔内体积 V。

若腔内无介质填充，则介质损耗为零，仅存在由腔壁导体的非理想性引起的欧姆损耗，损耗功率为

$$P_{01}=\frac{R_S}{2}\oint_S \boldsymbol{H}_t\cdot\boldsymbol{H}_t^*\,\mathrm{d}s \tag{7.2.9b}$$

式中，面积分遍及整个腔内壁 S；H_t 为腔内壁表面切向磁场；R_S 为腔内壁表面电阻，由式（7.2.9c）确定

$$R_S=\sqrt{\frac{\omega\mu_0}{2\sigma}}=\frac{\delta}{2}\omega\mu_0 \tag{7.2.9c}$$

式中，σ 为导体电导率；δ 为趋肤深度。将式（7.2.9）代入式（7.2.8），可得不计及介质损耗时的谐振器品质因数 Q_0 为

$$Q_0=\frac{2}{\delta}\frac{\int_V \boldsymbol{H}\cdot\boldsymbol{H}^*\,\mathrm{d}v}{\oint_S \boldsymbol{H}_t\cdot\boldsymbol{H}_t^*\,\mathrm{d}s} \tag{7.2.10}$$

可见，若已知腔内某一模式的场分布，便可根据式（7.2.10）估算其品质因数 Q_0。然而，除少数形状简单的腔体外，一般谐振器内的场分布解析式无法求得，工程中一般也无须 Q_0 精确值，在实际中，对于给定形状尺寸的谐振器，通过一个简单快捷的 Q_0 值估算公式即可，为此，将式（7.2.10）近似简化为

$$Q_0=\frac{2}{\delta}\frac{H_V^2V}{H_S^2S} \tag{7.2.11a}$$

式中，H_V^2 和 H_S^2 分别为 $|H|^2$ 在 V 内和在 S 上的平均值。由边界条件知，对于金属波导谐振器，其内壁切向磁场 $|H_t|$ 肯定大于腔内磁场 $|H|$，粗略近似认为 $|H_V|^2\approx|H_S|^2/2$，则有

$$Q_0\approx\frac{1}{\delta}\frac{V}{S} \tag{7.2.11b}$$

式（7.2.11）表明：腔的 V/S 越大，Q_0 越高。这是因为储能近似与腔体体积 V 成正比，而腔壁上的导体损耗近似与腔内壁表面积 S 成正比，故腔体体积越大，Q_0 值越高。

因谐振器的纵向尺寸 $l\propto\lambda$，故在数量级上有（V/S）$\propto\lambda$，所以有

$$Q_0\propto\lambda/\delta \tag{7.2.12}$$

在常用的微波厘米波段，λ 为 cm 级，δ 的典型值为 μm 级，因此，厘米波段谐振器的 Q_0 值可达 10^4 数量级，这比 LC 回路的 Q_0 值要高得多。当然，实际腔体的 Q_0 值比上述理论估算值要低，因为未计及实际存在的一些损耗，如腔内壁表面不够光洁使 R_S 增大、耦合器件和调谐机构的损耗、介质损耗等。

7.2.3 特性阻抗 ξ_0 与损耗电导 G_{01}

先引入谐振器损耗电导 G_{01} 和损耗电阻 R_{01}（$R_{01}=1/G_{01}$）的概念，损耗电导 G_{01} 或损耗电阻 R_{01} 是表征谐振器系统功率损耗特性的参量。就谐振现象而言，微波谐振器与 LC 振荡回路是相通的，故工程中可将单模工作的微波窄带谐振器等效为如图 7.2.2 所示的 LC 谐振回路，其中等效电导 G_{01} 代表谐振器的功率损耗。设等效电路端电压为 $U_m\sin(\omega t+\varphi)$，则谐振器损耗功率为 $P_{01}=G_{01}U_m^2/2$，损耗电导 G_{01} 为

$$G_{01}=\frac{2P_{01}}{U_m^2} \tag{7.2.13}$$

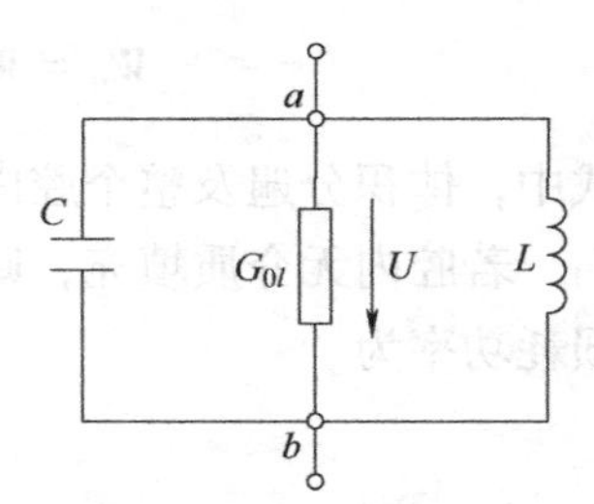

图 7.2.2 单模谐振器并联等效电路

式中，P_{01} 由式（7.2.9b）确定；U_m 为等效电压幅值。为计算 G_{01}，需确定 U_m，定义

$$U_m=\int_a^b \boldsymbol{E}\cdot d\boldsymbol{l} \tag{7.2.14}$$

式中，$\boldsymbol{E}$ 为沿所选积分路径 ab 上的场强幅值。对于本质上属于电磁场分布的微波谐振器，U_m 值必然与所选路径有关。例如，对于图 7.2.3 所示的重入式谐振器，沿图中 ab 路径积分定义的 G_{01} 为腔口谐振电导；当腔体与传输线相耦合时，腔体作为传输线的负载，等效为单端口网络，此时沿参考面 T_0 上 $a'b'$ 路径积分定义的 G'_{01} 便是腔谐振时在参考面 T_0 处的输入电导。

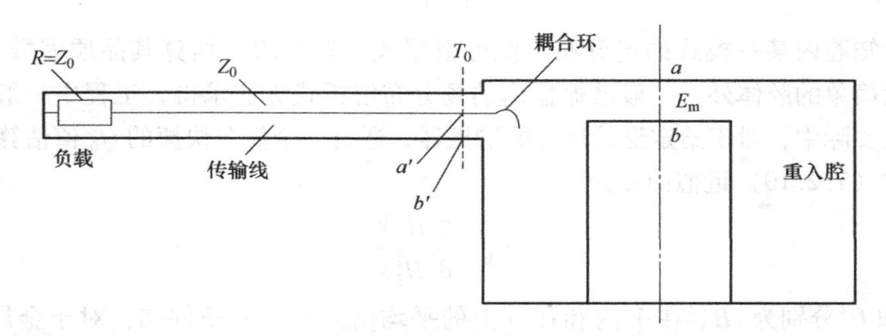

图 7.2.3 与传输线相耦合的重入式谐振器示意图

按式（7.2.13）定义的损耗电导 G_{01} 不仅取决于等效电压幅值 U_m，还与腔内损耗功率

P_{01}有关，在仅需关注腔体某参考面处场强幅值的工程应用时，如需在场强幅值合适的腔口处接微波管，此时希望能定义一个与损耗无关的基本参量来表征腔口电场强度。为此定义腔的特性阻抗 ξ_0 为

$$\xi_0=\frac{R_{01}}{Q_0}=\frac{U^2}{2\omega_0 W_0}=\frac{\left(\int_a^b \boldsymbol{E}\cdot \mathrm{d}\boldsymbol{l}\right)^2}{\omega_0\varepsilon_0\int_V \boldsymbol{E}\cdot\boldsymbol{E}^*\mathrm{d}v} \tag{7.2.15}$$

显然，如此定义的 ξ_0 已与损耗无关，因为无论式（7.2.15）中是仅计及腔内损耗功率下的 Q_0 和 R_{01}，还是计及了当腔与外电路耦合后的腔外损耗功率下的 Q 和 R，现在 ξ_0 的定义中都已消去了损耗功率。

但特性阻抗 ξ_0 的数值随所选参考面位置的不同而改变，这有别于 Q_0。在给定形状尺寸谐振器的三个基本参量 f_0、Q_0 和 ξ_0 中，唯有 Q_0 是固定不变的。

由空心金属波导截取而成的谐振腔，因其截取端的开口结构会造成腔内电磁波的向外辐射，无法实现全反射的理想终端开路，但较易实现金属封闭式全反射的终端短路，故金属波导型谐振腔只有两端短路的 $\lambda_p/2$ 型一种结构形式。

7.3　矩形谐振腔

截取轴向长度为 l 的一段金属矩形波导，两端用金属片封闭短路，便构成了如图 7.3.1 所示的矩形谐振腔。

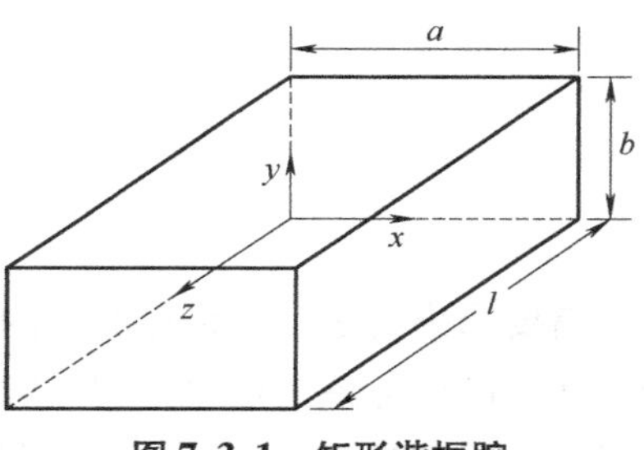

图 7.3.1　矩形谐振腔

7.3.1　谐振波长 λ_0

给定尺寸（a，b，l）和模数（m，n，p）下的矩形谐振腔的谐振波长 λ_0 由式（7.2.4）确定，将矩形波导截止波长 λ_c计算公式代入式（7.2.4），得矩形谐振腔谐振波长 λ_0 计算公式为

$$\lambda_0=\frac{2}{\sqrt{\left(\frac{m}{a}\right)^2+\left(\frac{n}{b}\right)^2+\left(\frac{p}{l}\right)^2}},\begin{cases}\mathrm{TE}_{mnp}\text{模}(m,n=0,1,2,\cdots;p=1,2,3,\cdots)\\ \mathrm{TM}_{mnp}\text{模}(m,n=1,2,3,\cdots;p=0,1,2,\cdots)\end{cases} \tag{7.3.1}$$

称谐振波长 λ_0 最长的振荡模为谐振腔中的最低振荡模或主模。矩形腔中 TE_{mnp}系列的最低振荡模为 TE_{101}模（当 $b<a<l$ 时），TM_{mnp}系列的最低振荡模为 TM_{110}模。TM_{mnp}振荡模中的 p 可取零值，因为 TM_{mn}工作模 $H_z=0$、$E_z\neq0$ 的场分布结构能满足沿纵向任何位置垂直于轴所放置的短路片处的边界条件。通常，矩形腔都以 TE_{101}为谐振工作模。

7.3.2　谐振主模 TE_{101}场结构

当图 7.3.1 所示矩形腔尺寸满足 $b<a<l$ 时，谐振主模为 TE_{101}模，其场结构如图 7.3.2

所示。其驻波场分量表达式可由沿 $+z$ 方向和 $-z$ 方向传输的 TE_{101} 模场表达式叠加而成，为

$$E_y = E_{101}\sin\left(\frac{\pi}{a}x\right)\sin\left(\frac{\pi}{l}z\right) \tag{7.3.2a}$$

$$H_x = -\mathrm{j}\frac{E_{101}}{\eta\mathrm{TE}_{10}}\sin\left(\frac{\pi}{a}x\right)\cos\left(\frac{\pi}{l}z\right) \tag{7.3.2b}$$

$$H_z = \mathrm{j}\frac{E_{101}}{\eta\mathrm{TE}_{10}}\left(\frac{l}{a}\right)\cos\left(\frac{\pi}{a}x\right)\sin\left(\frac{\pi}{l}z\right) \tag{7.3.2c}$$

$$E_x = E_z = H_y = 0 \tag{7.3.2d}$$

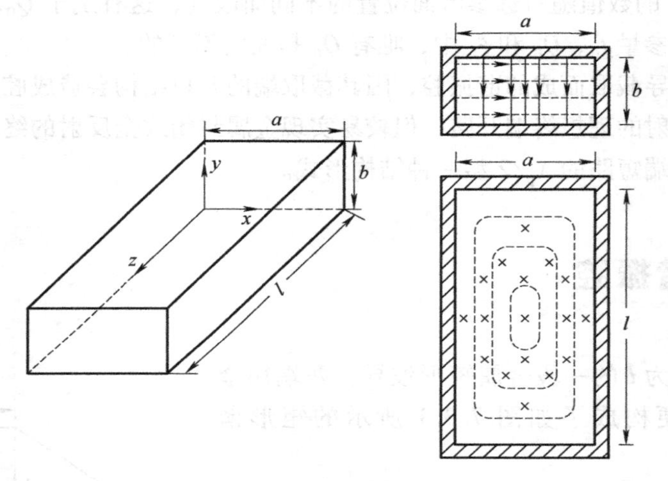

图 7.3.2 TE_{101} 模场结构

需要指出的是，因谐振腔内的场沿 x、y 和 z 三个方向均呈驻波分布，因此，同一种场分布在不同坐标系下可以得到不同的模式。例如，对于图 7.3.3 所示的场分布，若取 y 轴为电场方向，则为 TE_{101} 模；若以 z 轴为电场方向，则为 TM_{110} 模；若取 x 轴为电场方向，则为 TE_{011} 模。如果 $a=b=l$，则 TE_{101}、TM_{110} 和 TE_{011} 三种模具有相同的谐振波长，称为简并模。为避免这种简并现象，应使谐振腔的尺寸 a、b 和 l 明显不等。

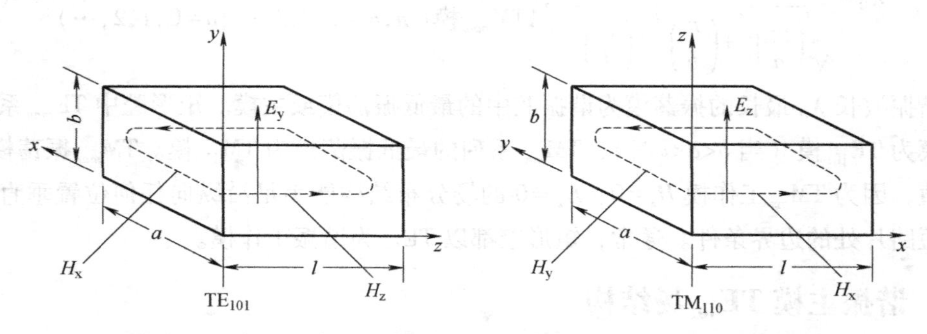

图 7.3.3 矩形腔内同一种场分布在不同坐标系下呈现为不同模式

7.3.3　谐振主模 TE_{101} 的品质因数 Q_0

腔内总储能为电能与磁能之和，或为电能最大值或磁能最大值，于是 TE_{101} 模的储能可写为

$$W_0 = W_{e,max} = \frac{\varepsilon}{2}\int_0^l\int_0^b\int_0^a |E_y|^2 dxdydz = \frac{\varepsilon abl}{8}E_{101}^2 \tag{7.3.3}$$

将式（7.3.3）代入式（7.2.9b），可得腔内壁欧姆损耗功率为

$$\begin{aligned} P_{01} &= \frac{R_S}{2}\left[2\int_0^b\int_0^a |H_x|_{z=0}^2 dxdy + 2\int_0^l\int_0^b |H_z|_{x=0}^2 dydz + 2\int_0^l\int_0^a (|H_x|^2 + |H_z|^2)_{y=0} dxdz\right] \\ &= \frac{R_S}{2\eta_{TE10}^2}E_{101}^2\left[ab + \frac{al}{2} + \frac{l^3}{a}\left(\frac{1}{2} + \frac{b}{a}\right)\right] \end{aligned} \tag{7.3.4}$$

将式（7.3.3）和式（7.3.4）代入式（7.2.8），便可算得矩形腔 TE_{101} 模的品质因数 Q_0 为

$$Q_0 = \frac{\omega_0 W_0}{P_{01}} = \frac{\pi}{2R_s}\sqrt{\frac{\mu_0}{\varepsilon_0}}\frac{b(a^2+l^2)^{3/2}}{al(a^2+l^2)+2b(a^3+l^3)} \tag{7.3.5}$$

若 $a=l$，则

$$Q_0 = \frac{1.11\eta_0}{R_S\left(1+\frac{a}{2b}\right)} \tag{7.3.6}$$

若 $a=b=l$，则

$$Q_0 = 0.742\frac{\eta_0}{R_S} \tag{7.3.7}$$

例 7-1　设铜制矩形腔尺寸为 $a=l=0.02\text{m}$，$b=0.01\text{m}$，工作模式为 TE_{101}，腔内为空气，求 Q_0 值。

解：由式（7.3.1）算得谐振频率为

$$f_0 = \frac{c}{\lambda_0} = 10.62\text{GHz}$$

铜材料的电导率 $\sigma=5.8\times10^7\text{S/m}$，则由式（7.2.9c）算得

$$R_S = \sqrt{\frac{\pi f_0\mu_0}{\sigma}} = 2.69\times10^{-2}\Omega$$

代入式（7.3.6）求得

$$Q_0 = 7774$$

7.4　圆柱谐振腔

截取轴向长度为 l 的一段金属圆形波导，两端用金属片封闭短路构成的圆柱谐振腔如图 7.4.1 所示。与矩形谐振腔一样，圆柱谐振腔也属于 $\lambda_p/2$ 型。对于给定半径 R、长度 l 和

模式 TE_{mnp} 或 TM_{mnp} 的谐振波长 λ_0 同样由式（7.2.4）确定。对应于圆形波导中三种常用模 TE_{11}、TM_{01} 和 TE_{01}，圆柱谐振腔中有三种常用的振荡模 TE_{111}、TM_{010} 和 TE_{011}。

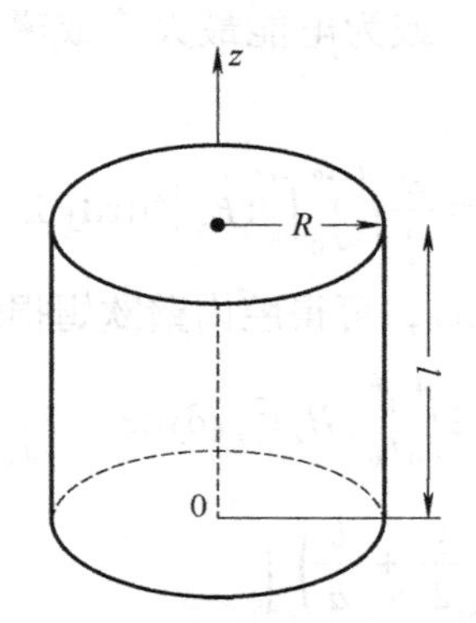

图 7.4.1　圆柱谐振腔结构示意图

1. TE_{111} 振荡模

TE_{111} 振荡模是圆柱腔中 TE 系列的最低振荡模，其场结构如图 7.4.2 所示。将圆形波导工作模 TE_{11} 模的截止波长 $\lambda_c=3.41R$ 带入式（7.2.4），即可得到 TE_{111} 振荡模的谐振波长为

$$\lambda_0=\frac{1}{\sqrt{\left(\frac{1}{3.41R}\right)^2+\left(\frac{1}{2l}\right)^2}} \tag{7.4.1}$$

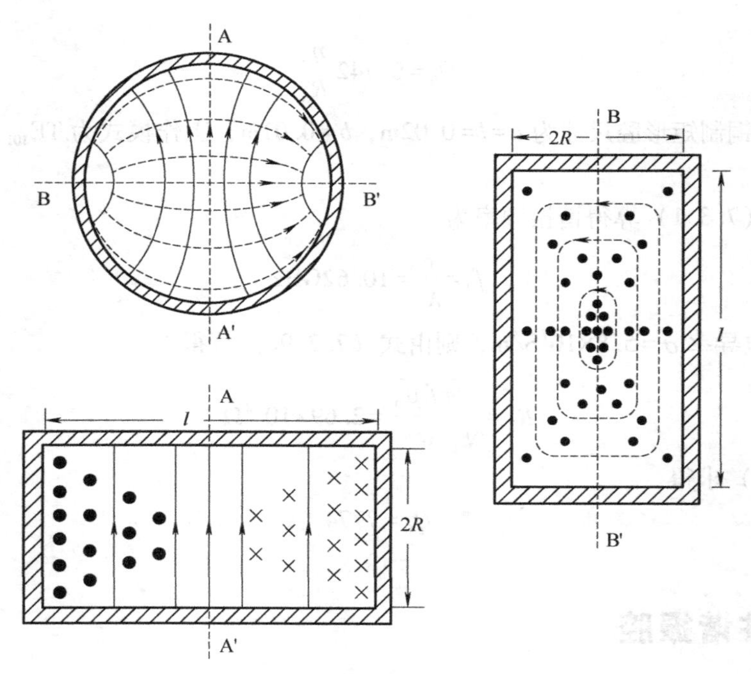

图 7.4.2　TE_{111} 振荡模的场结构

工作于 TE_{111} 振荡模的圆柱谐振腔的品质因素 Q_0 满足如下关系式

$$\left(Q_0\frac{\delta}{\lambda_0}\right)_{\mathrm{TE}_{111}}=\frac{1.03\left[0.343+\left(\frac{R}{l}\right)^2\right]^{3/2}}{1+5.82\left(\frac{R}{l}\right)^2+0.86\left(1-\frac{R}{l}\right)\left(\frac{R}{l}\right)^2} \tag{7.4.2}$$

式中，δ 为趋肤深度。TE_{111}振荡模的特点是单模频带较宽，主要用作中等精度宽带频率计的工作模式。

2. TM_{010}振荡模

TM_{010}振荡模是圆柱腔中 TM_{mnp} 系列的最低振荡模，其场结构如图 7.4.3 所示。可见 TM_{010}振荡模的场分布圆周对称，沿 z 方向无变化，纵向电力线垂直于两端面，故腔体两端的短路片无论置于轴向何处都能满足 TM_{010}振荡模的场边界条件。换句话说，工作于 TM_{010}振荡模的圆柱腔的腔长度 l 可以任意截取，不必受条件式（7.2.2）的限制。

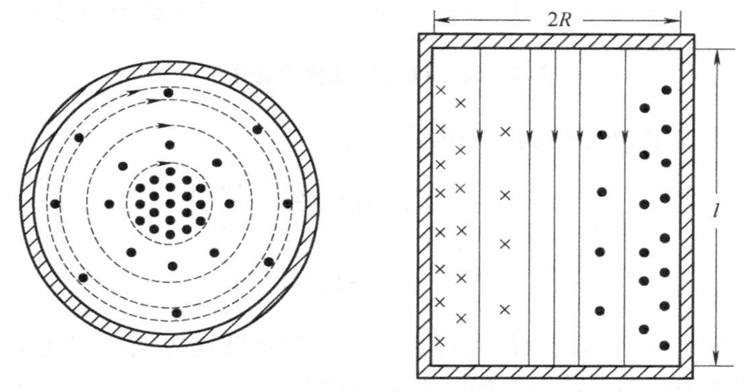

图 7.4.3　TM_{010}振荡模的场结构

将圆形波导工作模 TM_{01}模的截止波长 $\lambda_c=2.62R$ 带入式（7.2.4），即可得到 TM_{010}振荡模的谐振波长为

$$\lambda_0=\frac{1}{\sqrt{\left(\frac{1}{2.62R}\right)^2+\left(\frac{0}{2l}\right)^2}}=2.62R \tag{7.4.3}$$

工作于 TM_{010}振荡模的圆柱谐振腔的品质因素 Q_0 为

$$(Q_0)_{\mathrm{TM}_{010}}=\frac{1}{\delta}\frac{R}{1+R/l} \tag{7.4.4}$$

TM_{010}振荡模的特点是在中心轴线附近有很强的纵向电场，可用以与在中心轴上纵向穿过谐振腔的电子流相互作用，将该腔的变型用于电子直线加速器和微波电子管中，也可作为电子交换能量的部件。

3. TE_{011}模

圆柱腔中的 TE_{011}振荡模的场分布如图 7.4.4 所示。可见，TE_{011}振荡模的场分布具有圆周对称性，腔内壁表面只有圆周方向的高频壁电流 J_φ。将圆波导中工作模 TE_{01}模的截止波长 $\lambda_c=1.64R$ 带入式（7.2.4），即可得到 TE_{011}振荡模的谐振波长为

$$\lambda_0=\frac{1}{\sqrt{\left(\frac{1}{1.64R}\right)^2+\left(\frac{1}{2l}\right)^2}} \tag{7.4.5}$$

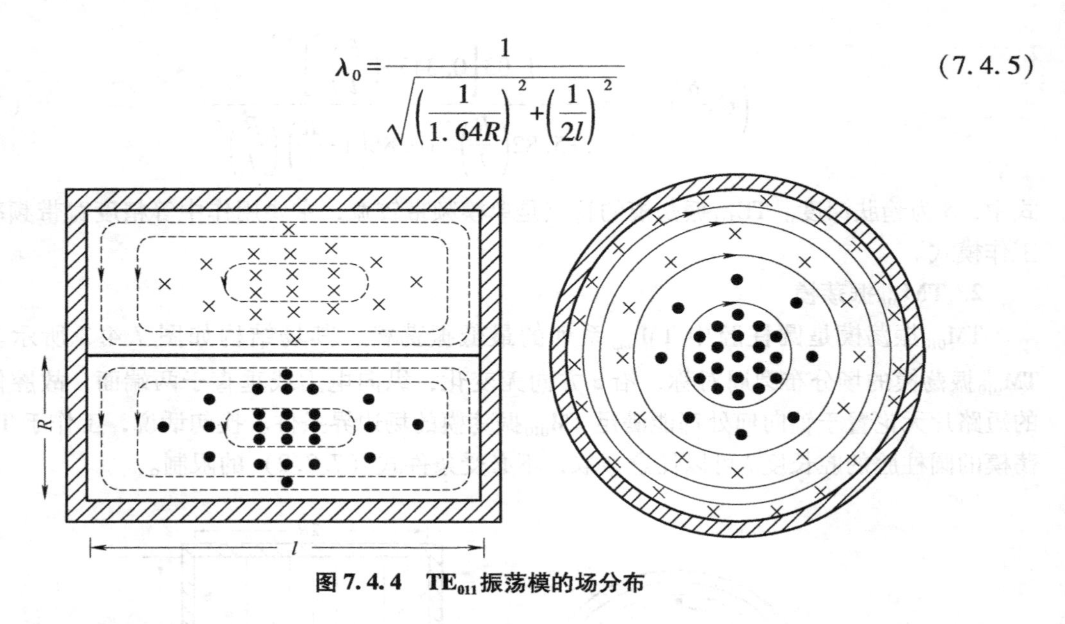

图 7.4.4 TE_{011} 振荡模的场分布

工作于 TE_{011} 模的圆柱谐振腔的品质因素 Q_0 为

$$\left(Q_0\frac{\delta}{\lambda_0}\right)_{TE_{011}}=\frac{0.336\left[1.49+\left(\frac{R}{l}\right)^2\right]^{3/2}}{1+1.34\left(\frac{R}{l}\right)^3} \tag{7.4.6}$$

TE_{011} 振荡模有别于其他模式的最大特点是，只存在圆周方向的壁电流分量 J_φ，使它成为圆柱腔中腔壁欧姆损耗最小的谐振模，即相同材料和尺寸下 TE_{011} 振荡模的品质因素 Q_0 最高，因而在高品质因数谐振腔中常被选为工作模式。具有高 Q_0 特性的 TE_{011} 模圆柱腔可用作高精度频率计，也可用作稳频腔或雷达回波腔。稳频腔是一种与振荡器相耦合的高 Q 腔，其作用是稳定振荡器的频率；回波腔也是一种高 Q 腔，利用其中强迫振荡的暂态过程所产生的脉冲波来模拟雷达的回波信号，常用以检测雷达机的接收灵敏度。

7.5 传输线谐振器

传输线谐振器是由不同长度和端接（通常为开路或短路）的 TEM 传输线段构成，包括同轴线谐振器、带状线谐振器、微带线谐振器等。由于需要考虑谐振器的品质因数 Q_0，所以传输线段必须按有耗线处理。

传输线谐振器的结构形式有短路 $\lambda/2$ 线型、短路 $\lambda/4$ 线型和开路 $\lambda/2$ 线型三种。

7.5.1 短路 λ/2 线型谐振器

考虑一段终端短路的有耗线，如图 7.5.1a 所示，该传输线的特性阻抗是 Z_0，相移常数为 β，衰减常数为 α。在频率 $f=f_0(\omega=\omega_0)$ 处，传输线长度 $l=n\lambda/2, n=1,2,3,\cdots$。根据第 2 章的传输线理论可知，该传输线的输入阻抗为

$$Z_{in}=Z_0\tanh(\alpha+j\beta)l=Z_0\frac{\tanh\alpha l+j\tan\beta l}{1+j\tanh\alpha l\tan\beta l} \tag{7.5.1}$$

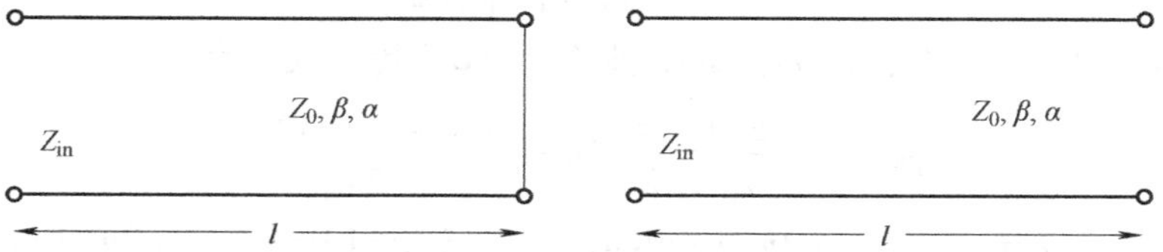

图 7.5.1 有耗传输线

a）短路有耗线 b）开路有耗线

当传输线无耗时，$Z_{in}=Z_0\mathrm{j}\tan\beta l$。实际中，通常希望使用低耗线，因此假设 $\alpha l\ll 1$，此时有 $\tan\alpha l=\alpha l$。再令 $\omega=\omega_0+\Delta\omega$（在谐振频率附近），其中 $\Delta\omega$ 很小。则对于 TEM 传输线，有

$$\beta l=\frac{\omega l}{v_p}=\frac{\omega_0 l}{v_p}+\frac{\Delta\omega l}{v_p}$$

式中，v_p是相速度。由于谐振时，$\omega=\omega_0$，$l=n\lambda/2=n\pi v_p/\omega_0$，因此有

$$\beta l=n\pi+\frac{n\pi\Delta\omega}{\omega_0}$$

$$\tan\beta l=\tan\left(n\pi+\frac{n\pi\Delta\omega}{\omega_0}\right)=\tan\frac{n\pi\Delta\omega}{\omega_0}\simeq\frac{n\pi\Delta\omega}{\omega_0}$$

代入式（7.5.1），得到

$$Z_{in}\simeq Z_0\frac{\alpha l+\mathrm{j}\dfrac{n\pi\Delta\omega}{\omega_0}}{1+\mathrm{j}\alpha l\dfrac{n\pi\Delta\omega}{\omega_0}}\simeq Z_0\left(\alpha l+\mathrm{j}\frac{n\pi\Delta\omega}{\omega_0}\right) \tag{7.5.2}$$

可以发现，式（7.5.2）与串联谐振电路的输入阻抗形式相似，据此可判断长度为 $\lambda/2$ 的终端短路传输线可构成串联 *RLC* 谐振器，并可获得其等效电阻、等效电感、等效电容分别为

$$R=Z_0\alpha l,L=\frac{n\pi Z_0}{2\omega_0},C=\frac{1}{\omega_0^2L}=\frac{2}{n\pi\omega_0Z_0}$$

谐振器的品质因数为

$$Q_0=\frac{\omega_0L}{R}=\frac{n\pi}{2\alpha l}=\frac{\beta}{2\alpha}$$

品质因数随传输线衰减的增大而减小，这是显而易见的。

7.5.2 短路 λ/4 线型谐振器

使用长度 $l=(2n-1)\lambda/4,n=1,2,3,\cdots$的短路传输线可以构成并联谐振器。事实上，长度为 l 的短路线的输入阻抗为

$$Z_{in}=Z_0\tanh(\alpha+j\beta)l=Z_0\frac{\tanh\alpha l+j\tan\beta l}{1+j\tanh\alpha l\tan\beta l}$$

以 $-j\cot\beta l$ 乘分子和分母，得到

$$Z_{in}=Z_0\frac{1-j\tanh\alpha l\cot\beta l}{\tanh\alpha l-j\cot\beta l} \tag{7.5.3}$$

谐振时，$l=(2n-1)\lambda/4$，又令 $\omega=\omega_0+\Delta\omega$，则对于 TEM 传输线，有

$$\beta l=\frac{\omega_0 l}{v_p}+\frac{\Delta\omega l}{v_p}=\frac{\pi}{2}(2n-1)+\frac{(2n-1)\pi\Delta\omega}{2\omega_0}$$

$$\cot\beta l=\cot\left(\frac{\pi}{2}(2n-1)+\frac{(2n-1)\pi\Delta\omega}{2\omega_0}\right)=-\tan\frac{(2n-1)\pi\Delta\omega}{2\omega_0}\simeq-\frac{(2n-1)\pi\Delta\omega}{2\omega_0}$$

若损耗很小，则有 $\tanh\alpha l=\alpha l$，将上述结果代入（7.5.3），得到

$$Z_{in}=Z_0\frac{1+j\alpha l(2n-1)\pi\Delta\omega/2\omega_0}{\alpha l+j(2n-1)\pi\Delta\omega/2\omega_0}\simeq\frac{Z_0}{\alpha l+j(2n-1)\pi\Delta\omega/2\omega_0} \tag{7.5.4}$$

可以发现，式（7.5.4）与并联谐振电路的输入阻抗形式相似，据此可判断长度为 $\lambda/4$ 的终端短路传输线可构成并联 *RLC* 谐振器，并可获得其等效电阻、等效电容、等效电感分别为

$$R=\frac{Z_0}{\alpha l},C=\frac{(2n-1)\pi}{4Z_0\omega_0},L=\frac{1}{\omega_0^2 C}$$

谐振器的品质因数为

$$Q_0=\omega_0 RC=\frac{(2n-1)\pi}{4\alpha l}=\frac{\beta}{2\alpha}$$

7.5.3 开路 λ/2 线型谐振器

实用的带状线和微带线谐振器通常由开路线做成。当线长 $l=n\lambda/2$ 时，这种谐振器等效为并联谐振电路，如图 7.5.1b 所示。该传输线的输入阻抗为

$$Z_{in}=Z_0\coth(\alpha+j\beta)l=Z_0\frac{1+j\tanh\alpha l\tan\beta l}{\tanh\alpha l+j\tan\beta l} \tag{7.5.5}$$

谐振时，$l=n\lambda/2$，又令 $\omega=\omega_0+\Delta\omega$，则对于 TEM 传输线，有

$$\beta l=n\pi+\frac{n\pi\Delta\omega}{\omega_0}$$

$$\tan\beta l=\tan\frac{n\pi\Delta\omega}{\omega_0}\simeq\frac{n\pi\Delta\omega}{\omega_0}$$

若损耗很小，则有 $\tan\alpha l=\alpha l$。将上述结果代入式（7.5.5），得到

$$Z_{in}\simeq\frac{Z_0}{\alpha l+jn\pi\Delta\omega/\omega_0} \tag{7.5.6}$$

类似地，与并联谐振电路比较可以得到传输线的等效电阻、等效电容和等效电感为

$$R=\frac{Z_0}{\alpha l},C=\frac{n\pi}{2Z_0\omega_0},L=\frac{1}{\omega_0^2 C}$$

谐振器的品质因数为

$$Q_0=\omega_0 RC=\frac{n\pi}{2\alpha l}=\frac{\beta}{2\alpha}$$

7.6 谐振器的激励

上面讨论的是孤立谐振器的特性，然而，实际应用中的谐振器总要通过一个或几个端口与外界连接，以便进行能量交换。谐振器与外部电路相连的端口部分叫作耦合机构或激励机构。

谐振器与外电路的激励方式（或称耦合方式）随导行系统和谐振结构而异，常用的方式有：直接耦合、探针或环耦合、孔耦合。

直接耦合常见于微波滤波器中，如图 7.6.1 所示，其中图 7.6.1a 是以缝隙耦合的微带线谐振器；图 7.6.1b 是用膜片直接耦合的波导谐振器；图 7.6.1c 是与微带线直接耦合的介质谐振器。

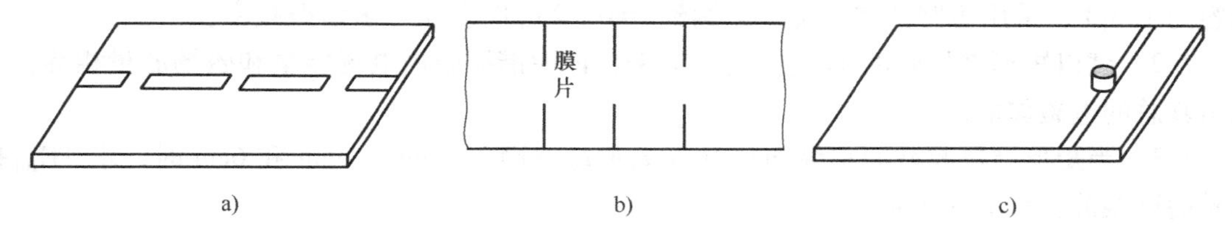

图 7.6.1 谐振器与导行系统之间的直接耦合

探针耦合和环耦合常用于谐振器和同轴线之间的耦合，如图 7.6.2 所示。由于耦合结构很小，可以认为探针或环处的电场或磁场是均匀的，这样图 7.6.2a 所示的探针在电场作用下成为一个偶极子，通过电偶极矩的作用，使谐振器与同轴线耦合，故探针耦合又称为电耦合；图 7.6.2b 所示的耦合环在磁场作用下成为一个磁偶极子，通过其磁矩作用，使谐振器与同轴线耦合起来，故环耦合又称为磁耦合。

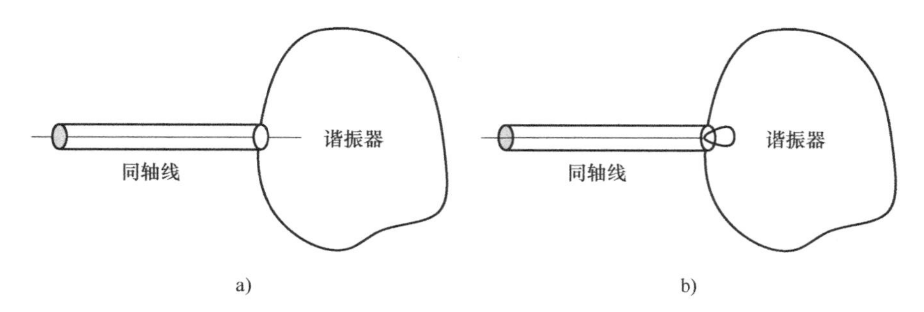

图 7.6.2 谐振器与同轴线之间的探针耦合和环耦合

孔耦合通常用于谐振器与波导之间的耦合，如图 7.6.3 所示。其中图 7.6.3a 的耦合为磁耦合，若图 7.6.3b 的耦合孔很小，则主要也是磁耦合；图 7.6.3c 的耦合也是磁耦合。可见谐振器与波导之间的耦合主要是磁耦合，原因是在孔处的波导壁附近的磁场比较强，而小孔中的模式主要是 TM_{01} 模。耦合孔应设置在谐振器与输入波导之间，以使谐振器中模式的场分量与输入波导的场分量方向一致。

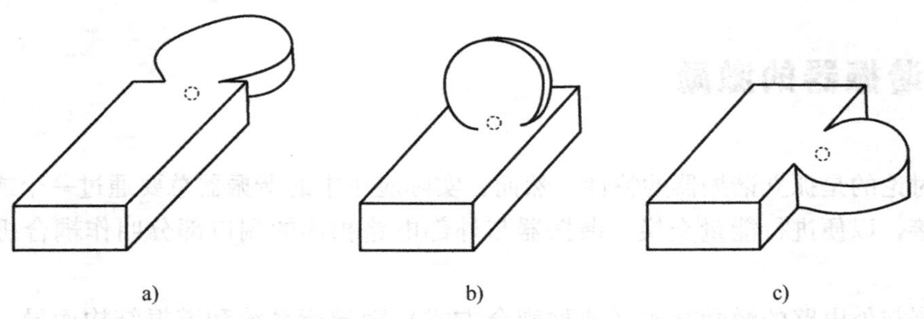

图 7.6.3 谐振器与波导之间的孔耦合

课后习题

7.1 有一个 $\lambda/4$ 型同轴线谐振器，腔内介质为空气，特性阻抗为 100Ω，开路端的杂散电容为 1.5pF，采用短路活塞调配，当调到 $l=0.22\lambda_0$ 时谐振，求谐振频率。

7.2 试以矩形谐振腔的 TE_{101} 振荡模为例，证明谐振腔内电场能量和磁场能量相等，并求出其总的电磁储能。

7.3 当矩形谐振腔截面和纵向尺寸（a,b,l）分别为 5cm、3cm 和 6cm 时，求 TE_{101} 振荡模的谐振波长和品质因数。

7.4 一立方铜腔在 7500MHz 时对 TE_{101} 振荡模谐振，腔内填满空气，试计算其尺寸。

7.5 一立方铜腔在 7500MHz 时对 TE_{101} 振荡模谐振，腔内以相对介电常数为 5.0、损耗角正切为 0.0004 的介质填充，试计算其尺寸。

7.6 $\lambda/2$50Ω 开路微带线谐振器，介质基片厚度为 0.159mm，相对介电常数为 2.2，损耗角正切为 0.001，导体为铜，忽略边缘电场，计算 5GHz 时谐振器的线长和品质因数。

CHAPTER 8

第8章 基于HFSS的微波仿真与优化

8.1 HFSS 软件仿真简介

HFSS 即 High Frequency Structure Simulator（高频电磁场仿真）软件，是由美国 Ansoft 公司开发的世界上第一个商业化的三维结构电磁场仿真软件，是目前国际上主流的高频电磁场仿真软件之一。同时，HFSS 是一种基于物理模型的 EDA 设计软件，它应用切向矢量有限元法，可求解任意三维射频、微波器件的电磁场分布，计算由于材料和辐射带来的损耗。通过仿真可直接得到特征阻抗、传播系数、*S* 参数及电磁场、辐射场、天线方向图等结果。HFSS 广泛应用于功分器、环行器、多工器、滤波器、光电器件、天线、馈线等的设计和电磁兼容、电磁干扰、天线布局和互耦等问题的计算。

HFSS 采用的理论基础是有限元方法，该方法是一种积分方法，其解是频域的，所以 HFSS 是由频域到时域，能有效地设计各种辐射器及求解本征模问题。有限元方法的基本思想是将整个求解区域分割成许多很小的子区域，这些子区域通常称为“单元”或“有限元”，进一步将求解边界问题的原理应用于这些子区域中，通过选取恰当的尝试函数来求解每个小区域，使得对每一个单元的计算变得非常简单。经过对每个单元进行重复而简单的计算，再将其结果总和起来，便可以得到用整体矩阵表达的整个区域的解，这一整体矩阵又常常是稀疏矩阵，从而进一步简化和加快求解过程。由于计算机非常适合重复性的计算和处理结果，因此整体矩阵的形成过程很容易使用计算机来处理实现。HFSS 仿真流程图如图 8. 1. 1所示。

一般而言，为实现一个微波器件的设计仿真，需要在 HFSS 设计环境中进行如下操作：

（1）求解类型

终端驱动求解模型、模式求解驱动模型等。

（2）建模操作

1）模型原型：正多边体、矩形面、圆面等。

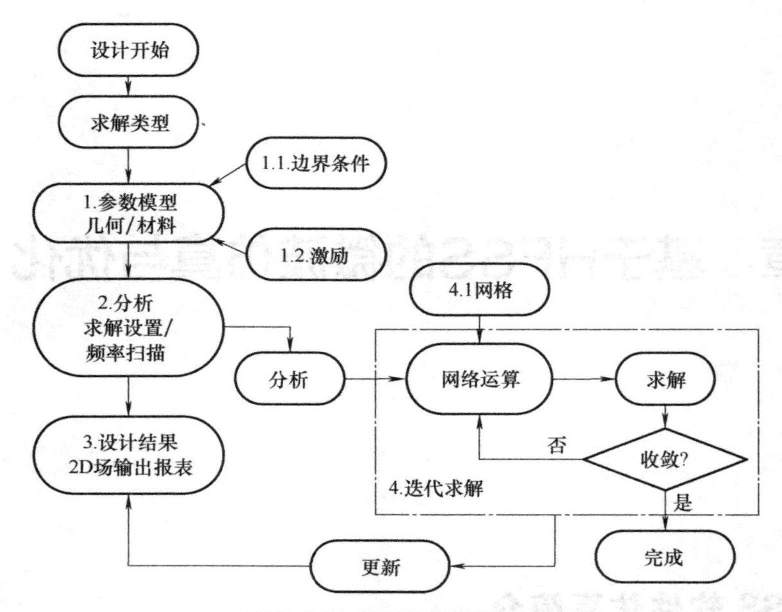

图 8.1.1　HFSS 仿真流程图

2）模型操作：复制操作、合并操作、相减操作等。

(3) 边界条件和激励

1）边界条件：理想导体边界、开放边界等。

2）端口激励：波端口激励、平面波激励等。

(4) 求解设置

1）求解频率：如 4GHz。

2）扫频设置：快速扫频，如频率范围为 1GHz~7GHz。

(5) 后处理

查看 S 参数扫频曲线、[S] 矩阵等仿真结果。

下面将通过 8.2 节的几个实例详细说明具体的设计操作和完整的设计过程。

8.1.1 HFSS 的主要功能与应用领域

HFSS 的主要功能有：

1）提供了一个基于三维电磁场的自动化设计流程的设计平台。

2）集成了工程设计所必须的强大的参数化设计、优化、敏感性及公差统计仿真分析功能。

3）新一代仿真工具赋予了更灵活的网格剖分、收敛精度及仿真分析控制等功能，从而具有更快的仿真速度和更高的设计精度；其参数化设计、强大的建模及图形功能使工程仿真设计变得十分方便。

4）电磁场与系统电路集成协同仿真设计能力。

HFSS 的应用领域有：

(1) 射频和微波器件设计

相对于数字电路设计者，微波设计者很早就明确了高频设计需要特殊的措施和工具以正确识别、处理电磁效应，这也是为什么 HFSS 成为射频（RF）与微波器件设计的黄金标准的原因。对于任意三维高频微波器件，如波导、滤波器、耦合器、连接器、铁氧体器件和谐振腔等，HFSS 都能提供工具实现 *S* 参数提取、产品调试及优化，最终达到制造要求。

（2）天线、阵列天线和馈源设计

HFSS 是设计、优化和预测天线性能的有效工具。从简单的单极子天线到复杂雷达屏蔽系统及任意馈电系统，HFSS 都能精确地预测其电磁性能，包括辐射向图、波瓣宽度、内部电磁场分布等。

（3）高频集成电路（IC）设计

随着集成电路芯片进入纳米范围，工作频率增强、尺寸减小都将导致芯片上互连结构的寄生参数对芯片电路性能产生巨大影响。MMIC、射频集成电路（RFIC）和高速数字集成电路的设计要求准确表征并整合这种影响，这些都要求提取其准确的宽带电磁特性，HFSS 是唯一能自动、快速实现这一功能的软件。

（4）高速封装设计

快速上升的 IC 引脚伴随着 IC 芯片及封装的微型化发展趋势，IC 封装中的信号传输路径对整个系统电性能的影响越来越严重，必须有效区分和协调这种高速封装影响。HFSS 提供的 *S* 参数和宽带 SPICE（Simulation Program with Integrated Circuit Emphasis）电路模型，使 IC 封装和 PCB 设计者能在制造和测试之前准确预测系统的工作性能。

（5）高速 PCB 和 RF PCB 设计

由于 PCB 工作频率及速度的不断提高，致使板上信号线、过孔等结构的等效电尺寸增加，从而产生更强的耦合、辐射等电磁效应。HFSS 可以让 PCB 设计者明确诊断并排除这些影响，无论是过孔、信号线，还是 PCB 边缘或者同轴连接器等各种结构，HFSS 都能确定其电磁效应，完成自动化设计、优化，从而使产品达到更高的性能。

8.1.2　HFSS 软件设计环境

HFSS 软件界面如图 8.1.2 所示。

1）主菜单与工具条：主菜单在软件主窗口的顶部，包括 File、Edit、Project 等下拉菜单。工具条在主菜单的下一行，是一些常用设置的图标。

2）工程树：工程树包括所有打开的 HFSS 工程文件。每个工程文件一般包括几何模型、模型的边界条件、材料定义、场的求解、后处理信息等。工程树中第一个节点是工程的名称，默认名一般为 Project *n*，*n* 代表当前打开的第 *n* 个工程，可以右键单击 Rename 重命名。导入 HFSS 设计后，其下加入 HFSS Model *n* 节点，*n* 代表当前加入的第 *n* 个设计，在该节点下包括模型的所有特定数据，包括：

Model：建立的模型。

Boundaries：边界条件。定义在问题区以及物体表面的边沿处的场特性，包括良导体表面、阻抗表面、辐射表面、主表面、从表面、集总元件表面等。

Excitations：激励源。定义某物体或表面的电磁场的源以及电荷、电流、电压等情况，包括端口、集总端口、入射端口、电压源、电流源等。

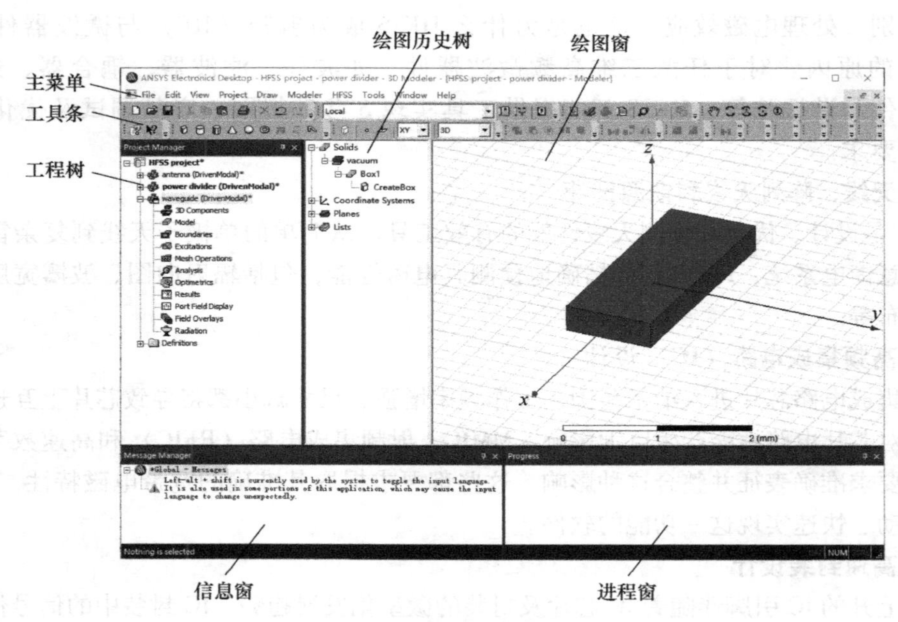

图 8.1.2 HFSS 软件界面

Mesh Operation：网格设置。定义网格的划分，即网格晶元。

Analysis：分析。包括求解设置，定义软件如何计算求解。

Optimetrics：优化。包括所有优化设置。

Results：结果。包括所有后处理生成的结果报告。

Port Field Display：显示模型的端口场分布。

Field Overlays：显示某物体、表面的基本或衍生的场分布情况。

Radiation：设置近场、远场。

3）绘图历史树、绘图窗：绘图历史树包括绘制的所有几何模型，以及模型的编辑、材料定义等。绘图历史树右侧是绘图窗，在该区域绘制几何模型。

4）信息窗：信息窗显示与工程创建过程相关的各种信息，如工程设置的错误信息、分析过程的设置信息等。

5）进程窗：进程窗在执行仿真时，监视仿真的进度，仿真的每一步都有显示。

HFSS 仿真的基本操作如下。

1）创建工程：从主菜单选 File\New，创建一个新工程；再选 File\Save As，则以此路径、名称保存该工程。工程文件以 *.hfss 保存。

2）模型视图：模型视图有多种，包括移动、旋转、放大、缩小等。

移动：由主菜单选 View\Interation\Pan，或者按下 Shift 键同时单击鼠标左键移动鼠标，可以移动模型。

旋转：由主菜单选 View\Interation\Rotate，或者按下 Alt 键的同时单击鼠标左键移动鼠标，可以旋转模型。

缩放：由主菜单选 View\Interation\Zoom，或者按下 Alt 键和 Shift 键，单击左键移动鼠标可以放大、缩小模型。向上移时是放大视图，向下移是缩小视图。

适中显示：同时按下 Ctrl 和 D 键，可以将模型适中显示；其他操作还有 Zoom In、Zoom Out 等。

3）复制、粘贴：由主菜单选 Edit\Copy To Clipboard，可将模型粘贴到剪贴板，再粘贴到 Word 和 PowerPoint 等基于 Windows 的程序中。此操作也可复制工程的分析结果图。

4）各种 HFSS 文件：一个 *.hfss 文件包含所有与工程相关的文件。常见的文件及文件夹类型如下：

design_name.hfssresults：文件夹，保存设计的结果数据。

project_name.hfssresults：文件夹，保存工程的结果数据。

project_name.asol：文件，保存工程的场数据结果。如果求解不合适，则该文件可能为空，保存在 *project_name*.hfssresults 文件夹内。

.anfp：Ansoft 的 PCB 中性文件。

5）导出文件：由主菜单选 3D Model\Export，选择保存路径、命名，将“保存类型”下拉列展开，选择要导出的文件类型即可。

*.sm2：二维模型文件，只包含 X-Y 平面。

*.sat 或 *.sm3：三维模型文件，前者为 ACIS 几何固态模型文件，后者为在 ACIS 2.0 版或更高版本中的 HFSS 三维模型文件。如果选择 *.sm3，则还要选择 ACIS SM3 的版本。

图标文件：包括 *.bmp，*.gif，*.jpeg，*.tiff，*.wrl 等格式。

数据列表文件：*.txt 为后处理格式文件，*.csv 为逗号分隔文件，*.tab 为 Tab 键分隔文件，*.dat 为曲线数据文件。

方法：分析出结果后，由主菜单选 Report 2D\Export，选择保存路径、命名，将 Save as type 下拉列展开，选择要导出的文件类型即可。

6）导出矩阵数据：在工程树的 Anlysis\setup n 项上，单击右键，选择 Matrix Data，出现 Solution Data 窗，默认 Matrix Data 标签页。选择想要查看的矩阵类型，包括 S-matrix、Y-matrix、Z-matrix、Gamma、Z_0 等参数，单击 Export。在弹出的新窗口，选择保存路径、命名，将“保存类型”下拉列展开，选择要导出的文件类型即可。文件类型介绍如下。

*.tab：数据列表文件。将［S］矩阵的各项按顺序列出，包括数据头，以 Tab 键隔开。

*.sNp：Touchstone S 参数文件。后缀名中的 N 代表有 N 个端口。

*.nmf：中性文件名。

*.m：Matlab 文件。［S］、［Y］、［Z］矩阵的各项按顺序列出。

*.cit：：Citifile 格式文件

7）导入文件：由主菜单选 3D Modeler\Import。选择查找路径，将“文件类型”下拉列展开，选择要导出的文件类型，选择要导入的文件名即可。文件类型介绍如下：

*.gds：二维几何设计布局数据的标准文件格式。

*.dxf：AutoCAD 绘图交换格式文件。

*.geo：HFSS 固态模型文件。

.iges，.igs：初始图形交换规格（IGES）的工业标准文件。

同样，也可导入求解数据、数据列表等，方法略。

软件的其他使用说明请查看软件自身的帮助文件：hfss.chm。

8.2 HFSS 仿真优化实例

8.2.1 T 型波导的仿真和优化分析

如图 8.2.1 所示是在 HFSS 中建立的一个带有隔片的 T 型波导功分器模型。T 型波导功分器又叫 T 型波导分支器或波导 T 型结，它是微波功率分配器的一种，能将波导能量从主波导中分路接出，通过设置隔片位置可以改变各端口的功率分配。利用仿真软件进行扫频设置可以观察 S 参数曲线和电场分布。

这里用的是 H-T 分支，即分支波导的轴线平行于主波导中 TE_{10} 波的磁场平面。其中沿 x 轴的端口 1 是波导的信号输入端口，端口 2 和端口 3 是信号输出端口。正对着端口 1 一侧的波导壁上凹进去一块，相当于在此放置一个金属隔片。通过调节隔片的位置可以调节从端口 1传输到端口 2 和端口 3 的信号能量大小，以及反射回端口 1 的信号能量大小。

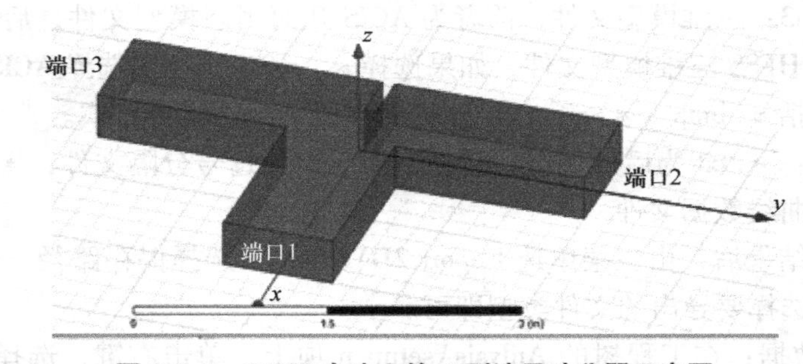

图 8.2.1 HFSS 中建立的 T 型波导功分器示意图

1. 新建 HFSS 设计工程

(1) 建立工程

启动 HFSS 软件并单击图标，新建一个默认名称为 Project1 的新工程和名称为 HFSS-Design 的新设计，从主菜单栏选择【File】中的【Save as】操作命令，把文件另存为 Tee. hfss。然后右键单击 HFSSDesign1，从弹出的菜单中选择【Rename】，把设计文件重新命名为 TeeModal。

(2) 选择求解类型

从主菜单栏选择【HFSS】中的【Solution Type】操作命令，选择 Driven Modal（模式求解驱动模型），根据导波模式的入射和反射功率来计算 S 参数矩阵的解，单击 OK，如图 8.2.2 所示。

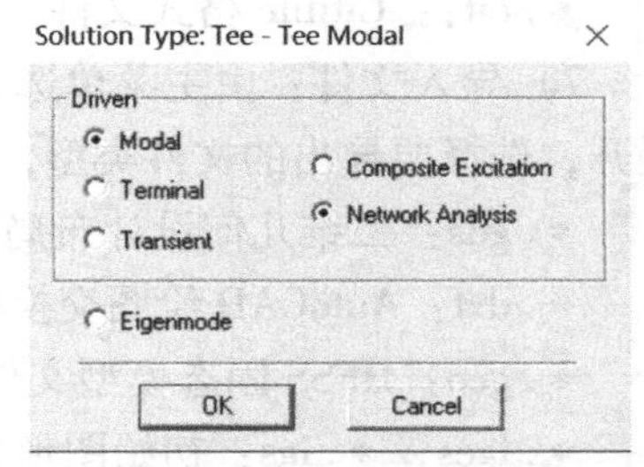

图 8.2.2 选择求解类型为模式求解驱动模型

(3) 设置长度单位

从主菜单栏选择【Modeler】中的【Units】操作命令，打开 Set Modal Units 对话框，在下拉列表中选择 in（英寸）单位，单击 OK。

2. 创建 T 型波导模型

T 型波导可以看作三个相同的长方体叠加而成，这里首先创建第一个长方体，并设计其材料属性和端口激励，然后通过复制操作指令创建第二个和第三个长方体，最后通过合并操作命令完成完整的 T 型波导模型。

（1）创建长方体模型

从主菜单栏选择【Tools】→【Options】→【Modeler Options】，在弹出的对话框中，选择 Drawing 选项卡，确认选择 Edit properties of new primitives 复选框（自动弹出属性对话框），单击确定，如图 8.2.3。

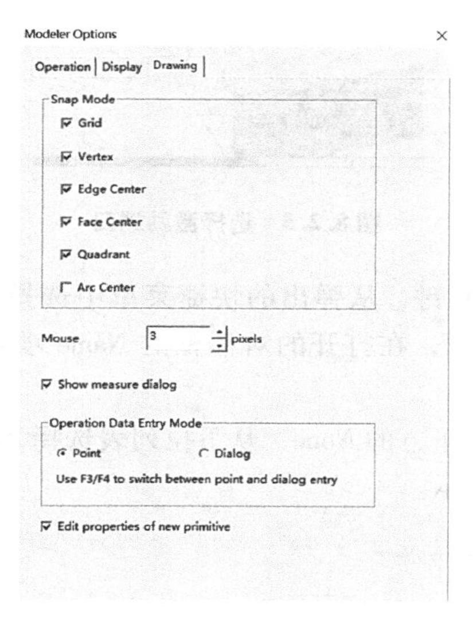

图 8.2.3　创建长方体模型

从主菜单栏选择【Draw】→【Box】，或者单击工具栏的按钮，进入创建长方体模型的工作状态，移动鼠标指针到 HFSS 右下角状态栏，在状态栏输入长方体的起始坐标（0，-0.45，0）按下回车后，在状态栏输入长方体的长（dX=2）、宽（dY=0.9）、高（dZ=0.4），再次按下回车键确认后，会弹出长方体的属性对话框，选择 Attribute 选项卡，将长方体的名字改为 Tee，长方体材料属性（Material）保持为真空（vacuum）不变；如需要提高长方体的透明度，可单击 Transparent 项的数值条，在弹出的窗口移动滑动条设置合适观察的值。按下快捷键 Ctrl+D，新建的长方体模型如图 8.2.4 所示。

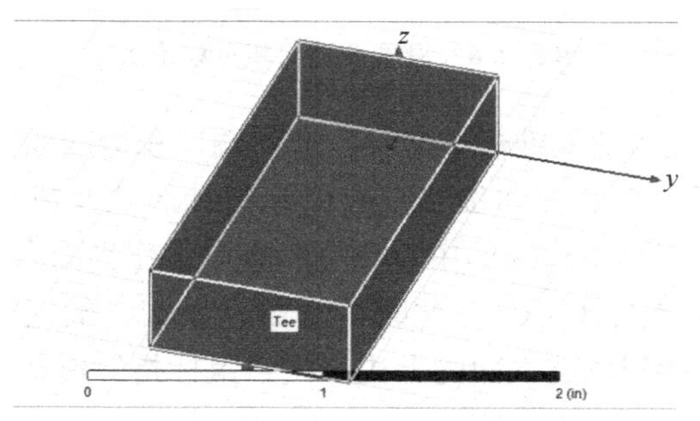

图 8.2.4　已创建的长方体模型

（2）设置波端口激励

在三维模型窗口内单击鼠标右键，从右键弹出菜单中选择【Select Faces】操作命令，切换到面选择命令，单击长方体的位于 $x=2$ 且平行于 yz 面的长方体的前表面，如图 8.2.5 所示。

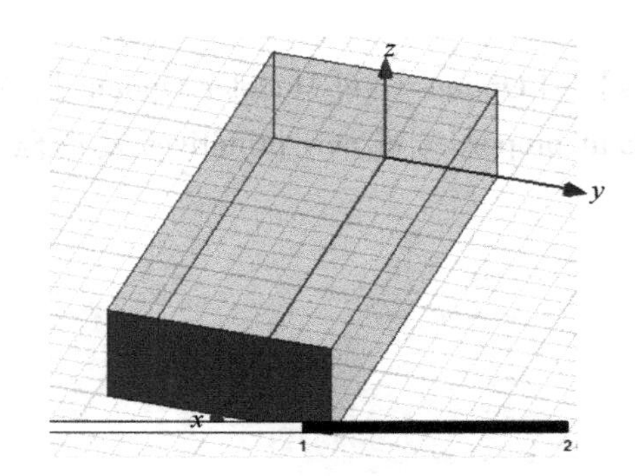

图 8.2.5 选择激励端口

在三维模型窗口内单击右键，从弹出的快捷菜单中选择【Assign Excitation】→【Wave Port】，打开波端口设置对话框，在打开的对话框的 Name 项输入端口名称 Port1，并单击下一步。

在新窗口单击 Intergration 下方的 None，从下拉列表选择 New Line 选项，设置该波端口的积分校准线，如图 8.2.6 所示。

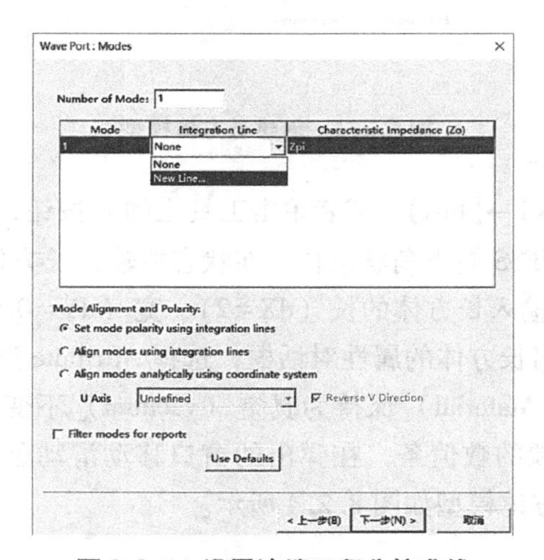

图 8.2.6 设置波端口积分校准线

选择 Newline 之后会返回到三维模型窗口，进入端口积分线绘制状态。此时移动鼠标指针到前面所选中表面的下边缘的中间位置，当鼠标指针形状变成三角符号时，如图 8.2.7a 所示，表示鼠标捕捉到该表面下边缘的中点位置，查看工作界面右下侧的状态栏，确认此时状态栏显示的位置坐标为（2，0，0）。此时单击鼠标左键，确定积分线的起始点；然后再沿着 z 轴向上移动鼠标指针到所选表面的上边缘，当鼠标指针形状再次变成三角符号时，如图 8.2.7b 所示，表示鼠标捕捉到了该表面上边缘的中点位置，确认此时状态栏显示的相对位置坐标为（2，0，0.4），并再次单击鼠标左键确定积分线的终止点。此时积分线设置完成并自动返回到波端口设置对话框，且波端口设置对话框的 Integration Line 项会由原先的 None 变成 Defined。

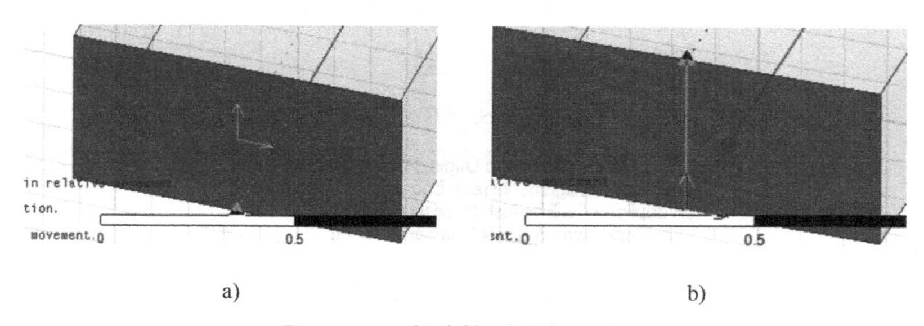

a)　　　　b)

图 8.2.7　积分校准线设置过程

波端口设置对话框剩余各项保持不变，一直单击下一步，直到完成。默认情况下，HFSS 中与背景相连的物体表面都默认设置为理想导体边界，没有能量可以进出，波端口设置在这样的面上，可提供一个能量流进/流出的窗口。波端口必须被校准以确保一致的效果，校准的目的有两个：一是确定场的方向；二是设置电压积分路径。积分校准线有以下两个作用：作为在端口对电场进行积分计算电压的积分路径；定义了每个波端口上场的正方向，对于任何一个波端口，开始时至少有两个方向，通过校准线确定一个正方向。至此完成波端口激励设置，设置完成的波端口激励会在工程树 Excitations 中显示。

（3）复制长方体

从主菜单栏选择【Tools】→【Options】→【HFSS Options】，打开 HFSS Options 对话框，选择 General 选项卡，选中 Duplicate boundaries with geometry（将几何结构连同边界条件一起复制）复选框，如图 8.2.8 所示，然后单击确定按钮。

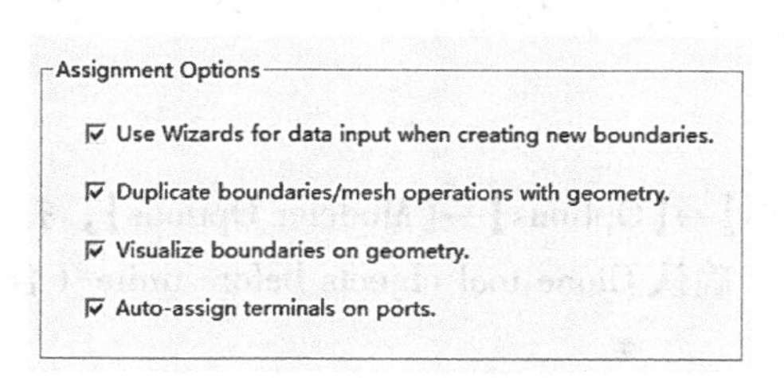

图 8.2.8　长方体复制过程

复制长方体创建 T 型波导第二个臂。展开历史操作树，单击选择 Tee 节点，选中刚刚新建的名为 Tee 的长方体，从主菜单栏选择【Edit】→【Duplicate】→【Around Axis】，打开 Duplicate Around Axis 对话框，进行复制物体的操作。对话框中的 Axis 项选择 Z，Angle 项输入 90deg，Total number 项输入 2，如图 8.2.9 所示，单击对话框下方的 OK 按钮，即可复制生成一个与 z 轴成 90°夹角、名称为 Tee_1 的长方体。该长方体继承了长方体 Tee 的所有属性，包括尺寸、材料属性、激励端口设置等。此时所有物体模型如图 8.2.10a 所示。

复制长方体创建 T 型波导的第三个臂。重复上面的复制操作，在 Angle 项输入-90deg，即可复制生成第三个长方体，复制生成的第三个长方体的默认名称为 Tee_2，Tee_2 是由 Tee

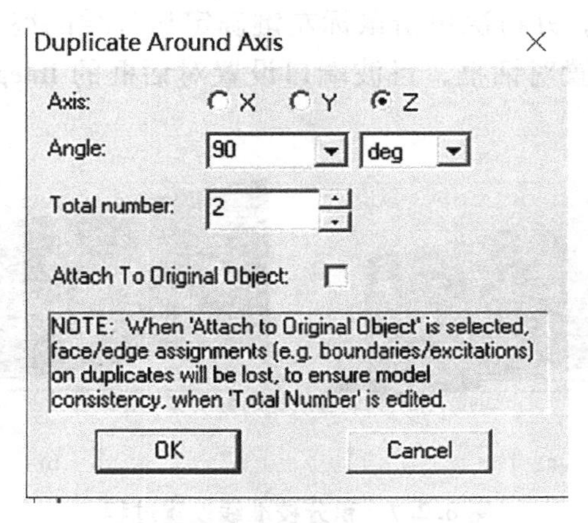

图 8.2.9 长方体复制旋转

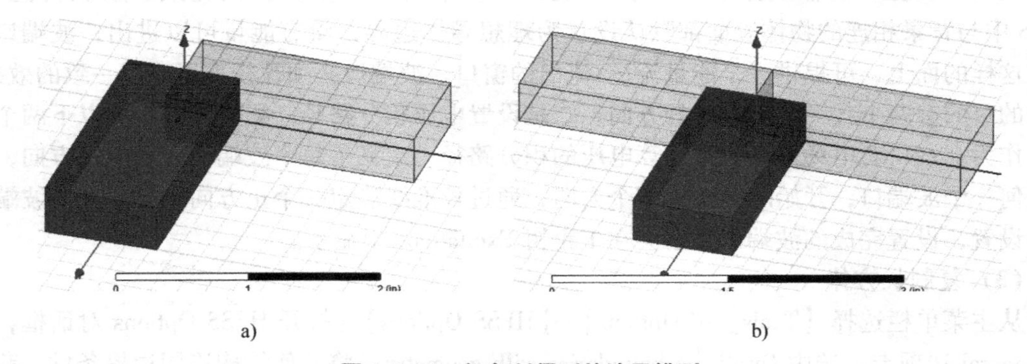

a) b)

图 8.2.10 经复制得到的波导模型

沿 z 轴顺时针旋转 90°复制而成的。按快捷键 Ctrl+D，全屏显示所有物体模型，如图 8.2.10b 所示。

（4）合并长方体

从主菜单栏选择【Tools】→【Options】→【Modeler Options】，打开 3D Modeler Options 对话框，选择 Operation 选项卡，确认 Clone tool objects before unite（合并前保留模型）复选框未被选中。

单击键盘上的快捷键 O，或者在三维模型窗口单击右键，在弹出的菜单中选择【Select Objects】，切换到物体选择状态，单击物体选中第一个长方体 Tee，接着按下 Ctrl 键同时选中第二个长方体 Tee_1 和第三个长方体 Tee_2。确保 3 个长方体都被选中之后，从主菜单栏选择【3D Modeler】→【Boolean】→【Unite】命令或者单击工具栏的凸按钮，执行合并操作，将 3 个长方体合并生成为一个整体，即生成如图 8.2.11 所示的 T 形物体模型。合并后的物体名称和属性与第一个被选中的物体相同。

（5）创建隔片

创建一个长方体。从主菜单栏选择【Draw】→【Box】，进入新建长方体工作状态。移动鼠标指针在三维模型窗口任选一个基准点，在 xy 面展开成长方形，单击“确定”按钮；再沿着 z 轴移动鼠标指针展开成长方体，单击“确定”按钮，完成后会弹出新建长方体的属性对话框。

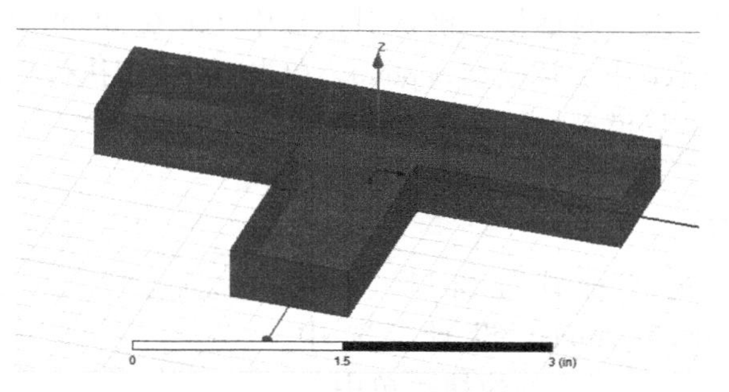

图 8. 2. 11　合并后的波导模型

设置长方体的位置和尺寸。在属性对话框的 Command 选项卡界面，Position 栏输入“-0. 45in，Offset-0. 05in，0in”，设置长方体的起始点位置（注意：此处 Offset 是个变量，由于尚未定义，所以数据输入时要带上单位 in），按回车键确定，此时会弹出如图 8. 2. 12a 所示的 Add Variable 对话框，要求设置变量 Offset 的初始值，在 Value 栏处输入“0in”，然后单击 OK 按钮，返回属性对话框。

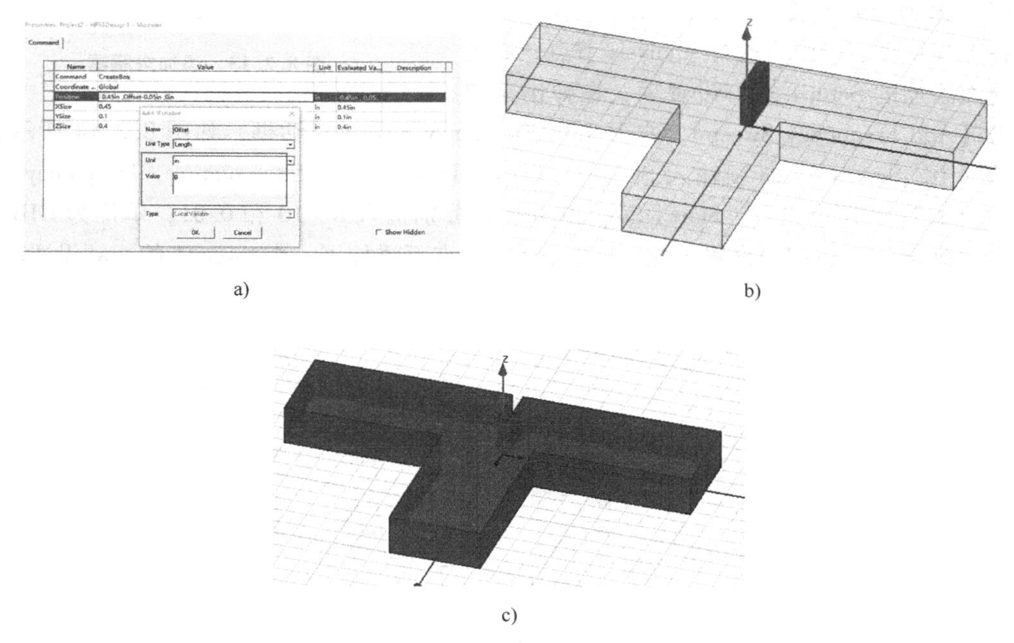

a)　b)

c)

图 8. 2. 12　设置、创建隔片并相减

在 Xsize、Ysize 和 Zsize 栏处分别输入 0. 45、0. 1 和 0. 4，设置长方体的长宽高分别为 0. 45in、0. 1in 和 0. 4in。然后，选择属性对话框左上方的 Attribute 选项卡，在 Name 栏处输入长方体的名称 Septum，单击“确定”完成。此时，在 T 型波导内部添加了一个小长方体，如图 8. 2. 12b 所示。

（6）相减操作

展开操作历史树，首先选中 Tee，按下 Ctrl 键的同时再选中 Septum，确认 Tee 和 Septum

都被选中；之后，从主菜单栏选择【3D Modeler】→【Boolean】→【Subtract】命令或者单击工具栏的按钮，打开相减操作对话框。确认对话框中 Tee 在 Blank Parts 栏，Septum 在 Tool Parts 栏，表明是从模型 Tee 中去掉模型 Septum。单击 OK 按钮执行相减操作。相减操作完成后，创建的完整的 T 型波导模型如图 8.2.12c 所示。

3. 分析求解设置

（1）添加求解设置

在工作界面左侧的工程管理窗口（Project Manager）中展开 TeeModal 设计，选中 Analysis 节点，单击右键，在弹出的快捷菜单中单击【Add Solution Setup】，打开“求解设置”对话框。在该对话框中，Solution Frequency 项输入 10，默认单位为 GHz，其他项都保持默认设置不变，如图 8.2.13 所示，单击“确定”结束。此时，就在工程管理窗口 Analysis 节点下添加了一个名称为 Setup1 的求解设置项。

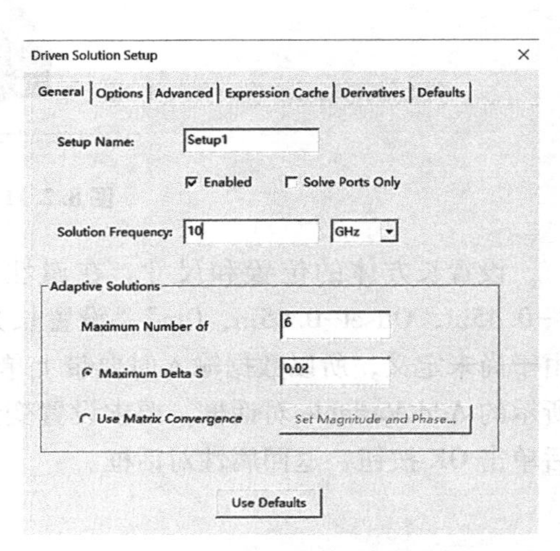

图 8.2.13　添加求解器

（2）添加扫频设置

在工程管理窗口中，展开 Analysis 节点，右键单击前面添加的 Setup1 求解设置项，在弹出菜单中单击【Add Frequency Sweep】，打开 Edit Frequency Sweep 对话框，如图 8.2.14 所示，在该对话框中，Sweep Name 项输入 Sweep1，Sweep Type 项选择 Interpolating，Frequency Setup 项作如图 8.2.14 所示设置，Start、Stop 和 Step 项分别输入 8、10 和 0.01，单位为 GHz，之后单击“确定”完成扫频设置，此时即在 Setup 节点下添加了一个 Sweep1 的扫频设置项。

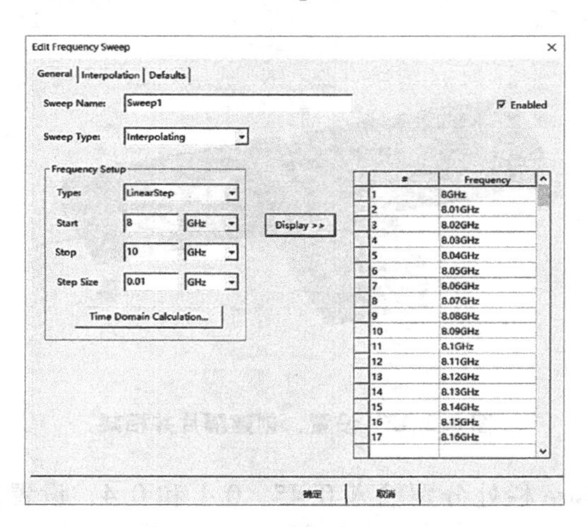

图 8.2.14　添加扫频设置

（3）设计检查

从主菜单栏选择【HFSS】→【Validaion Check】，或者单击工具栏的，此时会弹出如图 8.2.15所示的设计检查验证对话框，检验设计的完整性和正确性。如果该对话框右侧各项都显示图标对号“√”，表示当前设计完整且正确，此时单击 Close 结束，接下来就可以运行仿真分析计算了。

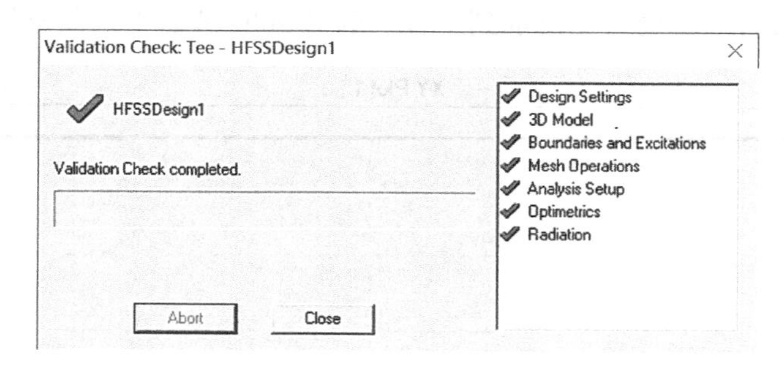

图 8.2.15　检查验证

4. 运行仿真分析

从主菜单栏选择【HFSS】→【Analyze All】，或者单击工具栏的按钮，运行仿真分析。在仿真分析过程中，工作界面右下方的进度窗口会显示求解进度，求解运算完成后，在工作界面左下方的信息管理窗口会显示仿真分析完成信息。

5. 后处理查看分析计算结果

在仿真分析完成后，可以使用 HFSS 后处理模块查看各类分析结果。本例中，我们主要查看 *S* 参数的仿真结果和表面电场分布。

（1）图形化显示 *S* 参数仿真结果

右键单击工程管理窗口中工程树下的 Results 项，在弹出的菜单中选择【Create Modal Solution Data Report】→【Rectangular Plot】，打开结果报告设置对话框，如图 8.2.16 所示。

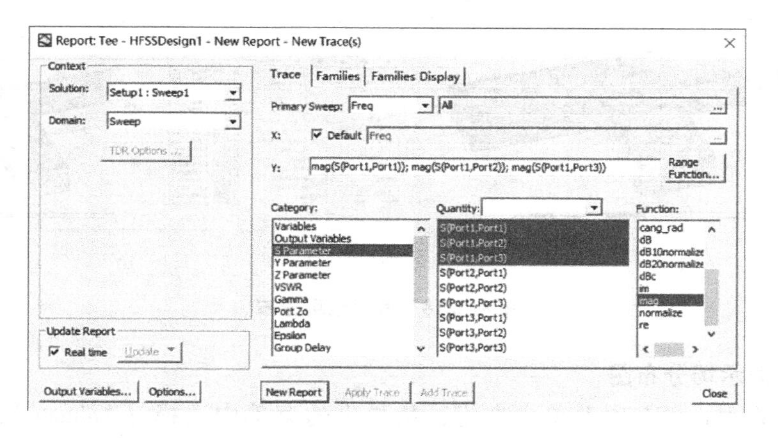

图 8.2.16　选择查看 *S* 参数仿真结果

在对话框的左侧，Solution 项选择 Setup1：Sweep1，Domain 项选择 Sweep；在对话框的右侧，X 项选择 Freq，在 Category 栏选择 S Parameter，在 Quantity 栏按下 Ctrl 键的同时选择 S(Portl，Port1)、S(Portl，Port2)、S(Portl，Port3) 项，在下方最右侧 Function 栏选择 mag，其他保持默认设置不变。然后单击 New Report 按钮，再单击 Close 按钮关闭报告设置对话

框；此时即可绘制出 S_{11}、S_{12}、S_{13} 幅度随频率变化的曲线，S_{11} 随频率的增大而增大，S_{12} 和 S_{13} 不随频率变化，说明此时的功率分配就是两个端口平均分配，结果如图 8.2.17 所示。绘制生成的结果显示报告名称会自动添加到工程树的 Results 节点下，其默认名称为 XYPlot1。

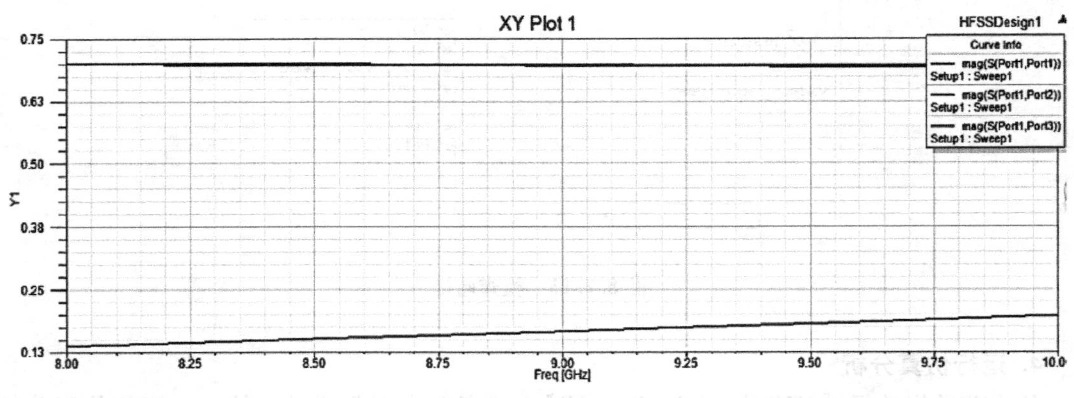

图 8.2.17 *S* 参数仿真结果

（2）查看表面电场分布

双击工程树下的设计名称 TeeModal，返回三维模型窗口。在三维模型窗口中单击右键，从右键弹出的菜单中选择【Select Faces】命令，进入面选择状态；单击选中 T 型波导模型的上表面。右键单击工程树下的 Field Overlays 节点，从右键弹出菜单中选择【Plot Fields】→【E】→【Mag_E】操作命令，打开 Create Filed Plot 对话框。对话框所有设置保持默认不变，直接单击 Done 按钮，此时在选中的 T 型波导表面会显示出场分布情况；同时，在工程树的 Field Overlays节点下会自动添加该场分布图，其默认名称为 Mag_E1，如图 8.2.18a 所示。

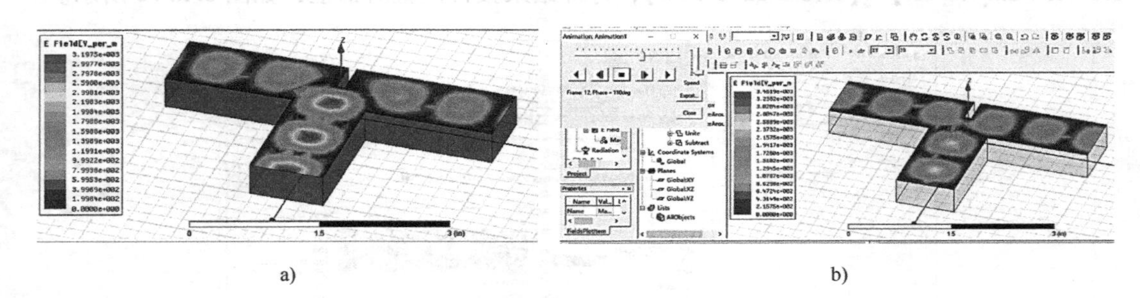

a) b)

图 8.2.18 表面电场分布

（3）动态演示场分布图

在工程树的 Mag_E1 项上单击右键，从弹出的菜单中选择【Animate】，可以打开如图 8.2.18b 所示的动画演示设置对话框，对话框各项设置保持默认不变，单击 OK 按钮，则可以观察到 T 型波导表面的场分布开始动态变化。同时，在工作界面左上角还会打开 Animation 对话框，通过该对话框可以控制动态显示的进程，包括停止、开始和演示速度等。最后，单击 Animation 对话框上的 Close 按钮，退出对话框。

6. T 型波导的优化设计

利用参数扫描分析功能可分析工作频率为 10GHz 时，T 型波导 3 个端口的信号能量大小随着隔片位置变量 Offset 的变化关系。利用 HFSS 的优化设计功能找出隔片的准确位置，使得在 10GHz 工作频点，T 型波导端口 3 的输出功率是端口 2 输出功率的两倍。

（1）新建一个优化设计工程

从主菜单栏选择【File】→【SaveAs】，把工程文件另存为 OptimTee. hfss。因为本仿真的目的只在 10GHz 频点上进行参数扫描分析和优化设计，所以首先需要删除在上一节中添加的扫频设置项。展开工程树下的 Analysis 节点，再展开 Analysis 节点下的 Setup1 项，选中 Sweep1 项，然后单击工具栏的"×"按钮，删除扫频设置。

（2）参数扫描分析设置和仿真分析

使用 HFSS Optimetrics 模块的参数扫描分析功能，分析 T 型波导端口的输出功率和隔片位置之间的关系。

添加参数扫描分析项。右键单击工程树下的 Optimetrics 节点，从弹出菜单中选择【Add】→【Parametric】命令，打开 Setup Sweep Analysis 对话框；单击该对话框中的 Add 按钮，打开 Add/Edit Sweep 对话框，如图 8. 2. 19 所示。在该对话框中，Variable 项选择变量 Offset，扫描方式选择 LinearStep 单选按钮，Start、Stop 和 Step 项分别输入 0、1、0. 1，单位为英寸（in），然后单击 Add 按钮；上述操作完成后单击 OK 按钮，关闭 Add/Edit Sweep 对话框，即可添加变量 Offset 为扫描变量。

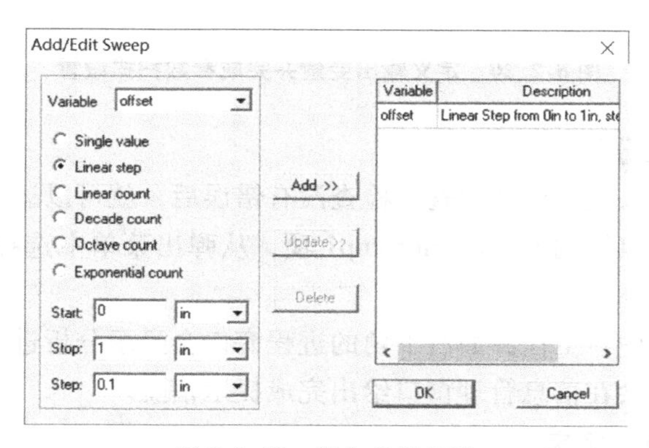

图 8. 2. 19　添加参数扫描

定义输出变量。定义 3 个输出变量 Power11、Power21 和 Power31，分别代表端口 1、端口 2 和端口 3 的输入/输出功率。选择 Setup Sweep Analysis 对话框的 Calculations 选项卡，单击 Setup Calculations 按钮，打开 Add/Edit Calculation 对话框，保持该对话框默认设置不变，单击 Output Variables 按钮，打开 Output Variables 对话框，定义和添加输出变量。

首先定义输出变量 Power11，在图 8. 2. 20a 所示 Output Variables 对话框的 Name 栏文本框中输入 Power11，在 Category 栏下拉列表中选择 S Parameter，在 Quantity 栏选择 S(Port1, Port1)，在 Function 栏选择 mag，然后单击 Insert Into Expression 按钮，此时即在图 8. 2. 20a 所示的 Expression 栏文本框中添加了 mag(S(Port1,Port1)) 表达式。然后，在该表达式末尾输入乘号"＊"，再次单击 Insert Into Expression 按钮，则 Expression 栏的表达式显示 mag(S(Port1,Port1))＊mag(S(Port1,Port1))。最后，单击 Add 按钮，即在对话框的顶部添加了输出变量 Power11 及其表达式。

重复上述步骤，分别定义输出变量 Power21 和 Power31。其中，Power21 的表达式为 mag(S(Port2,Port1)) * mag(S(Port2,Port1)),Power31 的表达式为 mag(S(Port3,Port1)) * mag(S(Port3,Port1))。

设置完成后，单击 Done 按钮，回到 Add/Edit Calculation 对话框。在 Add/Edit Calculation 对话框的 Category 栏选择 Output Variables，则在 Quantity 栏会列出前面所定义的输出变量 Power11、Power21 和 Power31。分别选中 Power11，然后单击 Add Calculation 按钮；选中 Power21，然后单击 Add Calculation 按钮；选中 Power31，然后单击 Add Calculation 按钮；添加上述 3 个输出变量到 Setup Sweep Analysis 对话框的 Calculations 选项卡界面，如图 8.2.20b 所示。最后，单击 Add/Edit Calculation 对话框的 Done 按钮返回 Setup Sweep Analysis 对话框，再单击“确定”按钮，完成整个参数扫描分析设置。新定义的参数扫描分析项会自动添加到工程树的 Optimetrics 节点下，其默认名称为 ParametricSetupl。

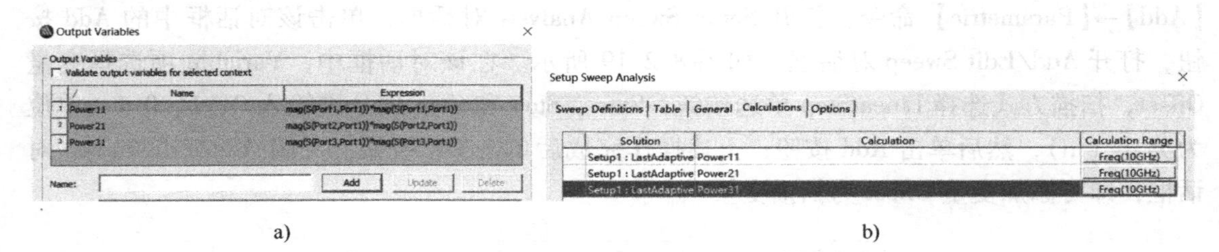

图 8.2.20 定义输出变量并完成参数扫描设置

(3) 运行参数扫描分析

上面的工作完成后，进行设计检查。检查没有错误后，就可以运行仿真计算了。右键单击工程树 Optimetrics 节点下的 ParametricSetup1 项，从弹出菜单中选择【Analyze】命令，运行参数扫描分析。

参数扫描分析过程中，工作界面右下角的进程窗口会显示分析进度。分析完成后，进程窗口进度条会消失，并会在信息管理窗口给出完成提示信息。

7. 查看参数扫描分析结果

创建功率分配随变量 Offset 变化的关系图。右键单击工程树中的 Results 项，从弹出菜单中选择【Create Modal Solution Data Report】→【Rectangular Plot】，打开如图 8.2.21a 所示的报告设置对话框。

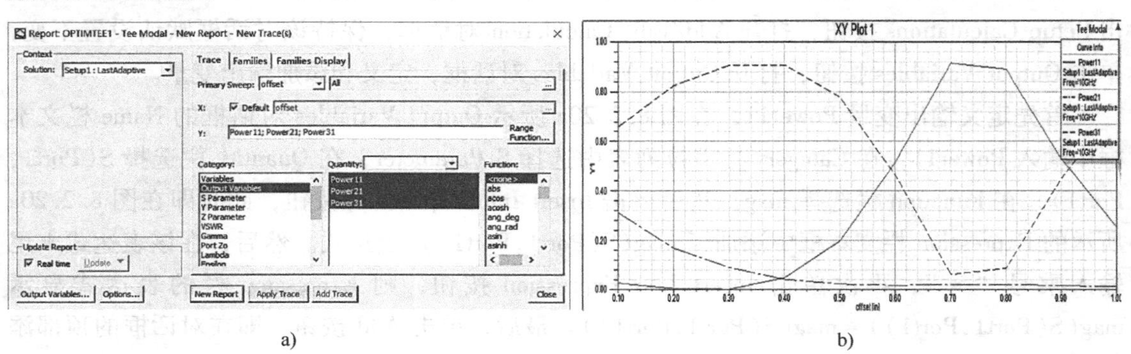

图 8.2.21 选择并查看输出结果

在该对话框中，X项选择Offset，Category栏选择Output Variables，Quantity栏通过按下Ctrl键同时选择Power11、Power21和Power31三项，Function栏选择none，如图8.2.21a所示。

单击New Report按钮，绘制出输出变量Power11、Power21、Power31与变量Offset的关系曲线报告，同时，该结果报告会自动添加到工程树的Results节点下，如图8.2.21b所示。其默认名称为XYPlot1。单击报告设置对话框的Close按钮，关闭该对话框。

从图8.2.21b所示的结果报告中可以看出，当变量Offset值逐渐变大，即隔片位置向端口2移动时，端口2的输出功率逐渐减小，端口3的输出功率逐渐变大；当隔片位置变量Offset超过0.3in时，端口1的反射明显增大，端口3的输出功率开始减小。因此，在后面的优化设计中，可以设置变量Offset优化范围的最大值为0.3in。同时，从图8.2.21b还可以看出，在offset=0.1in时，端口3的输出功率约为0.65，端口2的输出功率略大于0.3，此处端口3的输出功率约为端口2输出功率的两倍。因此，在优化设计时，可以设置变量Offset的优化初始值为0.1in。另外，变量Offset优化范围的最小值可以取0in。

8. 优化设计

添加优化设计项，进行优化设计，找出隔片的准确位置，使得端口3的输出功率是端口2输出功率的两倍。

（1）添加优化变量

从主菜单栏选择【HFSS】→【Design Properties】，选中对话框上方的Optimization单选按钮，在变量offset栏勾选Include项，如图8.2.22a所示，然后单击“确定”按钮完成设置。

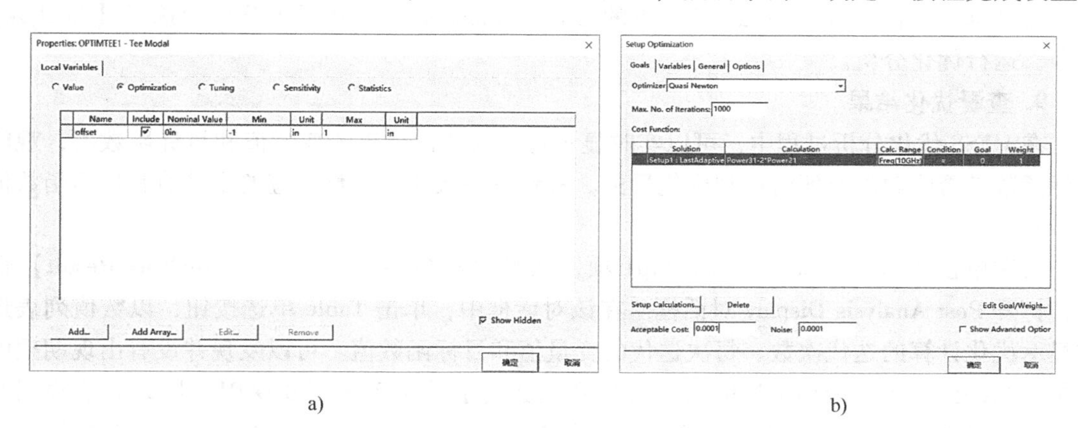

a)　　　　　　　　　　b)

图8.2.22　添加优化变量

右键单击工程树下的Optimetrics节点，在弹出菜单中选择【Add】→【Optimization】命令，打开优化设置对话框。在该对话框的Goals选项卡界面，优化器Optimizer栏选择Quasi Newton，Max. No. of Iterations栏保持默认的1000不变。

添加目标函数（Cost Function），这里优化设计要达到的目标是：当工作频率为10GHz时，端口3的输出功率是端口2输出功率的两倍。使用前面定义的输出变量，可以设置目标函数为Power31−2*Power21=0。在优化设置对话框的Goals选项卡界面，单击对话框左下角的Setup Calculations按钮，在弹出对话框中首先单击Add Calculation按钮，然后单击Done

按钮，即可在 Cost Function 表中添加新的一栏。在 Calculation 列输入目标函数的表达式 Power31-2＊Power21，按回车键确认，Condition 项选择“=”，Goal 列输入 0，Weight 列输入 1。Acceptable Cost 项输入 0.001，表示目标函数的值小于或者等于设定的 0.0001 时，达到优化目标，停止优化分析。Noise 项分别保持默认 0.0001 不变。设置完成后的对话框界面如图 8.2.22b 所示。

(2) 设置优化变量的取值范围

选择 Variables 选项卡，当前设计中只定义了 Offset 一个变量，在 Override 列勾选变量 offset 对应的复选框，在 Starting Value 列输入 0.1，勾选 Include 列下面的复选框，分别在 Min 和 Max 列输入 0 和 0.3，设定变量 offset 的优化范围为 0~0.3 英寸。完成后的界面如图 8.2.23 所示。

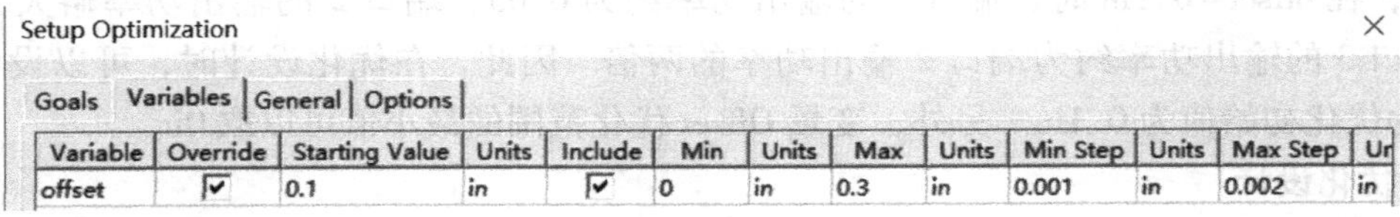

Setup Optimization

Goals | Variables | General | Options

Variable	Override	Starting Value	Units	Include	Min	Units	Max	Units	Min Step	Units	Max Step	Ur
offset	☑	0.1	in	☑	0	in	0.3	in	0.001	in	0.002	in

图 8.2.23　设置优化变量取值范围

优化设置完成后，优化设置项会自动添加到工程树的 Optimetrics 节点下，其默认名称为 OptimizationSetup1。

(3) 运行优化分析

右键单击工程树 Optimetrics 节点下的 OptimizationSetup1，从弹出菜单中选择【Analyze】命令，运行优化分析。

9. 查看优化结果

在 HFSS 优化分析过程中，可以实时显示每一次迭代计算的变量值和目标函数值，观察目标函数是否收敛以及何时达到优化目标。查看每一次迭代计算对应的变量值和目标函数值的步骤如下。

右键单击工程树 OptimizationSetup1 项，从弹出菜单中选择【View Analysis Result】命令，打开 Post Analysis Display 对话框。在该对话框中，单击 Table 单选按钮，以数值列表形式显示优化计算的迭代次数、每次迭代的变量值和目标函数值。可以发现并没有出现期望的结果，结果已经小于最小步长但是没有达到函数要求的小于等于 0.0001，所以只能根据几个节点的尺寸范围，缩小范围并减少最小步长，看看是否找到更好的值。经过上述优化操作，最后找到了更好的结果，如图 8.2.24 所示。

18	0.0869654736996616in	5.0547e-005

图 8.2.24　最终优化结果

因此在 offset=0.087in 时，目标函数值（Cost）小于设定的目标值 0.0001，达到优化目标。即当变量 offset=0.087in 时，T 型波导端口 3 的输出功率是端口 2 输出功率的两倍。

8.2.2　环形定向耦合器仿真与优化

环形定向耦合器的结构示意图如图 8.2.25a 所示，它是由周长为 3/2 个波导波长的闭合圆环和四根输入/输出传输线相连接而构成的，与圆环相连接的四根传输线的特征阻抗为 Z_0，圆环的特征阻抗为$\sqrt{2}Z_0$，端口 1 到端口 2、端口 1 到端口 4、端口 3 到端口 4 之间的长度为 1/4 个导波波长，端口 2 到端口 3 之间的长度为 3/4 个导波波长。当微波信号由端口 1 输入，端口 2、端口 3、端口 4 皆接匹配负载时，输入信号功率可以等分成两部分，分别由端口 2 和端口 4 输出，端口 3 无信号输出，端口 1 和端口 3 彼此隔离。

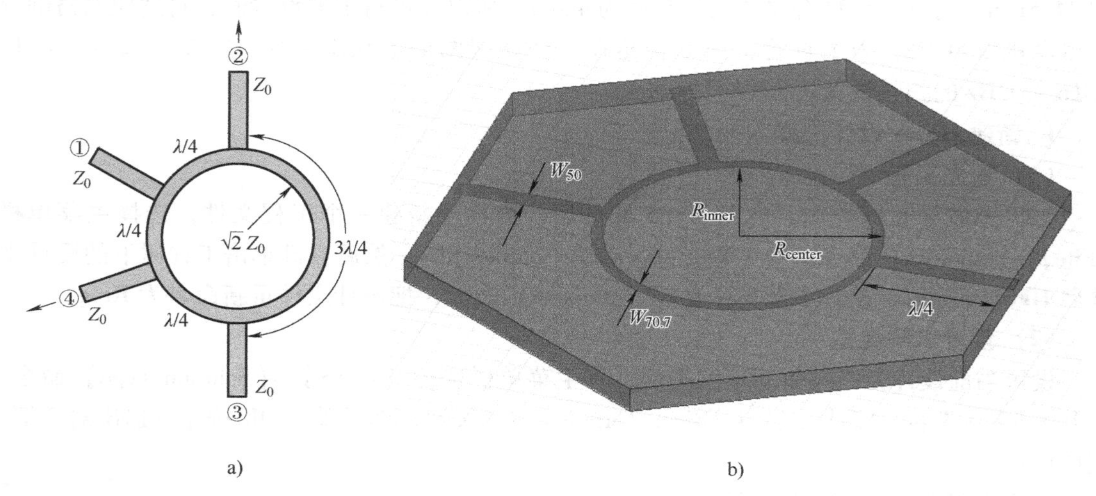

图 8.2.25　环形定向耦合器结构示意图及其在 HFSS 中的模型

通过第 6 章的分析可知，理想环形定向耦合器的 S 参数矩阵为

$$S=\frac{\mathrm{j}}{\sqrt{2}}\begin{bmatrix}0 & -1 & 0 & -1\\ -1 & 0 & 1 & 0\\ 0 & 1 & 0 & -1\\ -1 & 0 & -1 & 0\end{bmatrix}$$

这里使用 HFSS 软件设计一个带状线结构的环形定向耦合器，该耦合器的工作频率为 4GHz，带状线介质层厚度为 2.286mm，介质材料的相对介电常数为 2.33，介质损耗正切为 0.000429；带状线的金属层位于介质层中央；端口负载皆为标准 50Ω 环形定向耦合器的 HFSS 模型如图 8.2.25b 所示。

在建模之前，需要确定各带状线的宽度，通过使用带状线计算工具（如 Agilent 公司 Advanced Design System 的 Linecalc 工具，AWR 公司 Microwave Office 的 TXLine 工具，或互联网上提供的带状线在线计算工具等），可以计算出在上述设计条件下，带状线的波导波长 $\lambda=49.13\text{mm}$，特征阻抗为 $Z_0=50\Omega$ 对应的带状线宽度 $W_{50}=1.78\text{mm}$，特征阻抗为$\sqrt{2}Z_0=70.7\Omega$ 时，对应的带状线宽度 $W_{70.7}=0.98\text{mm}$。

对于带状线定向耦合器，圆环的周长是工作波长的 1.5 倍，所以圆环的半径 $R_{center}=1.5\lambda/2\pi=11.74\text{mm}$。因为圆环的宽度 $W_{70.7}=0.98\text{mm}$，所以圆环的内径 $R_{inner}=R_{center}+W_{70.7}/2=$

12.22mm。与圆环相连接的四根带状传输线的长度取1/4个波导波长，即$\lambda/4=12.28$mm。

此环形定向耦合器使用带状线结构，因此HFSS工程可以采用终端驱动求解类型。四个端口采用波端口激励，且端口负载阻抗设置为50Ω。为了简化建模操作以及节省计算时间，带状线的金属层使用理想薄导体来实现，即通过创建二维平面，然后给二维平面指定理想导体边界条件来模拟带状线的金属层；带状线的金属层位于介质层的中央。与圆环相连接的四根带状传输线长度取1/4个波长，即12.28mm，圆环外径为12.22mm，因此传输线终端到圆心的距离为24.5mm，六棱柱的外接圆半径设置为24.5/cos(30deg)mm。为了能自由改变端口传输线的长度，定义一个设计变量length表示传输线终端到圆心的距离，变量的初始值取24.5mm。另外，该耦合器的工作频率为4GHz，所以在进行求解设置时，自适应网格剖分频率设置为4GHz。为了查看定向耦合器在工作频率两侧的频率响应，需要在设计中添加1GHz~7GHz的扫频设置。

1. 新建HFSS设计工程

(1) 建立工程

与T型波导实例类似，启动HFSS软件后，会自动新建一个工程文件，选择主菜单栏【File】→【Save As】命令，把工程文件另存为Coupler.hfss；然后右键单击工程树下的设计文件名HFSSDesign1，从弹出菜单中选择【Rename】命令，把设计文件重新命名为Ring。

(2) 设置求解类型

设置当前设计为终端驱动求解类型，从主菜单栏选择【HFSS】→【Solution Type】命令，打开Solution Type对话框，选中Driven Terminal单选按钮，然后单击OK按钮，退出对话框，完成设置。

2. 创建环形定向耦合器模型

设置当前设计在创建模型时使用的默认长度单位为毫米，从主菜单栏中选择【Modeler】→【Units】命令，设置Model Units对话框。在该对话框中，Select units项选择毫米（mm）单位，再单击OK按钮，退出对话框，完成设置。

(1) 定义变量

定义一个设计变量length，用于表示1/2个工作波长，其初始值为24.5mm。从主菜单栏选择【HFSS】→【Design properties】命令，打开设计属性对话框，单击对话框中的Add按钮，打开Add Property对话框；在Add Property对话框中，Name项输入变量名称length，Value项输入该变量的初始值24.5mm，然后单击OK按钮，添加变量length到设计属性对话框中。变量定义和添加的过程如图8.2.26所示。定义完成后，确认设计属性对话框，完成变量定义。

(2) 添加材料

向材料库中添加新的介质材料，取名为My_Sub，并设置其为建模时使用的默认材料。新添加材料的相对介电常数为2.33，介质损耗正切为0.000429。

从主菜单栏中选择【Tools】→【Edit Configured Libraries】→【Materials】命令，打开如图8.2.27a所示的Edit Libraries对话框。单击该对话框的Add material按钮，打开如图8.2.27b所示的View/Edit Material对话框。在View/Edit Material对话框中，Material Name项输入材料名称My_Sub，Relative Permittivity项对应的Value值处输入相对介电常数2.33，Dielectric

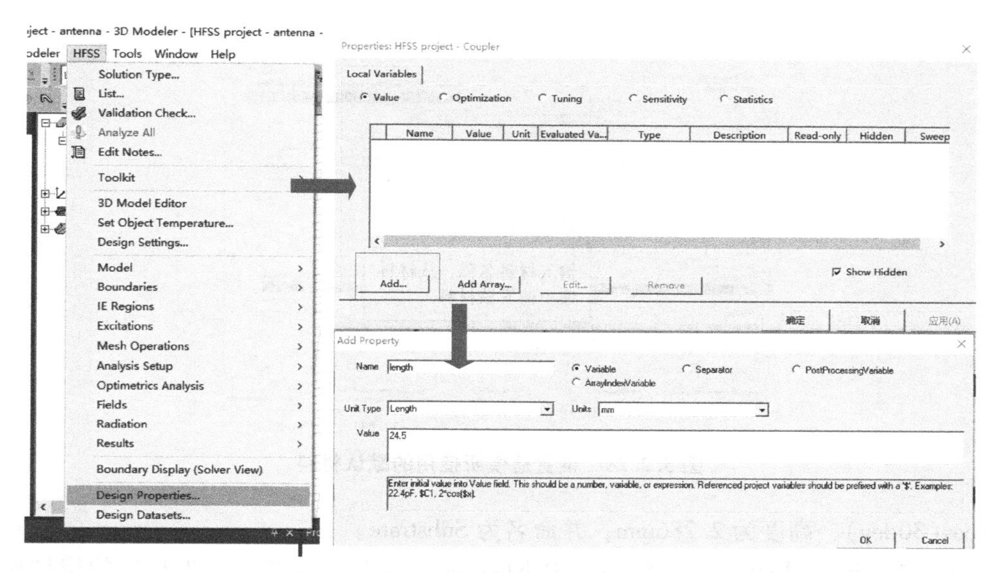

图 8. 2. 26　变量定义和添加

Loss Tangent 项对应的 Value 值处输入介质的损耗正切 0. 000429。然后单击 OK 按钮，退出对话框。此时新定义的介质材料 My_Sub 会添加到当前设计的材料库中。

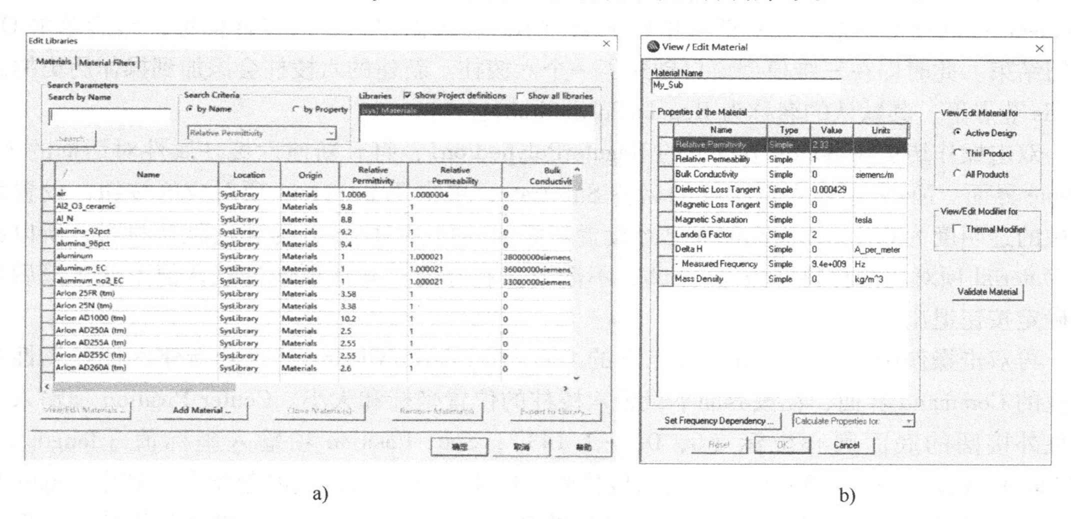

图 8. 2. 27　添加材料

单击工具栏中设置默认材料的快捷方式，从其下拉列表中选择“Select...”，打开 Select Definition 对话框；在该对话框的 Search By Name 项输入新添加的材料名称 My_Sub，从材料库中搜索到该材料，并单击选中该材料；然后单击对话框中的“确定”按钮，退出 Edit Libraries 对话框，此时即设置 My_Sub 为当前建模所使用的默认材料。默认材料的名称会显示在工具栏设置默认材料快捷方式处，如图 8. 2. 28 所示。

（3）创建结构模型

创建一个六棱柱模型作为带状线的介质层，其材质为 My_Sub，六棱柱的外接圆半径为

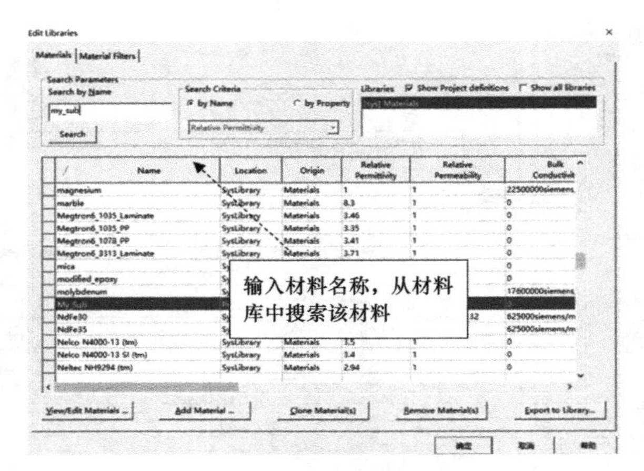

图 8.2.28 设置建模所使用的默认材料

length/cos(30deg)，高度为 2.286mm，并命名为 Substrate。

从主菜单栏选择【Draw】→【Regular Polyhedron】命令，或者单击工具栏的棱柱形状按钮，进入创建正多边体模型的状态。在 3D 模型窗口的任意位置单击鼠标左键确定一个点；然后在 xy 面移动鼠标指针，绘制出一个圆形后，单击鼠标左键确定第二个点；最后沿着 z 轴方向移动鼠标指针，绘制出一个圆柱形后单击鼠标左键确定第三个点。此时，弹出 Segment number 对话框，在对话框中输入数字 6，表示创建的是六棱柱模型，然后单击 OK 按钮结束。此时即在三维模型窗口创建了一个六棱柱。新建的六棱柱会添加到操作历史树的 Solids 节点下，其默认的名称为 RegularPolyhedron1。

双击操作历史树 Solids 节点下的 RegularPolyhedron1，打开新建六棱柱属性对话框的 Attribute 界面。Name 项输入六棱柱的名称 Substrate；单击 Transparent 项对应的按钮，设置六棱柱的透明度为 0.4；因为在前面已经设置新添加的材料 My_Sub 为建模默认材料，所以此处 Material 项对应的材料即为 My_Sub，不需要重新分配；其他项保持默认值不变，最后单击确定按钮退出。

再双击操作历史树 Substrate 节点下的 CreateRegularPolyhedron，打开新建六棱柱属性对话框的 Command 界面，在该界面下设置六棱柱的位置坐标和大小。Center Position 项输入六棱柱外接圆的底面圆心坐标（0，0，-1.143）；Start Position 项输入坐标值［length/cos(30deg)，0mm，-1.143mm］，设定六棱柱外接圆半径和一条棱边的起始点，其中 length 是前面定义的设计变量；Height 项输入六棱柱的高度 2.286；其他项保留默认值不变，最后单击“确认”按钮退出。

此时，就创建了一个外接圆半径为 length/cos（30deg）、高度为 2.286mm、材质为 My_Sub、名称为 Substrate 的六棱柱模型。然后，从主菜单中选择【View】→【Fit All】→【All Views】命令，或者按下快捷键 Crtl+D，选择适合窗口大小全屏显示所创建的六棱柱模型，如图 8.2.29 所示。

下面将使用 HFSS 布尔操作中的合并、相减操作来生成环形带状线。耦合器环形带状线模型的创建过程如图 8.2.30 所示，创建过程简要说明如下。

在 $z=0$ 的 xOy 面上创建如图 8.2.30a 所示的长度为变量 length（初始值为 24.5mm）、宽

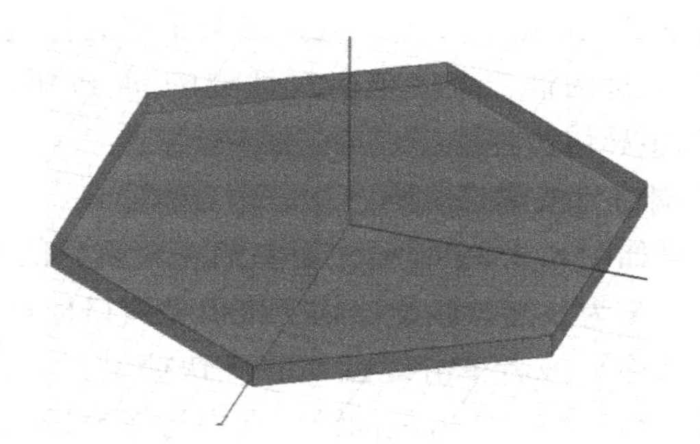

图 8.2.29　新建的六棱柱模型

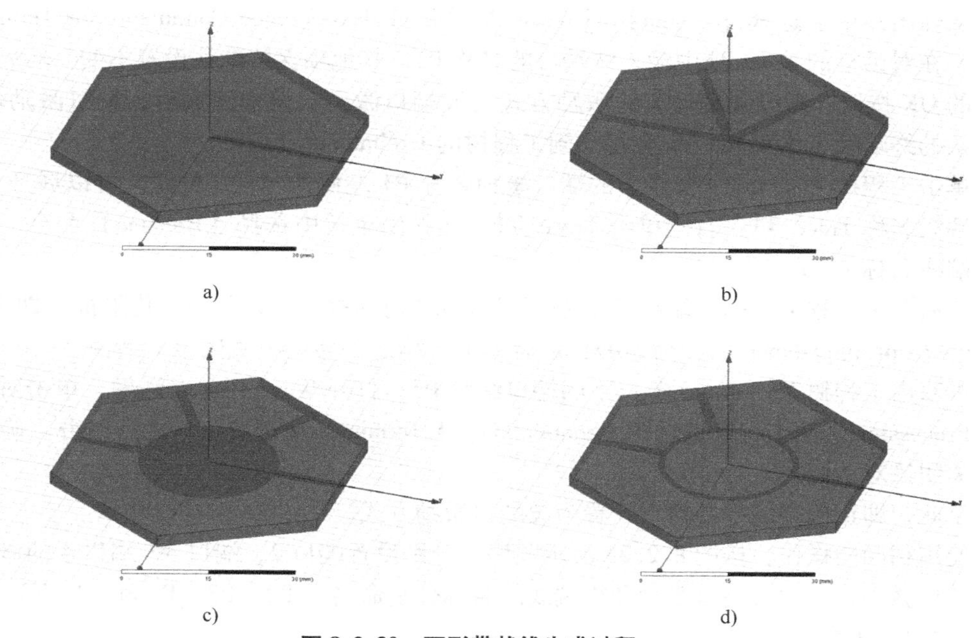

图 8.2.30　环形带状线生成过程

度为 1.78mm 的矩形面。

通过复制操作（【Edit】→【Duplicate】）生成如图 8.2.30b 所示的其他 3 个矩形面。

在 $z=0$ 的 xOy 面上创建圆心坐标在（0，0）、半径为 12.22mm 的圆面，通过合并操作（【Modeler】→【Boolean】→【Unite】）生成如图 8.2.30c 所示的模型。

在 $z=0$ 的 xOy 面上创建圆心坐标在（0，0）、半径为 11.24mm 的圆面，通过相减操作（【Modeler】→【Boolean】→【Substrate】）生成最终的环形带状线，如图 8.2.30d 所示。

具体操作方法可参照 T 型波导建立过程，此处不再赘述。

3. 分配边界条件和激励

设置环形带状线 Trace 为理想导体边界条件，这样面模型 Trace 即可以作为理性导体平面：然后再设置其 4 个端口的激励方式为波端口激励。

（1）设置环形带状线 Trace 为理想导体边界

单击操作历史树中 Sheets 节点下的 Trace，选中该环形带状线，选中后的模型会高亮显示；然后右键单击工程树下 Boundaries 节点，从弹出菜单中选择【Assign】→【Perfect E】命令，打开 Perfect E Boundary 对话框，直接单击对话框的 ok 按钮，即把选中的环形带状线 Trace 的边界条件设置为理想导体边界。

(2) 设置耦合器 4 个端口为波端口激励

耦合器 4 个端口的编号如图 8.2.25 所示，需要把 4 个端口的激励方式都设置为波端口激励。这里，首先设置端口 1 为波端口激励。在三维模型窗口任意位置单击右键，从弹出菜单中选择【Select Faces】命令，或者单击键盘上的 F 快捷键，切换到面选择状态。在介质层 Substrate 的上表面靠近端口 1 处，单击鼠标键，选中物体 Substrate 的上表面，然后按下键盘上的 B 快捷键，此时会选中端口 1 所在的表面。之后，右键单击工程树下的 Excitations 节点，从弹出菜单中选择【Assign】→【Wave Port】，打开 Reference Conductors for Terminals 对话框，在对话框的 Name 项中输入波端口的名称 P1，其他项保留默认设置不变。然后单击对话框的 OK 按钮，即设置端口 1 的激励方式为波端口激励。设置完成后，端口激励名称 P1 和默认的终端线名称 Trace_T1 会添加到工程树的 Excitations 节点下。

单击工程树 Excitations 节点下的端口激励名称 P1 左侧的“+”按钮，可以展开 P1，看到终端线名称 Trace_T1；右键单击 Trace_T1，在弹出菜单中选择【Rename】命令，重新命名终端线名称为 T1。

然后双击工程树下的终端线 T1，打开 Terminal 对话框，确认其归一化阻抗（即 Terminal Renormalizing Impedance 项）为 50Ω；之后单击“确定”按钮，关闭该对话框。

再双击工程树 Excitations 节点下的端口激励 P1，打开 Wave Port 对话框，单击对话框的 Post Processing 选项卡，确认选中 Renormalizing A Terminals 单选按钮，之后单击“确定”按钮，关闭该对话框。

至此，即正确完成把端口 1 设置为波端口激励方式。

使用相同的操作，按图 8.2.25 所示顺序，分别设置端口 2、端口 3、端口 4 的激励方式为波端口激励，并把波端口激励和终端线的名称分别命名为 P2、P3、P4 和 T2、T3、T4。

4. 求解设置

该环形耦合器的工作频率为 4GHz，所以设置自适应网格剖分频率为 4GHz。另外，为了查看设计的环形耦合器在工作频率两侧的频率响应，需要设置 1GHz~7GHz 的扫频分析。

(1) 求解设置

右键单击工程树下的 Analysis 节点，从弹出菜单中选择【Add Solution Setup】命令，打开 Solution Setup 对话框。在该对话框中，Setup Name 项保留默认名称 Setup1；Solution Frequency 项输入 4GHz，即设置求解频率为 4GHz；Maximum Number of Passes 项输入 20，即设置 HFSS 软件进行网格剖分的最大迭代次数为 20；Maximum Delta S 项输入 0.02，即设置收敛误差为 0.02；其他项保持默认设置。然后单击“确定”按钮，完成求解设置，退出对话框。设置完成后，求解设置的名称 Setup1 会添加到工程树的 Analysis 节点下。

(2) 扫频设置

展开工程树的 Analysis 节点，单击右键 Analysis 节点下的求解设置 Setup1，从弹出菜单中选择【Add Frequency Sweep】命令，打开 Edit Sweep 对话框，进行扫频设置。

在该对话框中，Sweep Name 项保留默认的名称 Sweep；Sweep Type 项选择 Fast，设置扫频类型为快速扫频；在 Frequency Setup 栏，Type 项选择 LinearStep，Start 项输入 1GHz，Stop 项输入 7GHz，Step 项输入 0.01GHz，即设置扫频范围为 1GHz～7GHz，频率步进为 0.01GHz。然后单击对话框的 OK 按钮，完成扫频设置，退出对话框。设置完成后，扫频设置的名称 Sweep 会添加到工程树 Analysis 节点的 Setup1 项下面。

5. 仿真分析与后处理

通过前面的操作，我们已经完成了模型创建、添加边界条件和端口激励，以及求解设置等 HFSS 设计的前期工作，接下来就可以运行仿真计算，并查看分析结果了。在运行仿真计算之前，通常需要进行设计检查，即检查设计的完整性和正确性。

（1）设计检查

从主菜单栏选择【HFSS】→【Validation Check】命令，进行设计检查。此时，会弹出检查结果显示对话框，该对话框中的每一项都显示“√”图标，表示当前的 HFSS 设计正确、完整。单击 Close 关闭对话框，准备运行仿真计算。

（2）运行仿真分析

右键单击工程树下的 Analysis 节点下的求解设置项 Setup1，从弹出菜单中选择【Analyze】命令，或者单击工具栏“！”按钮，运行仿真计算。

整个仿真计算大概只需要 3min 即可完成。在仿真计算的过程中，进度条窗口会显示出求解进度，在仿真计算完成后，信息管理窗口会给出完成提示信息。

（3）查看仿真分析结果

设计的环形耦合器工作频率为 4GHz，设计中仿真分析了耦合器 1GHz～7GHz 频段的扫频特性。在分析结果中，我们主要查看两个指标：一是 1GHz～7GHz 频带内 S 参数的扫频特性；二是在 4GHz 工作频点上的 S 参数矩阵。

1）1GHz～7GHz 频带内 S 参数的扫频特性。右键单击工程树下的 Results 节点，从弹出菜单中选择【Create Terminal Solution Data Report】→【Rectangular Plot】命令，打开结果报告设置对话框。在该对话框中，Category 项选中 Terminal S Parameter，Quantity 项按住 Ctrl 键的同时选中 St(T1，T1)、St(T1，T2)、St(T1，T3) 和 St(T1，T4)，Function 栏选中 dB。然后单击 New Report 按钮，生成结果报告；再单击 close 按钮关闭对话框。此时，生成的 S_{11}、S_{12}、S_{13}和 S_{14}在 1GHz～7GHz 随频率的变化曲线报告如图 8.2.31 所示。

2）在结果报告工作界面，单击工具栏的按钮，进入标记（Marker）模式，移动鼠标指针到 S_{14}曲线的 4GHz 频点处，然后单击鼠标左键，此时会在 S_{14}曲线的 4GHz 频点上做一个标记 ml，并显示出该处的值为-2.9992（约为-3dB）。然后，按 Esc 键退出标记模式。

因为环形耦合器是个互易器件，所以有 $S_{12}=S_{21}$，$S_{13}=S_{31}$，$S_{14}=S_{41}$。分析结果报告可以得出，在 4GHz 处端口 2 和端口 4 的输出功率是端口 1 输入功率的一半（约为-3dB），端口 3 和端口 1 互相隔离（隔离度>40dB）。

查看 4GHz 频点的 S 参数矩阵。右键单击工程树下的 Results 节点，从弹出菜单中选择【Solution Data】命令，打开如图 8.2.32 所示的求解窗口。结果显示窗口中，分别选择 LastAdaptive、Matrix Data 选项卡中的 Real/Imaginary，此时窗口下方即以（实部，虚部）的形式显示耦合器在 4GHz 处的［S］矩阵。

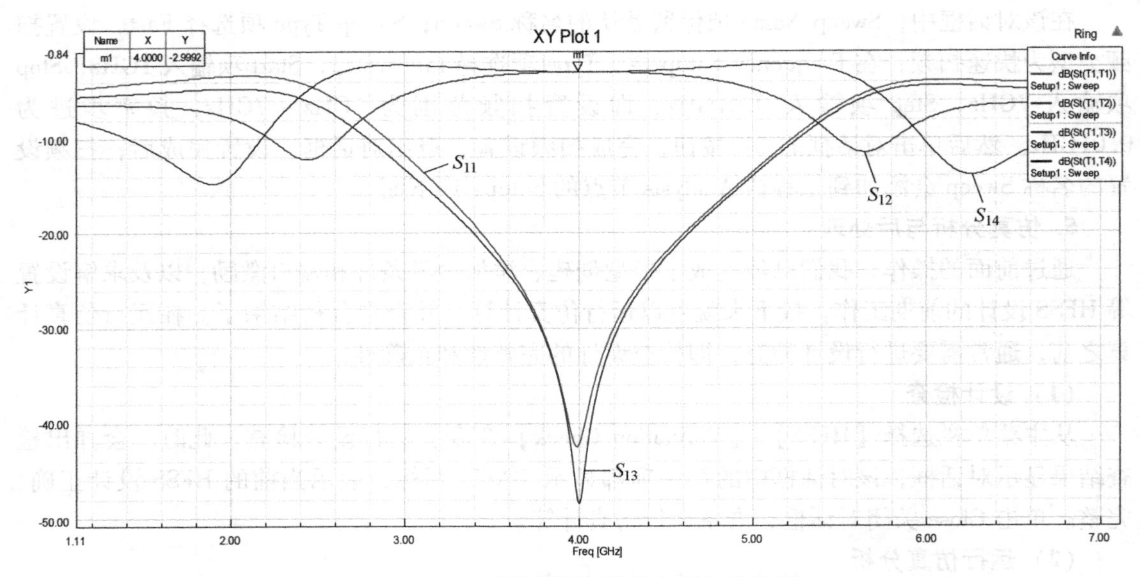

图 8.2.31　*S* 参数随频率变化的关系曲线图

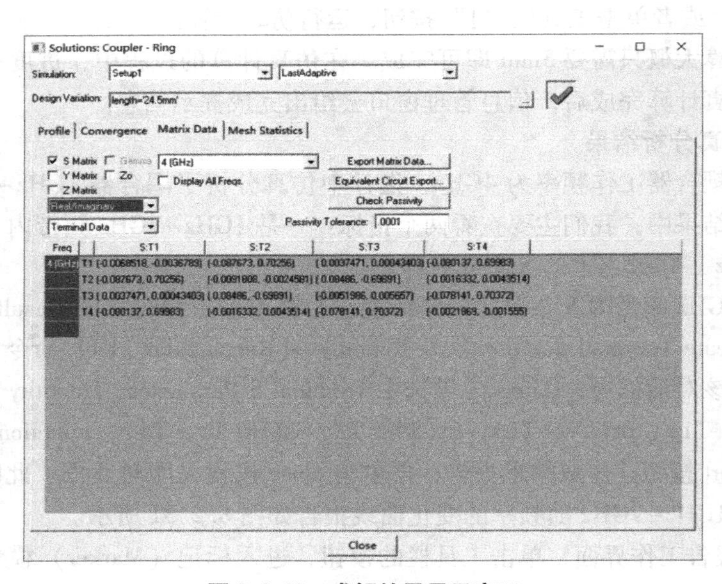

图 8.2.32　求解结果显示窗口

从结果显示数据中可以得出，设计的环形耦合器在 4GHz 处的［S］矩阵为（精确到小数点后两位数）：

$$
[S]=\begin{bmatrix}
-0.01 & -0.09+\mathrm{j}0.70 & 0 & -0.08+\mathrm{j}0.70 \\
-0.09+\mathrm{j}0.70 & -0.01 & 0.08-\mathrm{j}0.70 & 0 \\
0 & 0.08-\mathrm{j}0.70 & -0.01+\mathrm{j}0.01 & -0.08+\mathrm{j}0.70 \\
-0.08+\mathrm{j}0.70 & 0 & -0.08+\mathrm{j}0.70 & 0
\end{bmatrix}
$$

$$\approx\begin{bmatrix}0 & \text{j}0.7 & 0 & \text{j}0.7\\ \text{j}0.7 & 0 & -\text{j}0.7 & 0\\ 0 & -\text{j}0.7 & 0 & \text{j}0.7\\ \text{j}0.7 & 0 & \text{j}0.70 & 0\end{bmatrix}\approx\frac{\text{j}}{\sqrt{2}}\begin{bmatrix}0 & 1 & 0 & 1\\ 1 & 0 & -1 & 0\\ 0 & -1 & 0 & 1\\ 1 & 0 & 1 & 0\end{bmatrix}$$

细心的读者可以发现，仿真计算结果和理论分析结果有着很大差异。那么，是什么原因导致这样的差异呢？我们知道，在前面的设计中，每个端口传输线的长度取的是1/4个导波波长，这1/4个导波波长的传输线会在每个端口引入$\pi/2$的相位差，从而导致了S参数矩阵仿真计算结果和理论分析结果的差异。

6. 仿真结果的修正

为了验证我们的分析结论，把每个端口传输线长度设置为0.2mm（远小于工作波长49.13mm），然后重新运行仿真计算。

把每个端口传输线长度设置为0.2mm，只需要把变量length的初始值由原来的24.5mm改为12.42mm即可。从主菜单栏选择【HFSS】→【Design Properties】，打开设计属性对话框，把变量length对应的Value值由24.5修改为12.42，然后单击“确定”按钮退出对话框，并重新运行仿真计算。

仿真计算完成后，查看端口传输线长度为0.2mm时的S参数矩阵计算结果。这里，仿真计算结果和理论分析结果就一致了。

$$[S]=\begin{bmatrix}-0.15-\text{j}0.01 & 0.08-\text{j}0.70 & 0 & 0.09-\text{j}0.69\\ 0.08-\text{j}0.70 & -0.14-\text{j}0.02 & -0.08+\text{j}0.70 & 0\\ 0 & -0.08+\text{j}0.69 & -0.14-\text{j}0.20 & 0.08-\text{j}0.7\\ 0.09-\text{j}0.70 & -\text{j}0.01 & 0.08-\text{j}0.70 & -0.15-\text{j}0.02\end{bmatrix}$$

$$\approx\begin{bmatrix}0 & -\text{j}0.7 & 0 & -\text{j}0.7\\ -\text{j}0.7 & 0 & \text{j}0.7 & 0\\ 0 & \text{j}0.7 & 0 & -\text{j}0.7\\ -\text{j}0.7 & 0 & -\text{j}0.7 & 0\end{bmatrix}\approx\frac{\text{j}}{\sqrt{2}}\begin{bmatrix}0 & -1 & 0 & -1\\ -1 & 0 & 1 & 0\\ 0 & 1 & 0 & -1\\ -1 & 0 & -1 & 0\end{bmatrix}$$

在验证此处的讨论结果时，除了使用上述改变端口传输线长度然后重新仿真计算这种方法外，还有另外一种更加简便的方法，即通过波端口的端口平移（Deemed）功能来实现。使用端口平移（Deemed）功能无须重新计算，可以大大节省验证时间。

我们最初设计的环形耦合器，其端口传输线长度为1/4个导波波长（即12.28mm），为了消除传输线引入的相位差对［S］矩阵的影响，可以使用端口平移功能，把每个端口向内侧平移12.28mm。

从主菜单栏选择【HFSS】→【Design Properties】，打开设计属性对话框，把变量length对应的Value值改为最初的24.5mm。双击工程树Boundaries节点下的端口激励P1，打开Wave Port对话框，选择对话框的Post Processing选项卡，勾选Deemed复选框，并在Distance项的文本框内输入12.28mm；然后单击确定按钮，完成端口平移设置，退出对话框。

使用相同的操作，分别设置端口 P2、P3 和 P4 向内侧平移 12.28mm。此时得到 [S] 矩阵约为

$$[S] \approx \frac{\mathrm{j}}{\sqrt{2}}\begin{bmatrix} 0 & -1 & 0 & -1 \\ -1 & 0 & 1 & 0 \\ 0 & 1 & 0 & -1 \\ -1 & 0 & -1 & 0 \end{bmatrix}$$

与理论分析也是一致的。

附　录

附录 A　标准矩形波导主要参数表

波导型号		主模频率范围/GHz	截止频率/MHz	结构尺寸/mm			衰减/(dB/m)		
国际	中国			宽度 a	高度 b	壁厚 t	频率/MHz	理论值	最大值
R12	BJ 12	0.96~1.46	766.42	195.58	97.79	3	1.15	0.00405	0.005
R14	BJ 14	1.14~1.73	907.91	165.10	82.55	2	1.36	0.00522	0.007
R18	BJ 18	1.45~2.20	1137.1	129.54	64.77	2	1.74	0.7749	0.010
R22	BJ 22	1.72~2.61	1372.4	109.22	54.61	2	2.06	0.00970	0.013
R26	BJ 26	2.17~3.30	1735.7	86.36	43.18	2	2.61	0.0138	0.018
R32	BJ 32	2.60~3.95	2077.9	72.14	34.04	2	3.12	0.0189	0.035
R40	BJ 40	3.22~4.90	2576.9	58.17	29.083	1.5	3.87	0.0249	0.032
R48	BJ 48	3.49~5.99	3152.4	47.55	22.149	1.5	4.73	0.0355	0.046
R58	BJ 58	4.64~7.05	3711.2	40.39	20.193	1.5	5.57	0.0431	0.056
R70	BJ 70	5.38~8.17	4301.2	34.85	15.799	1.5	6.46	0.0576	0.075
R84	BJ 84	6.57~9.99	5259.7	28.499	12.624	1.5	7.89	0.0794	0.103
R100	BJ 100	8.20~12.5	6557.1	22.860	10.160	1	9.84	0.110	0.143
R120	BJ 120	9.84~15.0	7868.6	19.050	9.525	1	11.8	0.133	
R140	BJ 140	11.9~18.0	9487.7	15.799	7.898	1	14.2	0.176	
R180	BJ 180	14.5~22.0	11571	12.945	6.477	1	17.4	0.238	
R220	BJ 220	17.6~26.7	14051	10.688	5.328	1	21.1	0.370	
R260	BJ 260	21.7~33.0	17357	8.636	5.328	1	26.1	0.435	
R320	BJ 320	26.4~40.0	21077	7.112	3.556	1	31.6	0.583	
R400	BJ 400	32.9~50.1	26344	5.690	2.845	1	39.5	0.815	

（续）

波导型号		主模频率范围/GHz	截止频率/MHz	结构尺寸/mm			衰减/(dB/m)		
国际	中国			宽度 a	高度 b	壁厚 t	频率/MHz	理论值	最大值
R500	BJ 500	39.2~59.6	31392	4.775	2.388	1	47.1	1.060	
R620	BJ 620	49.8~75.8	39977	3.759	1.880	1	59.9	1.52	
R740	BJ 740	60.5~91.9	48369	3.099	1.549	1	72.6	2.03	
R900	BJ 900	73.8~112	59014	2.540	1.270	1	88.6	2.74	
R1200	BJ 1200	92.2~140	73768	2.032	1.016	1	111	3.82	

附录 B　常用导体材料的特性

材料	特性			
	电导率 σ/(S/m)	磁导率 μ/(H/m)	趋肤深度 δ/m	表面阻抗 R_S/Ω
银	6.17×10^7	$4\pi\times10^{-7}$	$0.0641/\sqrt{f}$	$2.52\times10^{-7}\sqrt{f}$
纯铜	5.80×10^7	$4\pi\times10^{-7}$	$0.0661/\sqrt{f}$	$2.61\times10^{-7}\sqrt{f}$
金	4.10×10^7	$4\pi\times10^{-7}$	$0.0786/\sqrt{f}$	$3.10\times10^{-7}\sqrt{f}$
铝	3.82×10^7	$4\pi\times10^{-7}$	$0.0814/\sqrt{f}$	$3.22\times10^{-7}\sqrt{f}$
黄铜	1.57×10^7	$4\pi\times10^{-7}$	$0.127/\sqrt{f}$	$5.01\times10^{-7}\sqrt{f}$
焊锡	0.706×10^7	$4\pi\times10^{-7}$	$0.189/\sqrt{f}$	$7.49\times10^{-7}\sqrt{f}$

注：频率 f 以 Hz 为单位。

附录 C　常用介质材料的特性

材料	特性	
	ε_r	$\tan\delta\times10^{-4}$/10GHz
空气	1	≈0
聚四氟乙烯	2.1	4
聚乙烯	2.26	5
聚苯乙烯	2.55	7
有机玻璃	2.72	15
氧化铍	6.4	2
石英	3.78	1
氧化铝（99.5%）	9.5~10	1
氧化铝（96%）	8.9	6

（续）

材料	特性	
	ε_r	$\tan\delta\times10^{-4}$/10GHz
氧化铝（85%）	8.0	15
蓝宝石	9.3~11.7	1
硅	11.9	40
砷化镓	13.0	60
石榴石铁氧体	13~16	2
二氧化钛	85	40
金红石	100	4